人工智能技术丛书

揭秘深度强化学习

彭 伟 编著

·北 京·

内容简介

深度强化学习（Deep Reinforcement Learning，DRL）是深度学习算法和强化学习算法的巧妙结合，它是一种新兴的通用人工智能算法技术，也是机器学习的前沿技术，DRL 算法潜力无限，AlphaGo 是目前该算法最成功的使用案例。DRL 算法以马尔科夫决策过程为基础，是在深度学习强大的非线性函数的拟合能力下构成的一种增强算法。深度强化学习算法主要包括基于动态规划（DP）的算法以及基于策略优化的算法，本书的目的就是要把这两种主要的算法（及设计技巧）讲解清楚，使算法研究人员能够熟练掌握。

《揭秘深度强化学习》共 10 章，首先以 AlphaGo 在围棋大战的伟大事迹开始，引起对人工智能发展和现状的介绍，进而介绍深度强化学习的基本知识。然后分别介绍了强化学习（重点介绍蒙特卡洛算法和时序差分算法）和深度学习的基础知识、功能神经网络层、卷积神经网络（CNN）、以及深度强化学习的理论基础和当前主流的算法框架。最后介绍了深度强化学习在不同领域的几个应用实例。引例、基础知识和实例相结合，方便读者理解和学习。

《揭秘深度强化学习》内容丰富，讲解全面、语言描述通俗易懂，是深度强化学习算法入门的最佳选择。本书适合计算机专业本科相关学生、人工智能领域的研究人员以及所有对机器学习和人工智能算法感兴趣的人员。

图书在版编目（CIP）数据

揭秘深度强化学习 / 彭伟编著. —北京：中国水利水电出版社，2018.5（2019.7 重印）
（人工智能技术丛书）
ISBN 978-7-5170-6238-7
I. ①揭… II. ①彭… III. ①机器学习—研究 IV. ①TP181

中国版本图书馆 CIP 数据核字（2017）第 327452 号

丛书名	人工智能技术丛书
书名	揭秘深度强化学习 JIEMI SHENDU QIANGHUA XUEXI
作者	彭伟 编著
出版发行	中国水利水电出版社 （北京市海淀区玉渊潭南路 1 号 D 座 100038） 网址：www.waterpub.com.cn E-mail：zhiboshangshu@163.com 电话：（010）62572966-2205/2266/2201（营销中心）
经售	北京科水图书销售中心（零售） 电话：（010）88383994、63202643、68545874 全国各地新华书店和相关出版物销售网点
排版	北京智博尚书文化传媒有限公司
印刷	三河市龙大印装有限公司
规格	170mm×230mm 16 开本 23.25 印张 357 千字
版次	2018 年 5 月第 1 版 2019 年 7 月第 3 次印刷
印数	10001—13000 册
定价	89.80 元

前　言

深度强化学习（Deep Reinforcement Learning，DRL）是一种新兴的通用人工智能算法技术，是人工智能迈向智能决策的重要一步。

关于深度强化学习的文章目前比较少，系统介绍深度强化学习的教材几乎没有。本书系统地介绍深度强化学习算法的基础知识。学习该算法的人员需要人工智能相关专业的背景，但是并不需要比较深的背景。本书以一种通俗易懂的、细致的方式对深度强化学习算法进行了讲解，力求帮助读者较快入门。深度强化学习涉及的知识面比较广，但其算法原理并不是想象得那么复杂。因此，本书会对其相关知识点进行简要的介绍，保证没有相关经验的读者也能够很好地理解本书的内容。通过本书的学习，希望读者能够掌握两大类别的深度强化学习算法：基于动态规划的算法以及基于策略梯度的算法。深度强化学习具有较广泛的使用场景，例如游戏决策、量化投资、动画仿真等，希望本书能够帮助读者适应不同的使用场景。

本书特点

- 前沿的研究方向：本书介绍人工智能目前最前沿的研究方向，是通用智能的基础。
- 完备的 DRL 入门书籍：囊括经典，紧跟前沿，包括 DRL 目前最新研究成果。
- 通俗易懂的讲解：用通俗易懂的语言，结合案例进行解析，适合所有人工智能相关专业的初学者，能帮助他们快速入门。
- 专业的经验：本书密切结合实际应用，是人工智能前沿研究及实践的经验总结。

本书内容安排

第 1 章　深度强化学习概览

本章从当前人工智能飞速发展并引起广泛关注的背景出发，概述了深度强化学习的基本知识，强化学习和深度学习的发展历史、基本概念和特点等，以及深度强化学习的两种算法。

第 2 章　强化学习基础

传统的强化学习是深度强化学习的基础。本章从马尔科夫模型出发介绍了马尔科夫决策过程，同时用比较通俗的语言介绍了强化学习中的两种问题，有模型强化学习问题以及无模型强化学习问题。现实中无模型强化学习问题是一种非常普遍的情况，因此重点介绍了其中的蒙特卡洛算法以及时序差分算法。

第 3 章　深度学习基础

强化学习引入深度学习之后，性能得到了极大的提高。本章重点介绍深度学习的基础，主要从四个方面来介绍：深度学习简史、深度学习的基础概念、数据预处理以及深度学习的硬件基础。本章的学习对于强化学习甚至是机器学习都非常重要。

第 4 章　功能神经网络层

功能神经网络层是深度学习的核心部分。本章将介绍深度学习过程中的激活函数、全连接层、参数开关 Dropout 以及 CNN 和 RNN 等。本章最后也介绍了相关的网络设计技巧。

第 5 章　卷积神经网络（CNN）

本章用大量的篇幅介绍卷积神经网络，这是因为目前 DRL 都是基于 CNN 实现的，是希望读者能够迅速掌握其相关知识，不要因为其难点而影响算法的学习。本章主要介绍了 CNN 的网络结构、基于 CNN 的经典模型，以及基于 CNN 的流行应用。

第 6 章　循环神经网络（RNN）

循环神经网络虽然不是深度强化学习的重点，但是也是深度学习的一个重要的网络结构，不难预见，基于 RNN 的强化学习算法也会不断出现。本章介绍了 RNN 的基础，同时介绍了 RNN 的两种常见的结构：LSTM 以及 GRU。

第 7 章　如何实现 CNN——用 C 语言实现深度学习

本章结合代码，通过 CNN 的 C 语言实现力求使读者真正地认识神经网络，主要内容涉及和 CNN 相关的基础结构，包括激活函数的实现、池化操作以及全连接网络的实现。此外，本章重点对卷积网络进行了讲解，包括前向传播和反向传播的具体实现。

第 8 章　深度强化学习

本章介绍了深度强化学习的理论基础，是本书的理论重点，并结合传统的强化学习，介绍了记忆回放（Memory-Replay）机制以及蒙特卡洛搜索树。此外，对主流的两类深度强化学习算法及其结合进行了详细的理论推导。阅读本章需要一定的数学理论基础。

第 9 章　深度强化学习算法框架

本章介绍了当前主流的深度强化学习算法框架，例如深度 Q 学习算法、异步深度强化学习算法、异步优越性策略子 - 评价算法等。

第 10 章　深度强化学习应用实例

本章提供了一些深度强化学习的应用实例，希望通过具体的应用案例让读者了解深度强化学习算法。具体实例涉及计算机游戏、3D 动画仿真以及 AlphaGo 技术解密。

本书由浅入深，先理论后操作，讲解全面易懂，尤其适合刚刚入门人工智能领域的新手。

适合阅读本书的读者

- 在校计算机专业本科生；
- 人工智能领域研究生；
- 人工智能领域研究员；
- 研究机器学习算法的相关人员；
- 人工智能领域爱好者。

本书源文件下载

本书提供代码源文件，有需要的读者可以通过扫描下面的二维码获取下载链接。若有关于本书的疑问和建议也可以在公众号留言，我们将竭诚为您服务。

关于作者

本书由彭伟组织编写，同时参与编写的还有吴金艳、尹继平、张宏霞、张晶晶、张昆、张友、赵桂芹、晁楠、高彩琴、郭现杰、刘琳、王凯迪、王晓燕、陈冠军、姚志娟、魏春、张燕、马翠翠、范陈琼、孟春燕、王晓玲、项宇峰、肖磊鑫、薛楠、杨丽娜，在此一并表示感谢。

编者

目　　录

第 1 章　深度强化学习概览

2015 年 10 月，Google 的 AlphaGo（阿尔法围棋）在与欧洲冠军樊麾的对弈中以 5:0 完胜。樊麾在接受媒体采访时认为，AlphaGo 的可怕在于“从不犯错”。

2016 年 3 月，韩国顶级职业棋手李世石和 AlphaGo 围棋大战五回合，持续了一周时间，最终在北京时间 3 月 15 日拉下帷幕，李世石以 1:4 落败。这是在围棋（见图 1.1）比赛中，第一次顶级职业选手输给人工智能程序。

图 1.1　围棋示意图

2016年12月29日晚，一个注册名为Master、标注为韩国九段的“网络棋手”接连“踢馆”弈城网和野狐网。截至 2017 年 1 月 3 日夜，迫使有“当今围棋第一人”之称的柯洁中盘投子后，Master 已经斩获了 50 连胜，击败 15 位世界冠军。2017 年 1 月 4 日，Master 赢了周睿羊，获得第 59 场连胜的傲人战绩，与此同时，Master 在公频上宣布它就是 AlphaGo。

相信以上的信息我们都不陌生，并且现在我们也不得不惊叹在如此复杂的决策问题上，计算机技术可以超过人类顶级职业选手，那么还有哪一方面是它不能超越的！Alpha 即希腊语第一个字母 α，在圣经中上帝也说“我是 α”，在西方文化中，α 表示开始、第一个的意思；Go 是日语的围棋的发音，日语中围棋被写为碁或者囲碁，碁字发音为 Go。因此，AlphaGo 意味着人工智能在围棋上的开始。也正是从 AlphaGo 开始，人工智能技术才如此广泛地出现在公众的视野当中。AlphaGo 所使用的深度强化学习算法是一种非常有效的、解决决策问题（Decision-Making）的算法，它是人工智能从感知到决策的重要步骤，是从弱人工智能向强人工智能迈进的重要步骤，也是本书的主题。

回顾历史，1956 年夏季，以 John Mc Carthy、Marvin Minsky（人工智能与认知学专家）、Claude Shannon（信息论的创始人）、Allen Newell（计算机科学家）、Herbert Simon（诺贝尔经济学奖得主）等为首的一批有远见卓识的年轻科学家在一起聚会，即达特茅斯会议，共同研究和探讨用机器模拟智能的一系列有关问题，并首次提出了“人工智能”这一术语，它标志着“人工智能”这门新兴学科的正式诞生。IBM 公司的“深蓝”计算机击败了人类的世界国际象棋冠军更是人工智能技术的一个完美表现。

从 1956 年达特茅斯会议上人工智能的诞生开始，人工智能已经发展了 61 年，经历了数次高潮也有数次低谷，每次高潮都是因为核心技术的提出引起了人们极大的兴趣，吸引了大量资金和人才的投入。但同时由于人们的期望值远远超过了技术所能够达到的高度，因此当发现巨大的资金和人才的投入不能达到预期的时候，人工智能的冬天也随之而来。幸运的是，现在我们正处于人工智能的第三次浪潮，并且就目前看来，距离下一个冬天还是挺远的。从媒体的报道中大家可能了解到，人工智能在各个方向都取得了非常大的进展，不管是研究上、实践上，还是应用上。下面简单回顾一下人工智能近年来在各个方向取得的进展。

总的说来，人工智能的目的就是让计算机这台机器能够像人一样思考。如果希望做出一台能够思考的机器，那就必须知道什么是思考，更进一步讲就是什么是智慧。什么样的机器才是具有智慧的呢？科学能不能模仿人类大脑的功能呢？到目前为止，我们也仅仅知道大脑是由数十亿个神经细胞组成的器官，对它知之甚少，模仿它或许是天下最困难的事情了。

当计算机出现后，它在一些方面帮助人类进行原来只属于人类的工作，并以其高速和准确的特长发挥着作用。人工智能始终是计算机科学的前沿学科，计算机编程语言和计算机软件都是因为有了人工智能的进展而得以存在。随着计算机软件以及硬件的发展，人工智能得到了质的飞跃。

图 1.2 所示的是第一台计算机 ENIAC 和当前最新的终端计算设备——英伟达 Jetson TX2 的对比。ENIAC 长 30.48 米，宽 6 米，占地面积 170 平方米，有 30 个操作台，约相当于 10 间普通房间的大小，它重达 30 吨，耗电量 150kW，造价 48 万美元。而目前最新的英伟达 Jetson TX2 延续了该系列小体积、高度集成的特性，在名片大小的尺寸上整合 4 核 ARM A57 CPU、Pascal 架构 GPU（16 纳米工艺）、最高 8GB 内存、32GB 固态存储器等组件。该设备的标准功耗为 7.5W，最新售价为 599 美元。可以在终端上进行深度学习运算。因此，可以很明显地看出硬件的发展极大地促进了人工智能的发展。

图 1.2　第一台计算机 ENIAC 与英伟达 Jetson TX2

人工智能概念从 1956 年提出，到今天初步具备产品化的可能性，经历了多年的演进后，各个重要组成部分的研究进度和产品化水平各不相同。人工智能产品的发展是一个渐进的过程，是一个从单一功能设备向通用设备、从单一场景到复杂场景、从简单行为到复杂行为的发展过程，具有多种表现形式。

人工智能产品近期仍将作为辅助人类工作的工具出现，多表现为传统设备升级版本，如智能 / 无人驾驶汽车、扫地机器人、医疗机器人等。

汽车、吸尘器等产品和人类已经有成熟的物理交互模式，人工智能技术通过赋予上述产品一定的机器智能来提升其自动工作的能力。但未来将会出现在各类环境中模拟人类思维模式去执行各类任务的真正意义的智能机器人，这类产品没有成熟的人机接口可以借鉴，需要从机械、控制、交互等各个层面进行全新研发。

早在2012年，微软就在“21世纪的计算”大会上展示了一个同声传译系统，整个复杂的过程都是通过深度学习的技术来支撑的。2013到2015年底，发生了一系列对计算机视觉领域而言非常重要的事情，基于深度卷积神经网络的框架相继出现，先是AlexNet，再是牛津大学的VGG，接着是Google的GoogLeNet，最后到2015年末的微软残差网络ResNet，这个残差网络深度高达152层，取得了当时图像识别比赛上最好的成绩。到现在为止，这些网络在计算机视觉的研究中得到了广泛使用，被集成到很多公司的产品中。2016年初，众所周知，AlphaGo打败了围棋世界冠军李世石，这非常出乎预料，因为人们普遍认为，机器要在围棋上战胜人类可能还需要20年。在2016年下半年，微软宣布在日常对话的语音识别中，微软的语音识别技术已经达到了人类的水平，这是人类技术在语音方面的重大突破。2017年初，AlphaGo的升级版Master以60胜0负的傲人成绩打败了来自于全球各路的顶级围棋职业选手，再一次让人惊叹。

从以上的简单回顾中可以看出，人工智能的第三波浪潮和深度学习是分不开的。深度学习里最经典的模型是全连接的神经网络（每相临的两层节点之间是通过边全连接），再就是卷积神经网络（CNN，在计算机视觉里面用得非常多），还有就是循环神经网络（RNN，在对系列进行建模，例如自然语言处理或者语音信号里面用得很多），这些都是非常成功的深度神经网络的模型。另外一个非常重要的技术就是深度强化学习技术，这是深度学习和强化学习的结合，也是AlphaGo系统所采用的技术。

深度学习的成功主要归功于三大因素——大数据、大模型、大计算。现在可以利用的数据特别是人工标注的数据非常多，使得我们能够从数据中学到以前无法学习的东西。另外，技术上的发展使得训练大模型成为了可能，例如上千层的深度神经网络，这个在4年前都觉得不能想象的事情，现在已经发展成为现实，并且在产品中都有了很广泛的使用。

再就是大计算，从 CPU 到 GPU，可获取的计算资源越来越丰富。

大数据、大模型、大计算是深度学习的三大支柱，因此这三个方向都是当前研究的热点。例如如何从更多更大的数据里面进行学习，如何训练更大更深的模型。非常深的模型，当前更成功的例子是在计算机视觉方面，但如何把这种更深的模型引入到自然语言处理方面，还需要研究。例如当前几个大公司的神经机器翻译模型，都是利用较深的循环神经网络（RNN），但还是远远达不到残差网络的深度。从大计算这个方面来讲，整个演变过程是从 CPU 到 GPU 到 FPGA，再发展到现在有些公司定制自己专有的芯片，国内有一些创业公司，也都在做一些人工智能（AI）芯片，专门为 AI 来设计一些硬件。大计算另外一个角度就是深度学习的平台和系统，这个可以说是各大 AI 或者是互联网公司着重发力的地方，如 TensorFlow、Torch，以及学术界的开源平台（包括 Theano、Caffe、MxNet 等）。可以预计，在短期内，各大公司还会在这个领域进行非常激烈的竞争，希望能够吸引第三方公司使用他们的平台和系统。

在简要的介绍完人工智能的发展以及现状之后，就要进入本书的重点，也就是深度强化学习。深度强化学习的能力已经是毋庸置疑的。它为什么能够发挥如此大的能力？如何才能掌握这项核心技术？希望通过本书的介绍，能够使读者轻松理解人工智能，特别是深度强化学习方面的技术知识，并且能够简单地设计深度强化学习框架平台，这是本书的主要目的。

1.1　什么是深度强化学习

什么是强化学习？强化学习（Reinforcement Learning，RL）是机器学习的一个重要分支，主要用来解决连续决策的问题。强化学习可以在复杂的、不确定的环境中学习如何实现我们设定的目标。强化学习的应用场景非常广，几乎包括了所有需要做一系列决策的问题，如控制机器人的电机让它执行特定任务、给商品定价或者进行库存管理、玩视频游戏或棋牌游戏等。强化学习也可以应用到有序列输出的问题中，因为它可以针对一系列变化的环境状态，输出一系列对应的行动。

什么是深度学习？深度学习（Deep Leanring，DL）也是机器学习的一个重要分支，也就是多层神经网络，通过多层的非线性函数实现对数据分布及函数模型的拟合。目前在图像和音频信号方面应用效果比较好。深度学习从统计学的角度来说，就是在预测数据的分布，从数据中学得一个模型，然后再通过这个模型去预测新的数据。深度学习更像是一种非常强大的机器学习工具。

什么是深度强化学习？深度强化学习（Deep Reinforcement Learning，DRL）是 Google 的 DeepMind 团队提出的一种算法框架，是一种用于做决策（Decision Making）学习的算法。该算法结合了深度学习以及强化学习各自的优点。深度学习善于做非线性的拟合，而强化学习适合于做决策学习。将二者巧妙地结合起来便形成了深度强化学习算法。因此，我们发现，其实 DRL 算法的核心还是强化学习，与此同时，还要学会在强化学习中如何使用好深度学习这个工具。

1.1.1 俯瞰强化学习

在进行强化学习的理论学习之前，先来回顾一下强化学习的历史。早期的人工智能，人们会通过对动物行为的学习来模拟人工智能。因此，回顾强化学习的历史时主要有两条主线。一条主线是在 20 世纪 70 年代和 80 年代，当时一些科学家开始了动物学习心理学方面的研究，当中采用了尝试和出错（Trial and Error）的方式，简称试错法。这种方式贯穿于早期的人工智能领域，也引领了当时强化学习的兴盛。而另一条主线则将强化学习问题看作是一个控制优化的问题，在控制优化中采用值函数求解以及动态规划的方式求解。大多数情况下，该主线当中并不涉及学习的问题。以上两条主线是完全独立的，直到时序差分算法（Temporal-Difference Methods，TD）的提出，才使得这样的差异变得不是那么大。到了 20 世纪 80 年代后期，才结合这两条主线产生了现在这些强化学习的模型。2013 年前后，深度学习突然再次爆发，Google DeepMind 的研究将深度学习应用到了强化学习的问题上，因此形成了现在非常热的深度强化学习的研究方向。

早在 20 世纪 50 年代就开始了对控制优化的研究，当时控制优化中将要解决的设计问题描绘为一个通过控制器来最小化动态系统的行为的问题。直到 20 世纪 50 年代中期，这个问题在 Richard Bellman 的带领下提出了汉密尔顿和雅可比理论（The Theory of Hamilton and Jacobi）才得到了很好的解决。该理论利用动态系统的状态和“优化返回函数”构建了一个函数等式——后来被称为 Bellman 方程。解决这一函数问题的方法也就是后来所谓的动态规划（Dynamic Programming，DP）。同时 Bellman 也引入一种离散化的随机控制优化问题的解决方式，也就是我们非常熟悉的马尔科夫决策过程（Markovian Decision Processes，MDP）。3 年后，Ron Howard 推导出了对 MDP 问题的一种求解方式，策略迭代（Policy Iteration）的方法。以上的这些理论对于强化学习来说都是极其重要的。

动态规划仍然被认为是目前解决一般随机优化控制问题的唯一可靠的方法。虽然随着状态维度的变化，问题的计算量会显著的变化，即 Bellman 所谓的维度灾难（The Curse of Dimensionality）。但是，动态规划仍然是解决这一类问题的有效方式，并且被广泛地应用在优化控制的各种应用中。

这条主线将所有在控制优化当中的成果引入到强化学习当中，我们定义强化学习为一种解决强化学习问题的有效方法，并且这些问题和控制优化模型相关，尤其是那些可以构造出马尔科夫决策过程的问题。因此，本书将动态规划的方法也看作是强化学习方法的一种。当然，这样讲并不是很贴切，因为任何一类这样的方法都需要对将要控制的系统得到一个完整的认识。从另一个方面讲，强化学习是一个需要累加和迭代的过程，这与很多学习的方式类似，因为学习的方式也是通过一系列的估计最终得出一个正确的结果。在后面的学习当中会发现这种相似远不止表面上的联系这样简单。因此，在具有完全的认识或者并不是完全的认识的情况下，他们的理论和解决的方式是如此的接近，以至于可以将它们归为一种方法，统称为强化学习方式。

接下来再看看强化学习发展的另一条主线，基于尝试和出错方式的学习，这一条主线最开始是应用在心理学上的，在心理学上“强化”是一种非常平常的概念。试错法最开始是由 Edward Thorndike 提出的。在他对于动物行为的研究当中，指出：

“在同一个环境状态当中，那些和动物的意愿密切相关，并且满足动物的意愿的行为回应（或者是类似的事情），和当前的环境状态更加密切相关，当该环境状态再一次发生的时候，该行为回应也极有可能发生；反之，那些让动物的意愿不太舒服的行为回应，和环境状态的联系就非常得弱，当该环境状态再次出现的时候，该行为回应不太可能会发生。”

Thorndike 将它称作是一种“Law of Effect”，认为它描绘的是一个强化事件对动作选取趋势的一个影响。该理论被认为是很多行为领域的基本原则。该理论对于试错法也是非常重要的依据。首先，它是一种选择的方式，这意味着它将要进行动作的选择执行并且要从中得到结果最好的动作。然后，它是一种联合的方式，意味着不同状态下所选择出来的动作还要进行联合。传统的演化算法有进行选择的过程，但是并没有联合的过程；对于监督学习来说又存在联合的部分，但是并没有进行选择。因此，试错法可以看作是这两种方式的结合。

早期的人工智能还没有从一般的工程学科当中分离出来的时候，好多研究人员将试错法当作是一种工程原理进行研究。早在 1954 年，Minsky 等人就开始对试错法展开研究，在他读博士期间还对强化学习的计算模型进行了讨论，并对其结构进行了描述，Minsky 称为随机神经模拟强化计算单元（Stochastic Neural-Analog Reinforcement Calculators，SNARCs）。直到 20 世纪 60 年代，“强化学习（Reinforcement Learning）”这个词才开始被使用在工程迭代当中。其中最有影响力的是 Minsky 在 1961 年发表的“Steps Toward Artificial Intelligence”，在文章中他讨论了与强化学习相关的好几种问题，包括置信度分布问题（Credit Assignment Problem），即如何在一连串的决策当中求出一个事件成功的置信度分布。其中的很多的讨论其实都是直接相关强化学习问题的。

而在 1954—1955 年，另外几位科学家，如 Farley 和 Clark 等拉开了利用模式识别的方法进行强化学习的序幕，也就是从这个时候强化学习和监督学习之间的界限变得不那么清晰。很多科学家其实是在研究监督学习而却一直认为自己研究的是强化学习。例如，神经网络的先锋队员 Rosenblatt（1962 年），Widrow 和 Hoff（1960 年）在他们的研究当中清晰地引入了奖励和惩罚的组成部分，但是他们所研究的系统明显是监督学习在模式识别和感知学习上的应用。即便是当今的学者和研究人员也经常分不清楚强化学习和监督学习之间的界限。即便是当今，在神经网络中也有很多对于试错法机制的错误理解，如有的书的作者会说神经网络参数的训练方式就是通过试错法进行的，因为神经网络进行学习就是利用学习过程当中的错误信息来更新网络参数的。这种错误是可以理解的，但是本质上还是错误地理解了试错法学习的原理与机制。

由于这样的误解，使得 20 世纪 60 年代和 70 年代对于试错法学习的研究变得很少，但其中不乏精彩的研究成果。新西兰的科学家 John Andreae（1963 年）开发出了一种能够从环境中通过试错法学习的系统，被称为 STeLLA。这个系统包括一个内部的环境模型和一个内部的单元来处理环境中的隐含状态。其实在这个系统里已经看到了强化学习的雏形，在他后来的研究中虽然也提到了试错法学习在其中的重要意义，但是他过分地强调学习的过程需要一个老师，非常遗憾地与强化学习擦肩而过。因为 John Andreae 之前的研究并没有引起很大的关注，导致他对于后来强化学习的一些发展的影响还是有限的。

相比于 John Andreae，Donald Michie 在强化学习方面产生的影响更大。在 1961 年到 1963 年期间，Donald Michie 使用试错学习的方式构建出一个简单的学习系统并利用该系统来玩 Tic-Tac-Toe 的游戏（见图 1.3），该系统被称为“可教育的 Tic-Tac-Toe 游戏盒子引擎（Matchbox Educable Naughts and Crosses Engine，MENACE）”。这个系统由多个盒子组成，每一个盒子代表一个可能的游戏位置；每一个盒子都包括了很多彩色的珠子，不同的颜色表示从该位置上不同的移动方式。每一次游戏的时候，在当前位置相关的盒子上面随机画一种颜色的珠子，于是就决定了系统的行动方式。当游戏结束了，那就通过增加该珠子或者是移除该珠子的方式来奖励或者是惩罚这个 MENACE 系统的决策。这个操作和现在的强化学习的模型已经很接近了。到了 1968 年，Donald Michie 和 Chambers 合作提出了另一个关于 Tic-Tac-Toe 游戏的系统，在这个系统中他们定义了游戏学习的卡出引擎（Game Learning Expectimaxing Engine，GLEE），并且还定义了一个强化学习的控制器称为 BOXES。强化学习最开始也是在一些控制理论当中来使用，多是求解控制优化问题。直到 1989 年，Chris Watkins 将时序差分算法同优化控制理论相结合提出了Q学习（Q-Learning），这才真正使得强化学习有了一大步的迈进。接下来Q学习被使用在包括控制理论以及非完备信息的信息博弈当中。1994年左右，Farley和Clark等人使用监督学习的方式来求解强化学习的问题，使得强化学习与监督学习的界限变得不那么清晰。接下来就是大家很熟悉的部分了，神经网络的发展使得深度学习成为一种非常好用的工具，DeepMind结合它们便构成了本书要介绍的内容——深度强化学习。

图 1.3　Tic-Tac-Toe 的游戏

接下来了解一下强化学习的基本概念。

Tips：本书中，我们探索一种可以计算的、通过交互进行学习的方法，将从一个人工智能算法工程师的角度来阐述问题。通过本书的介绍，期待该算法能够应用在机器人探索或者是经济领域的决策等方面。

通过和环境的交互进行学习是人类天然的学习本领。当一个婴儿在玩耍的时候，并没有一个老师在他的旁边指导，他也知道挥动他的手臂或是观察这个世界，他和这个世界有一个非常紧密的连接，通过这个连接可以得到丰富的有价值的信息。例如，要达到的目标是什么，现在的环境状况怎么样，可以采取怎么样的行动，之后这环境又变成了什么样，应该如何调整现在的行动等。我们大部分的知识和信息来自于和环境的交互。不论是在学习开车，或者是在开始一段对话，我们都能敏锐地感知到环境给我们的反馈，并且也能够分析出这和刚才采取的行动有什么关系。

从交互（Interaction）当中去学习几乎是所有的学习方法的基础，相比于传统的机器学习方法（例如监督学习），强化学习是一种目标导向（Goal-Directed）的学习方法。

强化学习是一种学习如何做能够最大化当前场景中的奖励值的学习

方法，实际上是一种从状态到动作的映射关系（Map Situations to Actions）的学习过程。因此，在一个强化学习的任务当中至少包括以下的几个部分：当前的状态集合（StateBegin）、能够采取的动作集合（Actions）、达到下一状态的集合（StateEnd，当然，上一状态的结尾可能正是下一状态的开始）、单步动作的奖励集合（Rewards）。但强化学习并不是输入一个状态 s，模型就映射到一个动作 a（这就是传统的机器学习的方式）。强化学习是通过应用这些映射的动作，得到一系列的反馈奖励值，然后从中选出最大奖励值的那个动作。也就是说，得到一个状态到动作的映射还不是结束，只有当应用这个动作得到最终奖励时，才能够确定到底哪一个动作才是好的。这相当于一种标签延后的学习方法。此外，当前状态采取的动作不仅要影响此状态下得到的奖励值，还可能会影响到周围环境的状态，因此也会影响接下来状态的奖励值。因此，强化学习具有以下两个明显的特征：试验式求解方式（Trial-and-Error，试错法）和奖励延迟机制（Delayed Reward）。

Tips：我们将状态到动作的映射理解为一对多的映射，也就是说在某一状态下采取的动作可能是多种多样的。因此状态到动作的映射也可以理解为一种概率的分布。

举例说明：假设在一片旷野中寻宝，有四个方向可以走（假设采取的策略是一条路走到黑），每 100 米我们采集一个状态，如图 1.4 所示。可能在第一个状态的时候并不能确定哪一个动作好哪一个动作差，只有继续执行才能知道原来向右坚持行走就可以得到宝藏，也就是说每一个状态下向右行走得到的奖励值要大一些。

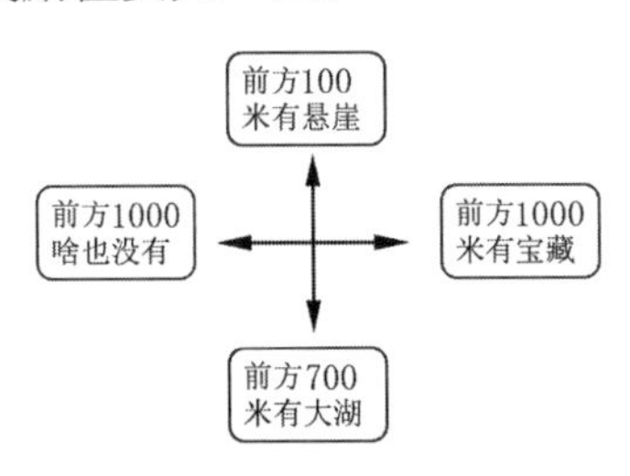

图 1.4　旷野寻宝问题

其实，这里谈到的强化学习更准确的描述应该是强化学习问题（Problem），它是对问题的一种描述而非解决的方法。任何一种适合求解强化学习任务的方法都可以被称为强化学习方法。一般来讲该问题会利用一个马尔科夫决策来描述（后面的章节将详细地描述），其最核心的理论就是：通过一个智能体（Agent）来感知和该问题相关的环境状态，并且在与环境交互的过程中得到最大收益的目标。因此，这个智能体必须具备感知环境状态的能力，还应该具备采取行动并改变环境状态的能力。

Tips：智能体可以被想象成一个扫地机器人，它有一个摄像头进行图像数据的采集，通过图像数据机器人可以感知外界的环境变化（同时也可以感知自己的电池状态等），如果发现某个方位特别脏，采取相应的方向控制进行扫地，扫地之后，环境的状态被改变了。

目前对机器学习的划分有以下几种类型：监督学习、无监督学习和强化学习。强化学习看起来更像是一种监督学习，但是又有很大的不同。监督学习广泛存在于机器学习、统计以及人工神经网络中。监督学习通过从带有监督信息的样例进行学习，是一种非常有效的机器学习方法。但是它并不能够有效地从交互中学习。在类似于强化学习这种交互式问题中，想要得到智能体在各种状态下各种期待的正确的行为动作和正确的表示是不可能的。强化学习的另一种困难是探索与利用之间的权衡（Trade-Off）。要得到最高的收益，强化学习智能体必须要从过去已经采取的行动当中选取，并且要从中选出在获取奖励方面最高效的动作。但是为了发现（Discover）这些优秀的动作，就需要选择之前没有选择过的动作去探索。因此，智能体为了获得高的收益就要利用（Exploit）之前的结果当中最好的动作，但是要获得这些好的动作就要选择那些没有尝试过的动作进行探索（Explore）。于是这就存在一种困境（Dilemma）：不管是单独地采用探索（Exploration），还是利用（Exploitation）都不能够成功地解决强化学习的任务。因此智能体必须不断尝试各种大量的任务，才能够逐步从中找出最好的动作。在一个随机任务中，通常一个动作要执行很多次才能得到一个期望的统计奖励。这种探索与利用的困境在监督学习中也不曾发生。

Tips：探索和利用是两个相悖的动作，需要进行折中。这在机器学习的很多问题中都会遇到，如精度和时间问题。这就是经常会提到的权衡（Trade-Off）的原因。

强化学习的另外一个特点是，它考虑的完全是一个整体的问题——是一个以目标为导向的智能体和未知的环境进行交互的问题。一般来讲，它并不能够像其他学习问题一样被拆分为很多的子问题进行求解。在强化学习的求解过程中采取的也是逆方向求解的方式，即采取的完全是一个交互式目标搜寻的方式进行求解的。

来看一下强化学习的组成部分。强化学习主要由以下几个部分组成：策略（Policy）、奖励函数（Reward Function）、值函数（Value Function）以及一个可有可无的环境模型（Model of the Environment）。现介绍如下。

- **策略：** *决定了某一时刻做出的行为，即前面提到的一种从观测状态到执行动作的映射。在某些简单的情况中也许就是一个简单*

的函数或者查询的列表，但在某些复杂的情况中可能就是一种搜索的过程了。策略是强化学习智能体的核心部分，通过它就可以决定要执行的行为。一般来讲，策略也可能是随机的。

- **奖励函数：**是强化学习的目标，也可以看作是从观察环境变量到奖励值的映射，衡量出该状态的内在满意度。强化学习智能体的直接目标就是最大化在长期行动当中的一个总奖励值。这个奖励函数就决定了当前的决定对于智能体来讲是一个好的决定还是一个坏的决定。奖励函数也可能是一个随机的过程。
- **值函数：**相对于奖励函数这种即时的衡量方式，值函数是一种长期的衡量方式。值函数就是从当前的状态开始到将来的某个状态下的累计奖励值。它是一种从当前状态开始到所有可能的状态的长期满意度衡量。
- **环境模型：**就是对智能体与环境的状态进行建模。当存在一个已知且有限的环境时，才可以对该环境进行建模。而当模型确定时，奖励函数、值函数等也就能够相应建立起来。当然在我们研究的绝大数情况下并不能够很好地进行建模。但是即便是不对环境建模也可以求解到一个在一定容忍范围内合适的解。环境建模其实就是一种 Planing。举例来说明，假设在一个状态下，已知一个动作，模型就能够预测出它的下一个状态和奖励值。也就是说，任何一种状态下通过执行某一动作而得到的状态，在智能体还没有经历之前就已经在模型中。早期的强化学习完全可以看作是一个 Trial-and-Error 的过程，而现在的强化学习问题往往会加入模型再进行求解。

在解决强化学习问题的时候，必须先有奖励函数才能够计算出值函数。没有奖励函数就不能够得到值函数，求解值函数的原因很明确，就是为了得到最大值函数的值。在实际问题中，我们最关心的是值函数的值而不是奖励函数的值。但是值函数的值却比奖励函数的值难求解得多，因为奖励函数的值可以轻松地通过执行动作得到，而值函数的值却需要从观察的序列当中进行评估，并且在整个后续的行动周期中进行修正。因此，会发现在整个强化学习的任务中都是在解决一个值函数的问题。并且，在过去的几十年当中，值函数的求解也取得了很多可以通过理论证明的成果。

Tips：在强化学习当中，一般奖励都是通过先验知识给出的。

虽然整本书都是采用值函数求解的方式求解强化学习问题，但实际上值函数并不是求解强化问题所必须的。例如，某些进化算法（Evolutionary Methods）可以通过优化的方法或者直接在策略空间仿真或者搜索的方式进行求解，当策略空间比较小的时候，这仍然是行之有效的求解方式。但是这些方法忽略了强化学习问题中很多有用的信息，例如，忽略了策略实际上就是一种从状态到动作的映射关系。

Tips：在中国，Tic-Tac-Toe 游戏叫作井字游戏。

接下来通过一个小游戏来了解强化学习。这个游戏叫作 Tic-Tac-Toe，如图 1.3 所示，是一个很古老的游戏，最开始流行于罗马的皇室，然后成为风靡全球的儿童游戏。

这个游戏中有一个 3×3 的网格。两个玩家轮流在这个网格中下棋，一方在其中画圆（用 O 表示），另一方在其中画叉（用 X 表示）。当任意一方所下的三个棋构成一条直线（水平、竖直或者是对角线方向都可以）的时候也就表示该玩家获胜，游戏结束。

一个厉害的玩家完全可以在这种游戏当中保持不败。但是，为了让大家能够了解到强化学习的基本概念，假设对手玩家是一个不很完美的玩家，即假设他有的时候还是会犯一些低级的错误。这样做的目的是为了让我们有输有赢，以便于通过强化学习构造出来的模型观察出对手玩家的一些不合理的动作，从而增加我们自身的胜算。

接下来看在 Tic-Tac-Toe 问题中如何使用强化学习和值估计的方法。

首先，建立一个表格，其中包括游戏中所有可能出现的状态。然后，在每一个状态记录下一个数值，每一个值都是最近一次估计的概率值，表示该状态下可能赢的概率，我们称这个数值为该状态下的值，整张表称作学习到的值函数。如果当前时刻在状态 A 的概率估计值大于在状态 B 的概率估计值，那么就可以说在状态 A 下的值大于状态 B 下的值，或者说在状态 A 下相比于在状态 B 下具有更大的获胜可能性。

在游戏的过程中，假设我们使用的是 ×，对方使用的是 O。当任意 3 个 × 在一行的时候，我们就获胜，获胜的概率为 1；相反，当对方任意的 3 个 O 在一条线上的时候，表示我们输了，获胜的概率为 0。假设在任意其他状态初始获胜的概率值为 0.5。

我们和对手进行了很多次对局，为了决策出下一步应该如何行动，首先检查所有可能移动的位置，然后通过查找值函数表的方式找到合适的动作。大多时候，我们采取的策略都是贪婪策略，也就是朝着值函数的值为最大的位置移动，即具有较大概率获胜的位置。但有时候我们还是采用一些不是冲着最大值的位置运动的动作，这种方式叫作探索，因为这让我们去探索那些可能在这种策略下从来不可能到达的状态。

如图 1.5 所示是一系列的 Tic-Tac-Toe 游戏移动步骤。每一个点代表一个下棋的状态。图中的实线表示在游戏中采取的行动，虚线表示那些我们在游戏中考虑过、但是没有采纳的移动。处于状态 a 的时候，对手首先开始行动，到达 b 状态；在 b 状态的时候，我们考虑了多种移动的动作，但是根据当前值函数分布，最终选择了实线所表示的移动，移动后到达 c 状态；对手通过策略到达 d 状态以后，按照值函数的分布本应该采取值函数最大的 d 到 e 的移动，但是这里采取的是 d 到 e^* 的移动进行探索。

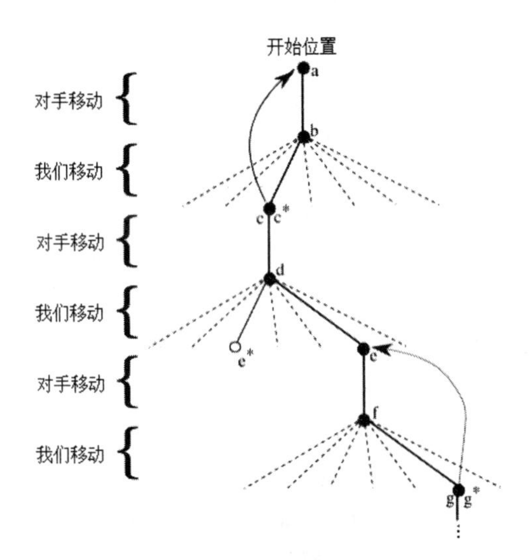

图 1.5　Tic-Tac-Toe 游戏步骤图

在游戏的过程中，我们不断估计各个状态的新值，希望通过迭代修正的方式得到一个更加精确的获胜的概率值。这种修正则是通过逆向反馈的方式进行的，即在完成贪婪法的移动以后，我们将当前状态值返回给移动前那个状态值函数的值，正如图 1.5 中返回箭头所示。其实，更准确地说，改变前一个状态的当前值使之更加接近下一个状态的值。因此，只要将上一个状态值朝着这个方向移动就可以了。如果将当前的状态用 s 表示，采取行动移动到达的状态为 s'，并且用 $V(s)$ 表示状态 s 在此时刻下值函数的值。那么这个值函数更新的过程就可以表示为：

$$V(s) \leftarrow V(s) + \alpha[V(s') - V(s)]$$

其中，α 是一个很小的正值，被称为步长因子，它影响着学习的效率；而 $V(s') - V(s)$ 则决定了学习的方向，是对不同的两个时刻的学习。

以上所描述的方式在强化学习问题中十分有效。例如，其中的步长因子随着时间的推移而适当减小，那么在一定的时间之内该值函数可以达到收敛，使得各个状态值达到一个合理的获胜概率。

这是一个相对简单的任务，但是不采用强化学习的方法可能得不到非常满意的结果。例如，博弈论（Game Theory）中最小最大化（Minimax）的方法在这样的问题中并不是一个正确的方法，因为它假设对方会以一定的方式进行比赛而不会出现较不正常的情况。举例来说，一个 Minimax 的玩家从来不会到达它会输掉比赛的状态，即便那是一个因为对方失误而让它可能赢的比赛状态。

Tips：序列决策，也就是说需要做一系列的决策，但是不能很长远地看到这个决策好不好。

对于序列决策（Sequential Decision Problems）传统的优化算法，如动态规划，能够计算出对手的最优解，但是需要非常具体地给出对手在各个状态的信息，包括对手处在某一状态下采取各个移动的概率，但是我们并不能够先验地得到这些信息（大多数情况下是这样的）。但是，从另一方面讲，这些信息是可以通过经验得到的，例如和对手下很多局的棋，统计得到相关的信息。因此，关于这一类问题的求解最好的方式之一就是：不断地和对手进行比赛，在一定的置信度区间对对手的行为进行建模，然后利用动态规划的方式对这个估计的模型给定一个优化的解。实际上这与强化学习的方法非常接近了。

在这一类问题的求解中，演化算法会直接在可能的策略空间进行搜索，并且找到一个最大可能获胜的策略来对抗对手。这里所谓的策略指的是一种规则，通过这种规则来告诉玩家在当前的状态（这里的状态指的是当前棋局的分布情况、位置信息等）应该采取怎么样的移动。对于每一种可能的策略，通过和对手进行若干次的较量，都应该得到一个该策略能够获胜的概率。这个概率值就直接决定了接下来策略的取舍。因此，一个典型的演化算法就是在这个策略空间中进行爬山般的搜索，在不断地产生和执行策略当中得到一个不断增加的获胜概率。

1.1.2　纵观深度学习

2012 年初，在 Google 的所有项目中几乎还没有使用深度学习方法的；但是到了 2014 年初，已经有超过 200 个项目使用深度学习的方法；而到了 2016 年初，这个数据惊人地超过了 2000 个。

深度学习（Deep Learning）作为当前最热门的研究方向，在各个领域发挥着神奇的作用。深度学习是一种特殊的机器学习，广义地说，深度学习是人工神经网络的一个更平易近人的名称。深度学习的“深”是指网络的深度，而一个人工神经网络也可以非常浅。神经网络的灵感来自大脑皮层的结构，最基本的层次是感知器（Perceptron），即用数学符号表示的神经元 $f(x)$。神经网络可以有几层相互连接的感知器，每一层神经元的集合被称为一个神经网络层。用于数据输入的层为输入层；用于数据输出的层为输出层；介于二者之间的为隐含层。

从学习的角度可以将深度学习解释为深度神经网络，其实它和神经没有任何关系，这样的术语往往让我们高估了深度学习的难度。其实就把每一个神经元想象成一个函数 $f(wx)$ 就好了，也就是给定一个带权重的输入 x，输出一个 y 值，并且这个函数往往是一个非常简单的非线性函数。

Tips：深度学习就是求解一个函数，但是这个函数不能精确求解，只能逼近求解！

人们认为，深度学习是通过学习神经网络，并利用多层抽象来解决模式识别问题的技术。在 20 世纪 80 年代，由于计算成本和数据量的限制，大多数神经网络只有一层。因此相对于传统的机器学习的方法并没有明显的优势。但是由于 21 世纪硬件设备尤其是图形计算模块的飞速发展，使得计算机的计算性能大幅度的提升，深度学习得到了飞速的发展，如图 1.6 所示。

尽管深度学习为何有效的理论依据并不是很充足，但是丝毫没有影响到深度学习的应用。深度学习的发展直接促进了计算机视觉、自然语言处理、数据挖掘等众多领域的发展，并且几乎全面超越了传统方法的性能。下面举例来说明。

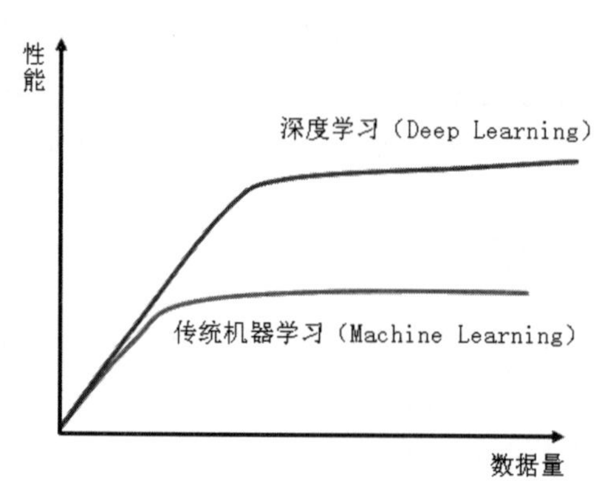

图 1.6　深度学习和传统机器学习性能比较

Facebook 通过使用深度学习在照片面部识别领域取得了巨大的成功。这不仅仅是一个微小的改进，而且是一个转折：在人脸识别任务中，人类进行识别有 97.53% 的正确率，而由 Facebook 研究人员开发的算法可以有 97.25% 的正确率。

在语音识别领域，百度已经开发了一种语音识别系统，能比人类更快、更准确地在手机上生成文本，不管是英语还是中文，并且生成这两种语言不需要额外的设计工作，可见现在的深度学习算法普适性很强。

Google 现在正使用深度学习来优化公司数据中心的能源消耗，他们将冷却能源需求降低了 40%，这意味着公司的电能使用效率提高了 15%，节省了数亿美元。除了各个互联网巨头所引领的商业领域之外，学术界同样被深度学习更新了。至今已有数种深度学习框架，如深度神经网络（DNN）、卷积神经网络（CNN）和循环神经网络（RNN），已被应用于计算机视觉、语音识别、自然语言处理与生物信息学等众多领域，并获取了极好的效果。因此，深度学习的重要性是不言而喻的。

1.1.3　Hello，深度强化学习

之前的章节对强化学习和深度学习做了比较细致的介绍，接下来看深度强化学习（DRL）。如前所述，所谓的 DRL 可以简单地理解为在强化学习当中使用了深度学习这个万能的工具。那么，在其中使用深度学

习做什么呢？函数的拟合、模型的拟合等。函数的拟合包括值函数的拟合、Q 函数的拟合等，模型的拟合包括策略的拟合等。实验表明，深度学习（DL）所拟合出来的函数具有更好的性能。这和深度学习的非线性有很大的关系。

Tips：深度学习也就是深度神经网络，具有非常强的非线性函数的拟合能力！

模型、数据和求解算法是机器学习中重要的三元素。在深度强化学习中也不例外，DRL 同样需要在模型的复杂度和算法的性能之间做权衡。DRL 同样采用卷积神经网络来构建网络模型，因此，对于网络的层数以及卷积核的大小都是模型需要考量的。DRL 中的数据区别于传统机器学习算法的数据。对于一个深度强化学习问题，在学习开始的时候甚至都不用准备数据。数据的获取是经过一步一步地仿真采样得到的。而得到的数据并不是一种带标签的数据，也不是无监督学习中的训练数据。如前面所说的，强化学习的数据是一种标签延迟的训练数据。为了得到一个好的训练结果，通常需要进行大量的迭代采样，这样能够有效地防止过拟合的出现。

如图 1.7 所示，强化学习中有两类学习算法：一种是有模型学习算法，对于算法的理解十分有帮助，但是在现实世界中很少存在这种简单的情况；因此，常用的还是第二种算法——无模型学习算法，也就是不知道模型中的状态转移关系等，在这种模型当中，通常采用样本采样的学习算法，其中典型的为蒙特卡洛算法（MC 算法，如 REINFORCE 算法），以及时序差分算法（TD 算法，如 Sarsa 算法和 Q 学习算法）。这两种算法都普遍使用于基于策略梯度的算法以及基于动态规划的算法中。MC 算法具有很高的方差，学习过程中收敛比较慢，加入一个基准（Baseline）能够缓解这个问题。对于 TD 算法来说，就没有这种问题，而其中的 Q 学习算法确实在该领域取得了非常好的成就，也得到了很多的研究和改进。各个算法将在第 8 章详细介绍。

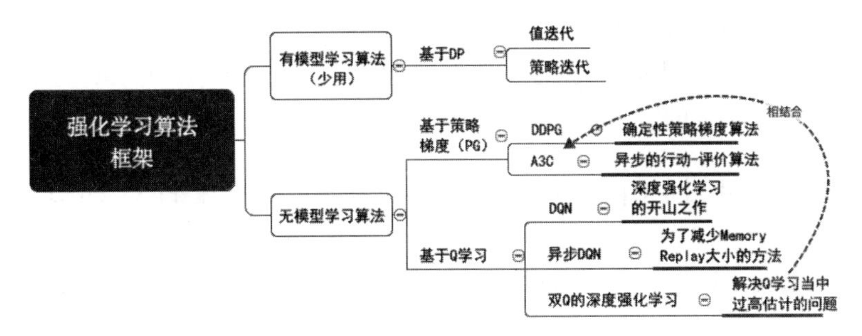

图 1.7　强化学习算法框架

1.2　深度强化学习的学习策略

在进行深度强化学习的过程中，起码要从三个方面进行学习。一个就是深度强化学习的理论基础，第二个就是深度强化学习的仿真平台，最后一个就是相关的实践项目。这三个方面的有机结合能够大大提高学习效率。

Tips：Sutton & Barto 的书绝对是强化学习领域的经典，近期会出版第二版。

理论方面，首先要推荐强化学习的经典书目，那就是 Sutton & Barto 于 1998 年出版的 *Reinforcement Learning*：*An Introduction*。这是强化学习的经典教材，是强化学习的理论基础。目前，该作者也在准备第二版的出版，非常值得期待。除此以外，就是 DeepMind 发表的强化学习相关的论文。从深度 Q 学习到双 Q 学习，从确定性策略梯度算法（DDPG）到 A3C 算法，从这些算法当中可以学到很多。

最好的学习方式莫过于实践，那怎样来实践强化学习算法呢？就要说到深度强化学习的实验平台了。目前，深度强化学习还主要用于游戏的决策中。因此，这个平台一定需要提供游戏的接口。目前主要的训练平台有 3 个：两个来自于 OpenAI，分别是 Gym 和 Universe，还有一个来自于 Google 的 DeepMind，名叫 DeepMind Lab。OpenAI 是由特斯拉的老总马斯克和知名风投专家 Peter Thiel、Sam Altman（Y Combinator 创始人）共同创立的 AI 研究组织。OpenAI Gym 是一个用于开发和比较 RL 算法的工具包，与其他的数值计算库兼容，如 TensorFlow 或者 Theano 库，现在主要支持的是 Python 语言，以后将支持其他语言。目前，RL 研究的发展受到了限制，需要更好的基准测试，而且“出版物中缺少标准化的环境”。不难想象，当一位科学家的研究论文假定你可以使用一套专有的工具集，你就很难再现他的结果。OpenAI Gym 就是在这样的背景下产生的。

2016 年 4 月，OpenAI 对外开放了其 AI 训练平台 OpenAI Gym。而在 2016 年 12 月，该组织宣布开源测试和训练 AI 通用能力的平台 Universe，Universe 将提供 1000 多种不同的游戏和训练测试环境。Universe，是由 OpenAI 发布的 AI 训练架构，训练 AI 通过虚拟的键盘和鼠标像人类一样使用计算机，在 Universe 中 AI 能够像人一样看视频、浏览网页、玩游戏等。

OpenAI 认为现在的 AI 技术虽然已经做到在围棋比赛中击败人类这样的事情，但还是只能限定在一个很窄的领域，能在特定领域有着超越人类的表现，但在其他领域基本能力为零。就像 AlphaGo 可以很轻松地在围棋比赛上击败人类，但在其他棋类游戏上完全没能力。

Universe 就是为了解决这个问题而产生的，OpenAI 的研究主管 Ilya Sutskever 就说过，"一个真正的 AI 应该能解决任何你交给它的问题"。OpenAI 认为虚拟世界和现实世界处理问题的能力是相通的，通过在虚拟世界中训练 AI 完成各种任务，能够有助于以后解决现实世界中的问题。

而就在 Universe 开源不久，DeepMind 在官方宣布了开源其 AI 核心平台 DeepMind Lab（见图 1.8），并将其训练环境的所有源代码上传至开源社区 GitHub 上，供大众进行实验和研究。这是继 OpenAI 开放其训练平台 OpenAI Gym 之后，人工智能研究领域的又一次开源大事记。同时，DeepMind 的这一举动也证明了该实验室对研究成果所抱有的积极开放态度。此次对外开放的 DeepMind Lab 便是基于该理念专为 AI 研究而量身打造的一款类似于 3D 游戏的平台。在该平台中，通过让虚拟代理（智能体）环顾周围、来回移动等动作去执行不同的任务，包括收集水果、走迷宫、穿越危险的通道（同时要避免掉下悬崖）、打激光标记以及迅速学习和记忆随机生成的环境，从而在没有预编程的前提下，虚拟智能体能够自适应不断变化的外界环境，以实现自我学习，增强人工智能能力。

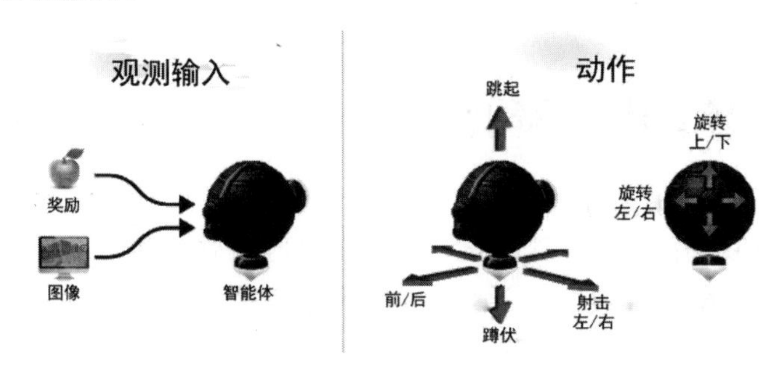

图 1.8　DeepMind Lab 平台示意图

Tips：要学会使用这些开源工具，因为自己搭建的可靠性以及时间成本都需要考虑。

有了这些可以进行实验验证的平台之后，将如何进行算法的研究呢？最好从现在的实践例子开始。

目前，在深度强化学习上的应用相对于深度学习其余方面的应用还是比较少的。但是，有几个项目应用对我们理解该算法是十分有益的。推荐 Flappy Bird 游戏作为深度强化学习入门应用实例。该游戏非常简单，是深度 Q 学习的一种实现，同时也是深度强化学习的开山之作，因此该例子非常适合入门学习。此外，在图像领域，深度强化学习也用于注意机制的使用以及目标跟踪的任务。在这些例子中，网络通过强化学习集中到检测或者是跟踪中最感兴趣的区域，依次来提高图像领域中模型的性能。在动画领域，强化学习还被应用到动画仿真中，如图 1.9 所示，通过 DRL 算法，使这只仿真狗能够根据路的状态自主决策执行跑、跳动作。

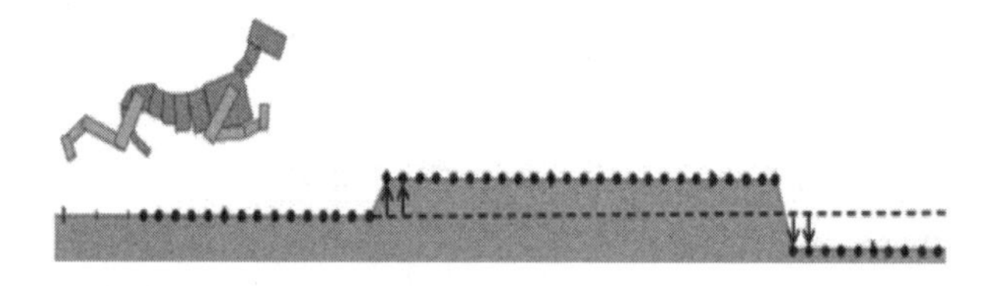

图 1.9　DRL 在动画仿真中的应用

实际上，DRL 目前开始尝试应用在很多领域，但是都还处于起步阶段，也正是因为处于这样的阶段才有非常不错的机会。在后面的章节中，我们会继续对一些好的例子进行讲解，包括前面提到的两个例子，还包括采用策略梯度的算法进行 Play Pong 游戏的学习。同时，我们也会对 AlphaGo 算法进行解密，通过项目深度地了解 DRL 算法。

1.3　本书的内容概要

这一章我们回顾了人工智能的历史，同时对强化学习的历史也做了简要的介绍。然后，对强化学习的基本概念进行了讲解，通过一些例子希望读者能够在感知上认识强化学习。还指出了深度强化学习的意义所在，也对于如何进行强化学习算法的学习给出了一些建议，主要从理论、平台以及实践的案例进行说明。

第 2 章对传统的强化学习算法进行介绍，包括强化学习的基础马尔科夫模型以及马尔科夫决策过程、有模型强化学习算法以及无模型强化学习算法。所谓有模型强化学习算法即马尔科夫决策过程中知道各个状态之间的转移概率。因此，有模型强化学习算法在实际问题中并不常见，也过于简单，但是其对于强化学习的理解十分有好处。在无模型强化学习算法中，主要包含如图 1.10 所示的几种算法，后面都会一一介绍。

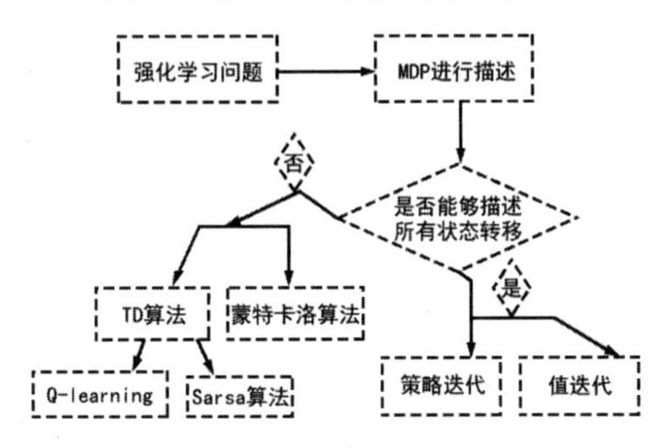

图 1.10　强化学习算法分类

深度强化学习算法中，深度学习的理解必不可少。因此，本书从第 3 章开始将进行深度学习相关内容的讲解。第 3 章和第 4 章为整体的介绍，包括深度学习的发展历程、深度学习的理论基础（如反向传播算法等）、当前主流的功能神经网络（包括卷积网络层、循环网络层、Batch Normalize 层等）。第 5 章和第 6 章会对其中的卷积神经网络（CNN）以及循环神经网络（RNN）进行更加细致的解读。CNN 和 RNN 是目前最常用的深度学习网络结构，CNN 多用于处理空间结构的数据任务，RNN 多用于处理时间序列的数据任务，当然二者并没有明确的界限。

第 5 章对 CNN 进行了细致的讲解，包括 CNN 的组成部分、CNN 的计算细节以及经典的 CNN 结构。通过本章的学习可以掌握如何设计一个神经网络，以及如何让它变得高效等，对于深度强化学习的理解也是非常关键的。第 6 章介绍了循环神经网络（RNN），包括 RNN 的基本构成以及 RNN 的几种通用结构。目前，RNN 在强化学习上的应用还比较少，但是如前所述，CNN 和 RNN 的应用场景并不能够明确地区分。因此，不难想象在不久的将来会出现基于 RNN 的强化学习算法。就目前而言，我们所使用的深度强化学习算法都是基于 CNN 的。为了更深刻地认识 CNN，在第 7 章中，将介绍如何来设计实现自己的卷积神经网络。目前虽然出现了各种各样的开源软件库，但是我们往往都是调用其算法的程序接口，里面的设计和实现的原理并不明白。为了更好地理解其中的原理，第 7 章会讲解如何用 C 语言一步一步地实现 CNN，通过这章的学习希望大家对于深度学习的认识有一个质的提高。

第 8 章开始要正式学习深度强化学习的内容。第 8 章是 DRL 的理论基础，主要会讲解基于动态规划的 DRL 算法原理以及基于策略梯度的算法原理。第 9 章是 DRL 的算法框架，包括深度 Q 学习网络、深度双 Q 学习网络、异步的 DRL 算法及其优势、基于 Actor-Critic 算法，以及最新提出的包含学习计划（Learn to Plan）的值迭代网络。第 10 章是实践项目，包括基本的 Flappy Bird 应用、Atari 游戏中的 Play Pong 应用、基于 Actor-Critic 算法的 3D 动画仿真以及在深度强化学习方面最有名的应用——AlphaGo 算法的解密。

希望本书能够揭开人工智能的神秘面纱，帮助读者理解人工智能算法，也希望通过本书的学习，读者能够掌握 DRL 算法的精髓，设计出在自己研究领域的 DRL 算法，提高计算机的智能水平，提高人类的生活质量。

参考文献

[1] Andrew G Barto. Reinforcement Learning：An Introduction. MIT Press, 1998.

[2] Zhongzhi Shi. Advanced Artificial Intelligence. World Scientific, Mar 2011.

[3] Xue Bin Peng. Dynamic Terrain Traversal Skills Using Reinforcement Learning. ACM SIGGRAPH, 2016.

第 2 章　强化学习基础

强化学习具有非常好的实用价值，能够在机器控制、无人驾驶、智能游戏、金融决策等多个方面发挥决定性的作用。本章学习内容为传统的强化学习方法，强化学习问题的求解主要是基于动态规划算法。通过本章的学习，将掌握的内容有：如何使用马尔科夫决策过程来描述一个强化学习的问题；对于一个强化学习问题，如何进行求解；如果不知道问题的模型参数，应该如何求解强化学习问题等。本章内容是深度强化学习算法的基础，务必要深刻理解掌握。

从理解强化学习的角度准备了一个关于金融决策的引例。

张三今年刚刚毕业进入职场，由于平时喜欢琢磨，因此毕业的时候很顺利地找到了一份不错的工作，工资待遇令人满意。于是，张三想利用闲钱进行投资理财。虽然，他对于金融市场一点儿也不懂，但是他听说当前正是投资的最好时机。一向喜欢专研的他开始犯难了：到底该抓住这个大好时机投资，还是应该好好研究这个市场再做决定？经过认真的思考，张三决定：将一半准备用于投资的资金即刻进行投资，剩下的通过已投资的资金的收益情况来决定如何投资。用于投资的资金中：1/3 用于投资固定存款；1/3 用于投资基金，剩余的 1/3 用于股票的投资。

经过一个月的试验，张三发现，固定存款每个月的年化收益稳定为 3%，基金的收益情况稍微波动，但是也有 5% 左右的年化收益，而波动最大的就是股票了（见图 2.1），收益最高的时候达到了 15%，而最差的时候居然亏了 10%。于是张三决定，稳定固定投资的比例，增加基金投资的比例，仍然留出一部分的资金进行股票的投资，但是比例有所降低。等到一个月之后再来调整投资的比例。

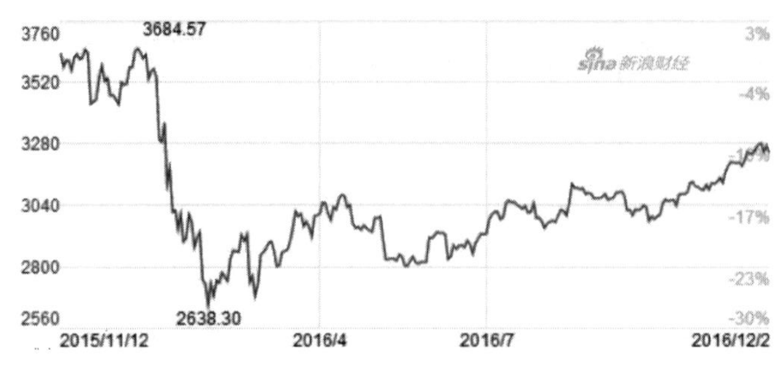

图 2.1　A 股近一年走势图（来源：新浪财经）

以上是一个投资理财的例子，但是从中可以看到很多类似于强化学习的概念，例如，市场状态对应于强化学习中的环境状态（有连续的和离散的）；开始的比例分配对应于随机的决策；根据后面的收益来决定投资的策略就相当于根据当前的收益情况采取探索还是利用的策略等。如图 2.2 所示，我们可以对强化学习的一些基本但是重要的概念有一定的了解，后面的章节会详细地阐明传统的强化学习相关的概念。

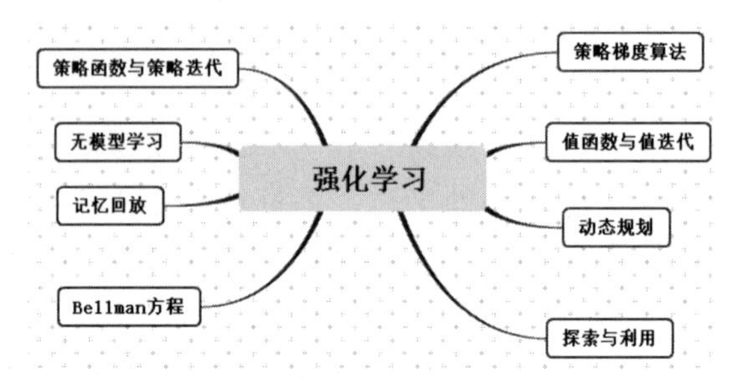

图 2.2　强化学习基本概念图

通过本章的学习将掌握以下知识。

- 强化学习的基本模型：MDP。
- 利用和探索（Exploitation & Exploration）。
- 值函数和动作 - 值函数。
- 模型的求解方式，包括值迭代和策略迭代的求解算法。
- 无模型（Model-Free）学习算法，包括蒙特卡洛算法（MC 算法）和时序差分算法（TD 算法）。
- 逆向强化学习简述。

2.1　真相——经典的隐马尔科夫模型（HMM）

我们的眼睛和很多事情的表象都会欺骗我们（如图 2.3 所示），因此，要学会通过表象看到本质，同时也要思考为什么。也许这样才能看到一个更广阔的世界。

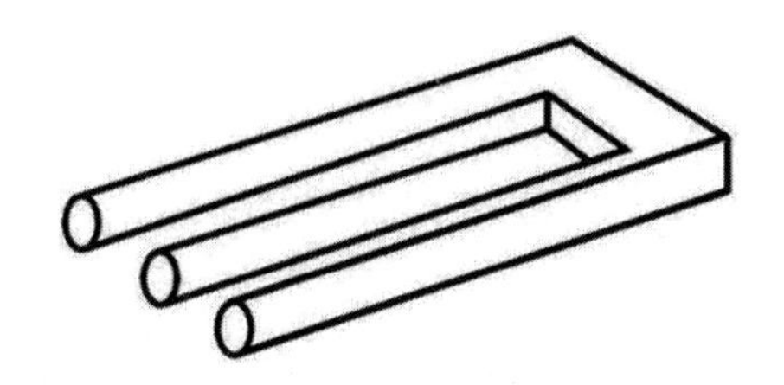

图 2.3　从左和从右看有什么不同（图片来自于网络）

在学习强化学习基础之前，先进行隐马尔科夫模型的介绍。原因有两点：（1）隐马尔科夫模型的学习有助于对强化学习中状态转移等概念的理解；（2）强化学习是基于马尔科夫决策过程进行描述的。因此，理解马尔科夫过程对强化学习问题的理解是极其重要的。

2.1.1　HMM 引例

在介绍隐马尔科夫模型的概念之前，还是从一个典型的例子开始。首先对问题的场景进行描述，然后再提出要解决的问题。

有 4 个盒子，每一个盒子中都装有红、白两种颜色的球，总共 5 个。其中白球和红球的分布情况如图 2.4 所示：1 号盒子中有 3 个白球，2 个红球；2 号盒子中有 1 个白球，4 个红球；3 号盒子中有 4 个白球，1 个红球；4 号盒子中有 2 个白球，3 个红球。

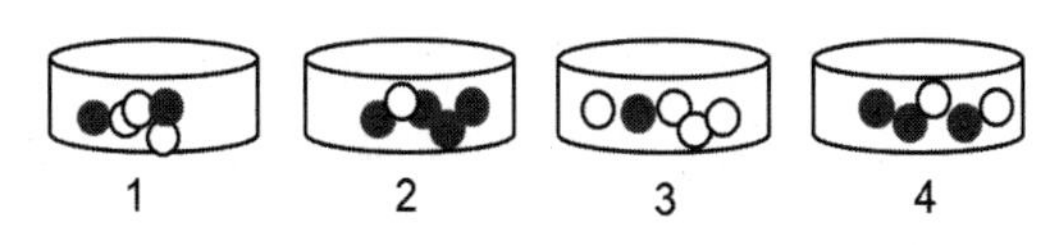

图 2.4　盒子中球的分布情况

接下来，按照规则抽球，得到一个抽出来的球的颜色序列（称为观察序列）。开始时，随机地从这四个盒子中选择一个盒子抽球，抽取以后，记录抽取的颜色，再将球放回，然后在当前的盒子按照如下的规则转移到下一个盒子继续抽球。规则为：如果当前的盒子为 1 号，则无条件转移到 2 号盒子；如果当前的盒子是 2 号或者 3 号，则分别以 0.4 和 0.6 的概率转移到它的上一个盒子和下一个盒子；如果当前的盒子是 4 号盒子，则以 0.5 的概率留在当前的盒子，以 0.5 的概率转移到 3 号盒子。如此继续抽球。

现在要解决的一个问题就是：假设经过 5 次抽球，得到一个观察序列为

$$O=\{\text{红，白，红，红，白}\}$$

那么，请问根据上面的规则，在只知道上述观察序列的情况下，上述观察序列最可能从什么样的盒子序列中得到？

2.1.2 模型的理解与推导

隐马尔科夫模型（HMM）是一个关于时序的概率模型，描述了一个由隐藏的马尔科夫链随机生成的不可观测的状态随机序列，再由各个状态生成一个观测而产生观测随机序列的过程。其中，隐藏的马尔科夫链生成的状态随机序列被称为状态序列（State Sequence），每一个状态生成一个观测，由此产生的观测随机序列被称为观测序列（Observation Sequence）。序列的每一个位置都可以看作一个时刻。每一个状态之间以一定的概率进行转换，生成的观测序列也不止一个，因此也存在一个概率的分布。

因此，可以看出隐马尔科夫模型主要由五部分组成：状态序列、状态转移矩阵、观测序列、观测概率分布以及一个初始的状态分布。

个人认为，隐马尔科夫模型是一个通过表象看本质的学习模型。表象就是我们观察到的，本质就是隐藏在表象背后的实质。通过这个模型，可以看到背后实质的分布情况。例如拼音输入法（见图 2.5），我们输入的拼音字母就是观测序列，而这个观测到的表象的实质应该是我们想要的汉字短语或者是句子。隐马尔科夫模型就是通过输入的拼音字母生成最大可能的汉字序列，概率越大的就放在越靠前的位置。

yinmaer

1.因马尔 2.隐马尔科夫 3.饮马 4.银马 5.隐 6.因 7.银

图 2.5　拼音输入举例

正是因为隐马尔科夫模型存在这样的隐变量，才因此得名。

隐马尔科夫模型属于概率图的一种，是一种生成式算法。也就是说它会从给定的数据集中学习到数据的一种概率分布。但是和一般的生成式模型不同的是，它处理的是一个序列判定的问题。在一些与时间相关的问题中，也就是某过程随着时间而进行，如果在 t 时刻发生的事情受 t-1 时刻发生的事情的直接影响，那么这个问题就可以通过隐马尔科夫模型来很好地解决。隐马尔科夫模型具有一组已经设置好的参数，可以最好地解释特定类别中的样本。在使用中，一个测试样本被归为能产生最大后验概率的那个类别，也就是说这个类别最好地解释了这个测试的样本。

接下来从一阶马尔科夫模型和一阶隐马尔科夫模型两个方面去加深对 HMM 的认识。

1. 一阶马尔科夫模型

考虑在连续时间上的一系列状态。在 t 时刻的状态被标记为 $w_j(t)$，表示的是在时刻 t 可能产生的各种状态，但是这个时候产生的是状态 w_j。一个时长为 T 的状态序列记作：$w^T=\{w(1),w(2),w(3),\cdots,w(T)\}$。

Tips：需要注意的是，在不同的时刻可能处在同一状态，在同一个时刻并不要求每一个状态都被选取到。

那序列又是通过什么样的方式产生的呢？这就需要依靠状态转移矩阵，可记作：$P(w_j(t+1)\,|\,w_i(t))=a_{ij}$，表示的是系统在某一时刻 t 处于状态 w_i，在下一个时刻变为状态 w_j 的概率。这个概率和时间无关，并且并不需要对称，也就是说从状态 w_i 转移到 w_j 的概率并不等于从状态 w_j 转移到 w_i 的概率。同一状态之间的转移也可能发生。我们所说的模型就是指全部的状态转移概率都已经知道，所以在已知模型的情况下，对于一个输入的序列，就可以简单地通过各个状态转移概率相乘得到后验概率的估计。

如图 2.4 所示的例子，4 个盒子就对应于 4 种不同的状态。根据已知条件可知，从盒子 1 一定会转移到盒子 2，即从状态 1 转移到状态 2 的概率为 1.0，$P(w_j(t+1)=2 \mid w_i(t)=1)=1.0$。读者可以由此求出一个 4×4 的状态转移矩阵。

2. 一阶隐马尔科夫模型

假设某一个时刻 t，系统处在某一个状态 $w(t)$，同时从这个系统还激发出某种可以被观察到的序列，用符号 $v(t)$ 来表示，并且从每一个状态激发出的可观测状态可能有多种，每一个可观测状态 $v_k(t)$ 都有其对应的概率。那么在 t 时刻，由状态 $w(t)$ 激发出的状态 $v_k(t)$ 的概率可以表示为：$P(v_k(t) \mid w_i(t))=b_{ik}$。正是因为在这种模型中，只能观察到观测序列 $\{v_k(t)\}$，因此将该模型称为隐马尔科夫模型。

图 2.6 所示的是一个有两个状态的隐马尔科夫模型示意图，在图中状态 s_1 和 s_2 都能够产生两个观测序列。状态 s_1 产生出观测 v_1 的概率为 0.4，即：$P(v_k(t)=v_1 \mid w_i(t)=s_1)=b_{11}=0.4$，这里表示的其实就是一个条件概率。

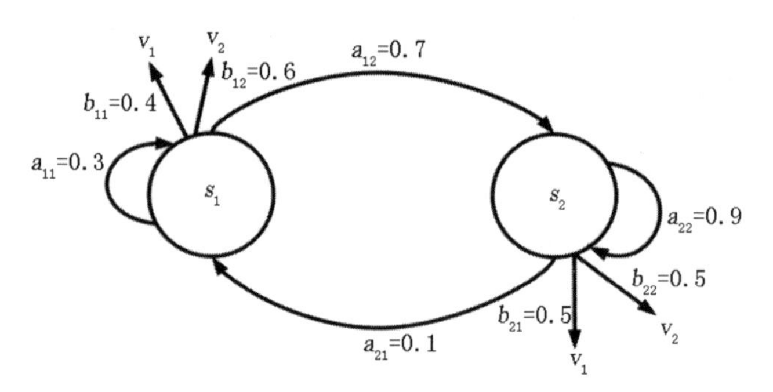

图 2.6　隐马尔科夫模型示意图

因此，一个隐马尔科夫模型可以用 λ 来表示：$\lambda \sim (\boldsymbol{A},\boldsymbol{B},\boldsymbol{\pi})$，其中的 $\boldsymbol{A},\boldsymbol{B},\boldsymbol{\pi}$ 表示隐马尔科夫模型的三要素。$\boldsymbol{A}$ 表示状态转移矩阵，为从一个状态转移到另一个状态的转移概率，即其中的各元素 $a_{ij}=P(w_j(t+1) \mid w_i(t))$；$\boldsymbol{B}$ 表示观测概率矩阵，为从一个状态发出某种观测状态的概率，即其中的各元素 $b_{ik}=P(v_k(t) \mid w_i(t))$；$\boldsymbol{\pi}$ 表示初始状态向量，即各个隐状态在初始的时候被选中的概率。

由隐马尔科夫模型可知，它主要可以解决如下三类问题。

- **估值问题：** 假设已知该 HMM 的状态转移矩阵 $\boldsymbol{A}$，以及观测概率矩阵 $\boldsymbol{B}$，那么就可以计算出特定的观测矩阵的概率。
- **解码问题：** 假设模型已知，得到一个观测序列，可以求解出最有可能产生该观测序列的隐含状态序列。
- **学习问题：** 假设只知道模型的大概结构，可以通过数据对模型的参数进行求解。

下面将举例来说明这些问题的求解。

2.1.3　隐马尔科夫模型应用举例

由于篇幅的限制，本书只对本章引例进行分析。估值问题就是简单的概率相乘；学习问题，一般通过前向和后向的算法（Forward-Backward Algorithm）进行参数的求解。如读者需要进一步了解，可参考其他书籍。

不难看出 2.1.1 节的引例是一个解码问题：模型已知，生成的序列已知，希望从给定的序列求解出其隐含的状态序列。首先将该模型进行描述，将图 2.4 中的 4 个盒子看作 4 种状态，每一种状态都可能转换为另一种状态，因此每一种状态都存在 4 种状态转移的可能。所以构建出的状态转移矩阵的大小为 4×4。其中，每一个元素表示的是转移概率，于是得到状态转移矩阵 $\boldsymbol{A}$ 为：

$$\boldsymbol{A}=\begin{bmatrix}0.0 & 1.0 & 0.0 & 0.0\\ 0.4 & 0.0 & 0.6 & 0.0\\ 0.0 & 0.4 & 0.0 & 0.6\\ 0.0 & 0.0 & 0.5 & 0.5\end{bmatrix}$$

而在某个特定的状态下，得到的观测序列的概率矩阵用 $\boldsymbol{B}$ 来表示。这里存在 4 种状态，在每一种状态下都有两种观测的可能，即红和白。因此，$\boldsymbol{B}$ 的大小为 4×2。通过对图 2.4 的观察，用第 1 列表示红球的概率，第 2 列表示白球的概率，得到 B 矩阵为：

$$\boldsymbol{B}=\begin{bmatrix}0.4 & 0.6\\ 0.8 & 0.2\\ 0.2 & 0.8\\ 0.6 & 0.4\end{bmatrix}$$

同时，采取随机化的策略，得到初始的状态被选中的概率为：

$$\boldsymbol{\pi}=\begin{bmatrix}0.25 & 0.25 & 0.25 & 0.25\end{bmatrix}$$

接下来就要求解解码问题：假设，经过 2 次抽球（为了篇幅，将问题简化），得到一个观察序列为：

$$O=\{红，白\}$$

那么最可能的隐含状态序列是什么（也就是说，这 2 次抽球最可能是从什么样的盒子的顺序当中抽取出来的）？

由状态的初始状态以及观测序列的第一个元素可知，对于每一个状态 $i(i=1,2,3,4)$ 对应的观测值为红的概率为： $p_i^{\ 1}=\pi_i b_i(0), i=1,2,3,4$ 。因此计算得到的结果为：

$$p_1^{\ 1}=0.25\times0.4=0.1 \quad p_2^{\ 1}=0.25\times0.8=0.2$$

$$p_3^{\ 1}=0.25\times0.2=0.05 \quad p_4^{\ 1}=0.25\times0.6=0.15$$

观测序列的第二个值为白色，那么就要考虑从第一个状态转移到第二个状态，并且在此基础上产生白球的最大可能。因此，此时的情况稍微复杂一点：从以上的四种状态分别进行状态转移并且产生白球，找出其中最大的那一个。

对于第一种状态，只能转移到第二种状态，因此得到的概率为：

$$p_{1->2}^{\ \ 2}=0.1\times1.0\times0.2=0.02$$

对于第二种状态，能转移到第一种状态或者是第三种状态，因此对于转移到第一种状态下的情况得到的概率为：

$$p_{2->1}^{\ \ 2}=0.2\times0.4\times0.6=0.048$$

而如果是转移到第三个状态之后，得到的概率应该是

$$p_{2->3}^{\ \ 2}=0.2\times0.6\times0.8=0.096$$

对于第三种状态，和第二种状态类似，能转移到第二种状态或者是

第四种状态。我们仍然可以做出类似的计算。但是，其实从序列的第一个元素的概率就知道，极不可能从第三种状态进行转移（当然，如果后面的概率足够大也是可能的，请读者自行计算）。

再来看最后一种状态，对于第四种状态，能保持在本状态也能够转移到第三种状态，因此对于保持在本状态下的情况得到的概率为：

$$p_{4->4}{}^{2} = 0.15 \times 0.5 \times 0.4 = 0.03$$

而如果是转移到第三个状态之后，得到的概率应该是：

$$p_{4->3}{}^{2} = 0.15 \times 0.5 \times 0.8 = 0.06$$

因此，根据计算出的概率结果可知要产生序列 O={ 红 , 白 }，最可能的路径是：从 2 号盒子开始抽到了红色的球，然后又从 3 号盒子中抽到白色的球。至此，HMM 在解码上的应用就算是解决了。

2.2　逢考必过——马尔科夫决策过程（MDP）

当我们做学生的时候，如果考试前老师给划重点是最开心不过的了。在马尔科夫决策过程（有模型的 MDP 问题）中要解决的问题就是一个已经给划好重点的问题，只要建立好这个模型就能够轻松地“通过考试”了。

在本节的内容中，将学习马尔科夫决策过程（Markov Decision Process，MDP），它是强化学习的基础。几乎所有的问题都通过马尔科夫决策过程来描述。因此，本节内容对于后面的学习有着重要的指导意义。

机器学习主要分为：监督学习、无监督学习及强化学习。对于监督学习和无监督学习来讲，主要的区别就是训练的数据是否有类别标签。如对于图像中的行人检测（Pedestrian Detection）问题，输入的图像块（Image Patches）是否为行人就是它的类别标签，可以用 1 或者是 -1 来表示。对于强化学习来讲，往往是一个为了达到目标状态的决策问题。它存在一个智能体（Agent）来感知周围的环境状态（State），同时能够根据决策（Policy）规则，在当前的环境中执行一个动作（Action）达到另一个环境状态，并且得到一个反馈奖励（Reward，存在正负反馈），强化学习的基本结构如图 2.7 所示。

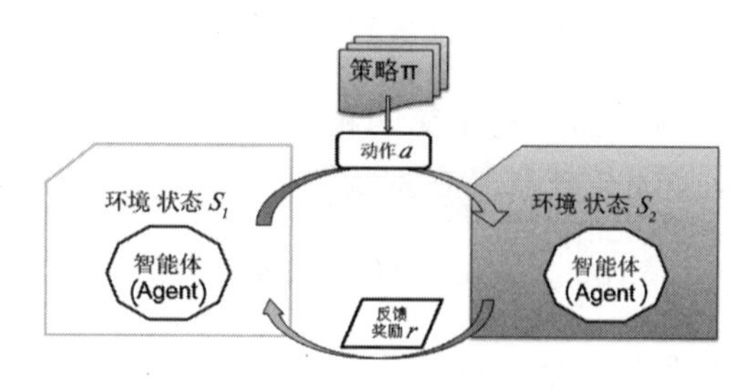

图 2.7 强化学习的基本结构

本节将围绕如图 2.7 所示的强化学习的基本结构进行细致的讲解，对于其中的智能体、环境状态、策略以及反馈奖励等概念都会结合实例进行深入的探讨。为了适应不同层次的读者，接地气的例子和规范的例子都有使用。

2.2.1 MDP 生活化引例

强化学习指的是在一系列的情景之下，通过多步恰当的决策来达到一个目标的学习过程，是一种序列多步决策的问题。摸索这个策略的过程，实际上就是强化学习进行学习的过程。可以看出强化学习有别于传统的机器学习，它不能立即得到标记，而只能得到一个暂时的反馈（多为人为经验设定），也可以说强化学习是一种标记延迟的监督学习。理解其中的基本概念对于整个算法有重要的意义。下面从一个生活化的例子开始，如图 2.8 所示。

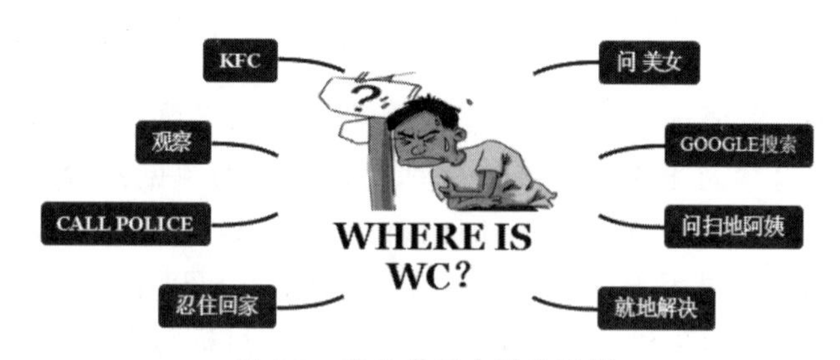

图 2.8 强化学习生活化引例

有一天，你到了一个陌生的城市，突然想上厕所，该怎么办呢？一眼望去，方圆 1 公里内都没有发现 KFC，更没有发现明显的公厕标记。这个时候你急中生智，多个解决方案便闪现在脑中，你的脸上不觉露出了一丝笑意。方案一：找棵树，在树后面直接解决（鄙视），但是人多树少过于招摇，你很快否决了这个方案。方案二：Google 地图查找，于是你掏出了手机，迅速地输入关键字 WC，显示的结果都太远了，只能当作一个次好的方案吧。方案三：问路，这个方案让你对自己崇拜万分，毫无疑问这是一个更好的方案。那么新的问题也随之而来：问什么样的人成功的概率大一些，使重新问别人的可能性要小一些？如果从性别来看，是问男人还是女人？他们中谁更加了解这个城市？毫无疑问，是女人。但是你天生羞涩，和妹子说两句话就脸红，更何况还是问她厕所在哪里，终于你还是比较好面子的，选择了一个大爷问路。“大爷，请问厕所在哪里啊”，大爷举起颤抖的右手，指向了不远处的大楼，于是你朝着那里飞奔。此时心情倍爽，脚步轻盈，忽然间也不是很急了，于是你开始走走停停，观察周围的美景，空气也变得异常清凉。慢悠悠你到了那个大楼，轻快地推大门，咦！推不动，原来没开门……

对应强化学习的基本结构，将上面的例子抽象为一个强化学习的数学模型（当然并不是完全吻合的强化学习模型）。在这个例子中，人物对应于一个智能体（Agent），Agent 要达到的目标状态是一个有厕所的地方。这个时候他感知到的环境状态 S_1 就是：周围人多树少，自己想上厕所；没有明显的厕所标志，没有可以上厕所的 KFC；自己不是很急。这便是智能体感知到的周围环境状态（包括自身的状态，如一个扫地机器人做决策的时候仍然要考虑自身的电池电量状态）。在此状态下的智能体存在三种决策策略：（1）找棵树解决；（2）地图搜索；（3）询问路人。实际上每一种策略都会产生一个动作的集合，如决策（2）的地图搜索，是用百度搜索还是 Google 搜索；决策（3）的询问路人，是询问男人还是女人等，相应的策略都会构成一个动作集合。在采取某种动作后，会达到一个新的环境状态，以及得到一个奖励的反馈。这个例子中，智能体采取询问一个老大爷的动作以后，环境状态变为：不远处大楼存在厕所且概率几乎为 1；周围人多树少，自己不是很急等。当采取了该策略后，会发现某些环境特征（如人多树少）变得不那么重要了，同时，根据智能体的心情可以判断出他收到的是一个正反馈。在实际的训练过程中，这个反馈奖励的值也可以通过一定的方式进行度量。

2.2.2 MDP 模型

通过图 2.8 所示的例子，对于强化学习已经有了基本的认识。其实，强化学习解决的就是一个决策的问题。我们生活中到处都充满了决策，小到今天要吃什么，去哪儿玩；大到做投资理财，或者是规划人生。很多的决策过程都可以被抽象为一个马尔科夫决策过程（Markov Decision Process，MDP）。关于 MDP 的定义，目前比较清楚的定义有两种，并且二者也是等价的。一种是将马尔科夫决策过程定义为 (S,A,P)，各元素意义如下。

- S：环境状态空间，或者状态集。
- A：动作空间，或者动作集。
- P：实际上是用 $P(r,s'|s,a)$ 来表示，为状态转移的概率分布，即在当前状态 s 和动作 a 下，下一个时间片的状态 s' 和反馈 r 会是怎样的，通常用概率分布来表示。对于一些完全可观察的问题如围棋，下一步的状态是可以确定的。

在斯坦福大学的强化学习课程中还有另一种定义，是通过 5 个元素（被称为 Tuple，即元组的意思）来定义的：(S,A,P,γ,R)，各元素意义如下。

- S：状态集，和上面一致。
- A：动作集，和上面一致。
- P：状态转移矩阵，但是并不涉及奖励值。
- γ：折扣因子（Discount Factor），是一个 0~1 之间的数。一般根据时间的延长作用越来越小，表明越远的奖励对当前的贡献越少。
- R：奖励值或者是奖励值函数。每一个状态对应一个值，或者一个状态 - 动作对（State-Action）对应于一个奖励值。

通过对两者的比较不难发现，它们并没有太大的区别。由于将反馈奖励值同状态转移分别列出来，其实更有利于问题的描述。因此本节对模型的描述也是基于后者的描述。

另外，对于策略 π 还需要说明一点。虽然 π 没有出现在模型的参数中，但是策略却是从状态到动作的一种映射。因此通常一个动作 a 可以表示 $a=\pi(S)$。策略集合和动作集合的关系如图 2.9 所示。

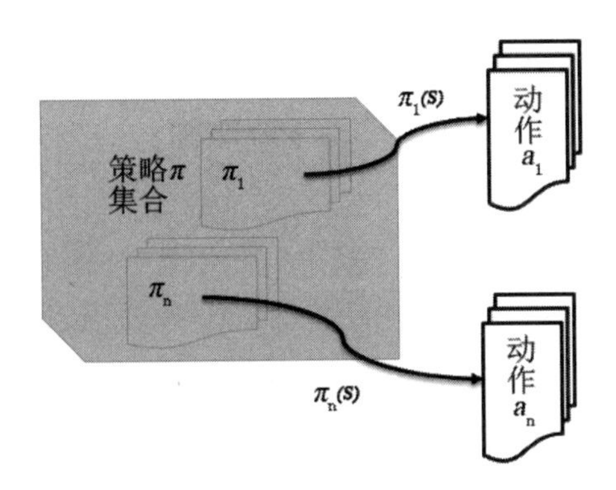

图 2.9　策略和动作的关系

2.2.3　MDP 模型引例

下面仍然从一个简单的例子开始，从整体上认识 MDP 要解决什么问题。然后，基于该例子还将介绍如何采用不同的方式进行求解。

问题描述：请从图 2.10 中任意标号位置以最少的步数达到灰色位置。

图 2.10 描述的是接下来要解决的问题，图中的灰色区域是最终要达到的目的地，其余部分中的每一个数字代表一个位置。当这个游戏开始的时候，你可能处在其中的任意一个位置。你可以采取 Actions 中的任意一个动作，即向上、向下、向左或是向右行走，并且概率相等，都为 1/4。但是每一次行走你都将收到 -1 的奖励值（或者说付出 1 的代价）。不管你处于什么样的位置，请以最快的方式到达目的地。

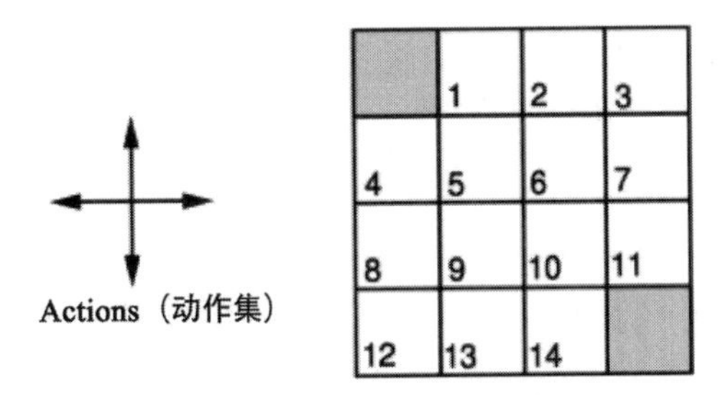

图 2.10　MDP 决策引例

在接下来的章节中，我们将从值函数、Q 函数、策略函数、值迭代以及策略迭代等多个方面来解决这个问题。

2.2.4 模型的理解

为了便于绘图，现将图 2.10 中的问题简化，如图 2.11 所示，其中 *Goal* 位置是我们要到达的目标，其余的 *ABC* 为可能处在的位置状态，每一个字母标号（图 2.10 中是数字标号）可看作一个环境状态 s，假设各个状态之间的转移概率相等，并且和图 2.10 中的描述一样，每一个位置上智能体能够采取的动作仍然是向上、向下、向左和向右，分别用 N、S、W、E 表示。假设到达 *Goal* 位置得到的奖励值为 10，到达其余位置的奖励值都为 -1。

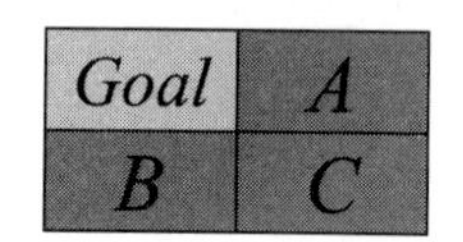

图 2.11 简化 MDP 引例问题

Tips：由于题设中每一个状态只存在四种动作，即上下左右（$A=\{N,S,W,E\}$），因此向每一个方向上运动的概率都为 0.25。但是当某个状态下向某个方向运动遇到边界时则停留在该状态位置。在表 2.1 中，A 状态转移到 A 状态的概率为 0.5，因为当 A 向上和向右运动都会遇到边界，从而停留在当前的状态位置。同理可以得到 B、C 状态下的情况。

于是对应到 MDP 模型当中，可以得出 MDP 的 5 元素组成部分为：

- S：表示为状态（States）集合，$S=\{A,B,C,Goal(\text{终止状态})\}$。
- A：表示为动作（Actions）集合，$A=\{N,S,W,E\}$。
- P：表示为各个状态之间的转移概率，如表 2.1 所示。
- γ：表示为折扣因子，这里为 1，表示没有打折扣。
- R：表示各个状态之间的转换得到的奖励值，如表 2.2 所示。

表 2.1 状态转移矩阵

S_2 \ S_1	A	B	C	Goal
A	0.5	0.0	0.25	—
B	0.0	0.5	0.25	—
C	0.25	0.25	0.5	—
Goal	0.25	0.25	0.0	—

表 2.2 状态转移后奖励值

S_2 \ S_1	A	B	C	Goal
A	−1	—	−1	—
B	—	−1	−1	—
C	−1	−1	−1	—
Goal	10	10	—	—

上述的参数也就是 MDP 的模型参数，得到该模型的参数以后便可以轻松地绘制出马尔科夫决策过程图，如图 2.12 所示，每一个状态向所有状态转移的概率之和都为 1.0，也涵盖了智能体所有能够转移的动作。从图 2.12 中任意一个状态出发，根据状态转移的方向，都可以找到一个到达目标状态的搜索路径。例如此时智能体处在状态 C，采取

向上的动作则到达状态 A，然后采取向左的策略便可以达到目的地。同时还可以计算出这条路径的奖励值的大小。

$$Reward = 0.25\times(-1)+0.25\times10 = 2.25 \tag{2-1}$$

于是我们发现处在任意的状态其实存在多种的决策结果，根据模型的参数可以求解出各种决策的累积奖励值，如式（2-1）中的 *Reward*，通过对该值比较可以从众多的决策中选取一个最好的决策。

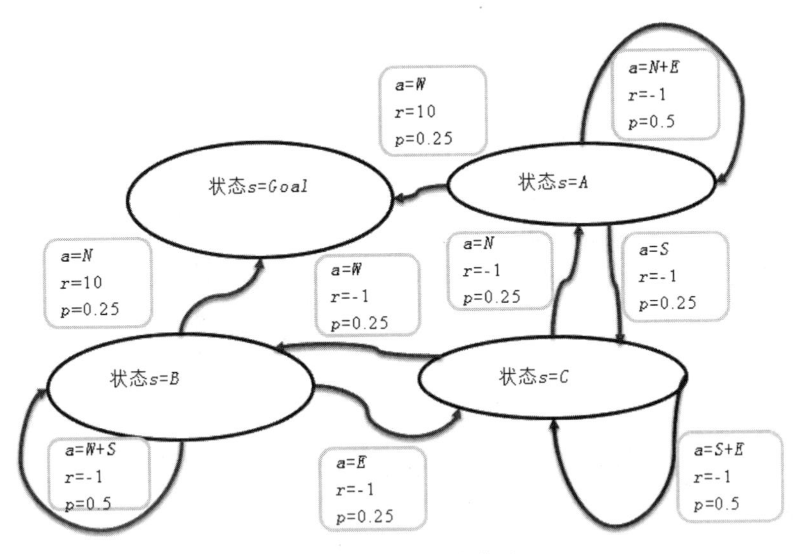

图 2.12　马尔科夫决策过程

Tips：图 2.12 中 a=S+E 和 a=W+S 等是将两种的动作合起来写了，实际上应该分开来写。

对于模型的理解还需要注意一点，环境状态并不是将智能体本身排除在外。如前面提到的扫地机器人，它在决策的时候一定是要将自身的电池状况、运动状况等考虑在内的。因此，对于不同的决策问题，环境和智能体之间关系的区别是需要注意的。

2.2.5　探索与利用（Exploitation & Exploration）

马尔科夫决策过程和强化学习不能划等号，原因在于强化学习在 MDP 的基础上还要进行探索和利用（Exploitation & Exploration）。什么叫作探索和利用？举个如图 2.13 所示的例子来说明。

我们平时都经常出去吃饭，因此，一定去过很多的餐厅。在这些去过的餐厅中也一定有我们最喜欢的餐厅和最喜欢吃的菜。那么利用（Exploitation）就是根据我们之前的经验，直接去之前认为最好吃的餐厅，点最好吃的菜。但是街道上又开了一些新的餐厅，是我们之前没有去过的，不知道他们做的菜怎么样，于是我们就可以去探索（Exploration）。当然这个探索的过程可能是成功的，我们从此发现了新大陆，也有可能是失败的，从此以后我们再也不会来这家餐厅了。

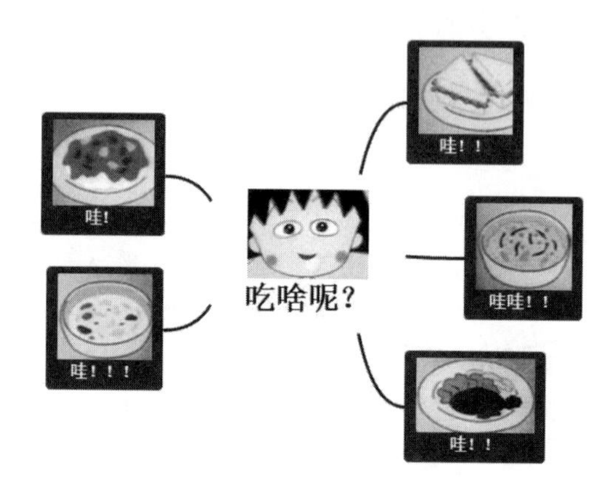

图 2.13　探索与利用引例图

强化学习当中的利用与探索也是这样，通过已知的模型（上述例子中先前的经验）直接应用的过程就是 Exploitation，不断去尝试新的事物由此来纠正当前的模型（先前的经验）就是一个 Exploration 的过程。

前面的章节已经提到过，强化学习可以被看作是一种标签延迟的机器学习算法。因为，强化学习的最终回报一般都要通过多步的动作之后才能够得到。也就是说，它计算的是一个累积的奖励值。在一个状态空间中，计算出所有可能的决策路径并对其得分值进行比较是不现实的（例如图 2.12 中如此简单的问题，考虑到 A 到 A 的循环，也是不能穷尽所有的策略的）。为了将问题简化，通常采取的是最大化每一步的单步奖励值。即便是这样，也不能够将它看作是一种监督学习问题，因为智能体需要不断地尝试才知道各个动作产生怎样的结果，并没有数据可以告诉智能体它该做哪一个动作。

通过这样的方式就不一定能够得到最优解了，例如，第一步选择一个次优解，而在接下来的每一步中都是最优解。如果采取单步最大化的策略，这个决策是不可能被选到的。但是这还是大大简化了问题。通过最大化每一步的最优解的方式来决策的过程包括：

- 计算出每一个动作对应的奖励值。
- 执行最大奖励值的动作。

在图 2.13 的例子或者图 2.10 的引例中可以轻松地完成如上的决策过程。但是在实际的强化学习问题中，每一个状态转换得到的奖励值并不一定是一个确定的值。一般来讲奖励值都是以一定的概率出现的一个奖赏值，这个概率也是未知的。所以我们会求得这个状态转移的期望奖励值，然后进行决策。在学习过程中，会有一个在 Exploration（探索）和 Exploitation（利用）之间的权衡。如果仅采用探索（Exploration-only）的方式，那么可能得到尽可能精确的各个状态下的奖励分布情况，并且求出各个期望奖励值。探索的次数越多，结果就越准确。如果仅采用利用（Exploitation-only）的方式，利用当前最好的动作，将会收到当前最好的奖励期望值。探索的环境是未知的，探索也是会付出代价的。例如，我们小时候在街边玩苹果机，每一次的探索都要花上一块钱的代价。再例如，现在机器人的探索，每一次探索失败的代价可能都会损失成千上万的费用。反之，如果仅仅采用利用的方式，那么其实有可能一直陷在一个局部最优解里面。因此一般采用 ε- 贪心（ε-Greedy）算法来平衡这个问题。

ε- 贪心（ε-Greedy）算法为：每一次动作以 ε 的概率进行探索，以 $1-\varepsilon$ 的概率进行应用。假设探索的概率为 0.4，也就是说，每一次探索的概率是 0.4，利用的概率是 0.6。每一次开始行动前以该概率决定探索还是利用。假设某一次行动为探索，那么就是说，在所有可能的动作集中均匀地选择每一种动作。确定好动作后，执行该动作，记录得到的奖励值；假设某次的行动确定为利用，那么就从所有的动作集中选出期望最大的那个动作进行执行，也同样记录得到的奖励值。通过这样的方式就能够很好地进行强化学习。

如图 2.14 所示为探索与利用算法的性能比较，图中对仅利用、仅探索和 ε- 贪心算法的性能进行了比较，横轴表示动作的次数（单位：百次），纵轴表示得到的期望收益。

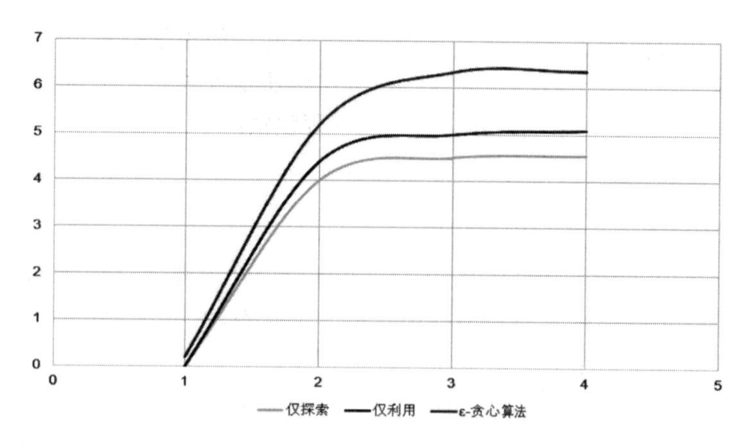

图 2.14 探索与利用的性能比较

2.2.6 值函数和动作值函数

在这一小节中，要学习如何度量一种决策是好的还是不好的。我们知道强化学习往往具有延迟回报的特点，也就是前面说到的标签延迟的学习算法。以下棋为例，下一步棋以后，除非这一步棋就是最后一步棋了，否则无法知道这一步对后面的影响。如果知道每一个状态的好坏，那显然最好的策略就是朝着这些好的状态行走。因此，定义在某种策略情况下的一个函数来表明当前的状态下所做的策略对长远的影响，也就是用它来衡量该状态的好坏程度，这个函数被称作值函数（Value Function），或者效用函数。其表达式为：

$$V^{\pi}(s)=E_{\pi}\left[\sum_{i=0}^{h}r_i \mid s_0=s\right] \tag{2-2}$$

式（2-2）表明值函数 $V^{\pi}(s)$ 在初始状态为 s 的情况下采取策略 π 得到的一个累积的奖励期望值。从这个表达式中，可以得到以下几点信息：

（1）值函数表示的是一种累积的奖励值。

（2）值函数的值和当前的状态和策略有关，状态和策略确定，值函数的值就确定。

（3）h 表示的是做了 h 步的动作，并且每一次的状态和采取的策略都是一样的。

通常式（2-2）的值函数表示为当前状态到无穷远的状态（可能遇到终止的状态就结束了）的累积奖励值。但是会加上一个折扣因子 $\gamma(\gamma \in (0,1])$ 衡量奖励值在值函数当中的作用的大小。显然，离当前状态越远的奖励值的作用应该越小，因此得到如下公式：

$$V^{\pi}(s) = E_{\pi}\left[\sum_{i=0}^{\infty}\gamma^{i}r_{i} \mid s_0 = s\right] \tag{2-3}$$

我们可以从另一个角度来理解式（2-3），下面是动作执行的整个过程，表示的就是各个状态之间通过动作进行转换。

$$s_0 \xrightarrow{a_0} s_1 \xrightarrow{a_1} s_2 \xrightarrow{a_2} s_3 \xrightarrow{a_3} \cdots$$

经过上面的转移路径后，可以得到从初始状态 s_0 开始行动的累积奖励，也就是将这个状态转移过程中所有的奖励值 $R(s,a)$ 加起来，但是考虑到越远的奖励值对当前状态的值函数贡献应该越小，因此乘以折扣因子 γ^t 就可以得出：

$$V^{\pi}(s) = R(s_0,a_0) + \gamma R(s_1,a_1) + \gamma^2 R(s_2,a_2) + \cdots \tag{2-4}$$

其实从状态 s_0 到状态 s_1 有很多种策略，每一种策略又对应于多种的动作。如果不考虑智能体采取什么样的动作从 s_0 状态到达 s_1 状态，则整个过程如下：

$$s_0 \longrightarrow s_1 \longrightarrow s_2 \longrightarrow s_3 \longrightarrow \cdots$$

那么值函数可以表示为一种只和 s 有关的函数，式（2-4）可以写作：

$$V^{\pi}(s) = R(s_0) + \gamma R(s_1) + \gamma^2 R(s_2) + \cdots \tag{2-5}$$

因此，强化学习的目标就是选择一组最佳的动作，使得全部的回报加权和期望最大。这个期望的累积奖励值就可以通过值函数来衡量。

Tips：值函数是一个累积的量，在算法当中迭代的次数越多越接近于真实值。这一点和我们学习的期望很相似。

但是一个新的问题摆在我们面前：既然值函数是一个和多个状态关联的函数，那么应该如何进行求解？接下来以带 γ 折扣的值函数开始，由于 MDP 具有马尔科夫模型的性质，因此，可以知道下一个时刻的状态仅由当前的状态决定，则有：

$$\begin{aligned}V^{\pi}(s) &= E_{\pi}\left[\sum_{i=0}^{h}\gamma^{i}r_i \mid s_0 = s\right] \\ &= E_{\pi}\left[r_0 + \sum_{i=1}^{h}\gamma^{i}r_i \mid s_0 = s'\right] \\ &= \pi(s)\sum_{s'\in S}p(s,s')E_{\pi}\left[r_0 + \gamma\sum_{i=0}^{h}\gamma^{i}r_i \mid s_0 = s'\right] \\ &= \pi(s)\sum_{s'\in S}p(s,s')\left[r_0 + E_{\pi}\gamma\sum_{i=0}^{h}\gamma^{i}r_i \mid s_0 = s'\right] \\ &= \pi(s)\sum_{s'\in S}p(s,s')[r_0 + \gamma V^{\pi}(s')]\end{aligned}$$

于是可以得到公式（2-6），这就是有名的 Bellman 方程。

$$V^{\pi}(s) = \pi(s)\sum_{s'\in S}p(s,s')[r_0 + \gamma V^{\pi}(s')] \tag{2-6}$$

当假设在某种策略中时，其实式（2-6）可以简单地表示为：

$$V(s) = r + \gamma\sum_{s'\in S}p(s,s')V(s') \tag{2-7}$$

通过 Bellman 方程，可以知道值函数的求解就是一个动态规划的迭代过程。为了计算当前状态 s 的值函数的值，只需要计算到下一个状态的奖励和下一个状态的值函数的和，如此使用动态规划的算法进行迭代计算便可以计算出所有状态稳定的值函数的值了。

因此，通过 Bellman 方程可知，对于每一个状态，可以通过值函数求解得到一个值。而当所有状态下的值函数都被求解出来以后，朝着值函数增大的方向行动便是一个好的决策。例如，在图 2.10 的引例中，假设已经求解得到各个状态下的值函数分布如图 2.15 所示。

那么不论处在哪一个状态，朝着值函数最大的方向前进就是最好的策略。因此，采取这种方式进行决策，得到如图 2.16 所示的结果

目前通过对值函数的推导，我们对强化学习有了更深的认识。其实，强化学习算法就是通过奖励或惩罚单步的决策，来学习怎样选择能产生最大积累奖励的序列行动的算法。为了找到最好的行动，非常有效的方

式是，找到那些值函数最大的状态，即在目前的环境（Environment）中，找到最有价值的状态（States）位置。例如，在赛车跑道上最有价值的是终点线（这里好像就是你要冲刺达到 deadline 的前一步，这个状态肯定最有价值），这也是奖励最多的状态，在跑道上的状态也比在跑道外的状态更有价值（其实这里面就有递归的思想，当找到了最有价值的状态，只需要想办法达到这个状态就好了）。

	-1	-2	-3
-1	-2	-3	-2
-2	-3	-2	-1
-3	-2	-1	

图 2.15　Bellman 方程求解得到的值函数分布

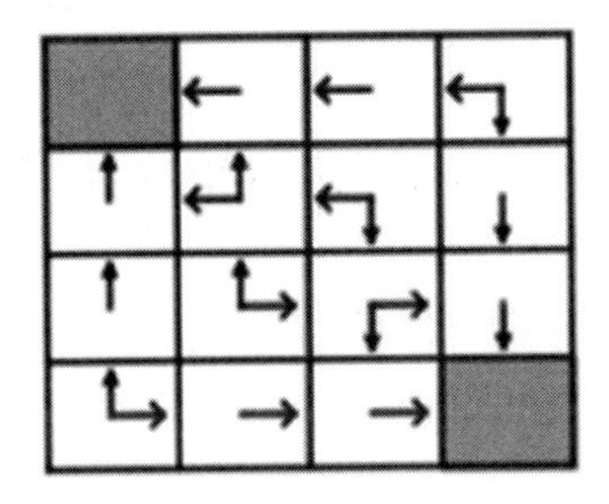

图 2.16　根据值函数进行决策

最有价值的状态可能不止一个，一旦确定了哪些状态是最有价值的，就可以给这些状态赋奖励值。例如，当赛车偏离跑道时，这些状态就被赋予惩罚；而当赛车跑完一圈时，就会收到一个奖励；当赛车跑出当前最短的时间时，也会收到一个奖励等。

Tips：最有价值的状态不止一个，那么也表示最优解（其实这里应该说在可接受范围内的一个解）不止一个。

再来进一步理解 Bellman 方程。通过 Bellman 方程可以推导出一个非常简单的表达式，如公式（2-7）：

$$V(s) = r + \gamma \sum_{s' \in S} p(s, s') V(s')$$

将其中的状态以及状态转移概率展开来看，对于 n 个状态来说，可以得到如下的表示：

$$\begin{bmatrix} v(1) \\ v(2) \\ \vdots \\ v(n) \end{bmatrix} = \begin{bmatrix} r_1 \\ r_2 \\ \vdots \\ r_n \end{bmatrix} + \gamma \begin{bmatrix} p_{11} & p_{12} & \cdots & p_{1n} \\ p_{21} & p_{22} & \cdots & p_{2n} \\ \vdots & \vdots & \cdots & \vdots \\ p_{n1} & p_{n2} & \cdots & p_{nn} \end{bmatrix} \begin{bmatrix} v(1) \\ v(2) \\ \vdots \\ v(n) \end{bmatrix}$$

展开以后便可以更加清晰地看到这个表达式所代表的意义：其中每一个状态都包含了一个值函数 $V(s)$，而对于这个值存在 n 种求解的可能。因为从该状态进行转换存在 n 种的可能。这里对于 $V(s)$ 的求解采用了一种求解期望的方式。但是，不同的策略对应不同的转换，实际的转换中只可能存在上述的一种。对于等式右边的第一项中的每一个奖励 r，同样是一个多次从某一状态转移的奖励的均值。

实际上，如果将每一种策略再进行分解，一种策略其实有对应多种的执行动作。那么对于值函数，将它拆解为各个动作相关的表示，将得到怎样的结果呢？通过某种具体的动作得到的值函数就称为动作值函数（Action-Value Function），用 $Q(s,a)$ 表示。已知值函数表示为：

$$V^{\pi}(s) = \pi(s)\sum_{s' \in S} p(s,s')[r_0 + \gamma V^{\pi}(s')]$$

而每一种策略表示的是一种状态到动作空间的映射，a=π(s)。于是可知：$Q(s,a) = \sum_{s' \in S} p(s,s')[r + \gamma V^{\pi}(s')]$，也将其中的 $V^{\pi}(s')$ 用 $Q(S,a)$ 函数来表示，也就是说 $V^{\pi}(s')$ 遍历到 π 当中所有的动作对应的 $Q(s',a')$ 的值，于是得到：

$$Q(s,a) = r_s^a + \gamma \sum_{s \in S} p(s,s') \sum_{a' \in A} \pi(a \mid s') Q(s',a')$$

这是 $Q(s,a)$ 的表达式。可以看出，动作值函数实际上就是值函数的一种动作的具体表示。接下来用图的方式来说明二者的关系。图 2.17 和图 2.18 中的空心圆表示为一个状态，实心圆表示一个动作。如图 2.17 所示，处于状态 s 的情况下经过某种策略 π 达到状态 s'，两个状态各自都有自己的值函数对应的值。我们也知道这两种状态之间的转换的奖励为 r，于是就可以通过 Bellman 方程进行迭代求解。

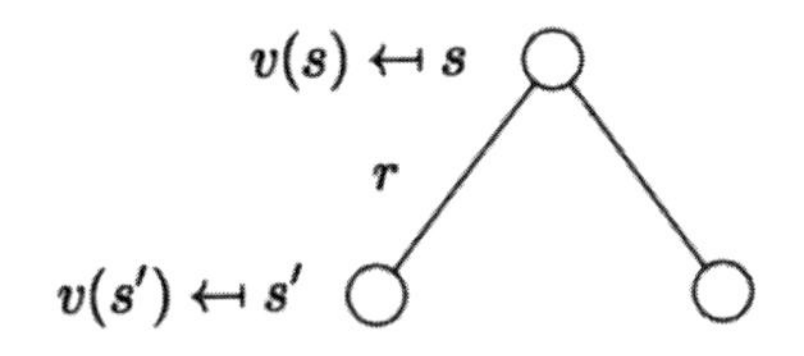

图 2.17　值函数示意图

如果将策略 π 分解为各个小动作，我们就知道实际上 $V(s)$ 是所有动作下的一个期望值。那具体到其中的一种动作 a，可以得到如图 2.18 所示的表达。

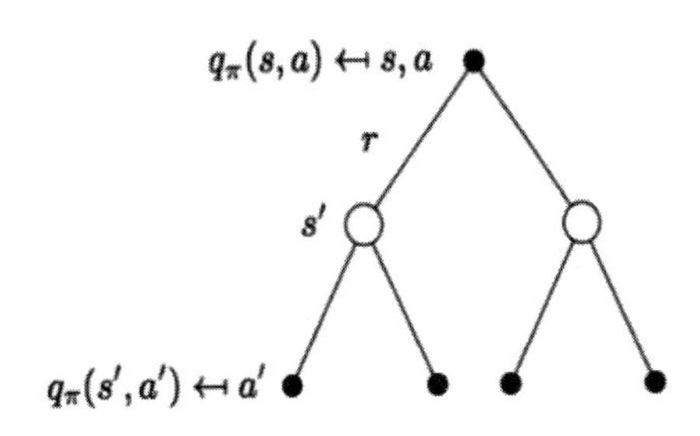

图 2.18　动作值函数示意图

图 2.18 中的每一个小黑实心圆就是一个具体的动作。因此，此时以具体的 a 得到的值函数就是 Q 函数了。其实，也可以通过 Bellman 方程对 Q 函数进行求解。那么接下来讨论如何通过值函数以及动作值函数的关系对最优化策略进行求解。

值函数优化的目的是为了得到当前状态 s 的最大的累计奖励值，也就是会穷尽所有的策略来得到一个最大值；动作值函数优化问题的目的是在当前状态 s 和当前动作 a 的情况下求解出最大的累计奖励值，也就是说穷尽所有的策略当中的所有动作，然后找到一个最优的动作使得 Q 函数最大。仔细想想就知道这二者具有很强的相关性。假设知道一个当前最好的动作（Action）a^*，那么显然 $Q(s,a^*)>V^*(s)$，因为 $V(s)$ 相当于最好策略下所有动作的均值函数。值函数和动作值函数的关系如图 2.19 所示。

因此，$V(s)$ 有一个最优策略的上界，即为 Q^* 函数，于是对于值函数的最优解策略问题求解转化为求出对应的 Q^* 函数的动作，即：

Tips：观察发现，值函数和动作值函数的关系很像是某个变量的概率以及条件概率的关系。

$\pi^*(s) = \arg\max_{a\in A} Q^*(s,a)$。

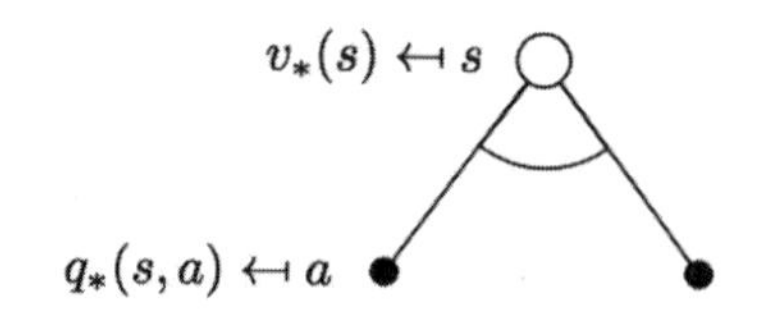

图 2.19　值函数和动作值函数的关系

2.2.7　基于动态规划的强化学习问题求解

对于强化学习问题的求解，主要的算法分为两种：基于动态规划的算法和基于策略优化的算法。早期的算法是基于动态规划（Dynamic Programing，DP）的算法。因为这个时候强化学习还主要用在控制中，是由 Bellman 在对控制理论的研究中提出的算法，主要包括值迭代（Value Iteration）、策略迭代（Policy Iteration），在无模型的算法中又可以分为蒙特卡洛算法（MC）以及时序差分算法（TD），最有名的 Q 学习算法也是值迭代的一种，也是一种时序差分的算法。强化学习发展到后来，需要处理很多连续的状态空间以及连续的动作空间中的问题，以至于并不能够通过简单的值函数来描述每一个状态或者是动作是否是好的。因此，将策略进行参数化之后提出了基于策略优化（Policy Optimization）的算法。本章将介绍经典的基于动态规划的算法。对于策略优化的算法，因为涉及策略的参数化，因此放在深度强化学习的章节进行重点学习。

强化学习问题通过 MDP 进行建模以后，开始求解最优的策略。求解的方法（见图 2.20）主要有两种：（1）策略迭代；（2）值迭代。那么，接下来将重点解决在有模型的强化学习问题中的策略迭代和值迭代的算法。

1. 策略迭代（Policy Iteration）

策略迭代其实分为两个过程：策略评估和策略更新。在策略评估过程中，每一个迭代都会在当前的策略中去更新各个状态的值函数，如果达到迭代的次数或者是值函数已经收敛就不再进行迭代；在策略更新过程中，使用当前的策略再去更新各个状态的值函数，然后再得到当前的最优策略，直到策略不再发生改变，结束策略迭代，返回最优策略。两个过程区别如下。

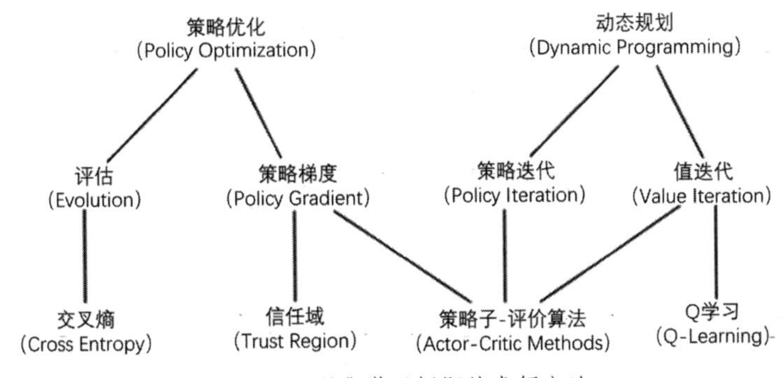

图 2.20　强化学习问题的求解方法

- 策略评估（Policy Evaluation）：基于当前的策略（Policy）计算出每个状态的值函数（Value Function）。
- 策略更新（Policy Improvement）：基于当前的值函数（Value Function），采用 ε- 贪心算法来找到当前最优的策略（Policy）。

那具体看看如图 2.21 所示的策略迭代算法的伪代码。

输入：MDP 四元组 $E=\langle X, A, P, R\rangle$；
　　　累积奖赏参数 T。
过程：
1: $\forall x \in X: V(x)=0, \pi(x,a)=\frac{1}{|A(x)|}$;
2: loop
3: 　for t=1, 2, ... do
4: 　　$\forall x \in X: V'(x)=\sum_{a\in A}\pi(x,a)\sum_{x'\in X}P^a_{x\to x'}\left(\frac{1}{t}R^a_{x\to x'}+\frac{t-1}{t}V(x')\right)$;
5: 　　if $t=T+1$ then
6: 　　　break
7: 　　else
8: 　　　$V=V'$
9: 　　end if
10: end for
11: $\forall x \in X: \pi'(x)=\arg\max_{a\in A}Q(x,a)$;
12: if $\forall x: \pi'(x)=\pi(x)$ then
13: 　break
14: else
15: 　$\pi=\pi'$
16: end if
17: end loop
输出：最优策略 π

图 2.21　策略迭代算法的伪代码

策略迭代的输入为一个环境 MDP 的元组，这里用 E 表示。目标是通过不断的迭代实时更新值函数的值。在每一个阶段的迭代中选择其中得到收益最大的策略进行仿真迭代，直到最终的策略不再发生变化为止。

下面通过如图 2.22 所示的例子来说明。

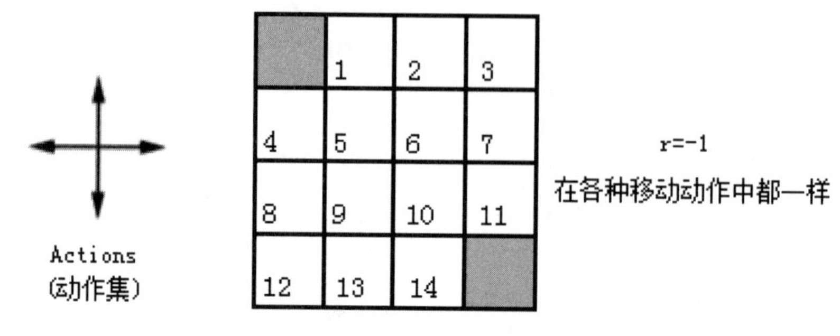

图 2.22 Grid Walking 例子

图 2.22 所示的是一个走格子（Grid Walking）的游戏，其中的 Actions 表示的是这个例子当中的动作空间（动作集），即：A={ 上 (N), 下 (S), 左 (W), 右 (E)}，当行动的结果会超出方格的时候则保持在原来的状态。此外，还存在一个状态空间 $S=\{0,1,2,\cdots,15\}$，其中 0 状态和 15 状态是该例子中的终止状态，也是我们的目标状态。

图 2.22 中的标号表示各个中间状态，其中所有的单步状态转移得到的 Reward 为 -1，每一个运动方向的概率都是 0.25。在这个例子中，我们的目标是：以最好的策略从状态方格的任意一个位置到达阴影的位置。例如，现在处在状态 5 的位置，经过强化学习，最好的移动策略是什么？接下来，采取策略迭代的方式来求解这个强化学习的问题。

如图 2.23 所示，在初始位置中，对每一个状态下的值函数进行初始化，然后进行策略迭代。我们发现第一次迭代，除了目标的位置，所有位置的值函数由于状态转移的奖励都是 -1，经过第一次迭代后，中间状态的值函数的值全部变为 -1。继续考虑第二次迭代，利用 Bellman 方程，使用策略迭代的公式得到如图 2.24 的结果。

下面来看具体是如何计算的。其中，状态 1 的值为 -1.7，状态 2 的值为 -2.0。根据 Bellman 方程，可以采用如下的方程式来更新迭代每一个值函数：

$$V(s) = r + \gamma \sum_{s' \in S} p(s, s')V(s')$$

那么，在第二次的迭代中，状态 1 的值函数等于状态 1 分别以 0.25 的概率转移到周围状态的奖励与下一个状态的值函数的和。用状态 1 的例子来说明，则有：−1.7 = −1.0 + 0×0.25+3×[(0.25)×(−1.0)]，第一个 -1.0 表示的是值函数中的 r，后面代表到下一个状态的值函数，即 $\sum_{s' \in S} p(s,s')V(s')$，这里的折扣因子为 1。由于转移到状态 0 的奖励为 0，表示为 0×0.25，对于转移到其余三个状态（状态 1，状态 2，状态 5）得到的奖励都是 (0.25)×(−1.0)，因此合起来就是：3×[(0.25)×(−1.0)]。同理，状态 2 的值为：−2.0 = −1.0 + 4×(1/4.0)×(−1)。如图 2.25 所示是经过大量迭代以后得到的结果。对其中状态 1 的值再一次进行更新发现，值函数已经收敛，即：−14.0=−1.0+0.25×(−14.0+0.0−18.0−20.0)。

$k = 0$

0.0	0.0	0.0	0.0
0.0	0.0	0.0	0.0
0.0	0.0	0.0	0.0
0.0	0.0	0.0	0.0

图 2.23　值函数初始化

$k = 2$

0.0	-1.7	-2.0	-2.0
-1.7	-2.0	-2.0	-2.0
-2.0	-2.0	-2.0	-1.7
-2.0	-2.0	-1.7	0.0

图 2.24　值函数第二次迭代结果

$k = \infty$

0.00	-14.0	-20.0	-22.0
-14.0	-18.0	-20.0	-20.0
-20.0	-20.0	-18.0	-14.0
-22.0	-20.0	-14.0	0.00

图 2.25　值函数收敛的结果

如前面所说，策略迭代包括两个步骤：（1）策略评估；（2）策略更新。策略评估即求出各个状态的值函数的值；策略更新则是在该状态下采取策略（图 2.26 中所用的是 ε - 贪心策略，也就是找值最大的方向），直到多次迭代的策略都不再变化，图 2.25 中当 $k=\infty$时，去计算每一个状态的值函数已经收敛了，也就是说策略不会再改变。实际上只要策略没有再发生改变，就可以结束策略迭代得到最终的结果了，如图 2.26 所示。

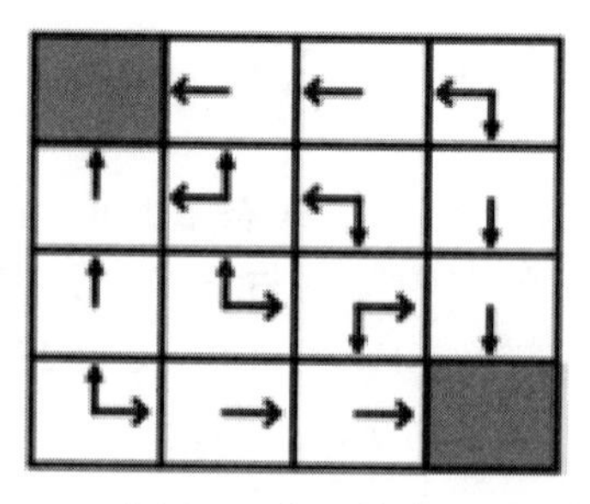

图 2.26　根据 ε - 贪心得到的最优策略

2. 值迭代

策略迭代包括策略评估和策略更新两个过程，如果策略空间非常大，那么策略评估是非常耗时的。并且经过观察知道，策略的改进和值函数的改进是一致的。因此，可以得到值函数迭代的算法。

在每一个的值迭代中都能够找到让当前的值函数最大的更新方式，并且用这种方式来更新值函数。不断更新迭代，直到值函数不再发生变化。值迭代的过程如图 2.27 所示，其中 X 表示状态。

输入：MDP 四元组 $E=\langle X, A, P, R\rangle$；
　　　累积奖赏参数 T；
　　　收敛阈值 θ。
过程：
1: $\forall x \in X: V(x)=0$;
2: for t=1, 2, ... do
3: 　$\forall x \in X: V'(x)=\max_{a\in A}\sum_{x'\in X} P^{a}_{x\to x'}\left(\frac{1}{t}R^{a}_{x\to x'}+\frac{t-1}{t}V(x')\right)$;
4: 　if $\max_{x\in X}|V(x)-V'(x)|<\theta$ then
5: 　　break
6: 　else
7: 　　$V=V'$
8: 　end if
9: end for
输出：策略 $\pi(x)=\arg\max_{a\in A}Q(x,a)$

图 2.27　值迭代过程

下面仍然从一个值迭代的例子开始，如图 2.28 所示。图 2.28 是一个走格子的强化学习问题，和图 2.22 的例子类似，为了简化，唯一的区别就是这里只存在一个终止的状态，就是图中的 g。在这个 4×4 的方格中，每一个格子表示的就是一个状态，其中的灰色格子表示的就是终止的状态，也就是目标状态。每一个状态都可能有 4 种行动方式，即：A={ 上 (N), 下 (S), 左 (W), 右 (E)}。同样在每一个状态转移一次得到的奖励都为 −1.0。那么请计算在每一个状态下的最优决策策略。

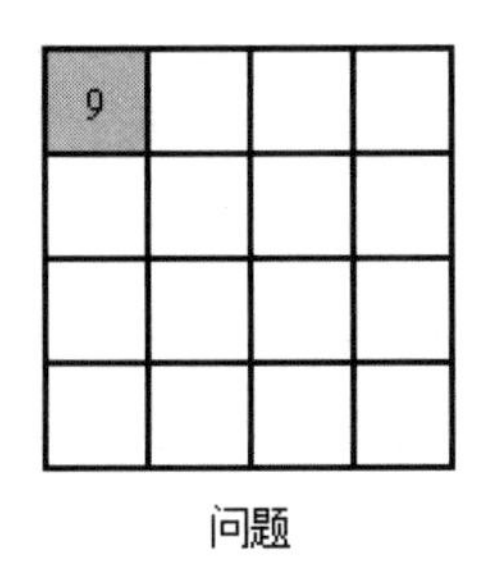

图 2.28　值迭代算法问题描述

在初始状态下每一个状态的值函数的值都为 0.0。进行第一次迭代之后，对于除了目标状态以外的所有状态不管怎么移动，得到的值函数的值都是 −1.0，目标状态的值函数的值变为 0。进行第二次迭代之后，可知对于除了目标状态下方和右方这两个状态以外的其余状态，不管采取什么样的行动策略得到的结果都一样，全部变为 −2.0。现在考虑目标状态旁边的这两个状态。对于右方的这个状态，显然采取向左移动的策略得到最大的值函数值，为 −1.0。并且此后朝着这个方向更新，也将保持不变为 −1.0。第三次迭代与此类似，得到这两个状态周围的状态迭代的最好策略，然后也将保持为 −2.0 不变。如此迭代，到第七次迭代的时候全部迭代完毕，得到如图 2.29 所示的结果。

0	-1	-2	-3
-1	-2	-3	-4
-2	-3	-4	-5
-3	-4	-5	-6

V_7

图 2.29　值迭代结果

也可以这样思考问题：假设某一个状态已经到达了 g 的位置，那么这一个状态就算是成功了，奖励值刚好为0；再看g右一的那个点，对它来说最好的策略是直接向左移动，g下方的那个点同理；再看g右二的那个点，最优的策略就是到达右一的位置，所以值为-1（该步的状态转换），加上-1（下一状态的值函数的值）就等于-2。同理，当得到右二为-2的时候就可以很快地得到右三为-3，如此进行迭代，得到最终的V_7。得到每一个值以后，顺着值增大的方向就是各个状态（State）的决策方向。

总结起来，策略迭代更像是一种累计平均的计算方式，而值迭代更像是一种单步最好的方式。从速度上来说，值迭代更加迅速，特别是在策略空间较大的时候。从准确度上来说，策略迭代更接近于样本的真实分布。

2.3 糟糕，考试不给题库——无模型（Model Free）强化学习

前面进行了有模型的强化学习问题的求解，目前讲解的还是基于动态规划算法的求解。主要的方式是通过状态转移到下一个状态，然后使用Bellman方程进行求解。那么在一个不知道概率转移情况的模型当中，也就是无模型的强化学习问题中应该如何进行求解？

Tips：无模型强化学习并不代表着不能够被MDP来描述，而是指其中的参数是未知的。

在无模型强化学习的情况下，策略迭代算法会遇到如下几个问题。首先，策略无法评估，因为无法做全概率展开。此时只能通过在环境中执行相应的动作观察得到的奖励和转移的状态。一种直接的策略评估替代方法就是“采样”，然后求平均累积奖励，作为期望累积奖励的近似，这称为“蒙特卡洛强化学习”。第二，就是策略迭代算法估计的是状态值函数V，而最终的策略是通过状态动作值函数Q来获得。模型已知时，有很简单的从V到Q的转换方法，而模型未知时则会出现困难。所以我们将估计对象从V转为Q，即估计每一对状态-动作值函数。

2.3.1　蒙特卡洛算法

蒙特卡洛（Monte Carlo，MC）算法是一种随机采样的算法，最直接的应用就是用它进行圆周率的估计。首先通过一个例子来说明什么是蒙特卡洛算法，然后再来看它在强化学习问题中是如何使用的。如图 2.30 所示，在一个边长为 1 的正方形内，以正方形的一个顶点为圆心，半径同样为 1，画出一个圆。我们知道在这个正方形内是一个 1/4 圆，这个圆的面积为：π/4，正方形内其余部分的面积为 1−π/4。

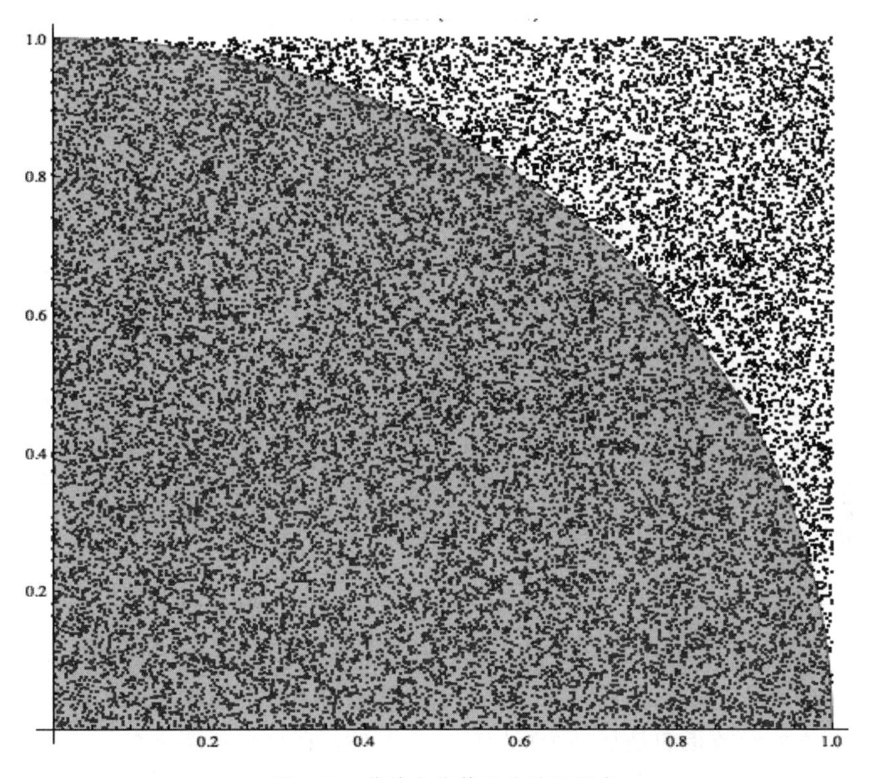

图 2.30　蒙特卡洛算法估计圆周率

为了估计 π 的大小，在正方形内随机生成点，利用正方形两部分内点的个数的比例就可以估计出 π 的大小。我们发现当随机生成 3 000 个点的时候，估计得到 π 的大小为 3.1667，而当随机生成点的个数为 30 000 个的时候，估计出来 π 的大小为 3.1436，误差在 0.07%。

在这个例子中考虑的问题，属于一个无模型（Model-Free）强化学习的问题，即没有知道整个环境的先验知识。蒙特卡洛算法需要的仅仅是经验记忆（Experience Memory），也就是一连串的通过在线（on-Line）或者是仿真得到的状态集合、动作集合以及奖励集合的样本。由于这种条件下的学习缺乏先验的训练样本，因此通常都是磕磕碰碰的。但是仍然能够从经验样本中学习到一个较优的行为动作，尤其是从仿真中学习，这是一种非常有效的学习方式。虽然蒙特卡洛算法不需要知道完整的环境状态的转移矩阵（通常的问题也是不可能得到的）的概率分布情况，但是还是需要知道已有的样本当中状态转移的分布情况。令人欣慰的是，在很多情况下，根据期望来产生一定分布的样本往往比得到这个环境中的状态转移容易得多，并且有效得多。

蒙特卡洛算法通常来说是一种基于期望回报，也就是平均样本回报返回的算法。因此，本节所要研究的问题也是集中在阶段性的任务中的，也就是在有限的时间中会完成并且得到一个反馈值的事件任务（Episode Task），即经验中存储的就是各个事件片段（Episodes），每一个 Episode 不管是采取了什么样的策略都会有一个终止的状态，只是在每一次的事件当中，所采取的策略以及进行的值函数的估计不同。因此，本节中提到的蒙特卡洛算法是一种基于一个事件又一个事件的算法（Episode-by-Episode），而不是一个基于动作选择的算法（Step-by-Step，动态规划算法）。但是在求解的方法上，蒙特卡洛算法和动态规划算法具有非常多的相似之处，因此接下来的介绍也是将动态规划算法推到蒙特卡洛算法的使用场景中。

下面来看什么是基于蒙特卡洛算法的策略估计算法。

仍然从已知一个策略的情况下进行状态值函数的求解开始，这里说的状态值函数指的是从某个特定的状态开始，在这个状态下得到的累积的折扣奖励值。因此一个从经验样本中得到奖励值的最简单的方式是：对所有关于这个状态的经验样本进行求平均的操作。因此，关于这个状态的奖励返回的经验样本越多，能够得到的平均奖励值就越接近于期望的状态奖励值，并且收敛于这个值。

假设在状态 s 下采用策略 π，要对状态值函数 $V^{\pi}(s)$ 进行估计，那么在蒙特卡洛算法中就可以通过采样或者是仿真得到事件（Episodes），这些经验样本中都是采用策略 π 并且经过状态 s 的。在一个 Episode 当中可能会多次经过这个状态 s，因此，要计算状态值函数主要有两种方式：一种称作首次访问（First-Visit）MC 算法，另一种称作全部访问（Every-Visit）MC 算法，两种方式差别不大。

如图 2.31 所示的算法使用的是首次访问 MC 算法，图 2.31 中表示的为各条从 s_0 作为初始状态的采样轨迹。在每一条采样轨迹当中都可能不止一次地遇到状态 s。那么，在首次访问 MC 算法当中，只计算第一次遇到 s 的值。如图 2.31 中的第一条采样的轨迹，采用首次访问 MC 算法进行计算就得到 $R(s)=+2$。那如果采用多次访问 MC 算法得到的结果就是：$R(s)=(+2+1+(-3)+5)/2=2.5$。有实验表明，在多次的采样中，采取这两种方式都是等价的。因此，为了描述得简明，通常采取一次访问 MC 算法的求解方式。

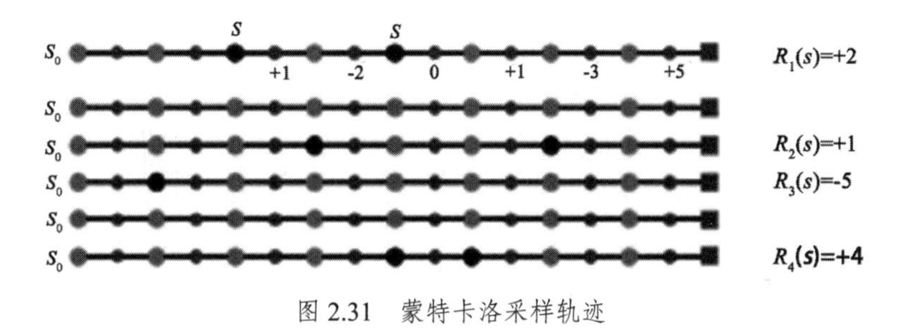

图 2.31　蒙特卡洛采样轨迹

蒙特卡洛算法其实是一种批处理（Batch）算法，是一种多次尝试然后求平均的算法。对一个轨迹进行完整的采样之后才进行策略的更新。其算法的伪代码如图 2.32 所示。

2.3.2　时序差分算法

比较于蒙特卡洛算法，时序差分算法是一种实时的算法。蒙特卡洛算法通过对样本轨迹进行采样克服了未知模型造成的困难，将一个无模型强化学习问题转化为一个有模型强化学习问题进行求解。显然，采样越精细得到的结果越准确。但是，蒙特卡洛算法并没有利用 MDP 模型在强化学习中的优势，导致蒙特卡洛算法的计算效率很低。于是，将蒙特卡洛算法结合马尔科夫决策便构成了时序差分（Temporal Difference,

TD）强化学习算法。

输入：环境 E；

动作空间 A；

起始状态x_0；

策略执行步数 T。

过程：

1: $Q(x,a)=0,\text{count}(x,a)=0,\pi(x,a)=\frac{1}{|A(x)|}$；

2: for s=1, 2, ... do

3: 在 E 中执行策略π产生轨迹

$\langle x_0, a_0, r_1, x_1, a_1, \text{r}_2, \ldots, x_{\text{T}-1}, a_{\text{T}-1}, \text{r}_\text{T}, x_\text{T}\rangle$；

4: $\text{for}\ t=0,1,\ldots,T-1\ do$

5: $R=\frac{1}{T-t}\sum_{i=t+1}^{T} r_i$；

6: $Q(x_t,a_1)=\frac{Q(x_t a_t)\times \text{count}(x_t a_t)+R}{|\text{count}(x_t a_t)+1|}$；

7: $\text{count}(x_t,n_t)=\text{count}(x_t,a_t)+1$

8: end for

9: 对所有已见状态x：

$$\pi(x,a)=\begin{cases}\text{arg max}_a Q(x,a')\text{，以概率}(1-\theta)\\ \text{以均匀概率从}A\text{中选取动作，以概率 }\theta\text{,}\end{cases}$$

10: end for

输出：策略π

图 2.32　蒙特卡洛算法的伪代码

时序差分中最有名的算法就是 Q 学习（Q-Learning）算法，在 Q 学习中采用的是一种增量式的计算。这区别于蒙特卡洛算法采样一条轨迹之后再进行更新。在 Q 学习中，通过 Bellman 方程，利用下一个状态的 Q 值可以计算出一个当前状态的 Q 值；计算出来的 Q 值与原来的该状态下的 Q 值存在一个差异，这个差异就是 Q 值的增量，通过它就可以更新当前的 Q 值。具体的算法伪代码如图 2.33 所示。

Q 学习算法在实际中有非常多的使用和改进。因此，接下来将举例说明。如图 2.34 所示表示的是一座房子的平面图，其中有五个房间，分别用 0 ～ 4 进行表示（可以看作是 5 个状态），5 号则表示的是房间外面的院子，其中的弧线表示门，处在相关的房间便可以通过它进行穿行（也就是可以进行状态转移）。现在假设有一个扫地机器人处于 Start（开始）的位置，也就是 2 号房间，那么请问它到房屋外面的最好的路径是什么？

输入：环境 E；
　　　动作空间 A；
　　　起始状态 x_0；
　　　奖赏折扣 γ；
　　　更新步长 α。
过程：
1: $Q(x,a)=0, \pi(x,a)=\frac{1}{|A(x)|}$；
2: $x=x_0$；
3: for t=1, 2, ... do
4: 　r, x' = 在 E 中执行动作 $\pi^{\theta}(x)$ 产生的奖赏与转移的状态；
5: 　$a'=\pi(x')$；
6: 　$Q(x,a)=Q(x,a)+\alpha(r+\gamma Q(x',a')-Q(x,a))$；
7: 　$\pi(x)=\arg\max_{a''}Q(x,a'')$；
8: 　$x=x', a=a'$
9: 　end for
输出：策略 π

图 2.33　Q 学习算法的伪代码

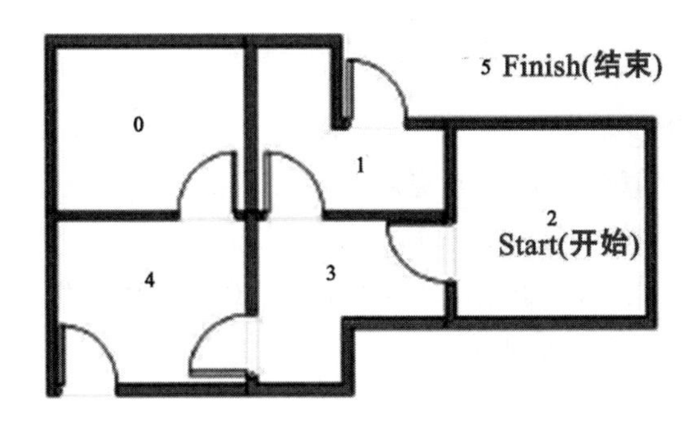

图 2.34　Q 学习算法举例

很明显没有门的房间之间是不能够穿行的，那么扫地机器人的动作（Action）就存在一些合理的动作（如从 2 号房间到 3 号房间），同时也存在一些不合理的动作（如从 2 号房间直接到 5 号院子），因此这样的动作就是需要惩罚的。为了确定最终的路线，给所有的状态之间的转换都确定好相应的奖励。如图 2.35 所示，其中纵列的标号表示的是当前所处的房间状态，横行的标号表示的是到达的房间的状态。于是，这个矩阵当中的每一个元素都表示的是采取了对应的动作之后得到的奖励值。为了限制不合理的动作以及停留在原位置，例如从 0 房间到 1 房间，因此给它们的奖励设置为 -1；为了奖励达到了最终的状态，例如从 4 房间到了 5 号院子，将它的奖励值设为 100。因此，得到图 2.35 的动作奖励表。接下来进行 Q 学习的迭代更新。

$$
R = \begin{array}{c} \textbf{State} \\ 0 \\ 1 \\ 2 \\ 3 \\ 4 \\ 5 \end{array}
\begin{array}{c} \textbf{Action} \\ \begin{array}{cccccc} 0 & 1 & 2 & 3 & 4 & 5 \end{array} \\
\begin{bmatrix}
-1 & -1 & -1 & -1 & 0 & -1 \\
-1 & -1 & -1 & 0 & -1 & 100 \\
-1 & -1 & -1 & 0 & -1 & -1 \\
-1 & 0 & 0 & -1 & 0 & -1 \\
0 & -1 & -1 & 0 & -1 & 100 \\
-1 & 0 & -1 & -1 & 0 & 100
\end{bmatrix} \end{array}
$$

图 2.35　动作奖励表

有了上面的条件之后进行算法的迭代。首先，将每一个位置的 $\boldsymbol{Q}$ 值初始化为 0，同时，假设这里的折扣因子为 0.8，当把 Q 学习中的步长设为 1 的时候可以得到：

$$
Q^*(s,a) = r_s^a + \gamma \max Q(s',a')
$$

由于大部分 Q 值都为 0，所以，在第一次的迭代中得到和目标位置相关的位置的 Q 值会有较大的更新。例如，$Q(1,5)$ 经过第一次迭代变为 100。于是得到，接下来和状态 1 相关的状态也会得到一个大的更新，例如 $Q(3,1)$ 在第二次迭代的时候变为 80，即 $80=0+0.8\times100$。因此，如此迭代我们得到一个收敛的 Q 值表，如图 2.36 所示。

$$
Q = \begin{array}{c} \\ 0 \\ 1 \\ 2 \\ 3 \\ 4 \\ 5 \end{array}
\begin{array}{c} \begin{array}{cccccc} 0 & 1 & 2 & 3 & 4 & 5 \end{array} \\
\begin{bmatrix}
0 & 0 & 0 & 0 & 80 & 0 \\
0 & 0 & 0 & 64 & 0 & 100 \\
0 & 0 & 0 & 64 & 0 & 0 \\
0 & 80 & 51 & 0 & 80 & 0 \\
64 & 0 & 0 & 64 & 0 & 100 \\
0 & 80 & 0 & 0 & 80 & 100
\end{bmatrix} \end{array}
$$

图 2.36　多次迭代后的 $\boldsymbol{Q}$ 值表

根据这个 Q 值表就可以得到扫地机器人处在任何一个房间想要移动到室外应该采取的移动策略。例如，当机器人处于房间 0 的时候，根据最大的 Q 值为 80，所以从 0 房间首先移动到 4 号房间；到了 4 号之后发现最大的 Q 值为 100，于是直接从 4 号房间移动到 5 号房间。于是可知本小节的例子中应该采取的策略为：从 2 号房间移动到 3 号，再移动到 1 号房间或者是 4 号房间，最后再移动到院子里，如图 2.37 所示。

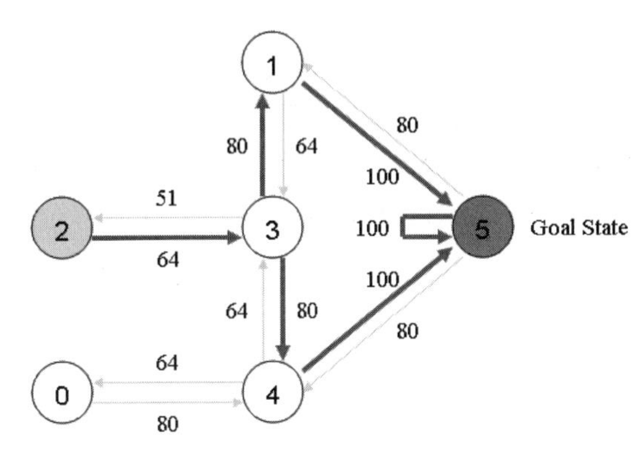

图 2.37　扫地机器人的移动策略

2.3.3　异步强化学习算法

基于动态规划算法的强化学习求解算法存在一个明显的缺点，那就是需要在全部 MDP 上的状态进行操作处理，也就是说要遍历所有的状态进行求解。如果状态集合非常大，单次遍历就需要消耗非常大的计算量和时间。异步强化学习算法就是为了解决这种问题。其实在仿真的过程中，从任意的一个状态开始可能得到的下一个状态不一定是唯一的，因此再从下一个状态开始进行仿真所得到的结果的种类呈指数倍增加。因此要进行大量的仿真才能使最终的决策结果更接近于真实的情况。

但是，如果采用多线程的方式，这个问题就可以得到明显的改进。在进行某一个状态仿真的时候，可以对该状态进行复制，然后从该状态开始，在不同的线程当中采用相同的策略进行仿真采样，根据各个线程的结果来统一更新值函数或者是值迭代的过程，这样效率要高得多。实际上，还有另一个好处，那就是降低样本的空间，在后面提到的记忆回放（Memory Replay）机制带来的空间问题就可以通过异步强化学习算法得到解决。

2.4 学霸来了——强化学习之模仿学习

强化学习存在一个明显的问题就是前期收敛的速度非常得慢，因为智能体采取的是一种随机的方式，也就是在所有的动作空间中采取“乱碰”的方式进行学习，直到结果反馈得到这是一个好的动作才会记住这是一个好的方式。搜索的空间越大，得到一个收敛的结果越慢。相反，假设有一些可以学习的对象，在这个可信的范围内去模仿学习，这样收敛的速度将大大提高。

现举例说明：

好比你从来没有学过一门科目，但是还要去参加考试。唯一幸运的是你可以参加无数次的补考，而且每次考试题都一样，都是选择题。因此你就开始随机选择，就这样完成了整张试卷。老师将试卷改完了，满分 100 分，你得到 15 分。你很开心，居然还得了 15 分，于是你记住这些做对题的答案，下次遇到了直接选。对于那些做错的，再随机地去选择。于是这次你得到 25 分，接着再补考，再补考……重复努力，经过 3 年补考，你成功地及格了。

但是，如果你旁边有一个学霸呢？你完成可以向他学习啊！你的补考试卷可能有稍微的变化，但是等你学会了之后，完全可以在学到的基础上进行修正。这样可能你两次补考就过了。

如果你旁边没有学霸，如果不是选择题，那你想想这个搜索的空间得有多大？

2.4.1 模仿学习（Imitation Learning）

强化学习实际上是一种试错的学习算法，不需要提供详细的样本标签，但是搜索的空间非常大。这就是为什么一般的强化学习，特别在开始迭代的附近，收敛往往都是非常慢。然而当周围出现一个专家样例的时候，结果就完全不同了。这就是所谓的模仿学习（Imitation Learning），也称作观察学习（Learning by Watching），或者学徒学习（Apprenticeship Learning）。

首先，将决策行为定义为一个动作状态轨迹 τ^i，它表示为第 i 状态转移序列，则有：

$$\tau^i = (s_0^i, a_0^i, s_1^i, a_1^i, s_2^i, a_2^i, \cdots, a_{ni-1}^i, s_{ni}^i)$$

因此，得到一批含有 m+1 个专家样本的行动轨迹，表示为：$\Gamma = \{\tau^0, \tau^1, \tau^2, \cdots, \tau^m\}$。当有了这样的样本以后，实际上就得到了一个最好的监督学习样本。专家对于每一个状态所作出的行动策略是要用于监督学习的样本标签。因此，构建一个样本集合，这个集合由每一个状态 - 动作对构成。当策略轨迹中存在多个专家对于某一强化学习问题的决策序列的时候，可以通过加权求解最大概率的方式得到最好的那个动作。例如，专家轨迹中存在 3 个专家：其中 A 专家的知名度最高，B 专家在业界也比较被认可，C 专家也是一个后起之秀。那么对于他们预测的可信度给他们设置一个权重，分别为 1.2，1.0，0.9。对于某种状态 s，A、B、C 专家分别采取了 a、b、b 的策略，那么根据加权的结果选择 b 行动，因此得到一个状态 - 动作对为：$<s,b>$。得到多个的专家训练样本，就可以对模型进行训练。

当然，如果只有模仿，没有学习，也会发现一个问题，那就是当前的动作根据所采取策略风格的不同会变得不同，但并不代表它不好。例如，对于投资决策，A 专家采取的长期稳定收益的方式，B 专家采取的是短期高风险高回报的方式。在模仿学习中，只是为了用当前的专家策略轨迹对模型进行一个很快收敛的初始化，然后还是要通过一般的方式来进行强化学习问题的求解。通过对当前的环境状态进行探索和反馈得到一个鲁棒性更好的策略，这就是模仿学习。

2.4.2 逆向强化学习

强化学习的另一个重要的分支就是逆向强化学习（Inverse Reinforcement Learning）。不难发现，我们之前的强化学习例子当中，并没有对奖励函数进行非常细致的研究。通常来讲奖励都是一个粗略的值。例如，达到最终的目标就直接奖励 100，遇到未完成任务的情况罚 100（-100），而在中途没有以上情况的都奖励 1。这算是对奖励的一种先验的设定，但是很粗略。其实，奖励的设置直接影响最后的策略。显然这样粗糙的奖励规则是一种阻碍算法精度的做法。而逆向强化学习算法正是为了解决这种问题。

在逆向强化学习问题中，已知的输入为专家决策样本，也就是前面介绍的 $\Gamma=\{\tau^0,\tau^1,\tau^2,\cdots,\tau^m\}$。假设现在已经通过学习得到一个奖励函数，那么显然通过该奖励函数进行决策问题的求解得到的结果应该与专家决策样本中从状态到动作的映射保持一致。

不妨假设，奖励函数是一个和状态 s 呈线性关系的量，设为 $r(s)$。那么 $r(s)$ 可以表示为：$r(s)=\omega^T s$。因此对于值函数可以表示为：$V(s)=\sum_{t=0}^{\infty}\gamma^t\omega^T s_t=\omega^T\sum\gamma^t s_t$。于是，可知值函数的大小和后面的状态序列相关，而状态序列和采取的策略相关。在逆向强化学习中，对于奖励函数的求解恰恰让我们找到了一个最好的策略。因此，当求解到最优的值函数的时候，对于该值函数我们也找到了一个最优的策略。所以，对于给定的专家样本轨迹 $s_t^{\pi^*}$ 其实就是最好的决策轨迹，正好辅助我们找到一个最好的值函数。假设已经得到了这一个最好的值函数，那么对于其他策略得到的任意决策轨迹 s_t^{π} 都不能超过从该专家样本轨迹中得到的值函数，即：

$$\omega^T s_t^{\pi^*}-\omega^T s_t^{\pi}\geqslant 0,\ \text{即}\ \omega^T(s_t^{\pi^*}-s_t^{\pi})\geqslant 0$$

因此，通过随机策略不断地采样决策轨迹，然后和专家样本决策轨迹进行比较，并且进行不断的迭代来更新奖励函数参数 ω，同时也更新策略 π，直到收敛，最终得到奖励函数的表达以及当前最好的策略。逆向强化学习算法伪代码如图 2.38 所示。

当得到奖励函数的表达以及策略之后，这并不一定是最终的结果，可以将此当作是一般强化学习算法的初始化，然后进行更加精确的探索和求解。

输入：环境 E；
状态空间 X；
动作空间 A；
范例轨迹数据集 $D=\{T_1,T_2,\ldots,T_m\}$.
过程：
1: $\bar{x}^*=$ 从范例轨迹中算出状态加权和的均值向量；
2: $\pi=$ 随机策略；
3: for t=1, 2, ... do
4: $\bar{x}_t^\pi=$ 从 π 的采样轨迹算出状态加权和的均值向量；
5: 求解 $\omega^*=\arg\max_\omega \min_{i-1}^{t} \omega^T(\bar{x}^*-\bar{x}_i^\pi)$ s.t. $\|\omega\|\le 1$；
6: $\pi=$ 在环境 $\langle X,A,R(x)=\omega^{*T_x}\rangle$ 中求解最优策略；
7: end for
输出：奖赏函数 $R(x)=\omega^{*T_x}$ 与策略 π

图 2.38 逆向强化学习算法

本章总结

正是因为强化学习的内容可以以考试这件事为背景进行介绍以便读者更好地理解，本章很多标题都是从考试中来命名，希望能够让读者在学习的同时更加形象地理解本章的内容。

在讲 MDP 时为什么叫作逢考必过，一方面我们将 MDP 应用于考试的决策上，给了马尔科夫模型就等价于给了题库，并且在这个题库中，采取策略的方式是收益最大。因此，可谓是逢考必过。而无模型强化学习问题正像是老师没有给定考试范围（题库），当从茫茫的题海中采样越多，给出的答案也就越接近于标准的答案。而模仿学习真是一种高效的学习方式，能大大减少搜索的空间，通过对学霸（专家）的学习来指导后面的学习。

以考试为背景，本章围绕强化学习内容展开了比较细致的讲解，对于强化学习的基础，包括马尔科夫决策过程、值函数和动作值函数以及基于动态规划的求解的方式进行了详细的阐述，对于强化学习的求解，分为有模型和无模型两种方式进行了分析。在讲解的过程中充分结合实例，包括生活中的例子以及强化学习应用的例子。需要说明的一点是，虽然本章没有对基于策略优化的算法进行讲解，但是基于策略优化的算法对于强化学习问题的求解非常重要，尤其是对于连续的状态和策略空间中的强化学习问题。由于神经网络正好能够非常好的参数化策略空间，因此将在后续的章节中详细介绍。

参考文献

[1] David Silver.*Reinforcement Learning*.
[2] 周志华 . 机器学习 . 北京：清华大学出版社，2016.
[3] 李航 . 统计学习方法 . 北京：清华大学出版社，2012.
[4] S Sutton.*Reinforcement Learning*: *A Introduction*.
[5] Internet.http://mnemstudio.org/path-finding-q-learning-tutorial.htm.

第 3 章　深度学习基础

3.1　深度学习简史

3.1.1　神经网络发展史

深度学习（Deep Learning）是机器学习的分支，它是使用包含复杂结构或由多重非线性变换构成的多个处理层对数据进行高层抽象的机器学习的算法。它和机器学习以及人工智能的关系如图 3.1 所示，在最外面的一环是人工智能（Artificial Intelligence，AI），使用计算机推理，里面的一环是机器学习（Machine Learning），深度学习在最中心。

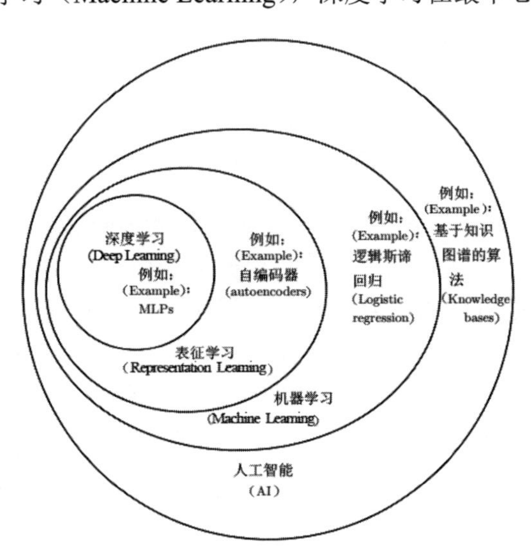

图 3.1　深度学习在人工智能中的位置

深度学习可以被看作是一种神经网络，尤其是基于人工神经网络的框架，这可以追溯到 1980 年福岛邦彦提出的新认知机。而人工神经网络的历史更为久远，神经网络在 1959 年由诺贝尔奖得主休伯尔和威泽尔发现，在大脑的初级视觉皮层中存在两种细胞：简单细胞和复杂细胞，这两种细胞承担不同层次的视觉感知功能。大脑神经细胞模型如图 3.2 所示。

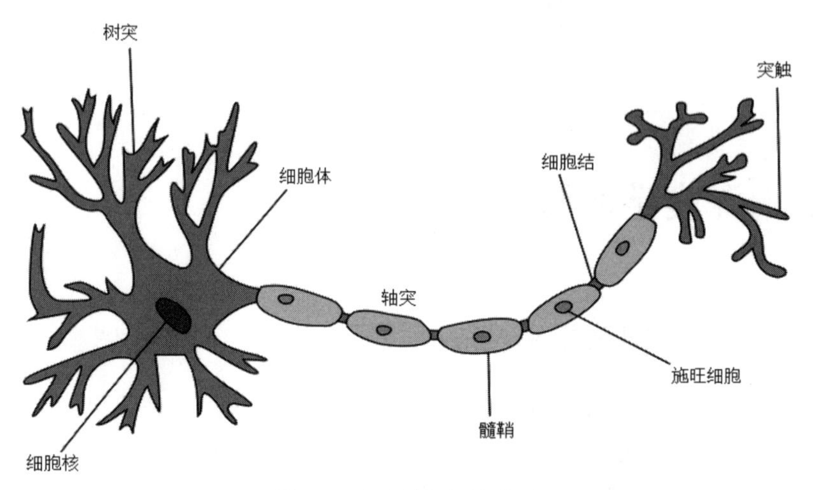

图 3.2　大脑神经细胞模型

根据这个大脑神经细胞模型，可以概括出生物神经网络的假定特点：

- 每个神经元都是一个多输入单输出的信息处理单元。
- 神经元输入分为兴奋性输入和抑制性输入两种类型。
- 神经元具有空间整合特性和阈值特性。
- 神经元输入与输出之间有固定的时滞，主要取决于突触延搁。

受此启发，许多神经网络模型也被设计为不同节点之间的分层模型。福岛邦彦提出的新认知机引入了使用无监督学习训练的卷积神经网络。随后，Yann LeCun 将有监督的反向传播算法应用于这一架构。1989 年，Yann LeCun 等人开始将 1974 年提出的标准反向传播算法（BP 算法）应用于深度神经网络，这一网络被用于手写邮政编码识别。尽管算法可以成功执行，但计算代价非常巨大，神经网络的训练时间达到了 3 天，因而无法投入实际使用。许多因素导致了这一缓慢的训练过程。

事实上，从反向传播算法自 20 世纪 70 年代提出以来，不少研究者都曾试图将其应用于训练有监督的深度神经网络，但最初的尝试大都失败。1991 年，Sepp Hochreiter 在其博士论文中将失败的原因归结为梯度消失（梯度弥散），这一现象同时在深度前馈神经网络和循环神经网络中出现，后者的训练过程类似深度网络。在分层训练的过程中，本应用于修正模型参数的误差随着层数的增加而呈指数级递减，这导致了模型训练的效率低下。Yann Lecun 他们的项目也部分地受到该问题的影响。

为了解决这一问题，研究者们提出了一些不同的方法。Jürgen Schmidhuber 于 1992 年提出多层级网络，利用无监督学习训练深度神经网络的每一层，再使用反向传播算法进行调优。在这一模型中，神经网络中的每一层都代表观测变量的一种压缩表示，这一表示也被传递到下一层网络。

另一种方法是 Sepp Hochreiter 和 Jürgen Schmidhuber 提出的长短期记忆神经网络（Long Short Term Memory，LSTM）。2009 年，在 ICDAR 2009 举办的连笔手写识别竞赛中，在没有任何先验知识的情况下，深度多维长短期记忆神经网络获取了其中三场比赛的胜利。LSTM 模型示意图如图 3.3 所示。

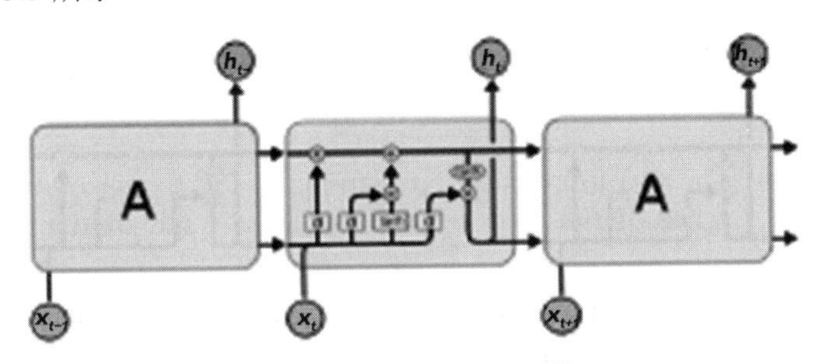

图 3.3 LSTM 模型示意图

2007 年前后，发生了深度学习兴起的标志性事件，虽然在此之前的 1992 年，在更为普遍的情形下，Jürgen Schmidhuber 也曾在递归神经网络上提出一种类似的训练方法，并在实验中证明这一训练方法能够有效提高有监督学习的执行速度。但是直到 2007 年，Geoffrey Hinton 和 Ruslan Salakhutdinov 提出了一种在前馈神经网络中进行有效训练的算法（这一算法将网络中的每一层视为无监督的受限玻尔兹曼机，再使用有监督的反向传播算法进行调优），深度学习迈向成功的步伐才刚刚开始。Hinton等人提出的深度模型提出了使用多层隐变量学习高层表示的方法。这一方法使用Smolensky于1986年提出的受限玻尔兹曼机，对每一个包含高层特征的层进行建模。模型保证了数据的对数似然下界随着层数的提升而递增。当足够多的层数被学习完毕，这一深层结构成为一个生成模型，可以通过自上而下的采样重构整个数据集。辛顿声称这一模型在高维结构化数据上能够有效地提取特征。

吴恩达和Jeff Dean领导的Google大脑团队创建了一个仅通过YouTube视频学习高层概念（例如猫）的神经网络。

其他方法依赖了现代电子计算机的强大计算能力，尤其是GPU。2010年，在Jürgen Schmidhuber位于瑞士的人工智能实验室IDSIA的研究组中，Dan Ciresan和他的同事展示了利用GPU直接执行反向传播算法而忽视梯度消失问题的存在。这一方法在Yann LeCun等人给出的手写识别MNIST数据集上战胜了已有的其他方法。

截至2011年，前馈神经网络深度学习中最新的方法是交替使用卷积层（Convolutional Layers）和最大值池化层（Max-Pooling Layers）并加入单纯的分类层作为顶端。训练过程也无须引入无监督的预训练。从2011年起，这一方法的GPU实现多次赢得了各类模式识别竞赛的胜利，包括IJCNN 2011交通标志识别竞赛和其他比赛。

这些深度学习算法也是最先在某些识别任务上达到和人类表现具备同等竞争力的算法。

自深度学习出现以来，它已成为很多领域，尤其是在计算机视觉和语音识别中领先系统的一部分。在通用的用于检验的数据集，例如语音识别中的TIMIT和图像识别中的ImageNet（见图3.4），以及Cifar10上的实验证明，深度学习能够提高识别的精度。与此同时，神经网络也受到了其他更加简单归类模型的挑战，支持向量机（SVM）等模型在20世纪90年代到21世纪初成为最流行的机器学习算法。

硬件的进步也是深度学习重新获得关注的重要因素。高性能图形处理器（GPU）的出现极大地提高了数值和矩阵运算的速度，使得机器学习算法的运行时间得到了显著的缩短。

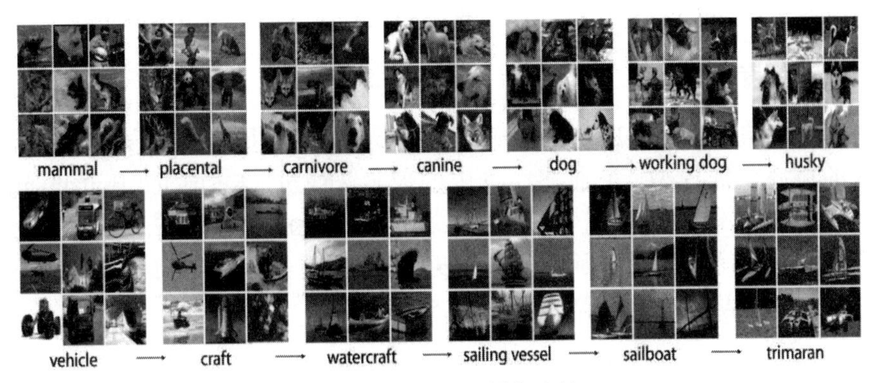

图 3.4　ImageNet 图片示例

3.1.2　深度学习的分类

深度神经网络是一种具备至少一个隐含层的神经网络，所谓的深度也就是指网络当中隐含层很深。与浅层神经网络类似，深度神经网络也能够为复杂非线性系统提供建模，但多出的层次为模型提供了更高的抽象层次，因而提高了模型的能力。经过一定的发展，在深度神经网络中形成了一些被普遍接受的网络结构，包括最被广泛使用的卷积深度神经网络（Covolutional Neuron Networks，CNN），在时序序列问题上取得显著成果的循环神经网络（Recurrent Neural Networks，RNN）。在这两种最基本的网络结构之上形成了很多拓展，包括在目标检测当中取得成功应用的区域卷积神经网络（Regions with Covolutional Neuron Networks，RCNN），以及在 RNN 当中被广泛接受的长短期记忆网格（Long Short Term Memory Networks，LSTM）等。此后，卷积神经网络也作为听觉模型被使用在自动语音识别领域，较以往的方法获得了更优的结果。LSTM 成为比较主流的 RNN，它在自然语言处理中取得了丰硕的成果。接下来简要地说说这几种网络结构。

1. 深度神经网络（DNN）

深度神经网络（Deep Neuron Networks，DNN）是一种判别模型，可以使用反向传播算法进行训练，权重更新可以使用随机梯度下降法进行求解。广义上，深度神经网络也就是深度学习的总称，包括其他一系列的神经网络结构，如卷积神经网络、循环神经网络等；狭义上 DNN 指的是只有全连接的网络结构。所以 DNN 要在具体的语境当中去分析。

2. 深度信念网络（DBN）

深度信念网络（Deep Belief Networks，DBN）是一种包含多层隐单元的概率生成模型，它把多个受限的玻尔兹曼机（Restricted Boltzmann Machine，RBM）堆积在一起，然后采用无监督逐层训练方法，以贪婪的方式进行训练，就得到了所谓的深度信念网络，它是一个可以对训练数据进行深层表达的图形模型，如图 3.5 所示。

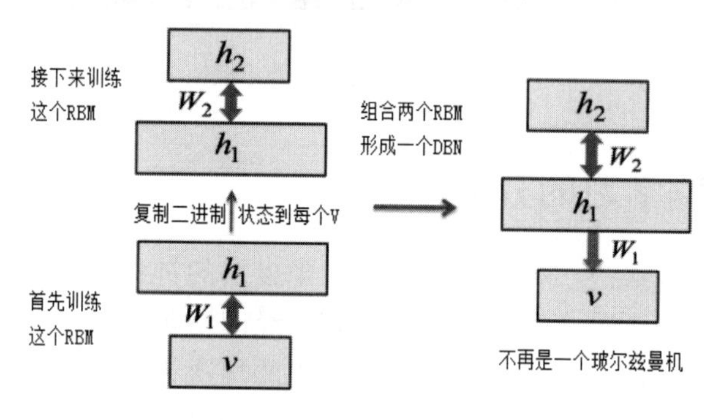

图 3.5　深度信念网络（DBN）

3. 卷积神经网络（CNN）

卷积神经网络（Convolutional Neuron Networks，CNN）由一个或多个卷积层和顶端的全连通层（对应经典的神经网络）组成，同时也包括关联权重和池化层（Pooling Layer）。这一结构使得卷积神经网络能够利用输入数据的二维结构。与其他深度学习结构相比，卷积神经网络在图像和语音识别方面能够给出更优的结果。这一模型也可以使用反向传播算法进行训练。相比较其他深度神经网络、前馈神经网络，卷积神经网络需要估计的参数更少，使之成为一种颇具吸引力的深度学习结构。如图 3.6 所示是使用 CNN 提取一张图片的特征。

4. 卷积深度置信网络（CDBN）

卷积深度置信网络（Convolutional Deep Belief Networks，CDBN）是深度学习领域较新的分支。在结构上，卷积深度置信网络与卷积神经网络在结构上相似。因此，与卷积神经网络类似，卷积深度置信网络也具备利用图像二维结构的能力，与此同时，卷积深度信念网络也拥有深度置信网络的预训练优势。卷积深度置信网络提供了一种能被用于信号和图像处理任务的通用结构，也能够使用类似深度信念网络的训练方法进行训练。

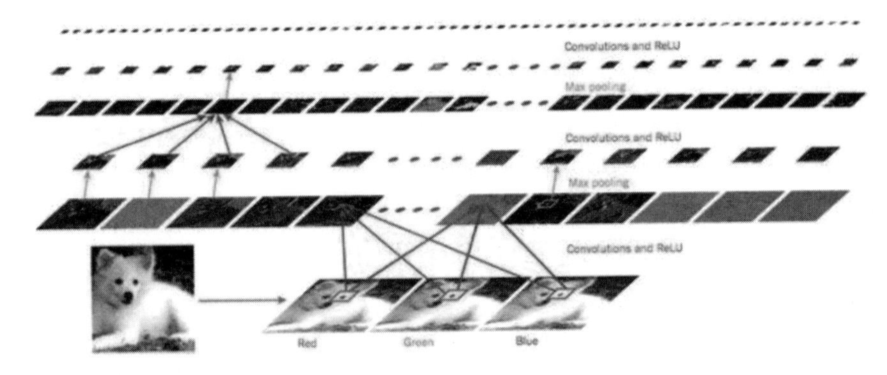

图 3.6 使用 CNN 提取一张图片的特征

5. 循环神经网络（RNN）

循环神经网络（Recurrent Neural Networks，RNN）对于涉及序列输入的任务，如语音和语言，利用 RNN 能获得更好的效果。RNN 一次处理一个输入序列元素，同时维护网络中隐式单元中隐式包含过去时刻序列元素的历史信息的“状态向量”。如果是深度多层网络不同神经元的输出，我们就会考虑这种在不同离散时间步长的隐式单元的输出，这将会使我们更加清楚怎么利用反向传播来训练 RNN。RNN 及其展开的表达如图 3.7 所示。

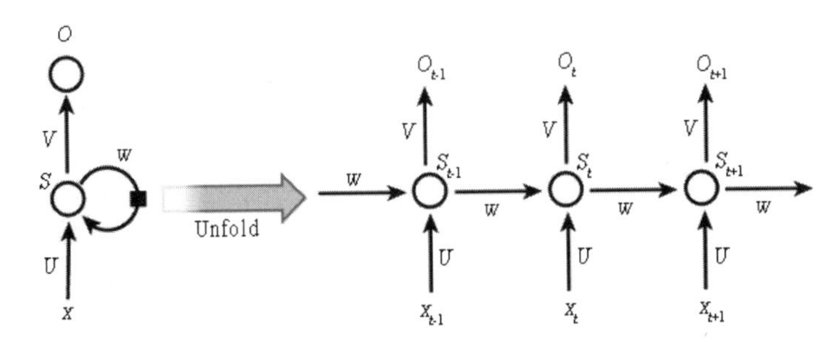

图 3.7 RNN 及其展开的表达

虽然 RNN 的目的是学习长期依赖性，但理论的和经验表明它很难学习并长期保存信息。因此，采用了特殊隐式单元的LSTM的提出，便是为了解决长期保存输入的问题。一种称作记忆细胞的特殊单元类似累加器和门控神经元，它在下一个时间步长将拥有一个权值并连接到自身，复制自身状态的真实值和累积的外部信号，但这种自连接是由另一个单元学习并决定何时清除记忆内容的乘法门控制的。

LSTM网络随后被证明比传统的RNN更加有效，尤其当每一个时间步长内有若干层时，整个语音识别系统能够完全一致地将声音转录为字符序列。目前LSTM网络或者相关的门控单元同样用于编码和解码网络，并且在机器翻译中表现良好。

3.1.3 深度学习的应用

深度学习的基础是机器学习中的分布表示（Distributed Representation），分布表示假定观测值是由不同因子相互作用生成的。在此基础上，深度学习进一步假定这一相互作用的过程可分为多个层次，代表对观测值的多层抽象。不同的层数和层的规模可用于不同程度的抽象。

深度学习运用了分层次抽象的思想，更高层次的概念从低层次的概念学习得到。这一分层结构常常使用ε-贪心算法逐层构建而成，并从中选取有助于机器学习的更有效的特征。

不少深度学习算法都以无监督学习的形式出现，因而这些算法能被应用于其他算法无法企及的无标签数据，这一类数据比有标签数据更丰富，也更容易获得。这一点也为深度学习赢得了重要的优势。

1. 自然语言处理

语音识别显著改善了人类与设备的互动，如智能手机。尽管目前绝大多数应用程序，如苹果Siri和亚马逊的Alexa语音服务的处理位于云端，但是，在设备上面执行识别任务更理想，因为可以减少延迟和对连接的依赖，并且能增强隐私保护。语音识别是实现机器翻译、自然语言处理等很多其他人工智能任务的第一步。人们在研究用于语音识别的低功率硬件。

目前，深度学习最成功的应用领域就是自然语言处理。目前在所有的深度学习创业公司中，60% 以上都是在自然语言处理领域。如图 3.8 所示提出的是一种双语单词嵌入模型。可以在两种不同语言中把单词嵌入到一个共享的空间。在这个例子里，我们学习把汉语和英语嵌入到同一个空间。用和上面差不多的方法来训练 Wen 和 Wzh 两种嵌入。但是，已知某些中文和英文的词汇有相似的意思。所以，追加一个属性优化，即已知的翻译过后意思相似的词应该离得更近。

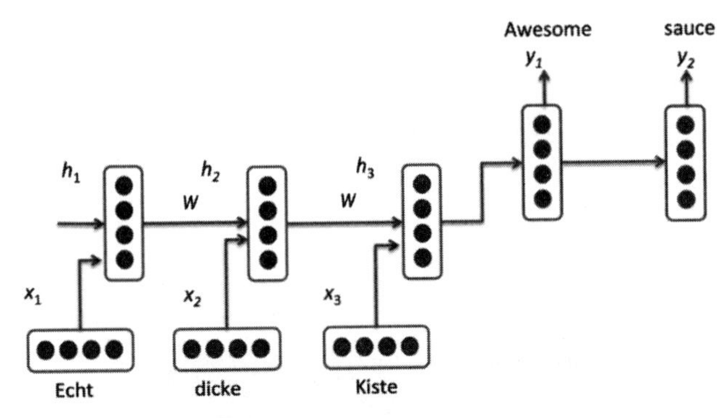

图 3.8 双语单词嵌入模型

2. 目标检测

图像分类领域中一个公认的评判数据集是 MNIST。MNIST 由手写阿拉伯数字组成，包含 60 000 个训练样本和 10 000 个测试样本。与 TIMIT 类似，它的数据规模较小，因而能够很容易地在不同的模型配置下测试。Yann LeCun 的网站给出了多种方法得到的实验结果。截至 2012 年，最好的判别结果由 Ciresan 等人在当年给出，这一结果的错误率达到了 0.23%。而目前很多的深度学习网络结构都能够在这个数据集中达到 99% 以上的准确率。在图像领域，深度学习大大超过了传统的学习算法。目前不仅在准确率上，在处理的速度上也得到了大幅度提高。如图 3.9 所示，输入的是一张船的图片，通过深度神经网络预测得到是船的概率为 0.94，并且远远大于是其他物体的概率。

3. 图像语义分析

目前对于人工智能的要求越来越高，不仅要求计算机能够识别图片中的目标，而且还要能够对其进行语义分析，对其中所包含的信息进行解释。如图 3.10 所示是利用深度学习给图片加上标题（Captioning）。该网络结合 CNN 和 LSTM，首先对图像当中的目标进行识别，不仅识别出其中的大象、人、足球屋顶等，而且对物体的各种状态也进行判别，如大象是站着的、人穿的是红色的衣服等，然后对图像的语义进行分析，得到各个部分的语义标签。

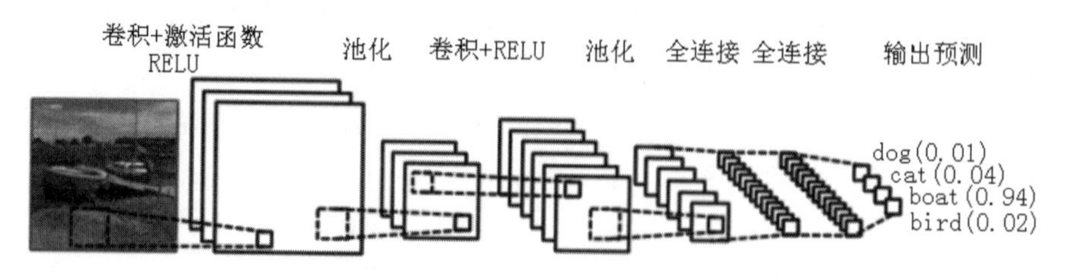

图 3.9 目标检测举例

图 3.10 看图写标题举例（imagenet）

4. 生物信息学及医学的应用

深度学习作为强大的计算工具，也在生物信息学以及医学领域发挥着重要的作用。不管是对于医学图像的检测，还是对于生物基因信息的检测，以及病理的推理、因果基因的推断等方面都发挥着重要的作用。临床医学非常看重对病人的监测，收集长期数据帮助侦测 / 诊断各种疾病或者监督治疗。例如，持续的 ECG 或 EEG 信号监测将有助于识别心血管疾病和检测癫痫患者的发作。在许多情况下，这些设备要么是穿戴式的，要么是可移植的，因此，能耗必须维持在最低。所以，需要探索使用嵌入机器学习提取有意义的生理信号进行本地化处理的办法。

5. 公众视野中的应用

深度学习常常被看作是通向真正人工智能的重要一步，因而许多机构对深度学习的实际应用抱有浓厚的兴趣。因此，各大媒体的报道都离不开这个话题。不管是 2013 年 12 月，Facebook 宣布雇用扬 · 勒丘恩为其新建的人工智能实验室的主管（这一实验室将在加州、伦敦和纽约设立分支机构，帮助 Facebook 研究利用深度学习算法进行类似自动标记照片中用户姓名这样的任务），还是 2016 年，斯坦福大学的著名教授李飞飞，加入 Google，成为 Google Cloud Machine Learning 中心的主任，都牵动着人们的视线；不管是特斯拉宣布进入无人驾驶领域，还是 Google 收购 DeepMind，这些都成为业界的头等大事。由此可见，这个领域已经浸入到人们的生活中。

而将人工智能推向高潮的还是 2016 年 3 月，以深度学习开发的围棋程序 AlphaGo 首度在比赛中击败人类顶尖对手李世石（见图 3.11），造成广泛的讨论。

图 3.11　备受瞩目的人机大战

其实除了以上提到的几个应用领域以外，深度学习在量化经济、3D 游戏、动作智能等方向都有不同层次的应用。

3.1.4　深度学习存在的问题

与其他神经网络模型类似，如果仅仅是简单地训练，深度神经网络会存在很多问题。常见的两类问题是过拟合（Overfiting）和过长的运算时间。

深度神经网络很容易产生过拟合现象，因为增加的抽象层（隐含层）使得模型能够对模型当中训练数据较为罕见的依赖关系进行建模。为了解决这个问题，权重递减或者稀疏等方法可以利用在训练过程中以减小过拟合现象。另一种较晚用于深度神经网络训练的正规化（Regularization）方法是丢弃法（Dropout），即在训练中随机丢弃一部分隐含层单元来避免对较为罕见的依赖进行建模。

反向传播算法和梯度下降法由于其实现简单，与其他方法相比能够收敛到更好的局部最优值而成为神经网络训练的通行方法。但是，这些方法的计算代价很高，尤其是在训练深度神经网络时，因为深度神经网络的规模（即层数和每层的节点数）、学习率、初始权重等众多参数都需要考虑。由于时间代价的原因扫描所有参数并不可行，因而小批量训练（Mini-Batching），即将多个训练样本组合进行训练而不是每次只使用一个样本进行训练，被用于加速模型训练。而最显著的速度提升来自 GPU，因为矩阵和向量计算非常适合使用 GPU 来实现。但使用大规模集群进行深度神经网络训练仍然存在困难，因而深度神经网络在训练并行化方面仍有提升的空间。

3.2 深度学习的基础概念

在接下来的这一节中，会介绍深度学习的基础。从基本的神经单元到整体的神经网络结构，从具体的使用中认识深度学习，从理论的推导中知道网络结构是如何进行更新的。前面的章节会比较注重从基本的例子中去学习深度学习，没有过多地讲解为什么。目的就是为了由浅入深地帮助读者揭开深度学习神秘的面纱。而后面的内容会涉及比较多的优化算法和反向传播算法，目的是为了让读者不仅知道怎么用深度学习，而且还知道怎么去修改。个人觉得这样的推导是必要的，这会让读者更加清楚明白为什么。本书从写作的风格上尽量少用专业的术语，争取让读者都能够对深度学习有一个由浅入深的认识。本书也参考了斯坦福大学的公开课以及其他的优秀的教材，特别说明。

3.2.1　深度学习总体感知

可以这样来理解机器学习：机器学习就是为了找到一个函数，使得对特定的输入能够得到期望的输出结果。例如，在语音识别问题当中，对于输入的一段频谱信号，函数输出其对应的文本（见图 3.12）；在图像目标识别问题当中，输入一只猫的图片，函数进行判断并输出猫的结果；在象棋比赛当中，函数根据当前棋局的图片，输入最好的决策结果；在 Siri 的对话系统当中，函数根据用户的语音输入，输出合适的语音对话结果等。

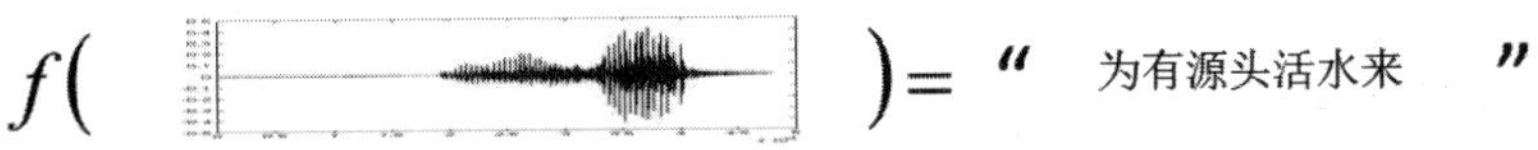

$f($ [频谱信号] $)=$ “ 为有源头活水来 ”

图 3.12　机器学习在语音上的应用解释举例

一个函数可以表示为：

$$f(x) = w0 * x^{(0)} + w1 * x^{(1)} + w2 * x^{(2)} + w3 * x^{(3)} + \cdots \qquad (3\text{-}1)$$

其中的 $x^{(0)}, x^{(1)} \cdots$ 表示输入数据的各个维度，$w0, w1 \cdots$ 表示这个函数的参数。因为参数的不同也就代表了不同的函数 $f(x)$，那么机器学习的过程就是通过训练的数据（如图 3.12 所示的音频数据）从这些众多的函数当中找到一个最好的函数，使得对于任意一个输入都能够给出一个正确的输出。例如，在图像目标识别任务中，通过各种动物的图片数据对函数进行训练，最终得到了一个函数 $f(x)$，那么在训练结束以后，对于任意你输入的一张动物图片它都能够给出类别。如图 3.13 所示为机器学习在手写体识别上的应用。对于一个输入的图像数据，首先转化为机器可以识别的数据表示。图 3.13 中将一个手写体 1 用一个 28×28 的数组表示，数组中为 0 或者 1。表示完成后输入到训练好的算法模型当中，就可以输出判别结果 1。

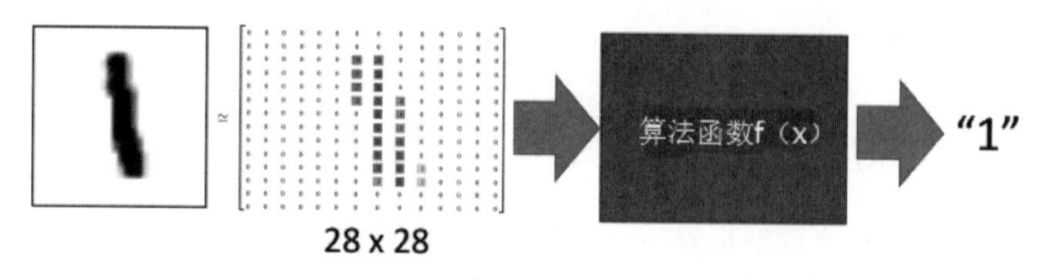

图 3.13 机器学习在手写体识别上的应用

需要指出的是，这样的函数可能很多，那么如何才能够说一个函数是更好的？泛化能力！也就是说，训练出来的函数不仅能够识别训练的这些数据，即便是对于没有参加训练的数据仍然能够很好地识别。例如，在进行训练的时候，采用了很多狗的图片，训练好了一个函数 $f(x)$，这时有一张从另一个角度拍的狗的照片，它并没有参与训练。如果这个函数仍然能够识别，那么说明这个模型（也就是这个函数 $f(x)$）具有很好的泛化能力。

如图 3.14 所示是机器学习一般方法的训练和测试过程。训练阶段通常随机初始化一个模型参数，然后使用一系列的带标签的训练数据来修正该模型的参数。这个过程就像是在一个模型的空间当中进行搜索，直到找到最优的那一个模型。测试阶段则是利用这个模型进行预测，由判别的标签和真实的标签的比较来评价该网络模型的性能。而深度学习更是这样。

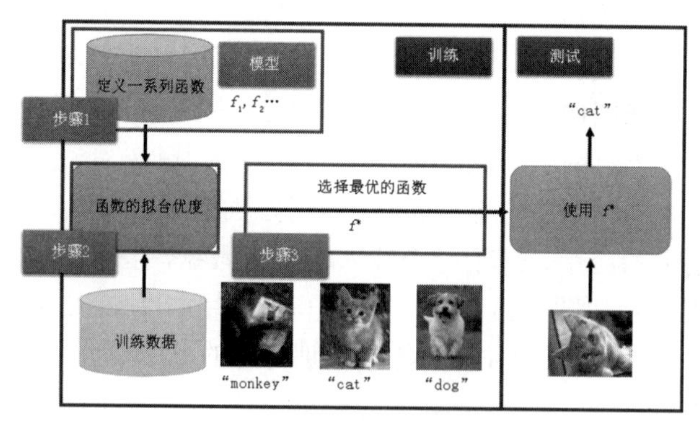

图 3.14 机器学习一般方法的训练和测试的过程

深度学习模型的求解其实就是一个试错加引导的过程。如何进行深度学习模型的训练，如图 3.15 所示，分为三个步骤进行就行了。

图 3.15　深度学习的三个步骤

首先，来看神经网络的构成。构成神经网络的基本单元被称为神经元。

图 3.16 的左图表示的是单个的功能神经元，主要包括三部分：输入的权重参数 w，累加 $\sum$ 以及激活函数 f。其中的输入权重 w 作用于样本输入 x（也可能是上一层网络的输出），然后经过加法门 $\sum$ 将其加起来得到一个累加的结果；最后经过激活函数 f 得到一个响应值。激活函数可以看作是一个阈值处理机制，只有输入超过一定的值之后才会有一个输出。这样构成了神经网络中的一个神经元。而多个的神经元便构成了一个深度神经网络的神经网络层，多层的神经网络便构成了深度神经网络。

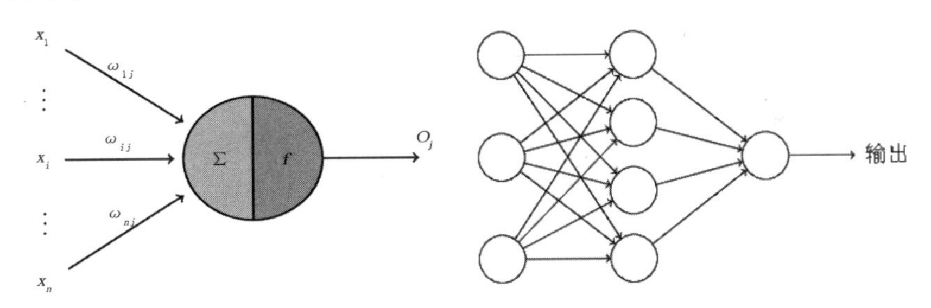

图 3.16　M-P 神经元和多层的神经网络

经过预处理的输入样本输入到第一层的网络当中得到一个输出结果，这个结果输出于隐含层；而隐含层又作为下一层的输入，如此迭代得到最终的输出结果。

然后，通过数据来测试该网络的性能。神经网络的设计肯定是为了解决特定的数据问题的，一般来说解决的是一个监督学习的问题。设计好一个网络，就需要针对要解决问题的数据集进行网络的训练，也就是通过网络对输入样本的特征抽象到另一个空间，映射得到一个输出结果，然后将网络得到的结果同样本的标签进行比较，判定的结果越接近于真实的标签那么表明该网络的性能越好。

最后，通过网络参数的更新迭代得到一个最合适的网络模型。通过数据对神经网络进行训练的过程就是一个更新网络参数的过程。在这个过程当中，预测结果与输入样本标签的差异正好是一个修正的信号：差距越大，表明要进行大幅度的修正；差距越小，说明只需要小范围微调。那朝着什么方向修正呢？后面会详细说明，朝着梯度的方向去修正能够最快地收敛。

如图 3.17 所示，为了在特定的任务当中训练更新网络，首先随机地初始化网络的参数，然后构造损失函数（或者是代价函数），通过最小化损失函数的方式进行网络的更新，最后对损失函数求导，朝着梯度下降的方向来更新网络的参数。

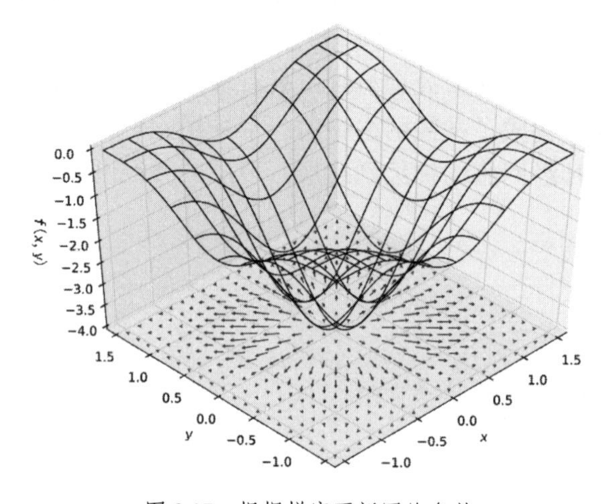

图 3.17 根据梯度更新网络参数

同时也发现了一个问题，那就是假设输入样本的维度为 1 000 维，第一个隐含层的神经元的个数为 100 个，那么所需要训练的参数就为 10 万个。随着网络层数的增加，这显然是不能够接受的。因此，在很多的网络结构当中会专门设计解决这种问题，例如 CNN 网络中设计的局部感受视野等。

3.2.2 神经网络的基本组成

从 3.2.1 节知道，一个深度神经网络由基本的神经单元（神经元）构成，如图 3.16 所示。而各个神经元之间则是通过网络的权重进行连接的。如图 3.18 所示，在一个深度神经网络中，存在很多神经元，处于同一个层次的神经元被称作是一个网络层。根据功能的不同，可以将网络层分为三种：一种叫作输入层，样本的特征向量作为输入；一种叫作输出层，按照网络的设计输出想要的结果；而前面两种可以被看作是一种没有功能的神经网络层，只是作为一个接口，处于前面二者之间的功能网络层被称为隐含层，能够对于上层的输入进行特定功能的处理。在各个层之间，都是通过网络的权重进行连接的，上一层的输出通过加权累计作为下一层的输入。深度神经网络的学习其实就是网络权重（还有偏置）的学习，通过数据的分布不断地迭代更新网络的参数。

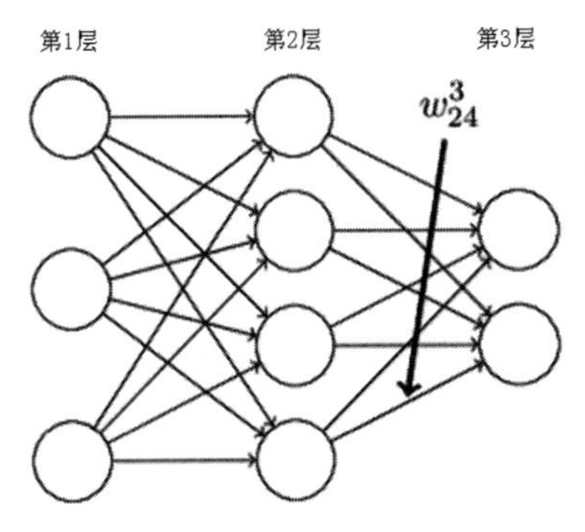

图 3.18　网络权重表示

下面首先给出网络中权重的清晰定义。我们使用 w^l_{jk} 表示从第（l–1）层的第 k 个神经元到第 l 层的第 j 个神经元的连接上的权重。例如，图 3.18 中给出了第二隐含层的第四个神经元到第三隐含层的第二个神经元连接上的权重，表示为 w^3_{24}。

这样的表示粗看会感觉比较奇怪，特别是下标 j 和 k 的顺序。可能觉得反过来更加合理，接下来会讲解为什么要这样做。实际上这种表示是非常规范和好理解的，后面会发现这样的表示比较方便也很自然（现在很多教材不是这样表示的，很可能会出现下标困境，要能够对应上）。对网络偏差和激活值也会使用类似的表示。显式地，使用 b^l_j 表示在第 l 层的第 j 个神经元的偏置，使用 a^l_j 表示第 l 层的第 j 个神经元的激活值。如图 3.19 所示。

Tips：实际上这样的表示还是有点疑惑的，因为按照图 3.19 中 b_3^2 和 a_3^2 应该是在同一位置的，并且应该将 b_3^2 看作是该位置上从外界的输入。而图 3.19 中 a_3^1 实际上应该是 a_i^2 经过加权得到的。

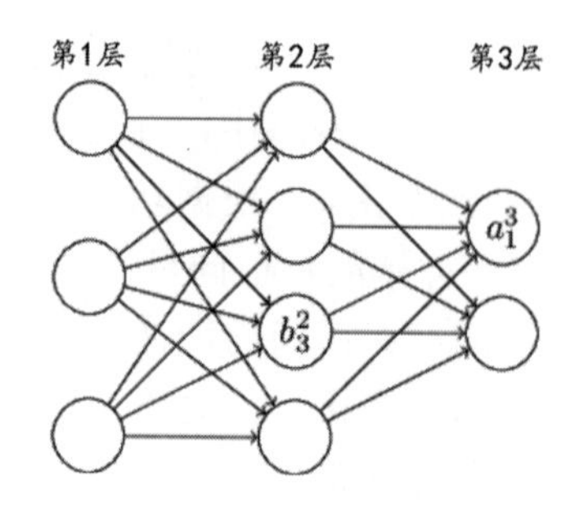

图 3.19　网络偏置和激活值的表示

有了上述的这些表示，第 l 层的第 j 个神经元的激活值 a_j^l 就和第 l 层关联起来了，即：

$$a_j^l = \sigma\left(\sum_k W_{jk}^l a_k^{l-1} + b_j^i\right) \tag{3-2}$$

其实笔者更愿意将如上的 a_j^l 看作是下一个网络层的输入，在很多的网络中都没有显式地将它表达出来，而直接认为它就是隐含层的输出 h。所以式（3-2）中表达的意义是：从上一个隐含层的输出作为下一个隐含层的输入，采用全连接的方式得到该隐含层的输出。其中所谓的全连接就是上一层的所有输出作为下一层的每一个隐含层单元的输入。

深度学习从理论上来说非常的简单和便于理解的，即准备好待用的训练样本，设计好一个合适的网络结果，迭代训练修正网络的参数。但是在实际的设计过程中存在着很多的设计理念和设计细节。例如一个基本的问题是：神经网络越深代表要训练的参数就越多，一般来说相应的效果也就越好，那么可否用一个更宽的网络来代替一个更深的网络？从参数的角度上来看仿佛是可以的，但是实验证明不同层次深度的神经网络层具有不同的特征抽象能力，能够更好地描述一个输入的样本。例如，在一个图像的深度学习的网络中，底层的网络抽取的往往是底层的如边缘纹理等的特征，而上层得到的是更高层次的特征的抽象。深度学习更像是将一个复杂的问题分解为逐个层次的简单问题。但是如果将这种深度层次的网络变成同等网络参数的宽度神经网络，其网络的性能将会差很多。

直观的理解我们也知道，达到一个同等的分类效果，一个深度神经网络需要比宽度神经网络需要更加少的训练数据。例如，现在需要设计一个网络对一组图片进行分类。这组图片中有男孩、女孩、长头发、短头发的。那么需要设计一个网络将其中的短头发男孩、长头发男孩、短头发女孩以及长头发女孩分类出来。那么对于一个宽度神经网络，也就是需要训练出来一个只有一个隐含层网络，然后直接输出这四种的分类结果，其实对应到每一种的数据都会很少了。但是如果设计为一个深度神经网络，其中就包括很多的隐含层，这里假设有两层。那么可能在第一层中将照片区分为男女，到了第二层就在第一层的结果中再区分出长头发和短头发。这样对于每一个部分的训练其实都有更多的样本来进行训练。

Tips：深度神经网络在程序当中其实就是一堆数组的矩阵计算，因此矩阵计算的速度也是一个优化的点。

3.2.3　深度学习训练

接下来将会涉及一些深度学习的设计和训练的方法。

1. 损失函数的选取

在接触到的大多数的问题当中，都可以通过平方损失函数来度量网络的性能，通过最小化平方损失函数来优化网络参数。选择平方损失函数是因为它能保证预测的结果和真实值的差异是一个正值。此外，相对于绝对值来讲，还具有连续的可导性质，因此经常被用在神经网络的设计中。但是平方损失函数不一定就是最好的选择，要和 Softmax 配合使用。在网络优化当中，比较常用的另一个损失函数是交叉熵（Cross Entropy）损失函数。相对于平方损失函数来说，交叉熵能够更加明显地进行梯度的下降，并且能够得到更好的检测准确率。图 3.20 为两种损失函数的比较。

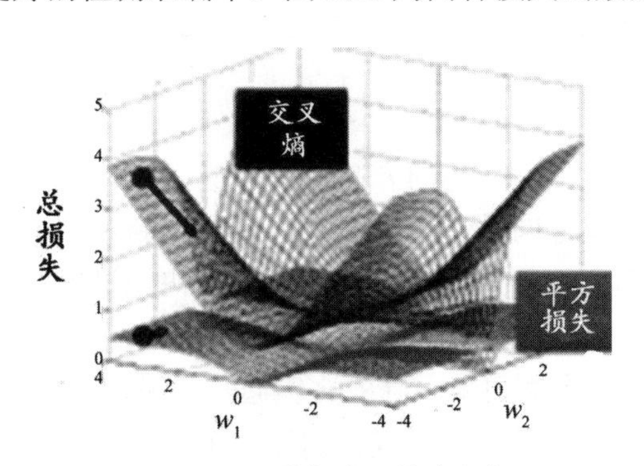

图 3.20　两种损失函数的比较

2. 批量训练

批量（Batch）训练是在深度学习当中经常用到的训练方式。批量训练指的是在每一次训练的时候不仅仅选择一个样本，而是选择一小批量的样本（如 1~100 个样本）。这样不仅能够提高收敛的速度，也能够提高检测的准确率，甚至准确率能够达到单个训练的 20 到 30 倍以上。

区别于传统样本的分类，深度学习中样本分为训练集、测试集以及验证集。其中验证集则是为了在迭代中判断，到当前的训练已经达到了何等的效果。

3. 激活函数

在进行深度学习网络设计的时候，一般来讲深度可以提高检测的准确率，但是增加网络的复杂度需要更长的训练时间，并且产生一个更加严重的后果——过拟合（Overfitting），即在当前的样本上表现得非常好，但在测试的数据集上表现就非常糟糕。因此，过度的复杂并不是一个好的设计。另一个要注意就是网络中激活函数的选择。

之前常用的激活函数是 Softmax 函数，当使用反向传播方法计算导数的时候，随着网络深度的增加，反向传播的梯度（从输出层到网络的最初几层）的幅度值会急剧地减小，结果就造成了整体的损失函数相对于最初几层的权重导数非常小。这样，当使用梯度下降法的时候，最初几层的权重变化非常缓慢，以至于它们不能够从样本中进行有效的学习。这种问题通常被称为“梯度弥散”（见图 3.21）。为了解决这个问题，选择合适的激活函数变得非常重要。ReLU 族类的激活函数就是为了解决这个问题而设计的，将在后面的章节中详细介绍。

4. 学习率的设计

我们知道沿着梯度下降的方向对网络进行更新就可以提高网络的性能。但是朝着梯度方向前进多少呢？这就是更新和改变的步长了，也就是所谓的学习率。一般来讲，最开始为了很快地进行最优解的探索，因此会设置比较大的学习率，但是越到后面越接近于收敛的解的时候步长应该越小。但是这个学习率下降的比例通常来说都不是一个万能的设计，往往需要根据具体的问题来设置。例如，可以根据迭代的次数来降低学习率，则有 $\eta=\eta/\sqrt{t+1}$，其中的 t 表示迭代的次数；也可以根据梯度的大小进行学习率的调整，则有 $\eta=\eta/\sqrt{\sum_{i=0}^{t}(g^i)^2}$，其中的 g^i 表示第 i 次的梯度值。

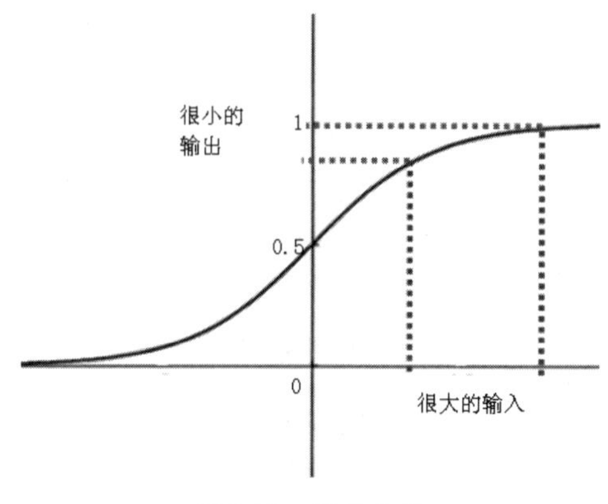

图 3.21　梯度弥散

3.2.4　梯度下降法

深度学习训练过程中，一般都是采用梯度下降法来进行优化的。为什么是下降而不是上升呢？在进行深度学习神经网络优化的时候，往往设置一个损失函数，然后对它进行最小化。那么最小化这个函数最好的方式就是朝着梯度下降的方向来求解。当然函数也可以设置为奖励函数，那就是为了最大化奖励函数，因此需要采取梯度上升法。但是为了统一规范，在奖励函数前面加上负号，然后与最小化这个函数是一样的效果。因此，对于网络的优化采取的都是梯度下降法，如图 3.22 所示。

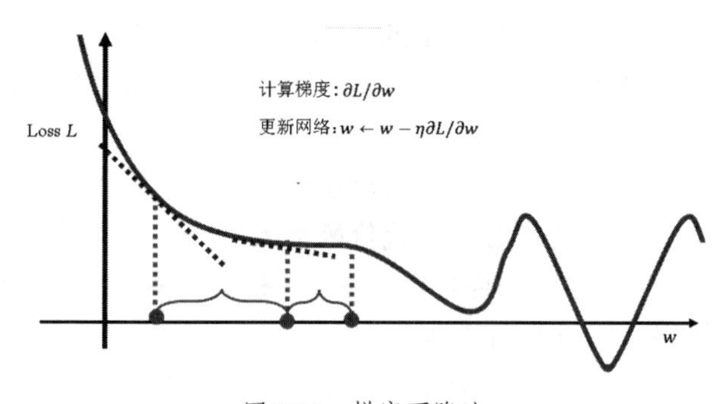

图 3.22　梯度下降法

一个函数当中可能存在多个局部极小值和局部极大值，而在这两种值的过渡中可能还存在着马鞍点。那么在最小化损失函数的过程中，极有可能找到的不是一个全局的最优解。而这和步长 η 有很大的关系。如图 3.22 所示，假设将步长 η 设定为一个比较小的值，那么在梯度接近于 0 的位置，网络参数的更新将非常慢，陷入在局部的最优解当中也不可能再走出来了；而如果设置比较大的值，可能直接就跳过了最优解。因此，在实际过程中需要很好地去设置更新的步长。虽然梯度下降法不能保证在有限的时间内达到一个局部的最小值，但是通常来讲都能够得到损失函数的一个可用的值。因此，梯度下降法在深度学习当中被广泛使用。当然，也存在很多改进的梯度下降算法，在深度学习当中取得了良好的成效，其中一种就是随机梯度下降法（Stochastic Gradient Descent，SGD）。

深度学习当中，需要使用大量的样本进行训练，数据量越大，得到的模型就越不可能出现过拟合的问题。也就是说对于每一个样本都要计算梯度，然后更新网络的参数。对上百万甚至上亿的数据进行学习是不可能被接受的。因此，随机梯度下降法就是为了解决这个问题而出现的。随机梯度下降法认为，梯度是期望，而期望可以使用小规模的数据进行估计。于是，梯度的求解可以使用一小撮样本进行估计，这一小撮样本可以在 1 到 100 的范围内，被称作 Minibatch。于是，求解到一个期望的梯度，再用它来进行网络的更新。而每一次的样本是通过随机采样得到的，因此该算法被称作随机梯度下降法。而这种随机采样的方式能够大大提高收敛的速度，训练的时间不会随着样本量的增加而线性增加。

3.2.5 反向传播算法（BP）

反向传播算法（Back Propagation，BP）包含更多的数学内容。如果读者不是对数学特别感兴趣，并且只想知道怎么使用深度学习，可以跳过本节的内容，将反向传播当成一个黑盒，忽略其中的细节。那么为何要研究这些细节呢？只有理解其原理才可能在特定的使用场景对其进行改进。反向传播算法的核心是对代价函数 C 关于 w（或者 b）的偏导数 $\partial C/\partial w$ 的计算表示。也就是说它告诉我们在权重和偏差发生改变时，代价函数变化的快慢。所以反向传播算法不仅仅是一种深度学习的快速算法，实际上它还告诉我们一些关于权重和偏差的改变影响整个网络行为方面的细节。因此，这也是学习反向传播算法的重要价值所在。

反向传播算法是神经网络学习的重要组成部分，最初在 20 世纪 70 年代被发现，但是直到 1986 年，这个算法的重要性在 David Rumelhart、Geoffrey Hinton 和 Ronald Williams 的论文中才被真正认可。这篇论文说明了对一些神经网络进行反向传播要比传统的方法更快，这使得使用神经网络来解决之前无法完成的问题变得可行。如图 3.23 所示是神经元的前向传播和反向传播。

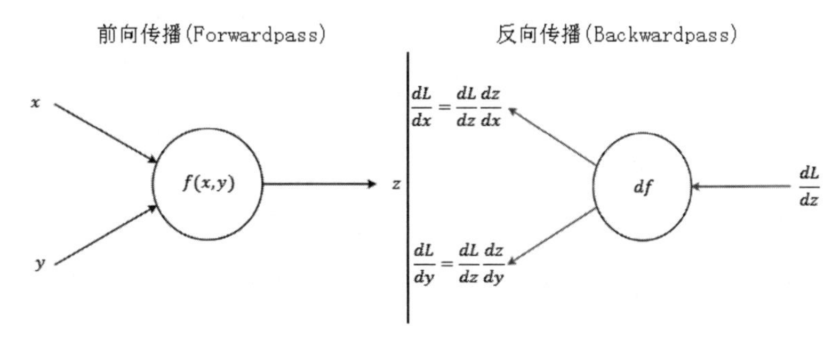

图 3.23　神经元的前向传播和反向传播

在学习 BP 算法之前，需要回顾一些简单的微积分知识。在学习导数时知道，导数表示的是函数变量在某个点周围的极小区域内变化，而导数就是变量变化导致的函数在该方向上的变化率，表示为：

$$\frac{df(x)}{dx}=\lim_{\Delta\to 0}\frac{f(x+\Delta)-f(x)}{\Delta} \tag{3-3}$$

对于上述公式（3-3），极限的表示可以认为 Δ 值非常小，函数可以被一条直线近似，而导数就是这条直线的斜率。换句话说，每个变量的导数指明了整个表达式对于该变量的值的敏感程度。先考虑一个简单的二元乘法函数 $f(x,y)=xy$，对两个输入变量分别求偏导数还是很简单的，即 $\frac{df(x,y)}{dx}=y$，$\frac{df(x,y)}{dy}=x$，其中左侧的 $\frac{d}{dx}$ 表示的是一个整体，作用于函数 f，返回关于变量 x 的导数。例如函数 $f(x,y)=xy$，若对于输入的 $x=3$，$y=-3$，则有 $f(x,y)=-9$，那么 x 在该点的导数值为 −3，也就是说函数在这一点的切线的斜率为 −3。如果将变量 x 的值变大一点，函数的值就会变小，而且变小的量是 x 变大的量的 3 倍，因为

$f(x+\Delta)=f(x)+(-3)*\Delta$）。同理，可以知道如果将 y 的值增加 Δ，那么函数的输出也将增加（原因在于为正号），且增加量是变量 y 增加的 3 倍。因此，我们知道函数关于每个变量的导数指明了整个表达式对于该变量的敏感程度。

梯度就是由上述各个方向上的导数，也就是偏导数构成的一个向量，函数 f 的梯度用 ∇f 表示，$\nabla f(x,y,z)=\left[\frac{\partial f}{\partial x},\frac{\partial f}{\partial y},\frac{\partial f}{\partial z}\right]$。有了梯度的概念之后，所谓的 x 方向上的梯度和 x 方向上的偏导数表示的是一个概念。因此，我们发现，在乘法运算中，其中一个方向的梯度的变化量是和另一个方向上变量的大小相关的。但是在两个变量的加法运算，例如 $f(x,y)=x+y$，这两个方向上梯度的变化和变量是不相关的，由于两个方向上梯度为 1，因此梯度的变化只和变量的变化量有关。

当求解得到这些梯度的时候也就可以将这些梯度进行反向传播来更新深度网络。

链式法则是微积分课程中非常重要的方法，对于复合函数的求导非常明了有效。例如，对于函数 $f(x,y,z)=(x+y)z$，虽然这个表达很简单，可以直接微分，但是设置一个中间变量，然后进行求解使过程更加明了，同时也有助于直观理解反向传播算法。将公式分成两部分：$q=x+y$ 和 $f=qz$，然后对二者分别求梯度。那么函数 q 的求导就是加法函数的求导，而函数 f 的求导就是乘法函数的求导。根据链式法则知道，$\frac{df}{dx}=\frac{\partial f}{\partial q}\frac{\partial q}{\partial x}$，那么在实际操作中，简单地将两个梯度数值相乘，就可以得到各个变量方向上的梯度。示例代码如图 3.24 所示。

图 3.24 中的 dfdx、dfdy、dfdz 代表的是 $\frac{df}{dx}$、$\frac{df}{dy}$ 和 $\frac{df}{dz}$。通常我们会用更加简单的表示（如 dx、dy、dz）来代替这三者。虽然这是最终要求解的梯度，但是引入中间变量 q 让这些变得非常直观。如图 3.25 所示表示的是 $f(x,y,z)=(x+y)z$ 这个函数的正向和反向传播示意图，其中给输入变量分别赋值为 −2、5 和 −4，最终得到的函数的输出为：−12。这就相当于一个神经网络。在这个网络当中，函数 f 可能表示的是一个损失

函数；前向传播表示的是从变量输入到计算再到数据函数 f 的结果的过程；反向传播表示的是从输出结果端将某个反馈依次经过网络传回到输入变量的过程。

```
# 设置输入
x = -2; y = 5; z = -4

# perform the forward pass
q = x + y # q 变成 3
f = q * z # f 变成 -12

dfdz = q # df/dz = q, so gradient on z becomes 3
dfdq = z # df/dq = z, so gradient on q becomes -4

dfdx = 1.0 * dfdq # dq/dx = 1.
dfdy = 1.0 * dfdq # dq/dy = 1
```

图 3.24　链式法则在 BP 算法中的应用

如图 3.25 所示，这个简单的网络由两个门构成：一个加法门输出函数 q 的计算结果；一个乘法门输出函数 f 的结果。先来看一下正向传播：加法门收到了输入 [-2, 5]，计算输出是 3。然后，加法门的输出结果结合 z 输入经过乘法门，网络计算出最终值为 -12。再来看一下反向传播，在反向传播中：从输出反向传播，首先经历的是乘法门，由于乘法门是将两个输入反向，因此得到 q 处的反馈梯度是 -4，z 处的反馈梯度是 3；然后，加法操作中对于两个输入的局部梯度都是 +1，递归地使用链式法则，算到加法门（是乘法门的输入）的时候，得到加法门的输出的梯度是 -4。可以看到：如果 x、y 减小（它们的梯度为负），那么加法门的输出值减小，这会让乘法门的输出值增大。因此，反向传播可以看作是门单元之间在通过梯度信号相互通信，只要让它们的输入沿着梯度方向变化，无论它们自己的输出值在何种程度上升或降低，都是为了让整个网络的输出值更高。

反向传播在整个计算线路图中，每个门单元都会得到一些输入并立即计算以下两个量：（1）这个门的输出值；（2）其输出值关于输入值的局部梯度。门单元完成这两件事是完全独立的，它不需要知道计算线路中其他的细节。然而，一旦前向传播完毕，在反向传播的过程中，门单元将最终获得整个网络的最终输出值在自己的输出值上的梯度。链式法则指出，门单元应该将回传的梯度乘以它对其输入的局部梯度，从而得到整个网络的输出对该门单元的每个输入值的梯度。

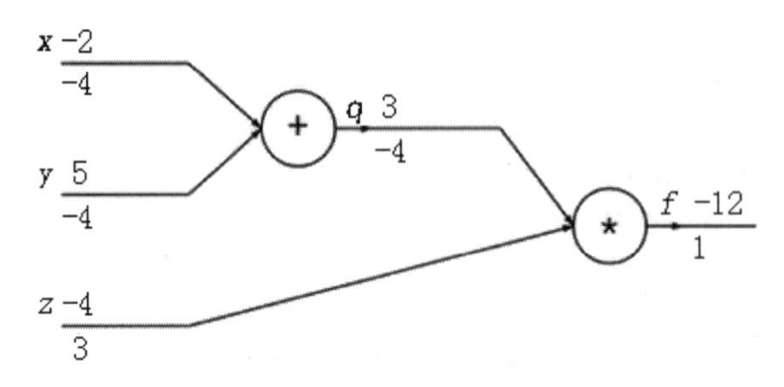

图 3.25　函数正向和反向传播示意图

网络中的 Sigmoid 函数是之前的深度学习中经常用到的一个函数。其实任何可微分的函数都可以看作门。可以将多个门组合成一个门，也可以根据需要将一个函数分拆成多个门。链式法则让一个相对独立的门单元变成复杂计算线路，因此使得神经网络等网络结构可以通过这种方式来进行描述。Sigmoid 函数是机器学习中一个非常重要的函数，它能够将网络中任意一个输入映射到 0~1 之间，表达式为：

$$f(w,x)=\frac{1}{1+\mathrm{e}^{-(w_0x_0+w_1x_1+w_2)}} \tag{3-4}$$

可以通过中间变量结合链式法则的方式对它进行拆解，也可以通过多个门的方式进行表示。首先来看指数部分，相当于一个有三个输入的加法门，而对于每一个元素则又是一个乘法门。而这个整体乘上一个符号之后又经历了一个指数门，在指数门之后看分母的部分其实就是一个加法门。此后再经历一个倒数门便得到了 Sigmoid 函数，如图 3.26 所示。

在神经网络中，输入是 $[x_0,x_1]$，可学习的权重就是 $[w_0,w_1,w_2]$。那么通过网络可以不断地迭代修正参数，以至于最大化收益。Sigmoid 函数之所以在机器学习中被广泛使用，一方面因为将输入映射到 0 到 1 之间正好可以很好地表示样本的估计概率；另一方面是因为它的求解非常简单。假设用 $f(x)$ 来表示 Sigmoid 函数，可以得到函数的导数为：$f'(x)=f(x)(1-f(x))$。接下来举例说明 Sigmoid 的函数是如何工作的。

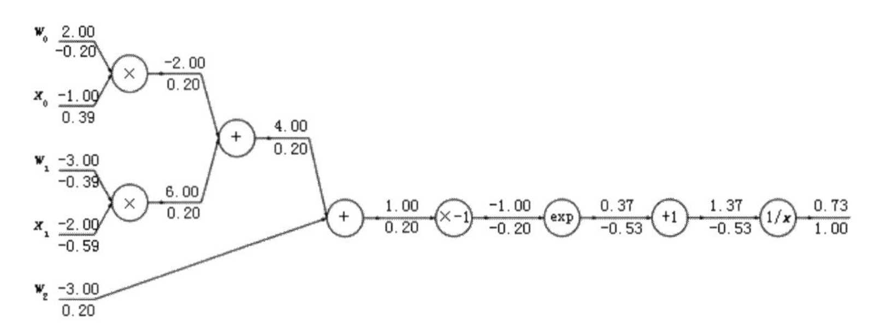

图 3.26　Sigmoid 函数的反向传播可视化

假设输入的是 $[x_0, x_1]$=[−1.0,−2.0]，可学习的网络权重就是 $[w_0, w_1, w_2]$ = [2.0,−3.0,−3.0]，那么得到 Sigmoid 表达式的输入为 1.0，则在前向传播中计算出输出为 0.73。接下来，在反向传播当中来根据上面的公式计算梯度。此时回传的返回梯度为 (1−0.73)×0.73~=0.2（图 3.26 中是挨个步骤计算的，这里的结果相当于图 3.28 中的“+”和“×−1”之间的值），然后经过一个加法门梯度为 1×0.2，左上的分支中，还有一个加法门，以及两个乘法门，用类似的方法得到回传的梯度。和之前的计算流程比起来，现在的计算使用一个单独的简单表达式即可。因此，在实际的应用中将这些操作装进一个单独的门单元中将会非常有用。该神经元反向传播的代码实现如图 3.27 所示。

```
w = [2,-3,-3]
x = [-1, -2]

# 前向传播
dot = w[0]*x[0] + w[1]*x[1] + w[2]
f = 1.0 / (1 + math.exp(-dot)) # sigmoid function

# 反向传播
ddot = (1 - f) * f
dx = [w[0] * ddot, w[1] * ddot]
dw = [x[0] * ddot, x[1] * ddot, 1.0 * ddot]
```

图 3.27　Sigmoid 函数反向传播代码

实际上，分段反向传播使得反向传播过程更加简洁，把前向传播分成不同的阶段也是很有帮助的。例如创建了一个中间变量 *dot*，它装着 w 和 x 的点乘结果，在反向传播时，就可以（反向地）计算出装着 w 和 x

等的梯度的对应的变量（如 d*dot*、d*x* 和 d*w*）。

本节的要点就是介绍反向传播的细节过程，以及在前向传播过程中，哪些函数可以被组合成门，从而简化过程。知道表达式中哪部分的局部梯度计算比较简洁，这非常有用，这样它们就可以“链”在一起，让代码量更少，效率更高。

Tips：（1）对前向传播变量进行缓存：在计算反向传播时，前向传播过程中得到的一些中间变量非常有用。在实际操作中，最好让代码实现对于这些中间变量的缓存，这样在反向传播的时候也能用上它们。如果这样做过于困难，也可以（但是浪费计算资源）重新计算它们。

（2）在不同分支的梯度要相加：如果变量 x、y 在前向传播的表达式中出现多次，那么进行反向传播的时候就要非常小心，使用“+=”而不是“=”来累计这些变量的梯度，不然就会造成覆写。这是遵循了微积分中的多元链式法则，该法则指出如果变量在线路中分支走向不同的部分，那么梯度在回传的时候，就应该进行累加。

可以对上例中所使用的门进行如下总结。

加法门单元（见图 3.28）：把输出的梯度相等地分发给它所有的输入，这一行为与输入值在前向传播时的值无关。这是因为加法操作的局部梯度都是简单的 +1，所以所有输入的梯度实际上就等于输出的梯度，因为乘以 1.0 结果保持不变。上例中，加法门把梯度 2.00 不变且相等的路由给了两个输入。

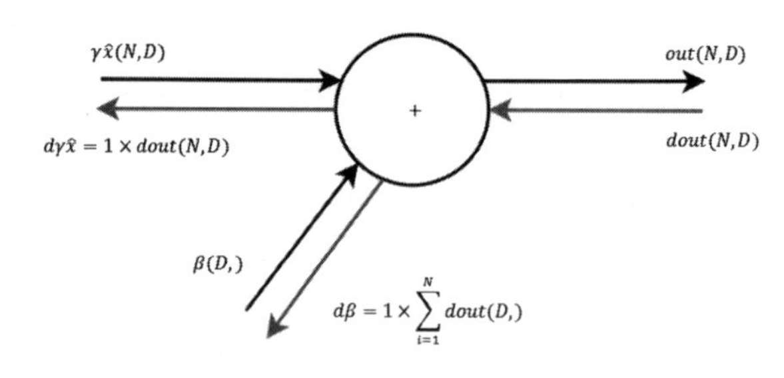

图 3.28　加法门单元

取最大值门单元（见图 3.29）：对梯度做路由。和加法门不同，取最大值门将梯度转给其中一个输入，这个输入是在前向传播中值最大的那个输入。这是因为在取最大值门中，最高值的局部梯度是 1.0，其余的是 0。

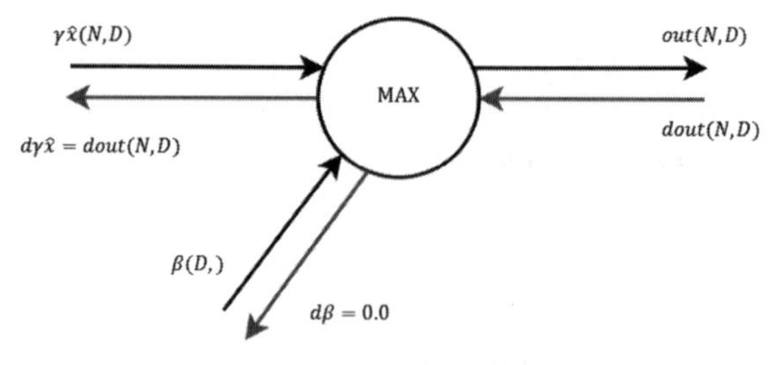

图 3.29　取最大值门单元（其中 $\gamma\hat{x}(N,D) < \beta(D,)$）

乘法门单元（见图 3.30）：乘法门单元相对不容易解释。它的局部梯度就是输入值，相互交换之后，然后根据链式法则乘以输出值的梯度。

Tips：注意一种比较特殊的情况，如果乘法门单元中的一个输入非常小，而另一个输入非常大，那么乘法门的操作将会不是那么直观：它将会把大的梯度分配给小的输入，把小的梯度分配给大的输入。

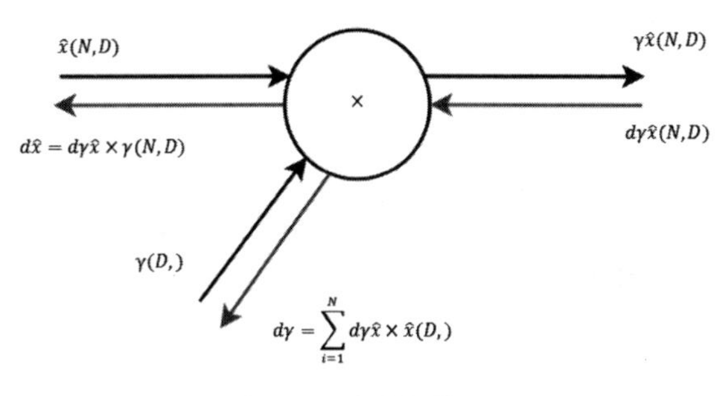

图 3.30　乘法门单元

除法门单元（见图 3.31）：除法门其实就是一般的倒数求导。在上述的 Sigmoid 函数中就涉及到，也是一个经常被用到的门单元。

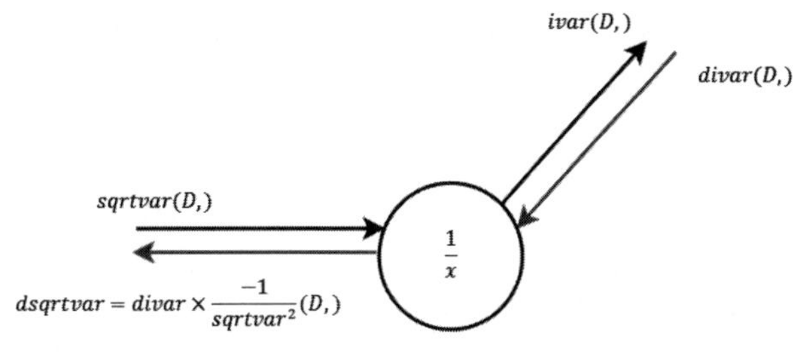

图 3.31　除法门单元

在线性分类器中，权重和输入是进行点积，即 $w^T x_i$，这说明输入数据的大小对于权重梯度的大小有影响。例如，在计算过程中对所有输入数据样本 x_i 乘以 1 000，那么权重的梯度将会增大 1 000 倍，这样就必须降低学习率来弥补。这就是为什么数据预处理关系重大，它即使只是有微小的变化，也会产生巨大的影响。它对于梯度在计算线路中是如何流动的有一个直观的理解，可以帮助读者调试网络。

那么，接下来用向量化操作来计算梯度。

上述内容考虑的都是单个变量的情况，但是所有概念都适用于矩阵和向量操作。然而，在操作的时候要注意关注维度和转置操作。

矩阵相乘的梯度：可能最有技巧的操作是矩阵相乘（也适用于矩阵和向量、向量和向量相乘）的乘法操作，如图 3.32 所示。

```
# 前向传播
W = np.random.randn(5, 10)
X = np.random.randn(10, 3)
D = W.dot(X)
# 反向传播
dD = np.random.randn(*D.shape)
dW = dD.dot(X.T)
dX = W.T.dot(dD)
```

图 3.32 矩阵的 BP 算法

Tips：（1）要分析维度！不需要去记忆 d***W*** 和 d***X*** 的表达，因为它们很容易通过维度推导出来。例如，权重的梯度 d***W*** 的尺寸肯定和权重矩阵 ***W*** 的尺寸是一样的，而这又是由 ***X*** 和 d***D*** 的矩阵乘法决定的（在上面的例子中 x 和 w 都是数字不是矩阵）。总有一个方式是能够让维度之间能够对的上的。例如，***X*** 的尺寸是 [10×3]，d***D*** 的尺寸是 [5×3]，如果想要 d***W*** 和 ***W*** 的尺寸是 [5×10]，那就要 d***D***.dot(***X.T***)。

（2）使用小而具体的例子：有些读者可能觉得向量化操作的梯度计算比较困难，建议写出一个很小很明确的向量化例子，在纸上演算梯度，然后对其进行一般化处理，得到一个高效的向量化操作形式。

3.3 数据预处理

前面的章节对深度学习的理论以及通过反向传播算法优化网络求解进行比较详细的介绍。实际上通过深度学习可以学习到一种数据的抽象分布，能够很好地解决现实当中的应用问题。数据的预处理对于网络的性能有十分重要的作用。因此，这节将对输入数据的预处理进行详细的介绍。

3.3.1 主成分分析（PCA）

主成分分析（Principal Components Analysis，PCA）是一种非常经典的机器学习算法。从字面上就可以知道该算法能够从繁杂的输入数据中找到最能够描述这些数据的主要成分。因此，PCA 算法同时也是一种压缩算法。在深度学习中，学习 PCA 对于学习数据的白化处理有很大的帮助。

首先来直观地理解 PCA。一个数据可能由多个维度来表示，比如描述一个人，可以用姓名、身高、体重、三围、身份来描述。这就相当于对这个人的描述为 5 维特征。有人会说太多了，其实知道一个人的身高、体重，就大致知道了这个人的体形了，没必要还要知道三围。这就将这个人的表示维度降为 4 维。那么还会有人说，我不关心这个人的高矮胖瘦，只要知道这个人的身份地位就行了，这是我最看重的。于是对于这个人的描述就可悲地变为 1 维了。当这个数据中的所有数据都从原来的 5 维变成了现在的 1 维，数据量变为原来的 1/5 了，也就实现了数据的压缩。

那么，在这个过程当中，会发现当只用 1 维去表示这个数据的时候，数据变得容易存储。但是，这也可能造成其中信息的丢失。因此，要如何找到最好的主成分来表示输入的数据以至于最大地降低数据的维度和保留原来的信息就是 PCA 要做的事情了。

在信号处理中认为信号具有较大的方差，噪声有较小的方差，信噪比就是信号与噪声的方差比，越大越好。如图 3.33 所示，假设通过 PCA 找到了主成分的方向，那么样本在信号轴的投影方差较大，在噪声轴上的投影方差较小。因此认为，最好的 k 维特征是将 n 维样本点转换为 k 维后，每一维上的样本方差都很大。如果某一维度上的方差较小则可以去掉。

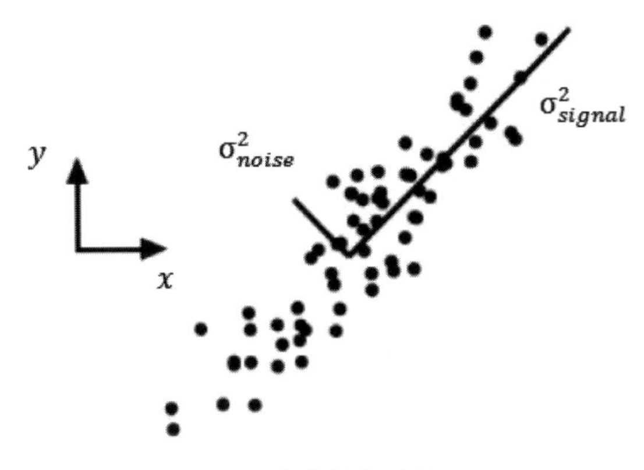

图 3.33　在信号中理解 PCA

PCA 的求解一般来说有两种方式，其具有等价的推导。因此，选择较为常用的推导方式：最大可分性，即样本在超平面上的投影尽可能地大，也就是方差要尽可能地大。因此，对输入的数据求解协方差 Σ，然后得到其特征值，以及特征值对应的向量。

一般而言，设 $\lambda_1,\lambda_2,\cdots,\lambda_n$ 表示 $\sum$ 的特征值（按由大到小的顺序排列），使得 λ_j 为对应于特征向量 μ_j 的特征值。那么如果保留前 k 个成分，则保留的方差百分比可计算为：$\dfrac{\sum_{j=1}^{k}\lambda_j}{\sum_{j=1}^{n}\lambda_j}$，如果这个比例超过一定的阈值，如 95%，就认为这保留了原来绝大部分的信息。例如，求解协方差得到两个特征值：$\lambda_1 = 7.29$，$\lambda_2 = 0.69$。要将其降维为一维的向量，也就是保留 $k = 1$ 个主成分。那么保留下的信息量为：$7.29 / (7.29 + 0.69) = 0.913$，即 91.3% 的信息量，也就是保留了 91.3% 的方差。

接下来，对 PCA 的求解过程进行总结，步骤如下。

（1）分别求出数据各个维度的平均值，然后对于所有的样例，都减去对应的均值。

（2）对去掉均值的样本求协方差矩阵，假设数据的维度为 n，那么得到的协方差额矩阵的大小为 $n \times n$。

（3）求协方差的特征值和特征向量。

（4）将特征值按照从大到小的顺序排序，选择其中最大的 k 个，然后将其对应的 k 个特征向量分别作为列向量组成特征向量矩阵。

（5）将样本点投影到选取的特征向量上。

通过以上的方式就可以对一个样本数据集进行降维压缩。当然以上是一种基于矩阵特征值分解的方式。此外，还有基于奇异值分解（SVD）的方式。

3.3.2 独立成分分析（ICA）

和主成分分析非常相近的一种算法叫作独立成分分析（Independent Component Analysis，ICA），它希望找到的是一组线性独立基来表示输入的信号（也就是样本数据）。理解独立成分分析最经典的例子就是鸡尾酒宴会问题（Cocktail Party Problem）：假设在 Party 中有 n 个人，他们可以同时说话，房间中一些角落里共放置了 n 个声音接收器——麦克风（Microphone）用来记录声音。宴会过后，从这 n 个接收器中得到了一组数据 $x^i(x_1^i, x_2^i, \cdots, x_n^i)$，总共有 m 个，其中的 i 表示采样的时间顺序，也就是说共得到了 m 组采样样本，每一组采样都是 n 维的。独立成分分析的目标就是从这 m 组采样数据中分辨出每个人说话的信号。

将第二个问题细化一下，有 n 个信号源 $S = (s_1, s_2, \cdots, s_n)^T$，其中的每

一维都是一个人的声音信号，每个人发出的声音信号独立。假设存在一个未知的混合矩阵（Mixing Matrix）A，$X=(x^1,x^2,\cdots,x^m)^T$，那么采样信号和源之间关系表示为：

$$X = AS = \sum a_i s_i \tag{3-5}$$

为了直观地理解，引入了图 3.34 和图 3.35，图 3.34 表示的是从麦克风接收到的声音信号，图 3.35 是最终分解出来的信号，发现是 3 个人的信号合成得到的。

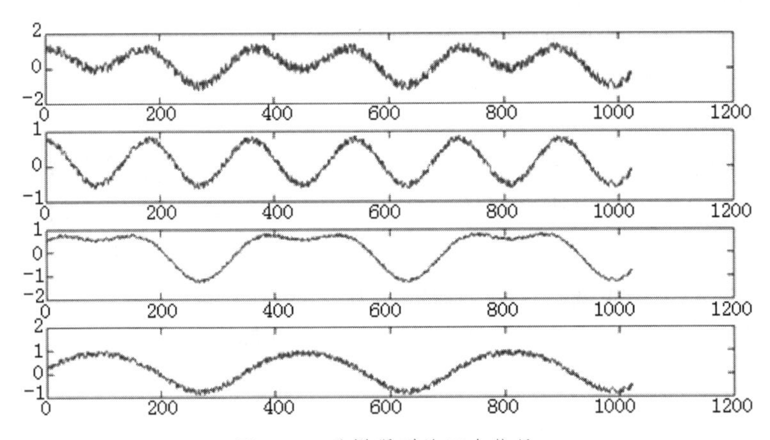

图 3.34　采样得到的四个信号

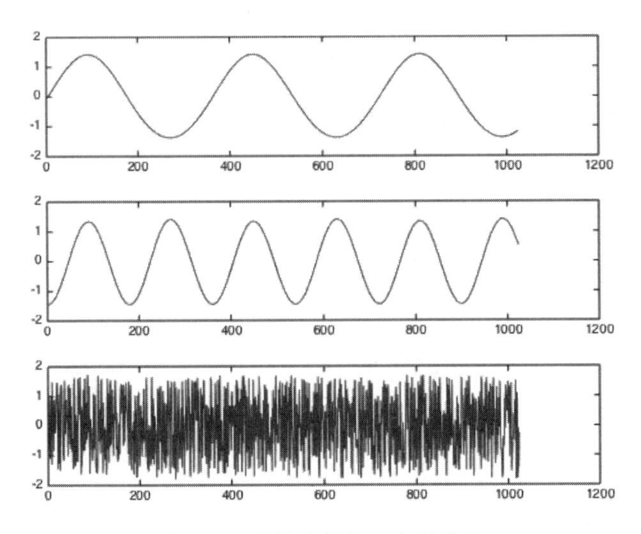

图 3.35　最终分解的 3 个源信号

用 ICA 独立成分分析，它假设这组数据是由多个独立的成分构成的，目的就是要找到这几个独立的成分（如果其中的数据呈高斯分布，那可能信号分不开，因为在 ICA 之前的操作就是在做类似于高斯化的处理，如 Omean、whiten）。可以发现，这几分信号合起来就构成了原来的信号，而在 PCA 当中，不能合起来，而就是用这几个基来表示。那么如何找到其中的源信号呢？非常简单，两边同时乘以 A^{-1} 就可以了。

但是在实际的使用过程当中，采用的都是快速的独立成分分析的算法（FastICA）。由信息论理论可知，在所有等方差的随机变量中，高斯变量的熵最大，所以可以利用熵来度量非高斯性，可以采用熵的修正形式，即负熵来度量。根据中心极限定理，若一个随机变量 X 由许多相互独立的随机变量 S_i（i=1,2,3,…,N）之和组成（其实就是各个源信号），只要 S_i 具有有限的均值和方差，则不论其为何种分布，随机变量 X 较 S_i 更接近高斯分布。所以当高斯性度量达到最大的时候，说明完成了各独立成分的分离。因为熵的增加，正态分布实际上是自然界倾向于产生最大无序程度的一种表现。在给定均值和方差的分布中，正态分布是让熵最大的分布。下面来看一下快速独立成分分析（Fast ICA）算法的伪代码，如图 3.36 所示。

Algorithm FastICA

Input: C Number of desired components

Input: $\mathbf{X} \in \mathbb{R}^{N \times M}$ Prewhitened matrix, where each column represents an N-dimensional sample, where $C <= N$

Output: $\mathbf{W} \in \mathbb{R}^{C \times N}$ Un-mixing matrix where each column projects $\mathbf{X}$ onto independent component.

Output: $\mathbf{S} \in \mathbb{R}^{C \times M}$ Independent components matrix, with M columns representing a sample with C dimensions.

for p **in** 1 to C:

  $\mathbf{w_p} \leftarrow$ *Random vector of length N*

  while $\mathbf{w_p}$ changes

    $\mathbf{w_p} \leftarrow \frac{1}{M}\mathbf{X}g(\mathbf{w_p}^T\mathbf{X})^T - \frac{1}{M}g'(\mathbf{w_p}^T\mathbf{X})\mathbf{1}\mathbf{w_p}$

    $\mathbf{w_p} \leftarrow \mathbf{w_p} - \sum_{j=1}^{p-1}\mathbf{w_p}^T\mathbf{w_j}\mathbf{w_j}$

    $\mathbf{w_p} \leftarrow \frac{\mathbf{w_p}}{\|\mathbf{w_p}\|}$

Output: $\mathbf{W} = [\mathbf{w_1}, \ldots, \mathbf{w_C}]$

Output: $\mathbf{S} = \mathbf{W}^\mathbf{T}\mathbf{X}$

图 3.36　FastICA 算法伪代码

上面的 $g()$ 表示的是一个非线性函数，如三次方函数，其中的 $W_p = A^{-1}$。

3.3.3　数据白化处理

有了3.3.1节和3.3.2节的介绍，接下来要进行数据的白化（Whitening）处理的学习。白化也被称为漂白或者球化（Sphering）。白化的作用主要有两个方面：（1）减少特征之间的相关性；（2）特征具有相同的方差（协方差阵为1）。一般情况下，所获得的数据都具有相关性，所以通常都要求对数据进行初步的白化或球化处理。因为白化处理可去除各观测信号之间的相关性，从而简化了后续独立分量的提取过程，而且，通常情况下，对数据进行白化处理与不对数据进行白化处理相比，算法的收敛性较好。同时可以看到，对于一个混合矩阵 A 的大小如果为 $n \times n$ ，白化后新的混合矩阵为 $\overline{A}$ 。那么由于 $\overline{A}$ 是一个正交矩阵，其自由度降为 $n \times (n-1)/2$ ，白化使得 ICA 问题的工作量几乎减少了一半。

从白化的作用中发现它需要做两个处理，其中的一个就是去除样本维度之间的相关性。很自然地联系到主成分分析（PCA），因为在 PCA 中找到的各个维度的基本来就是正交的。因此，接下来先来看基于 PCA 的白化过程。

PCA 白化：对数据进行 PCA 后其实就是去掉了数据特征之间的相关性，那么只需要对映射后的数据进行方差归一化就实现了白化的效果。因此各个维度除以对应的特征值的平方根就达到了这样的效果。公式为：

$$x_{PCAwhite,i} = \frac{x_{rot,i}}{\sqrt{\lambda_i}}$$

其中 $x_{rot,i}$ 表示在 PCA 中在第 i 个基，也就是第 i 个维度上面映射的数据， λ_i 对应这个特征向量的特征值。那么直观地来看一下经过白化处理之后的数据。相比于没有白化处理的数据，它们聚集于原点的周围，并且数据在空间的分布比较均匀，如图 3.37 所示。

由于数据的协方差矩阵变为单位矩阵的方式并不唯一，因此，拓展出来另外一个白化处理方式，叫作 ZCA 白化。这种白化的方法更加接近生物视网膜的图像数据处理，做法就是在 PCA 白化的基础上再左乘特征向量，且 PCA 中不进行降维处理，则有 $x_{ZCAwhite}=Ux_{PCAwhite}$，这里就不作具体的分析。

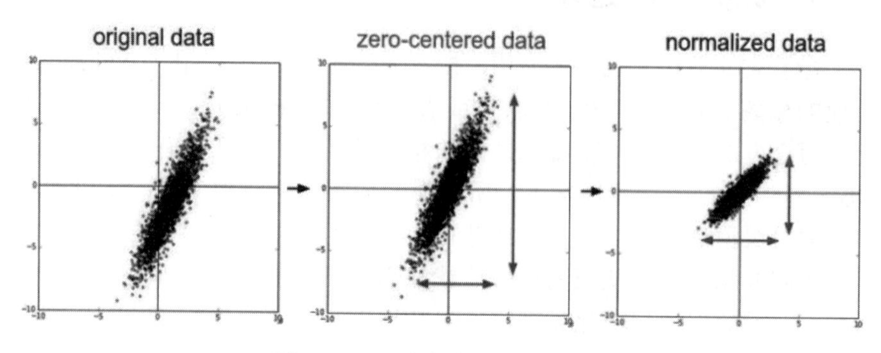

图 3.37　2D 中白化处理前后对比

3.4　深度学习的硬件基础

3.4.1　硬件基础介绍

计算机硬件设备性能的提高极大地促进了深度学习的发展，而反过来深度学习的发展也使得很多难题的解决变为可能，也推动着基于深度学习的专用芯片的出现，因此，以嵌入式机器学习为主的人工智能解决方法也在迅速的发展。嵌入式机器学习的关键指标是精确性、可编程性、能耗、吞吐量 / 延迟性以及成本。其中的几个指标在 PC 机或者是服务器的场景中一样通用。下面从这几个指标来介绍相关硬件的性能。

机器学习算法的精确性要在充足的大型数据组上进行测量。有许多广泛、公开使用的数据组可供研究人员使用（如 ImageNet）。如何做好数据的清理以及预处理往往影响着算法的准确性，当然算法本身的优化也极其的重要。

芯片的可编程性也很重要，因为环境或应用变了之后，权重也要更新。在 DNN 的案例中，处理器必须能够支持层数不同、滤波器以及通道大小不一的不同网络。可编程性的需求会增加数据计算和数据传送。更高的维度会增加生成的数据量，而且可编程性意味着需要读取并保存权重。这就对能耗提出了挑战，因为数据传输要比计算更耗费成本。

能耗问题已知是阻碍目前嵌入式 AI 的重大因素，英伟达的 GPU 目前能耗非常高，即便是一些简单场景的应用都不能够支撑。FPGA 和 ASIC 的解决方案是降低能耗的很好方式，但是成本很高。

吞吐量取决于计算量，它也会随着数据维度的增加而增加。常用变换数据以减少所需操作数量的方法。

进行合理的硬件设计之后，将其中大部分的值映射到 0，可以大大简化网络当中参数的存储，如图 3.38 所示。

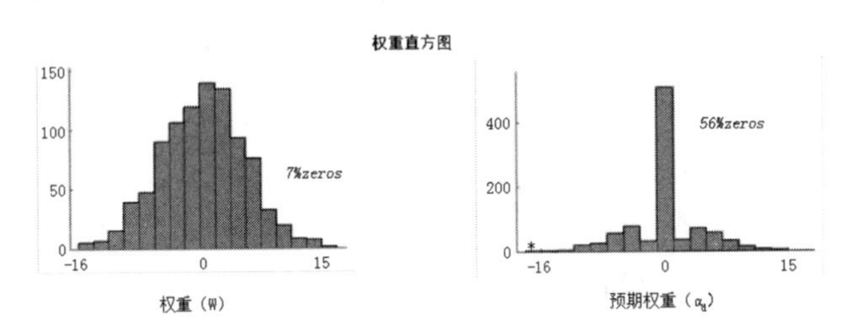

图 3.38 合理地处理网络的参数

成本主要在于芯片上所需的存储量。减少存储成本也有很多办法，这些方法能够在芯片面积缩减的同时维持低芯片外存储带宽。

为了达到以上这些性能的要求，很多公司或者是学术机构正在研究使用 CPU、GPU、FPGA 和 ASIC 的不同方案，他们各有优缺点，成本价格也各异。但是到目前来说，GPU 还是唯一一个被普遍接受的深度学习的硬件加速器。因此，接下来会重点介绍基于 GPU 的深度学习硬件基础。

3.4.2 GPU 简介

图像处理模块（Graphic Processing Unit，GPU）是一种并行化处理的模块单元，也被称作显卡，目前被广泛地应用于图形图像的显示处理当中，是各种大型游戏必备的模块单元。因为其强大的并行计算能力，目前被普遍地使用于深度学习的加速计算当中。其主要的生产商英伟达（NVIDIA）也得到了飞速的发展。

1. 选择怎样的 GPU 型号

近年来 NVIDIA 公司不断推出各种型号和性能的 GPU，推出过的

GeForce 系列卡就有几百张，虽然不少都已经被淘汰了，但如何选择适合的卡也是一个比较困难的问题。从 GPU 的架构和显卡系列上大致做以下的区分。

GPU 架构：Tesla、Fermi、Kepler、Maxwell、Pascal。

GPU 显卡系列：GeForce、Quadro、Tesla。

GPU 架构指的是硬件的设计方式，例如流处理器簇中有多少个 Core，是否有 L1 or L2 缓存，是否有双精度计算单元等。每一代的架构是一种思想，如何去更好地完成并行的思想，而芯片就是对上述思想的实现。而 GPU 显卡系列在本质上并无区别，只是为了区分三种使用环境：GeFore 系列用于家庭娱乐；Quadro 系列用于工作站；Tesla 系列用于服务器。Tesla 系列的 k 型号卡为了高性能科学计算而设计，比较突出的优点是双精度浮点运算能力高并且支持 ECC 内存。

下面对几款主流的 GPU 进行罗列对比，如图 3.39 所示，列出了不同层次的 GPU 显卡的比较。

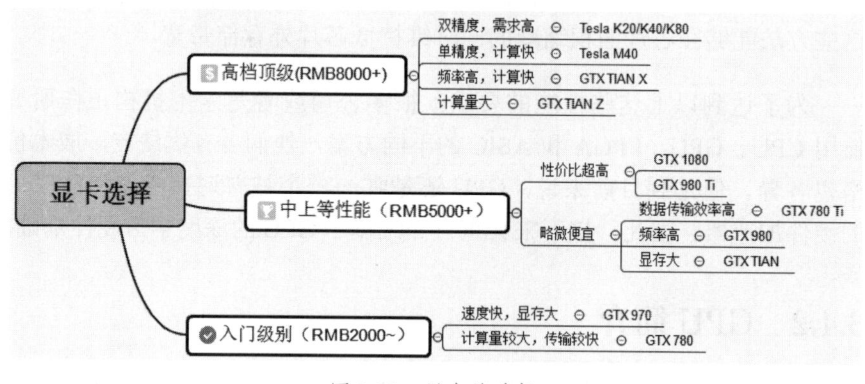

图 3.39　显卡的选择

在挑选的时候要注意的几个参数是处理器核心（Core）、工作频率、显存位宽、单卡 / 多卡。有的人觉得显存位宽最重要，也有人觉得处理器核心最重要，根据自己的需要，参考图 3.39 搭建自己的深度学习硬件环境。个人认为目前性价比最高的是 GTX 980ti，相对于 TITAN X 来讲，性能差距并不是很大，但是却便宜了不少。要处理的数据量比较小就选择频率高的，要处理的数据量大就选显存大并且处理器核数比较多的，有双精度要求的就最好选择 Kepler 架构。Tesla 的 M40 是专门为深度学习制作的，在资金允许的情况下，企业或者机构购买还是比较合适的，相对于 K40 单精度浮点运算性能可达 4.29Tflops，M40 可以达到 7Tflops。硬件固然重要，但是算法程序当中也要合理地安排利用，否则只会造成一种浪费。在搭建单机多张显卡的时候，要特别注意电源的选择。

Tips：Tesla 系列没有显示输出接口，主要专注于数据计算而不是图形显示。

2.GPU 的部分硬件

GPU 的硬件结构主要包括主机接口（Host Interface）、复制引擎（Copy Engine）、流处理器簇（Streaming Multiprocessors）、图形处理簇（Graphics Processing Clusters，GPC）、内存等。一般而言，GPU 架构的不同体现在流处理器簇的不同设计上（从 Fermi 架构开始加入了 L1、L2 缓存硬件），其他的结构大体上相似。

下面以 GM204 硬件图（见图 3.40）为例介绍一下 GPU 的几个主要硬件部分。

图 3.40 GM204 芯片部分结构

主机接口，连接了 GPU 卡和 PCI Express，其主要的功能是读取程序指令并分配到对应的硬件单元，例如，某块程序如果在进行内存复制，那么主机接口会将任务分配到复制引擎上。复制引擎（图 3.40 中没有），它完成 GPU 内存和 CPU 内存之间的复制传递。当 GPU 上有复制引擎时，复制的过程是可以与核函数的计算同步进行的。随着 GPU 卡性能变得强劲，现在深度学习的瓶颈已经不再是计算速度慢，而是数据的读入，如何合理地调用复制引擎是一个值得思考的问题。内存控制器控制的是 L2

内存，每个大小为512KB。在GPU中还存在多个的图形处理簇（GPC），每一个GPC中都有很多的流处理器簇SM（图3.40中是SMM），是GPU最核心的部分。接下来将重点介绍。SM由一系列硬件组成，包括Warp调度器、寄存器、Core、共享内存等。它的设计和个数决定了GPU的计算能力：一个SM有多个Core，每个Core上执行线程，Core是实现具体计算的处理器。如果Core多表示同时能够执行的线程就多。但是并不是说Core越多计算速度一定更快，因为很可能其中的很多Core是空闲的。下面重点来介绍GPU中的计算单元，也就是SM部分。

3. 流处理器簇（SM）的结构

不同的架构可能对流处理器簇命名不同，Kepler架构中叫SMX，Maxwell架构中叫SMM，实际上都是SM。而GPC只是将几个SM组合起来，在做图形显示时有调度，一般在写GPU程序不需要考虑这个问题，系统会处理好。

GPU之所以能够实现加速是因为它处理的并不是CPU那样复杂的问题，GPU面对的问题能够分解成很多可同时独立解决的部分，在代码层面就是很多个线程同时执行相同的代码。所以它相应地设计了大量的简单处理器，也就是Stream Process，在这些处理器上进行整型、浮点型的运算。

在一个SM当中主要由三部分组成：处理核（Core）、特殊函数单元（SFU），以及内存的读写模块（DL/ST）。其中的Core或者叫流处理器，占据SM的主要部分，它是GPU的运算单元，做整型、浮点型计算。可以认为在一个Core上一次执行一个线程，GK110的一个SM有192个Core，因此一次可以同时执行192个线程。SFU是特殊函数单元，用来计算log/exp/sin/cos等。DL/ST是指Load/Store，它用于读写线程执行所需的全局内存、局部内存等。

为了统一管理Core，还设计了Warp（线程束）调度器。假设一个SM有192个Core，8个SM有1536个Core，那么并行执行需要有统一的管理。假如GPU每次在1536个Core上执行相同的指令，而需要计算这一指令的线程不足1536个，那么就有Core空闲，这对资源来说就是浪费，因此设计了Warp（线程束）调度器。将32个线程为一组，称为线程束，32 个线程为一组执行相同的指令，其中的每个线程（Thread）称为 Lane。一个线程束接受同一个指令，里面的 32 个线程同时执行，不同的线程束可执行不同指令，那么就不会出现大量线程空闲的问题了。但是在线程束调度上还是存在一些问题，假如某段代码中有 if…else…语句，在调度一整个线程束，即 32 个线程的时候不可能做到给 Thread 0 ～ 15 分配分支 1 的指令，给 Thread 16 ～ 31 分配分支 2 的指令（实际上 GPU 对分支的控制是，所有该执行分支 1 的线程执行完再轮到该执行分支 2 的线程执行），它们获得的都是一样的指令，所以如果 Thread 16 ～ 31 是在分支 2 中，它们就需要等待 Thread 0 ～ 15 一起完成分支 1 中的计算之后，再获得分支 2 的指令，而这个过程中，Thread 0 ～ 15 又在等待 Thread 16 ～ 31 的工作完成，从而导致了线程空闲资源浪费。因此，从 Kepler 架构开始，一个 Warp Scheduler 就集成了两个分支（Dispatch），这两个 Dispatch 能够同时给同一个 Warp 调度器分配两个不同的独立的指令，如图 3.41 所示，从而可以让一个 Warp 调度器同时执行两个分支的指令。

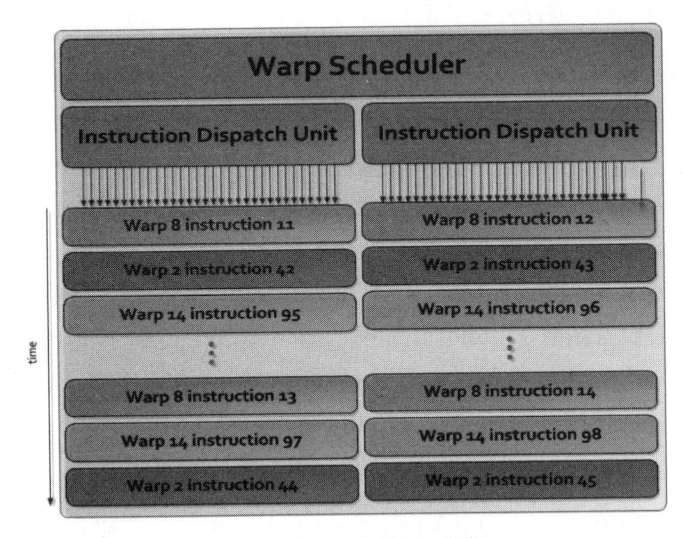

图 3.41　Warp Scheduler 调度图

另外一个比较重要的结构是共享内存（Shared Memory）。它存储的内容在一个 Block（暂时认为是比线程束 32 还要大的一些线程个数集合）中共享，一个 Block 中的线程都可以访问这块内存，它的读写速度比全局内存要快，所以线程之间需要通信或者重复访问的数据往往都会放在这个地方。在 Kepler 架构中，一共有 64KB 的空间大小，供共享内存和

L1 缓存分配，共享内存实际上也可看成是 L1 缓存，只是它能够被用户控制。假如共享内存占 48KB 那么 L1 缓存就占 16KB 等。在 Maxwell 架构中共享内存和 L1 缓存分开了，共享内存大小是 96KB。而寄存器的读写速度又比共享内存要快，数量也非常多，像 GK110 有 65 536 个。此外，每一个 SM 都设置了独立访问全局内存、常量内存的总线。常量内存并不是一块内存硬件，而是全局内存的一种虚拟形式，它跟全局内存不同的是能够高速缓存和在线程束中广播数据，因此在 SM 中有一块常量内存的缓存，用于缓存常量。

3.4.3 CUDA 编程

笔者在做基于深度学习的目标检测任务的时候，直接使用 CPU 计算可以达到每秒 0.93 帧（0.93FPS）的速度，但是使用 GTX1080 显卡并进行 CUDA 并行计算之后可以达到 53FPS 的速度，速度明显提升 60 倍。因此，使用 GPU 进行并行计算能够极大地提高开发和研究的效率。

CUDA 编程中存在主机和设备的概念，其实主机就相当于 CPU 和内存，而增加了一个 GPU 之后就相当于增加了一个设备，如图 3.42 所示。所以进行了 CUDA 编程的程序可以理解为将那些要进行简单重复的操作的数据从 CPU 或者是内存当中复制到 GPU 当中进行高性能的计算，然后再返回运行的结果。对于主机和设备，在程序当中通过函数或者变量类型限定符来进行区分，比如 __host__ 标识主机函数，__device__ 标识设备调用的设备函数，__global__ 表示的为在 GPU 上面执行的内核函数，运行 __global__ 函数前需要提前选择设备，如果不调用 cudaSetDevice( ) 函数，则默认使用 0 号设备。运行时，通过驱动 API 进行了封装，简化了开发的过程。

接下来将会从一个基本的 CUDA 编程的例子来了解 CUDA 高性能编程的基本思想和原理。CUDA 编程的语法和 C 语言非常相似，其源文件的后缀名为 .cu，并且能够调用 C 语言的头文件。在这个例子当中，进行两个数组的相加，相加的结果返回新的数组。如果是在 C 语言编程中，通过 for 循环遍历其中的每一个元素，对应位置上的元素进行相加就可以得到结果了。那么在 CUDA 当中是如何操作的呢？下面来看 CUDA 代码。首先来看它的主函数，如图 3.43 所示。

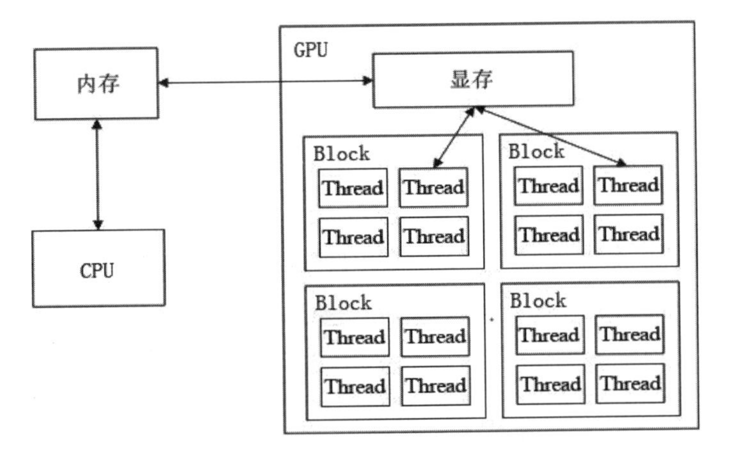

图 3.42　CUDA 编程

Tips：我们应该注意到其中的层次关系。为了实现线程的统一管理，存在 Warp 的线程管理；为了统一的管理，又将所有的线程划分为很多的 Grid（网格）；在每一个网格当中又存在很多个 Block（块）；而每一个块当中都存在着多个线程（Threads）。这样便实现了线程的统一管理。

```
#include "cuda_runtime.h"
#include "device_launch_parameters.h"
#include <stdio.h>

void addWithCuda(int *c, const int *a, const int *b, size_t size);

int main()

{

    const int arraySize = 5;

    const int a[arraySize] = { 1, 2, 3, 4, 5 };

    const int b[arraySize] = { 10, 20, 30, 40, 50 };

    int c[arraySize] = { 0 };
    addWithCuda(c, a, b, arraySize);

    printf("{1,2,3,4,5} + {10,20,30,40,50} = {%d,%d,%d,%d,%d}\n",

        c[0], c[1], c[2], c[3], c[4]);

    cudaThreadExit();
```

图 3.43　CUDA 代码片段 1

```
    return 0;

}
```

图 3.43 CUDA 代码片段 1（续）

这个主函数实现了两个 5 维数组的加法：数组 ***a***=[1,2,3,4,5], ***b***= [10,20,30,40,50]。各个维度的数据相加之后得到的结果存放在新的数组 ***c*** 当中。而具体的计算则是通过其中的 addwithCuda() 函数实现的。当计算的结果被存在 ***c*** 当中以后，程序还对结果进行了打印，最后退出了 CUDA 线程的运算。那接下来看看是如何在 GPU 当中进行计算的，代码如图 3.44 所示。

```
void addWithCuda(int *c, const int *a, const int *b, size_t size)

{

    int *dev_a = 0;
    int *dev_b = 0;
    int *dev_c = 0;

    cudaSetDevice(0);

    cudaMalloc((void**)&dev_c, size * sizeof(int));
    cudaMalloc((void**)&dev_a, size * sizeof(int));
    cudaMalloc((void**)&dev_b, size * sizeof(int));.

    cudaMemcpy(dev_a, a, size * sizeof(int), cudaMemcpyHostToDevice);

    cudaMemcpy(dev_b, b, size * sizeof(int), cudaMemcpyHostToDevice);
    addKernel<<<1, size>>>(dev_c, dev_a, dev_b);
    cudaThreadSynchronize();

    // Copy output vector from GPU buffer to host memory.

    cudaMemcpy(c, dev_c, size * sizeof(int), cudaMemcpyDeviceToHost);

    cudaFree(dev_c);
```

图 3.44 CUDA 代码片段 2

```
    cudaFree(dev_a);

    cudaFree(dev_b);

}
```

图 3.44 CUDA 代码片段 2（续）

从图 3.44 的代码片段可以看到，GPU 中的计算实际就是从主机中把数据复制到设备中，进行运算之后再将结果返回。首先通过一个指针为这三个变量（Vector）分配一个 GPU 的位置；然后通过 cudaMemory() 函数分别为这三个变量开辟一个空间；接下来就是将 CPU 主机中的数据复制到 GPU 当中开辟的空间；然后，通过核函数对数据中各个元素进行计算，计算的结果存储在 GPU 中的 dev_c 的位置；最后将这个结果复制回 CPU，释放 GPU 当中开辟的空间，整个过程非常清楚。我们也看到其中在为每一个元素计算的时候调用 addKernel() 函数开辟了一个线程，那这个线程调用的是什么函数？代码如图 3.45 所示。

```
__global__ void addKernel(int *c, const int *a, const int *b)

{

    int i = threadIdx.x;

    c[i] = a[i] + b[i];

}
```

图 3.45 CUDA 代码片段 3

发现这个代码中含有关键字 __global__ 函数类型限定符，它代表这是一个 GPU 中的核函数。在这个函数中其实就是采用并行的方式对 C 语言中的 for 循环进行了替代，采用 GPU 独特的并行计算性能提高了计算的效率（当然在这个例子中可能并没有提高）。相信通过这个简单程序的介绍，读者对于 CUDA 编程有了初步的认知，如果对 CUDA 编程很感兴趣还可以继续深入学习。

本章总结

本章介绍的内容十分重要，是当前研究的热点问题。相信深度学习能够影响到相关很多的研究。因此，读者有必要完全掌握这方面的知识。本章对深度学习的基础知识进行了详细的剖析。深度学习实际上是神经网络在这个特殊阶段的进一步发展，特别得益于计算机硬件，尤其是GPU的发展。本章中，探讨了深度学习的相关应用，同时也说明了其存在的问题。

通常来讲，我们都会将深度学习看作是一个黑盒子，是一个非常有效的工具，但是这里希望读者能更加深刻地学习深度学习，力求了解其工作原理。因此，关于网络更新的原理及其理论推导我们都花了相当的篇幅，希望读者在使用深度学习的过程中，不仅仅是处于一个会调用API的级别。因此，本书对于神经元的工作原理，网络更新的原理以及更新的过程都做了非常细致的讲解。

此外，本章对数据预处理中会用到的白化以及独立成分分析等算法都做了详细的介绍。同时，也关注了深度学习的另一个主题——硬件加速。由于篇幅限制，这里仅仅介绍了CUDA高性能计算的简单入门。其实关于深度学习的加速部分还有很多可以学习的地方，例如保留量化操作、网络连接的稀疏化、指令集SIMD编程、多线程编程等。读者可以参考相应的文献，这里就不做详细的展开。下面引用微软亚洲研究院的一篇报告，阐明深度学习未来的挑战和解决的方案。

挑战1：标注数据价格昂贵。

方案1：从无标注的数据里学习。

大家都知道，深度学习训练一个模型需要很多的人工标注的数据。例如在图像识别方面，经常可能需要上百万的人工标注的数据，在语音识别方面，可能需要成千上万小时的人工标注的数据，机器翻译更是需要数千万的双语句对做训练，在围棋方面DeepMind当初训练这个模型也用了数千万围棋高手走子的记录，这些都是大数据的体现。大家可以看到数据标注的费用非常高，让一个创业公司或者一些刚刚涉足人工智能的公司拿这么大一笔资金来标注数据是很难或者是不太可行的。因此当前深度学习的一个前沿就是如何从无标注的数据里面进行学习。现在已经有相关的研究工作，包括最近比较火的生成式对抗网络，以及我们自己提出的对偶学习。

挑战 2：大模型不方便在移动设备上使用。

方案 2：降低模型大小。

现在常见的模型，例如图像分类方面，微软设计的深度残差网络，模型大小差不多都在 500MB 以上。自然语言处理的一些模型，例如语言模型（Language Modeling），随着词表的增长而变大，可以有几 GB、几十 GB 的大小，机器翻译的模型也都是 500MB 以上。当然 500MB 的大小大家可能觉得没有多大，一个 CPU 服务器很容易就把这个模型给加载进去使用。但是要注意，很多时候深度学习的模型需要在一些移动设备上使用。比如手机输入法，还有各种对图像做变换、处理、艺术效果的 App，使用深度学习的话效果会非常好，但是如果这些模型的尺寸太大，就不太适合在手机上应用。可以设想一下，如果一个手机的 App 需要加载一个 500MB 甚至 1GB 以上的模型恐怕不太容易被用户接受。

因此当前深度学习面临的第二个挑战就是如何把大模型变成小模型，这样可以在各种移动设备上使用。目前一般的做法有以下四种。

（1）剪枝。如果发现某些边上的权重很小，这样的边可能不重要，可以去掉。在把大模型训练完之后，看看哪些边的权重比较小，把这些边去掉，然后在保留的边上重新训练模型。

（2）权值共享。可以对如此多的权值做个聚类，看看哪些权值很接近，可以用每个类的均值来代替这些属于这一类的权值，这样很多边（如果聚在同一类）共享相同的权值。如果把一百万个数聚成一千类，就可以把参数的个数从一百万降到一千个，这也是一个非常重要的一个压缩模型大小的技术。

（3）量化。深度神经网络模型的参数都是用浮点型数表达，32bit（位）长度的浮点型数。实际上没必要保留那么高的精度，可以通过量化，例如就用 0 ~ 255 来表达原来 32 个位所表达的精度，通过牺牲精度来降低每一个权值所需要占用的空间。

（4）二制神经网络。所谓二制神经网络，就是所有的权值不用浮点数表达了，就是一个二进制的数，要么是 +1 要么是 -1，用二进制的方式来表达，这样原来一个 32 位权值现在只需要一个位来表达，从而大大降低这个模型的尺寸。

此外，还可以通过设计更精巧的算法来降低模型大小，提高模型的性能。这才是深度学习研究的本质所在。

挑战 3：大计算需要昂贵的物质、时间成本。

前沿 3：全新的硬件设计、算法设计、系统设计。

微软亚洲研究院研究员提出深度残差网络，这种网络如果在 ImageNet 这样一个上百万的数据上进行训练的话，用四块目前最先进的 GPU 卡 K80 学习训练时间大概要三周。最近百度做的神经机器翻译系统，他们用 32 块 K40 的 GPU 做了十天训练。Google 的机器翻译系统用了更多，用 96 块 K80 的 GPU 训练了六天。大家可能都知道 AlphaGo，它也需要非常大量的计算资源。AlphaGo 的模型包含一个策略神经网络，还有一个值网络，这两个都是卷积神经网络。它的策略网络用 50 块 GPU 训练了 3 周，值网络也是用 50 块 GPU 训练了一周，因此它整个的训练过程用了 50 块 CPU 和四周时间，差不多一个月。大家可以想一想，如果训练一个模型就要等一个月，并且经常要调各种超参数，一组超参数得到的结果不好，就要换另外一组超参数，可能要尝试很多组超参数，如果我们没有大量的计算资源，一等就是一个月，这从产品的更新换代还有技术创新的角度而言，都是不能接受的。刚才说的只是 AlphaGo 训练的复杂度，其实它的测试，比如比赛的时候，复杂度也非常高，AlphaGo 的单机版和人下棋的时候，每次下棋需要用 48 块 CPU 和 8 块 GPU，它的分布式版本用得更多，每次需要用 1200 块 CPU 再加上 176 块 GPU。大家可以想一想，地球上有几个公司能承受这么高昂的代价来做深度学习。

因此，深度学习所面临的第三个挑战是如何设计一些更高级的、更快的、更有效的算法。手段可能是通过一些全新的硬件设计或者是全新的算法设计，或者是全新的系统设计，使得这种训练能够大大加速。如果还是这种动不动就要几十块 GPU 或者几百块 GPU，要等几个星期或者是几个月的训练，对工业界和学术界而言都不是好事，我们需要更快速、更有效的训练方法。

挑战 4：如何像人一样从小样本进行有效学习？

方案 4：数据 + 知识，深度学习与知识图谱、逻辑推理、符号学习相结合。

现在的深度学习主要是从大数据进行学习，就是给很多标注的数据，使用深度学习算法学习得到一些模型。这种学习方式和人的智能是非常不一样的，人往往是从小样本进行学习。例如人对图像进行分类，如果想知道一个图像是不是苹果，只需要很少几个样本就可以做到准确分类。但是在 ImageNet 比赛里，像深度残差神经网络，一般来说一个类别大概需要上千张图片才能进行比较充分的训练，得到比较准确的结果。还有一个例子就是汽车驾驶，一般来说，通过在驾校的培训，也就是几十个小时的学习、几百公里的练习，大多数人就可以开车上路了，但是像现在的无人车可能已经行驶了上百万公里，还是达不到人的全自动驾驶的水平。原因在于，人经过有限的训练，结合规则和知识能够应付各种复杂的路况，但是当前的 AI 还没有逻辑思考、联想和推理的能力，必须靠大数据来覆盖各种可能的路况，但是各种可能的路况几乎是无穷的。

其实小孩子认识世界的过程，很多时候，大人可以把一些经验或者是知识传授给他们，如苹果是圆形的，有红的或者青的苹果，狗和猫的区别是什么等。这些知识很容易通过语言进行传授，但是对于一个 AI 或者对于一个深度学习算法而言，如何把这种知识转化成实际模型的一部分，怎么把数据和知识结合起来，提高模型的训练速度或者是识别的精度，这是一个很复杂的问题。

因此，这个方面的挑战我们希望把深度学习、知识图谱、逻辑推理、符号学习等结合起来，希望能够进一步推动人工智能的发展，使人工智能更接近人的智能。

挑战 5：如何从认知性的任务扩展到决策性任务？

方案 5：博弈机器学习。

人的智能包含了很多方面，最基本的阶段是认知性智能，也就是对整个世界的认知。我们看到一幅图能知道里面有什么，我们听到一句话能知道在说什么。现在对于图像识别、语音识别，AI 已经差不多能达到人类的水平，当然可能是在某些特定的约束条件下，能够达到人类的水平。但是其实这种认知性的任务，对人类而言都是非常简单的，一个三五岁的小孩子就已经能做得很好了。现在 AI 所能做的这种事情或者能达到的水平，人其实也很容易做到，只是 AI 可能在速度上更快，并且规模上去之后成本更低，24 小时都不需要休息。更有挑战的问题是，人工智能能不能做一些人类做不了或者是很难做好的事情。

决策性问题的第二个难点在于各种因素相互影响，牵一发而动全身。一只股票的涨跌会对其他股票产生影响，一个人的投资决策，特别是大机构的投资决策，可能会对整个市场产生影响，这就和静态的认知性任务不一样的。在静态认知性任务中预测结果不会对问题（例如图像或者语音问题）产生任何影响，但是在股票市场，任何一个决策，特别是大机构的投资策略会对整个市场产生影响，包括对别的投资者和对将来会产生影响。某种程度上无人驾驶也与此类似，一辆无人驾驶车在路上怎么行驶，是由环境和很多车辆共同决定的，当通过 AI 来控制一辆车的时候，需要关注周围的车辆，因为要考虑到周围的车辆对于当前这个无人驾驶车的影响，以及无人驾驶车（如左转、右转或者并线）对周围车辆的影响。

当前深度学习已经在静态任务方面取得了很大的成功，如何把这种成功延续和扩展到复杂的动态决策问题中，也是当前深度学习的挑战之一。一个可能的思路是博弈机器学习。在博弈机器学习里，通过观察环境和其他个体的行为，对每个个体构建不同的个性化行为模型，AI 就可以三思而后行，选择一个最优策略，该策略会自适应环境的变化和其他个体行为的改变。

最后，做一个简单的总结，当前深度学习的前沿（也是面临的挑战）有以下几个方面：一是如何从大量的无标注的数据进行学习，二是如何得到一些比较小的模型使得深度学习技术能够在移动设备和各种场所里面得到更广泛的应用，三是如何设计更快更高效的深度学习算法，四是如何把数据和知识结合起来，五是如何把深度学习的成功从一些静态的任务扩展到复杂的动态决策性任务上去。实际上深度学习还有其他一些前沿研究方向，例如如何自主学习（自主学习超参数、网络结构等）以及如何实现通用人工智能等，感兴趣的读者可以自行查阅相关论文。

参考文献

[1] Automatic differentiation in machine learning：a survey.

[2] https://tigerneil.gitbooks.io/neural-networks-and-deep-learning-zh/content/chapter2.html.

[3] CS231n：Convolutional Neural Networks for Visual Recognition.

[4] http://www.jianshu.com/users/696dc6c6f01c/top_articles.

[5] https://www.zhihu.com/org/wei-ruan-ya-zhou-yan-jiu-yuan/answers.

第 4 章　功能神经网络层

深度学习网络大概可以分为三层：输入层、隐含层及输出层。将其中的隐含层称作是功能神经网络层。不同的设计使得它具有不同的功能，不同的功能层组合还可以形成特定功能的网络；多个不同的网络层次又可以实现更高层次的抽象。因此，可以说这是神经网络多样性的核心。

在深度学习当中也存在不同学习类型的网络，包括监督学习网络、无监督学习网络、迁移学习网络以及强化学习网络等。但是在这些不同类型的网络中都存在一些通用的部分。

图 4.1 所示的是一个比较典型的卷积神经网络，这个网络实现的功能是图像中目标的识别。网络当中存在多个功能神经网络层，这里包括卷积层（Convolution）、池化（Pooling）层，全连接（Fully Connected，FC）层。当然还存在一些看不到的功能单元，如激活函数、丢弃处理（Dropout）、批量规范化（Batch Normalize）等。

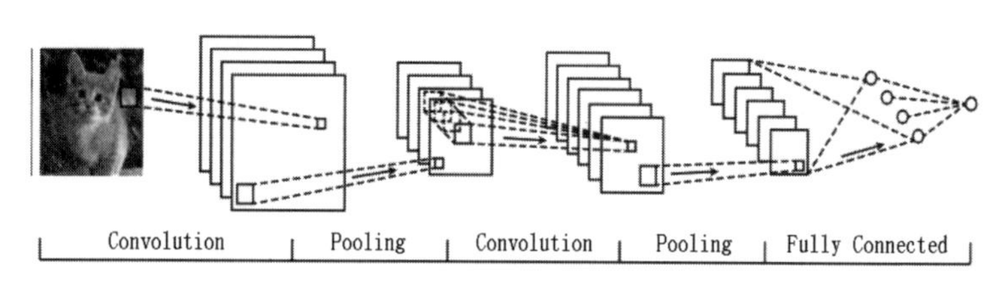

图 4.1　典型的卷积神经网络

当然，在实际的网络当中并不一定能够非常细致地分解为这样的模块，如在一个卷积神经网络中就存在激活模块、Batch Normalize 模块等。分别学习各个重要的功能单元对于理解还是有益处的。那么接下来会介绍其中各个重要的功能单元。

4.1　激活函数单元

神经网络的基本构成为神经元，在神经元中存在一个激活函数（见图 4.2），最开始被广泛使用的都是 Sigmoid 激活函数，那么为什么需要这个激活函数？假设没有这个激活函数会发生什么样的情况？很清楚，没有激活函数输出的结果其实就是各个输入的线性组合。也就是说，“深度”没有起到作用，相当于一层的网络。因此，不加入激活函数实际上相当于加入了一个线性函数：$f(x)=x$。因此，要达到激活函数的效果，它应该是一个非线性函数。这让笔者想到核函数：通过某种非线性的映射将数据映射到另一个空间中去，从而将问题简化。同样在深度神经网络中，也是通过非线性的激活函数将上一层的结果映射到另一个空间中，从而实现了更好维度的特征抽象。

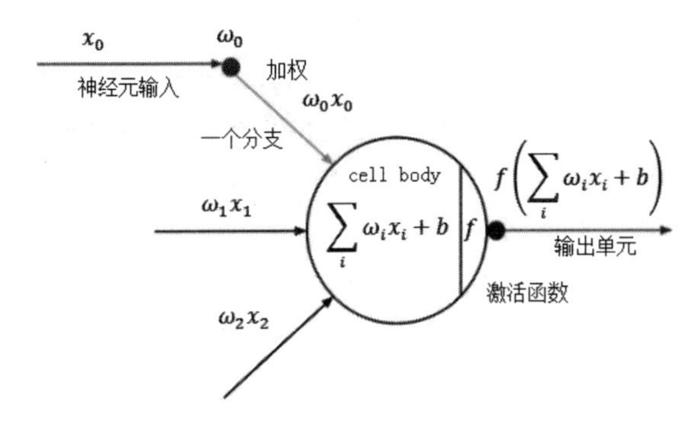

图 4.2　神经元与激活函数（图像来自 Stanford CS231n）

深度学习经过几年的发展，已经出现了十几种的激活函数。目前最被广泛使用的就是 ReLU 激活函数以及它的变种。接下来将详细介绍几种常见的激活函数的特性以及结合后文谈到的技巧相结合的建议。

1. Sigmoid 激活函数

Sigmoid 激活函数（非线性函数）如图 4.3 所示，其数学形式是 $\delta(x)=1/(1+\mathrm{e}^{-x})$。输入是实数值，该函数会将输入值“压缩”，即映射到 [0,1] 的范围上。实际中，大的负数值会变为0，而大的整数会变为1。作为神经元，对于这个活跃率（Fire Rate）有一个很好的解释：不活跃时（Not Firing）输出都是0，逐渐变为完全饱和状态（即活跃状态）的假定最大值1。

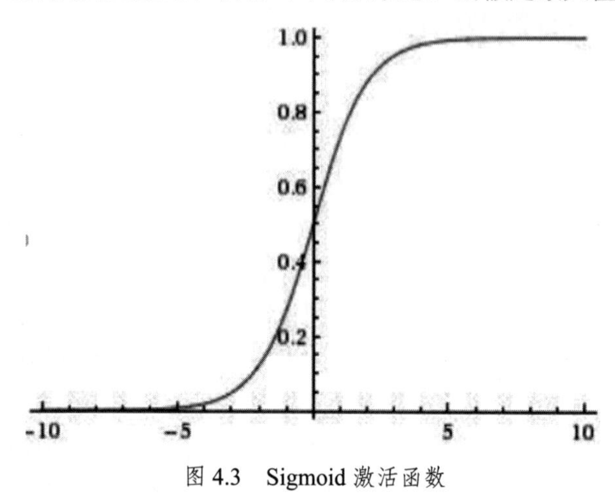

图 4.3　Sigmoid 激活函数

实际中，Sigmoid 函数现在已经不如以前那么流行，也应当尽量避免使用。因为它有如下两个缺点。

（1）Sigmoid 激活函数饱和导致的梯度骤减。Sigmoid 激活函数一个不太好的特性就是当饱和时，函数值要么是1要么是0。回想在反向传播的过程中，（局部）梯度会乘以整个网络最终输出的梯度。因此，如果梯度很小，那么就会导致反传回去的梯度被消减掉，最终导致没有梯度信号更新权重。此外需要注意的是，在初始化 Sigmoid 神经元的权重时，需要防止饱和性，例如，如果初始权重太大，则会导致大部分神经元处于饱和状态，以至于网络学不到东西。

（2）Sigmoid 激活函数输出分布不是以0为中心的。这是一个不好的特性，因为对于整个网络随后层接收到的数据，这些数据是不以0为中心的。从梯度下降过程中动力学的角度来看，会导致一个潜在的问题：如果数据流经过神经元时数据总是正的，那么在反向传播时，权重的梯度也将全部变为正的，或者全部变为负的（这取决于表达式的梯度）。对于权重的梯度更新来说，这会导致一个不好的锯齿状梯度。然而，这些梯度一旦加入到一个批次数据的最终更新的权重上时，这个问题就会被减轻。与过饱和的激活函数问题相比，这个问题的后果还算不太严重。

2. tanh 激活函数

tanh 激活函数（非线性函数）将会把实数的输入值压缩到 [−1,1] 范围内，如图 4.4 所示。类似 Sigmoid 的神经元，也具有一定的激活饱和性。但与其不同之处在于它的输出值是以 0 为中心的。因此在实际当中，该函数比 Sigmoid 更受欢迎。

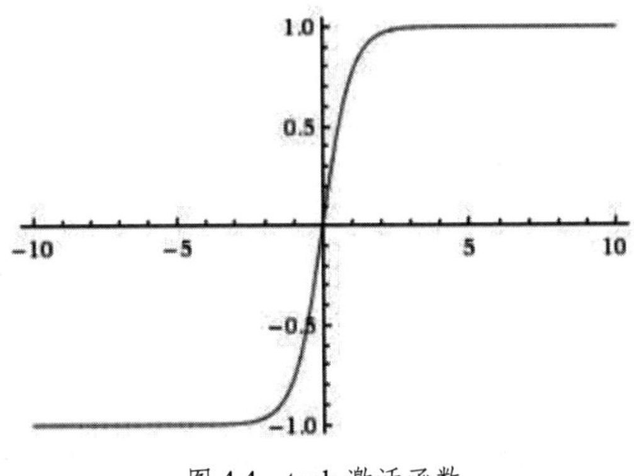

图 4.4　tanh 激活函数

3. ReLU 激活函数

过去几年，ReLU（Rectified Linear Unit，校正线性单元）激活函数变得非常流行。它的函数形式是 $f(x)=\max(0,x)$，当输入小于 0 的时候输出为 0，当输入大于 0 的时候输出为本身，如图 4.5 所示。它的形式是简单地给出一个阈值来达到激活函数的目的。

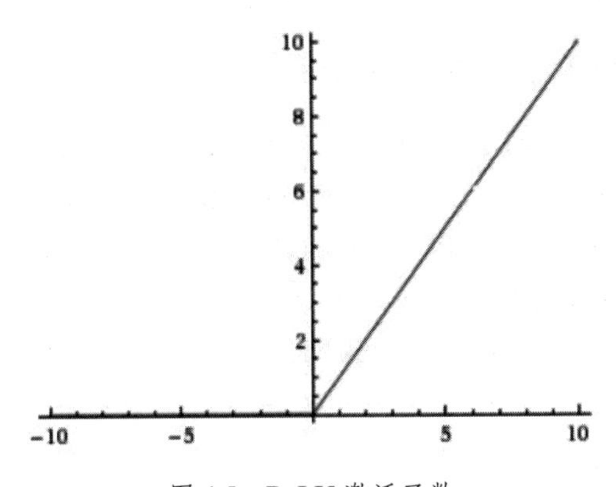

图 4.5　ReLU 激活函数

接下来看一下为什么要引入 ReLU 函数？为什么它比较有效？相比于 Sigmoid 和 tanh 激活函数，它主要具备以下的三个优点。

（1）计算速度快。Sigmoid 等函数，本质上是指数运算，计算量大。此外，反向传播算法计算梯度时，涉及除法，计算量更大。而 ReLU 激活函数，在各自的分段都是线性函数，并且求导简洁，整个过程的计算量小很多。

（2）不再梯度弥散。对于深度神经网络，Sigmoid 函数接近饱和区时，变换太缓慢，导数趋于 0，反向传播时，很容易出现梯度弥散。但是 ReLU 激活函数不存在饱和区，能够较为迅速地收敛，同时提高训练的速度。

（3）防止过拟合的发生。Relu 会使一部分神经元的输出为 0，这样就造成了网络的稀疏性，并且减少了参数的相互依存关系，缓解了过拟合问题的发生。

ReLU 函数的缺点也是非常明显的，ReLU 单元在训练过程中比较脆弱，导致部分的神经元不具有活性。例如，当一个很大的梯度流经神经元会导致下次再对权重更新时，相同的输入数据点通过该神经元不会被激活。这就会导致每当将同样的输入数据点传入该单元时，得到的梯度值都将会是 0。换句话说，这个在训练过程当中的行为会产生不可逆的后果。你会发现如果学习率设置得很大，网络当中 40% 的部分在整个训练数据集上，这些神经元从来都不会被激活。当然，通过设定一个适当的学习率，这个问题产生的影响会逐渐减轻。

4. Leaky ReLU 和 PReLU 激活函数

Leaky ReLU（Leaky Rectified Linear Unit，渗漏校正线性单元）和 PReLU（Parametric Rectified Linear Unit，参数校正线性单元）激活函数是尝试解决 ReLU 死亡问题，即由梯度过大或学习率过大导致的神经元不被激活的问题而提出的两种激活函数，如图 4.6 所示。Leaky ReLU 激活函数的做法是：当 $x<0$ 时，Leaky ReLU 用一个小负数（如 -0.01 等值）替代原本 ReLU 小于零时的输出值 0 。换句话说，Leaky ReLU 当 $x<0$ 时，计算的是 $f(x)=\alpha x$，其中 α 是一个非常小的常数；当 $x \geqslant 0$ 时，则计算

的是 $f(x)=x$ 。但是，有些人提出当使用了这种形式的激活函数获得成功后，得到的结果变得不稳定了。

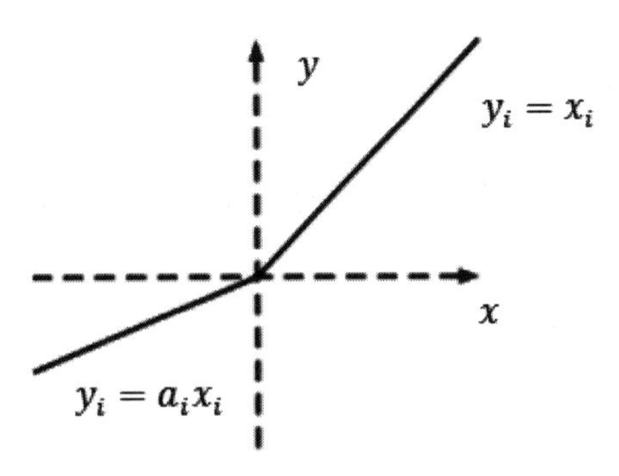

图 4.6　Leaky ReLU 和 PReLU 激活函数

在 PReLU 激活函数中，负数部分的斜率是从数据当中学习得到的，而不是预先定义的。即在 PReLU 中，当 $x \geqslant 0$ 时，则计算的是 $f(x)=x$ ；当 $x<0$ 时，计算的是 $f(x)=\alpha x$ ，但是其中 α 是一个通过数据学习到的量。有些文献中阐明，PReLU 激活函数使用的是 ImageNet 分类任务中超越人类水平的关键因素，该激活函数在反向传播和参数更新中的计算简单且直接，其特点类似于 ReLU（校正线性单元）激活函数。

5. RReLU 激活函数

随机校正线性单元（Randomized Rectified Linear Unit，RReLU）激活函数基于训练数据集，负值部分的斜率值在给定范围内是随机选取的，而在测试时，参数值会被确定下来，如图 4.7 所示。最近 Kaggle 国家数据科学（National Data Science Bowl，NDSB）竞赛中，由于在训练时随机性的存在，据说可以减少过拟合的风险。此外，该比赛的获胜者建议，在训练过程当中，随机变量 α_i 的取值在 $l/u(3,8)$ 范围内是合适的，其中的 $u(3,8)$ 表示 3 到 8 之间的一个均匀分布。测试时再被期望的值固定下来，如 $\alpha_i = 2/(l+u)$ ，其中的 l 为下界 3，u 表示上界 8，因此 $\alpha_i = 2/11$ 。

在本章参考文献[5]中，作者在不同数据集（CIFAR-10、CIFAR-100、NDSB）中评估了基于不同的激活函数下的卷积神经网络的性能。表 4.1 展示了在数据集 CIFAR-100 当中的性能测试的结果。

从表 4.1 中不难发现，ReLU 激活函数的表现性能在 CIFAR-100 数据集上并不是最好的。对于渗漏校正线性单元（Leaky ReLU）激活函数来说，稍微小一点儿的斜率 α 值可达到较好的准确率。参数校正线性单元（PReLU）在小数据集上容易过拟合（在训练数据集上的误差小，但在测试数据集上的误差较大）。尽管如此，其表现仍旧优于校正线性单元（ReLU）。此外，在国家数据科学（NDSB）竞赛的数据集上，随机校正线性单元（RReLU）的表现优于其他的激活函数，这表明了随机校正线性单元（RReLU）可以克服过拟合，因为该数据集的训练集规模要比其他数据集小。

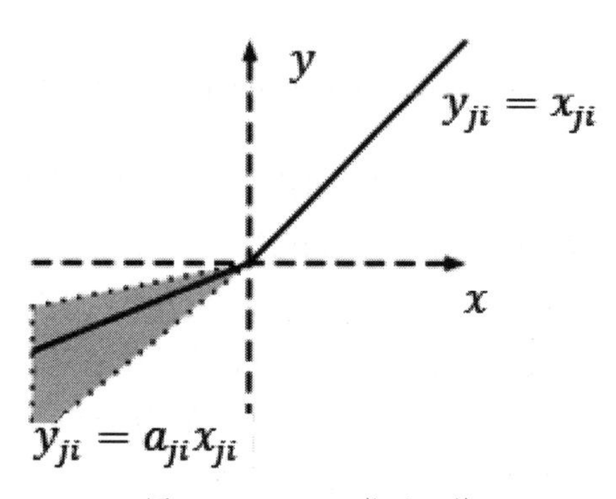

图 4.7　RReLU 激活函数

表 4.1　不同的激活函数在 CIFAR-100 数据集上性能的比较

Activation（激活函数）	Training Error（训练错误）	Test Error（测试错误）
ReLU	0.1356	0.429
Leaky ReLU,a=100	0.11552	0.4205
Leaky ReLU,a=5.5	0.08536	0.4042
PReLU	0.0633	0.4163
RReLU	0.1141	0.4025

总之，在这三个数据集的表现上三种校正线性单元激活函数的变体都要优于原始的校正线性单元（ReLU）。参数校正线性单元（PReLU）和随机校正线性单元（RReLU）看起来是更好的选择。

6. Maxout 激活函数

Maxout 是另外一种非常好的激活函数，具有非线性，不会抑制神经元等特性。Maxout 激活函数理论上具备超过 ReLU 族类激活函数的特性，因为从它的定义就知道它是 ReLU 或者是 Leaky ReLU 更一般性的表达：$f(x)=\max(w_1^T x+b_1, w_2^T x+b_2)$，但是也正是因为这样，其参数也增加了一倍。

4.2　池化层

池化层（Pooling Layer）经常被看作是卷积层中的第三层次，前面两个层次分别是通过卷积核进行卷积操作以及激活函数进行非线性的操作，那么在这一层当中则是对特征的再处理了。池化层使用某一位置相邻输出的总体统计来表示这一区域的特征。在卷积层当中插入池化（Pooling）层是一种非常常用的方法，这样可以减少特征表观的维度大小，以至于降低网络结构的复杂度。这是我们直观知道的作用，但是其实池化操作远不止这些作用。其具体作用主要总结为以下几点：

（1）降低特征的维度，减少计算量。这个作用很明显。

（2）使得特征具有位移不变性。其中最大池化操作，或者是平均池化操作都和特征的位置没有关系。因此可以使得提取的特征具有位移不变性。

（3）防止过拟合等问题。降低输入特征的维度，减少网络的复杂度，从而可以降低过拟合出现的可能性。

（4）防止可能出现的欠拟合问题。如果进行反 Pooling 操作，可以得到更大的特征输入，或者固定的输入长度，因此能够适当地提高网络的参数。

如图 4.8 左侧所示，对于一张大小为 224×224 的特征图，经过一个 2×2 的池化操作就变为一个大小为 112×112 的特征图了，这里采用的是最大池化（Max-Pooling）的方式。可以发现，一般来讲，池化是对同一个通道的特征图进行处理，图中共有 64 个通道。在同一通道中的 Pooling 操作并没有重叠的地方，也就是说 Pooling 操作的步长和本身的核的尺寸是等同的。具体来看在一个通道中是如何做 Pooling 操作的。图 4.8 右侧部分，其中的数值代表的是特征图中值的大小，采用的是一个 2×2 的 Max Pooling 操作，就是将特征图分解为各个 2×2 的区域，且没有重叠。那么上述的一个 4×4 的特征图就被分为 4 个区域，在每一个区域当中取出最大值作为该区域 Max-Pooling 的最终结果。例如，对图 4.8 中的左上区域进行池化操作之后得到的结果为 6，其余的三个区域得到的结果分别为 8、3、4。于是经过 Max-Pooling 操作之后得到的结果如图 4.8 最右侧所示。

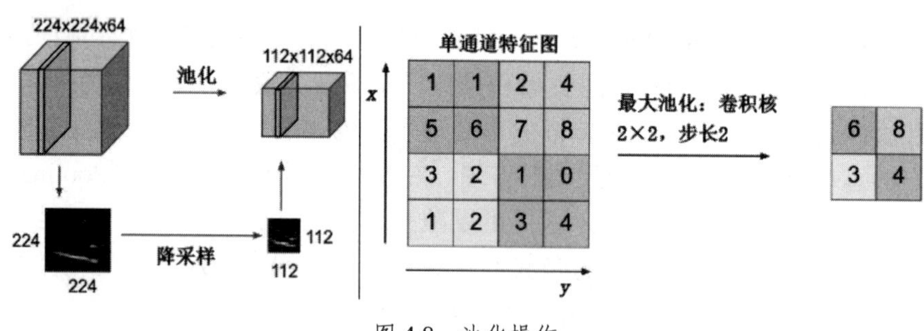

图 4.8　池化操作

当然，我们也发现，对于其中的每一个区域不一定要进行取最大值的操作，也可以采取取平均值的操作。那么图 4.8 中的左上区域得到的结果就是 3.25，同理可以得到其他区域的结果。同样可以输出一张池化操作后的特征图，那么这种池化操作被称为 Average-pooling，也就是取均值的操作了。

4.3　参数开关 Dropout

Dropout 是丢掉的意思，那丢掉的是什么呢？是神经网络的网络参数。训练神经网络模型时，如果训练样本较少，为了防止模型过拟合，Dropout 可以作为一种技巧（Trick）供选择。Dropout 方法（丢弃法）是 Hintion 最近 2 年提出的，通过阻止特征检测器的共同作用来提高神经网络的性能。Dropout 主要用来解决深度学习中因大量参数而导致的过拟合问题。它的主要思想是：在训练过程中，随机扔掉一些神经元

（包括它们的连接），这样会阻止神经元间过分的共同适应。Dropout 可视化如图 4.9 所示。

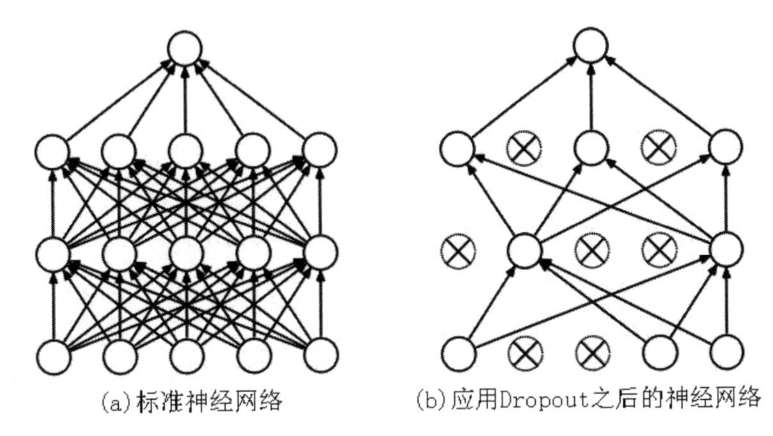

图 4.9　Dropout 可视化

Dropout 背后的思想和集合学习（Ensemble Learning）很像：通过平均整个集合分类器（这里就是子网络）的结果来代替单个 DNN 的结果。实际的操作过程中，会以概率 p 丢掉其中的神经元，也就是说会以 $1-p$ 的概率保留当前的神经元。当一个神经元被 Dropout 的时候，不管输入是多少或者这个神经元的贡献有多大，其输出都是 0。在训练过程中，不管是前向算法还是后向算法都会让这个被 Dropout 的神经元没有贡献，也就是说，每一次训练都好像在训练一个新的神经网络。

那为什么这么做会有效呢？因为在标准的神经网络中，训练的过程中，每一个神经元从参数的导数中得到它自己应该怎么改变才能够降低整体的损失函数。但是这个导数度量的并不完全是网络的损失函数，也包括了其余神经元犯错误时所产生的损失，也就是说，每一种神经元也在尽量地修复因为其余神经元犯错误导致的损失。这个过程就是所谓的共同适应（co-adaptations），很明显当所有的神经元都这样做的时候就很容易过拟合（Overfitting）。Dropout 的作用就是去除这种共同适应。

下面来看一下 Dropout 具体是怎样工作的。像之前说的一样，在

Dropout 以 p 的概率抑制其中的神经元，也就是说以 $q=1-p$ 的概率保持一个神经元处于激活的状态。那么，在训练过程中，对于其中任意一个神经元其输出都可以表示为：

$$O = B\delta\left(\sum_{k=1}^{d} w_k x_k + b\right) = \begin{cases} \delta\left(\sum_{k=1}^{d} w_k x_k + b\right), & B=1 \\ 0, & B=0 \end{cases}$$

其中 $\delta()$ 表示的是激活函数，w_k、x_k、b 分别表示的是神经元的权重、网络的输入以及偏置，$P(B=0)=p$。用这种方式巧妙地将神经元进行激活或者是抑制。当这样的训练结束之后，就不会再去设定到底哪个神经元是激活或者是抑制的，显然都处于激活的状态。那么在测试的时候，需要乘以一个概率（$q=1-p$），表示一个期望的输出：$O = q\delta\left(\sum_{k=1}^{d} w_k x_k + b\right)$。

由于在应用的时候需要乘以 q，所以这种方式并不常用。而更一般的做法叫作 Inverted Dropout，即在训练时就乘以 $1/q$，可以直接使用。表达式如下。

训练的时候：$O = q\delta\left(\sum_{k=1}^{d} w_k x_k + b\right)$

测试的时候：$O = \delta\left(\sum_{k=1}^{d} w_k x_k + b\right)$

关于 Dropout 的方法就介绍这么多。其实，当了解这些算法的作者为什么会提出这样的算法的时候，会发现一些有意思的情况。例如关于 Dropout 的某些贡献，作者在分享时说，其实是在编程时，有一个地方写错了导致有些神经元被抑制，反而得到了更好的结果。因此，作者再去思考这些问题背后的原因，才得出了这样的结论。因此，科研有的时候还真是很有意思的。最后对使用和不使用 Dropout 的网络性能进行一定的比较，如图 4.10 所示。

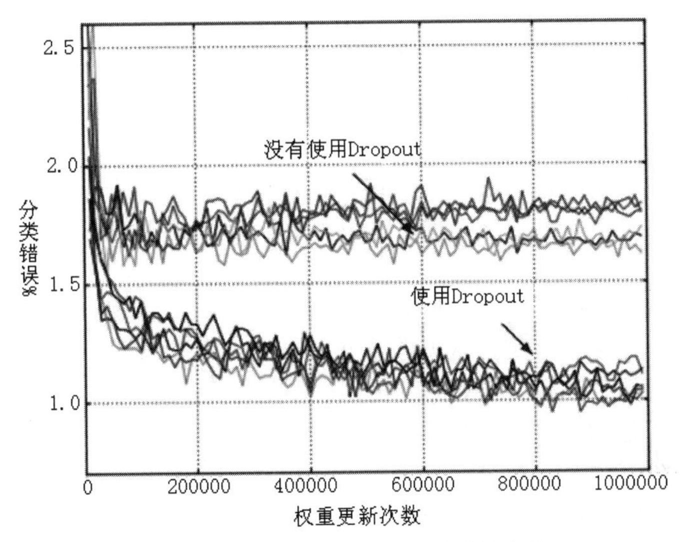

图 4.10　是否使用 Dropout 的性能比较

4.4　批量规范化层（Batch Normalization Layer）

批量规范化（Batch Normalization，BN）算法是 Google 于 2015 年的又一大招。由于其能够像 Pooling 一样被直接当作一个网络层放到网络，现在已被广泛使用在各个网络中。在前面章节提到了数据的预处理——白化处理等，这使得网络能够更好地学习到数据的分布。在网络直接加入 BN 层也是为了达到这样的效果。

其优点主要有以下几点。

- 采用 Minibatch 的训练方法，能够模拟整体的数据分布。
- 不额外增加计算的复杂度，且允许使用较高的学习率，收敛迅速，大大地提升网络训练的速度。
- 同时包括规范化的数据分布和没有 BN 层的数据分布，具有一般性。
- 局部响应规范化层，Dropout 等都可以去掉，简化网络，减少调用参数的数量，提高网络训练的效率。

BN 的基本思想其实相当直观：因为深层神经网络在做非线性变换前

的激活输入值（就是$h' = wh + b$，h是上一个隐含层的输出，作为该隐含层的输入，h'是这一层的隐含层输出）随着网络深度加深或者在训练过程中，其分布逐渐发生偏移或者变动。之所以训练收敛慢，一般是整体分布逐渐往非线性函数的取值区间的上下限两端靠近，所以导致反向传播时低层神经网络的梯度消失，这是训练深层神经网络收敛越来越慢的本质原因。

但是，其实我们会想：低层的网络就是要通过非线性函数将输入映射到另一个空间中，这样数据的分布发生改变是必须的。那怎样才是合理的规范化呢？其实，BN 要改变的并不是这样的原因造成的数据分布的改变，而是因为底层的网络在不断地更新，通过网络映射到高层的数据分布发生了误差。对于这种原因造成网络参数的更改是没必要的，也会降低收敛速度。这样，BN 通过一定的规范化手段，把每层神经网络任意神经元这个输入值的分布强行拉回到均值为 0、方差为 1 的标准正态分布，而不是一般的正态分布，其实就是把越来越偏的分布强制拉回比较标准的分布，使得激活输入值落在非线性函数对输入比较敏感的区域，这样输入的小变化就会导致损失函数较大的变化，意思是让梯度变大，避免梯度消失问题产生，而且梯度变大意味着学习收敛速度快，能大大加快训练速度。

接下来看一下 BN 算法是怎么做的。

输入：一个 Minibatch 的样本的值$B = \{x_1, x_2, \cdots, x_m\}$。

输出：BN 的参数γ和β。

BN 算法的伪代码如图 4.11 所示。

$$\mu\mathcal{B} \leftarrow \frac{1}{m}\sum_{i=1}^{m} x_i \qquad \text{//mini - batch mean}$$

$$\sigma_{\mathcal{B}}^2 \leftarrow \frac{1}{m}\sum_{i=1}^{m} (x_i - \mu\mathcal{B})^2 \qquad \text{//mini - batch variance}$$

$$\hat{x}_i \leftarrow \frac{x_i - \mu\mathcal{B}}{\sqrt{\sigma_{\mathcal{B}}^2 + \epsilon}} \qquad \text{//normalize}$$

$$y_i \leftarrow \gamma\hat{x}_i + \beta \equiv BN_{\gamma,\beta}(x_i) \qquad \text{//scale and shift}$$

图 4.11　BN 算法伪代码

可以看到，BN 算法异常简单。在每一层网络层中都是学习到两个网络参数γ和β。只要得到这两个网络参数就可以将上一层的网络输入x进行规范化处理得到y作为下一个网络层的输入。那具体来分析下算法过程。算法开始也是输入 Minibatch 个样本，这里是 m 个，这个输入可以是隐函数输出的特征图。对于这些输入的样本，求解得到均值和方差。然后通过该均值和方差对特征图输入做白化处理，然后经过网络参数γ、β得到下一层网络的输入。看y的表达式，当$\gamma=\delta$、$\beta=\mu$时，其实就是输入数据没有进行处理的数据分布。这样 BN 算法包含了更广的范围，不仅增加了网络训练的收敛速度，同时也不破坏特征数据的分布。BN 算法是一种简单却十分有效的算法。图 4.12 是训练过程是否使用 BN 算法的性能比较。

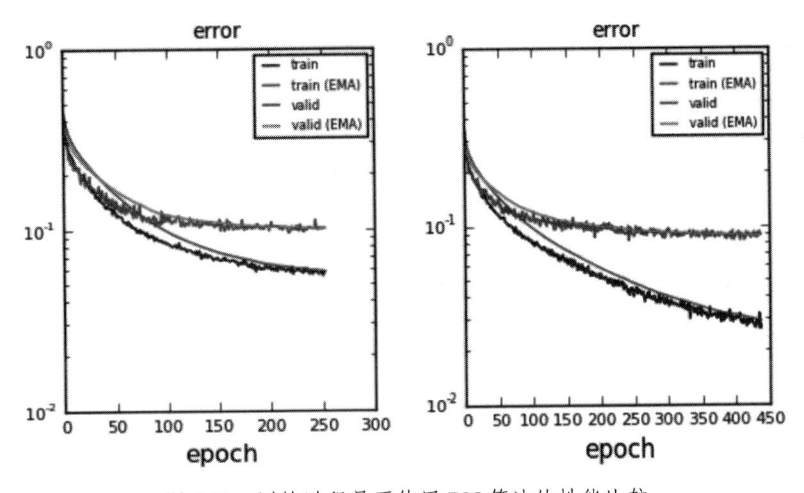

图 4.12　训练过程是否使用 BN 算法的性能比较

4.5　全连接层

其实，最早期的神经网络就是多层神经网络（MLP），其中的每一个隐含层都是一个全连接层。所谓的全连接指的是其中输入数据的每一个维度都和每一个输出相连接。由于那个年代计算机的计算能力还不足，因此全连接层并没有得到广泛的研究。目前全连接层仍然是一个很好的功能单元层，主要用在 DNN 网络中以及各种网络的输出层之前。这里就不再对其进行深入的介绍。

4.6 卷积神经网络

卷积神经网络（CNN），听起来像是生物与数学还有计算机科学的奇怪结合，但是这些网络在计算机视觉领域已经造就了一些最有影响力的创新。2012 年，神经网络开始崭露头角，Alex Krizhevskyj 在 ImageNet 竞赛上（ImageNet 竞赛可以算是计算机视觉领域一年一度的“奥运会”竞赛）将分类错误记录从 26% 降低到 15%，这在当时是一个相当惊人的进步。从那时起许多公司开始将深度学习应用在其核心服务上，如 Facebook 将神经网络应用到它们的自动标注算法中，Google（Google）将其应用到图片搜索中，Amazon（亚马逊）将其应用到产品推荐服务上，Pinterest 将其应用到主页个性化信息流中，Instagram 也将深度学习应用到它们的图像搜索架构中。

卷积神经网络是为识别二维形状而特殊设计的一个多层感知器，这种网络结构对平移、比例缩放、倾斜或者其他形式的变形具有高度不变性。这些良好的性能是网络在有监督方式下学会的，网络的结构主要有稀疏连接和权值共享两个特点。

卷积神经网络是一种非常成熟的神经网络框架，不是一个单一的功能个体，而是多种功能神经元的集合。如图 4.13 所示，其中包括卷积核、非线性的激活函数、网络间的 Batch Normalize 操作（可选的）、Dropout 操作（可选）、Pooling 层（可选）、全连接层（可选）等。多层的深度对于输入数据不同层次和深度的特征抽象具有非常重要的现实意义。一般来讲，低层的神经网络抽取得到的特征更加初级，如纹理方向等；而高层的网络得到的可能是更具有语义和表达的特征，如形状轮廓等。随着网络深度的增加，需要训练的网络参数也增加，要得到较好的效果的数据量也增加，网络收敛的时间也增加。

虽然卷积神经网络的结果已经非常复杂，但是相对于传统的神经网络已经进行了非常大的简化和优化。从计算量上来讲，已经达到了一个可以接受的范围。可以简单地想象，对于一张图像的处理，传统的神经网络采用的是全连接的方式。

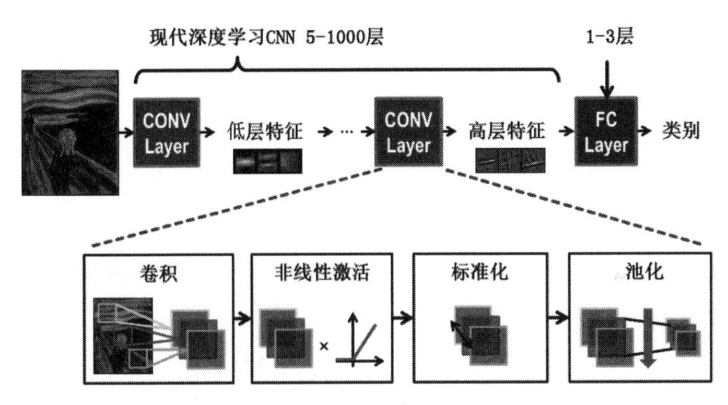

图 4.13　CNN 在图像领域的应用

卷积过程的步长大小影响卷积结果的大小。如图 4.14 所示，选择的步长是 2，加上卷积核的大小为 3×3 的影响，一个输入大小为 7×7 的特征图输出的大小为 3×3，即 (7−3)/2+1=3。那么，通过边缘填充以及步长为 1 的方式可以得到一个尺度不变的卷积输出结果。

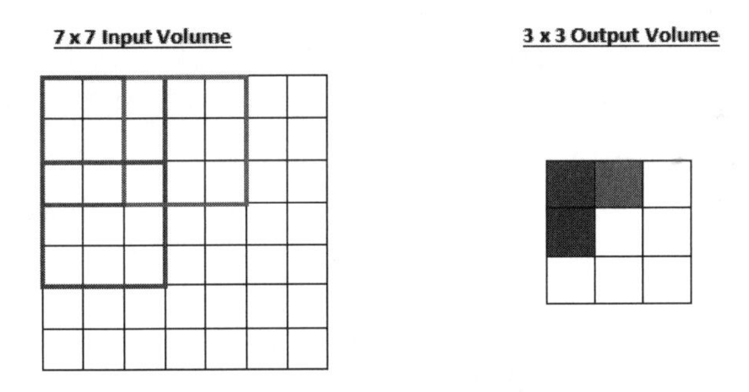

图 4.14　卷积操作过程

卷积神经网络的核心有三个。

（1）局部感受野。形象地说，局部感受野就是模仿人的眼睛。想想看，人在看东西的时候，目光是聚焦在一个相对很小的局部的吧？严格一些说，普通的多层感知器中，隐含层节点会全连接到一个图像的每个像素点上，而在卷积神经网络中，每个隐含层节点只连接到图像某个足够小局部的像素点上；从而大大减少需要训练的权值参数。

举个例子，依旧是1000×1000的图像，使用10×10的感受野，那么每个神经元只需要100个权值参数。不幸的是，由于需要将输入图像扫描一遍，共需要991×991个神经元！参数数目减少了一个数量级，不过还是太多。

（2）权值共享。形象地说，权值共享就如同人的某个神经中枢中的神经细胞，它们的结构、功能是相同的，甚至是可以互相替代的。也就是说，在卷积神经网络中，同一个卷积核内，所有神经元的权值是相同的，从而大大减少需要训练的参数。继续上一个例子，虽然需要991×991个神经元，但是它们的权值是共享的，所以还是只需要100个权值参数，以及1个偏置参数。从MLP的10^9到这里的100，就是这么厉害！作为补充，在CNN中的每个隐含层，一般会有多个卷积核。

（3）池化。形象地说，一个人先随便看向远方，然后闭上眼睛，他仍然能记得看到了些什么，但是他能完全回忆起刚刚看到的每一个细节吗？同样，在卷积神经网络中，没有必要一定对原图像做处理，而是可以使用某种“压缩”方法，这就是池化，也就是每次将原图像卷积后，都通过一个下采样过程来减小图像的规模。以最大池化（Max Pooling）为例，1000×1000的图像经过10×10的卷积核卷积后，得到的是991×991的特征图，然后使用2×2的池化规模，即在每4个点组成的小方块中，取最大的一个作为输出，最终得到的是496×496大小的特征图。

4.7 全卷积神经网络

通常CNN在卷积层之后会接上若干个全连接层，将卷积层产生的特征图（Feature Map）映射成一个固定长度的特征向量。以AlexNet为代表的经典CNN结构适合于图像级的分类和回归任务，因为它们最后都期望得到整个输入图像的一个数值描述，如AlexNet的ImageNet模型输出一个1 000维的向量，表示输入图像属于每一类的概率。例如，图4.15中的猫，输入AlexNet，得到一个长为1 000的输出向量，表示输入图像属于每一类的概率，其中在“tabby cat”这一类上响应最高。

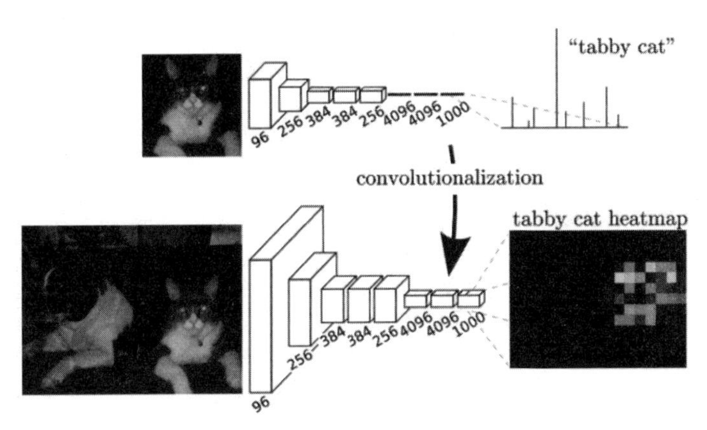

图 4.15　全连接网络

与物体分类要建立图像级理解任务不同的是，有些应用场景下要得到图像像素级别的分类结果，如语义级别图像分割（Semantic Image Segmentation），最终要得到对应位置每个像素的分类结果，又如边缘检测，相当于对每个像素做一次二分类（是边缘或不是边缘）。以语义图像分割为例，其目的是将图像分割为若干个区域，使得语义相同的像素被分割在同一区域内。图 4.16 是一个语义图像分割的例子，输入图像，输出不同颜色的分割区域表示不同的语义：背景、人和马。

图 4.16　深度学习在图像分割当中的应用

Lonjong 等发表在 CVPR2015 的论文提出了，全卷积网络（FCN）进行像素级的分类从而高效地解决了语义级别的图像分割问题。与经典的 CNN 在卷积层之后使用全连接层得到固定长度的特征向量进行分类不同，

FCN 可以接受任意尺寸的输入图像，采用反卷积层对最后一个卷积层的 Feature Map 进行采样，使它恢复到与输入图像相同的尺寸，从而可以对每个像素都产生了一个预测，同时也保留了原始输入图像中的空间信息，最后在上采样的特征图上进行逐像素分类。逐像素计算 Softmax 分类的损失，相当于每一个像素对应一个训练样本。

Lonjong 的论文包含了当下 CNN 的三个思潮，具体如下。

- 不含全连接层（FC）的全卷积（Fully Conv）网络，可适应任意尺寸输入。
- 增大数据尺寸的反卷积（Deconv）层，能够输出精细的结果。
- 结合不同深度层结果的跳级（Skip）结构，同时确保鲁棒性和精确性。

接下来介绍全卷积网络的原理。

FCN 将传统 CNN 中的全连接层转化成一个个的卷积层。如图 4.15 所示，在传统的 CNN 结构中，前 5 层是卷积层，第 6 层和第 7 层分别是一个长度为 4 096 的一维向量，第 8 层是长度为 1 000 的一维向量，分别对应 1 000 个类别的概率。FCN 将这 3 层也表示为卷积层，卷积核的大小（通道数，宽，高）分别为（4 096,1,1）、（4 096,1,1）、（1 000,1,1）。这样所有的层都是卷积层，故称为全卷积网络。

可以发现，经过多次卷积（还有 Pooling）以后，得到的图像越来越小，分辨率越来越低（粗略的图像），那么 FCN 是如何得到图像中每一个像素的类别的呢？为了从这个分辨率低的粗略图像恢复到原图的分辨率，FCN 使用了上采样。例如经过 5 次卷积（和 Pooling）以后，图像的分辨率依次缩小了 2、4、8、16、32 倍。对于最后一层的输出图像，需要进行 32 倍的上采样，以得到与原图一样的大小。

这个上采样是通过反卷积（Deconvolution）实现的。对第 5 层的输出（32 倍放大）反卷积得到原图大小，得到的结果还是不够精确，一些细节无法恢复。于是，Jonathan 将第 4 层的输出和第 3 层的输出也依次反卷积，分别需要 16 倍和 8 倍上采样，结果就精细一些了。图 4.17 所示的是这个卷积和反卷积上采样的过程，32 倍、16 倍和 8 倍上采样得到结果的对比，可以看到它们得到的结果越来越精确。

与传统用CNN进行图像分割的方法相比，FCN有两大明显的优点：一是可以接受任意大小的输入图像，而不用要求所有的训练图像和测试图像具有同样的尺寸；二是更加高效，因为避免了由于使用像素块带来的重复存储和计算卷积的问题。

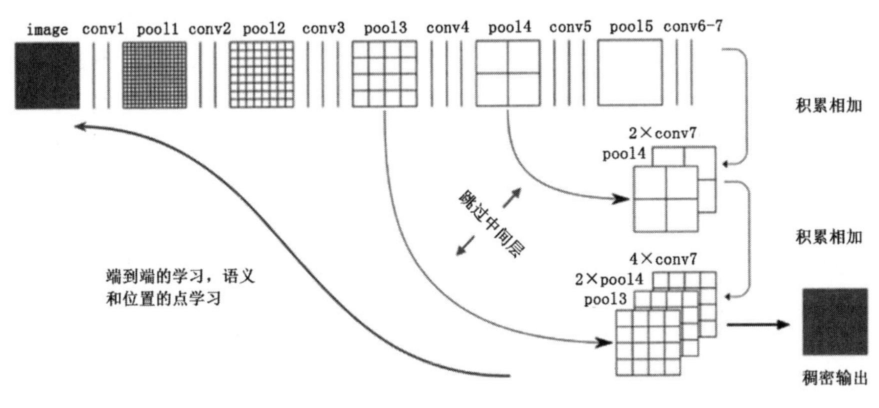

图4.17 全卷积网络上采样

同时FCN的缺点也比较明显：一是得到的结果还是不够精细，进行8倍上采样虽然比32倍的效果好了很多，但是上采样的结果还是比较模糊和平滑，对图像中的细节不敏感；二是对各个像素进行分类，没有充分考虑像素与像素之间的关系，忽略了在通常的基于像素分类的分割方法中使用的空间规整（Spatial Regularization）步骤，缺乏空间一致性。

4.8 循环神经网络（RNN）

循环神经网络（Recurrent Neural Network，RNN）背后的思想是利用顺序信息。在传统的神经网络中，假设所有的输入（包括输出）之间是相互独立的。对于很多任务来说，这是一个非常糟糕的假设。如果想预测一个序列中的下一个词，最好能知道哪些词在它前面。RNN之所以为循环的，是因为它针对系列中的每一个元素都执行相同的操作，每一个操作都依赖于之前的计算结果。换一种方式思考，可以认为RNN记忆了到当前为止已经计算过的信息。理论上，RNN可以利用任意长的序列信息，但实际中只能回顾之前的几步。

循环神经网络是为了对序列数据进行建模而产生的。那么，什么是序列数据呢？其实在常见的数据类型中，就有很多的序列数据。文本，是字母和词汇的序列；语音，是音节的序列；视频，是图像的序列。还有气象观测数据、股票交易数据等也都是序列数据。从数学的角度来讲，先假设有这么一个数据样本的集合 $X\{x_1, x_2,\cdots, x_N\}$，在一般不考虑序列的机器学习问题里，假设每一个 x_i 都是相互独立的，不管它们是不是同分布，都是独立的，$P(x_i, x_j)=P(x_i)\times P(x_j)$。而序列数据正是将“样本之间相互独立”这一假设改成了“样本之间存在关联”。对样本之间的序列性最简单、直接的定义是：样本间存在顺序关系，每个样本和它之前的样本存在关联。例如，在文本中，一个词和它前面的词是有关联的；在气象数据中，一天的气温和前几天的气温是有关联的。一组观察数据定义为一个序列，从分布中可以观察出多个序列。

RNN 一般被翻译成“循环神经网络”，有时也被翻译为“递归神经网络”。个人认为，两种翻译从不同的角度描述了 RNN 的特性。“循环”偏重于模型的物理意义，而“递归”则反应了模型的数学特性。作为名称来说，循环神经网络的区分度较高，递归神经网络容易和 Recursive Neural Network 混淆（虽然两者确实存在关联性）。

RNN 是深度神经网络模型的变种，为了序列建模而诞生。它继承了 DNN 的线性变换 + 非线性激活函数的模型结构，并且吸收了 HMM 模型的有限序列关联的思想。图 4.18 中，隐含层 h 有一条和自己连接的边，这条边就是实现 Recurrent 性质的关键。为了更好地描述 RNN 的性质，下面把序列视作时间序列，每一个 t 称作一个“时刻”。h 的自连接边实际上是和上一时刻的 h 相连。在每一个时刻 t，h_t 的取值是当前时刻的输入 x_t，和上一时刻的隐含层值 h_{t-1} 的一个函数：

$$h_t= F_\theta(h_{t-1}, x_t)$$

将 h 层的自连接展开，就成为了图 4.18 右边的样子，看上去和 HMM 很像。两者最大的区别在于，RNN 的参数是跨时刻共享的。也就是说，对任意时刻 t，h_{t-1} 到 h_t 以及 x_t 到 h_t 的网络参数都是相同的。共享参数的思想和卷积神经网络（CNN）是相通的，CNN 在二维数据的空间位置之间共享卷积核参数，而 RNN 则是在序列数据的时刻之间共享参数。共享参数使得模型的复杂度大大减少。回顾一下之前提到的两个模型，Naive 模型的复杂度是 O(*T*!)，而 HMM 的复杂度是 O(*T*)。RNN 在引入了共享参数之后，复杂度和序列长度 *T* 不再有关联，从 *T* 的角度来看，RNN 的复杂度就是 O(1)。复杂度的减少让模型更好训练，不容易过拟合。

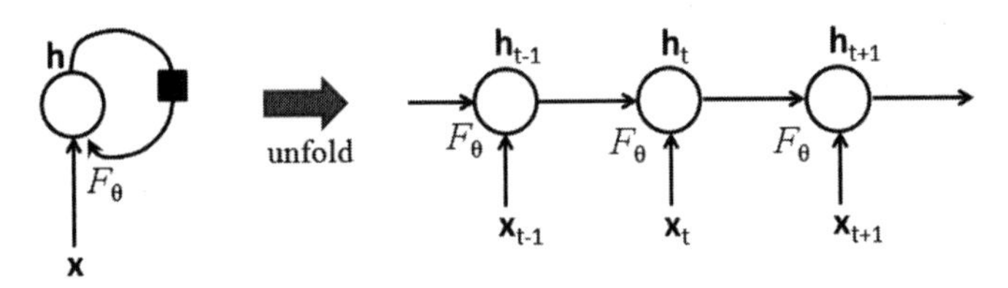

图 4.18　RNN 及其展开

共享参数使 RNN 可以适应任意长度的序列，带来了更好的可推广性。现实中序列数据的长度往往是变化的。如果模型只能适应一种长度的序列，那么对于每一种可能的长度，要去单独训练一个模型。这样的训练需要大量的样本，因为要为每一种长度准备足够多的样本。这样的模型也不能学到不同长度序列之间的共性。例如，不同长度的句子都是同样的语言，共享同样的语法、语义和上下文相关规律。如果模型不能学到这些，将是很大的损失。RNN 能够简单地应用于不同长度的序列，训练和预测都不需要特别的调整，这使得 RNN 作为一种序列模型具有优势。

在使用 RNN 的过程中，通常使用的是 RNN 的变种 LSTM 以及 GRU 等，将在后续的章节中介绍。

4.9　深度学习的细节与技巧

深度神经网络，这里特指卷积神经网络（CNN）这种计算模型，它通过多层的处理，可以学习到数据在不同层级上的抽象表征。该模型在视觉目标识别、目标检测、文本识别等其他领域（如新药物发现和基因组学），相比以往的模型，其性能有显著的提高，甚至达到当前最先进的水平。

此外，大量深度学习方面的优秀论文和高质量的开源框架虽然公布出来，但是对于初学者来说并没有办法从中分辨和选择，下面将会介绍搭建、训练深度网络的实现细节或技巧。首先介绍深度学习中必要的数据扩充和数据预处理，然后介绍网络参数初始化的细节技巧，接下来还会介绍在训练过程中如何有效地设计网络结构并进行微调，为了有效的防止过拟合的发生，还会介绍一些正则化的方式以及技巧。

4.9.1 数据扩增

因为深度网络需要在大规模的训练图像上来满足性能，所以当原始图像中的训练数据集规模不够多时，较好的办法是扩增数据来提升模型性能。换言之，数据扩增对于训练深度网络来说是必须的。有很多种方法都可以做到扩增数据，如常见的水平翻转图像、随机剪裁和颜色抖动等。此外，也可以将这几种处理过程进行任意组合，如旋转并对其缩放等。Krizhevsky 等人在 2012 年的 Alex-Net 中提出了一个名为 Fancy PCA 算法。该方法会改变训练图像上 RGB 通道的像素值。在实践中，可以先在训练图像上的 RBG 像素值做主成分分析，之后再对每幅训练图像加上某个量，通过这种方式也实现了样本的扩充。该方案在分类表现上，比 2012 年 ImageNet 竞赛第二名的错误率要低 1% 以上。完成数据扩增后，会得到大量由原始图像和其随机剪裁构成的训练样本集，但此时还需要对这些图像做预处理。最基本的预处理方法也就是前面提到的白化处理，在这里就不再详细介绍了。

Tips：样本不均衡影响性能，最好进行样本的扩充。

此外，样本不均衡也需要注意。但是，真实世界中的数据通常都是样本类别数量不均衡的：某些类的样本数目占大部分，其他类别的样本很有限。据最近科技报告，若基于类别不均衡数据训练深度卷积网络，结果将会导致严重的性能问题。最简单的解决方法是使用上采样或者下采样平衡数据类别。另一个有趣的解决方法是基于特殊的图像剪裁，因为原始图像是类别不均衡的，通过对原始图像剪裁得到新图像的方法既可以增大数据量，也可以解决类别不均衡的问题。此外，使用参数微调（Fine-Tuning）策略也可克服类别不均衡的问题。例如，将原始数据划分为两部分：一部分包含大量类别的训练样本图像或剪裁，另一部分包含有限类别的样本图像。针对每部分分别训练，类别不均衡的问题就会减轻。首先在大量类别训练图像上进行参数微调，之后再基于第二部分（样本图像较少的类别数据）上进行微调。

4.9.2　参数初始化

现在数据准备好之后就要进行网络的训练了，但在训练网络前还需要对网络的一些参数进行初始化，初始化的方式主要有全零初始化及小随机数初始化。

1. 全零初始化

理想情形下，对于规范化后的数据来说，假设（初始化）权重参数正负大约各占一半也是合理的。此外，一种听起来似乎合理的想法是设定所有权重的初始值都为 0，这也许是一种人为猜测的较好的期望权重初始值。实际上，这是一个错误的想法，因为这会导致网络中每个神经元的输出结果一样，即经过完全相同的参数更新，得到的反向传播计算的梯度也相同。换言之，若初始权值相同，神经元就不具有非对称性（Asymmetry）。

2. 小随机数初始化

小随机数初始化是一种接近 0 但不为 0 的权重初始化方法。做法是初始化权重为接近于 0 的随机小数，因为很接近 0 但不相等，于是破坏了权重当中的对称性，这也被称为“对称破缺”（Symmetry Breaking）。实际的做法是用一个趋近于 0 的数乘以一个标准的正态分布。例如：$weights \sim 0.001 \times N(0,1)$。这样，其实也可以使用服从均匀分布的随机小数，但二者在实际的性能表现上只有很微弱的差别。

使用以上讲到的方法对权重随机初始化，得到的神经元都存在一个问题，网络输出单元值的分布方差（Variance）会随着输入单元的增多而变大。但可以让每个随机得到的权重向量通过除以输入单元个数的平方根来规范化（Normalize），这样确保了网络中神经元在最初时有着大致相同的输出分布，以及收敛速度的提升。如前所述，先前通过校准神经元上的方差来初始化参数并未考虑使用 ReLUs 这样的激活函数，对于它来讲乘以 $\sqrt{2.0/n}$ 能够达到更加小的收敛结果。如图 4.19 所示，其中的实线就是采用乘以 $\sqrt{2.0/n}$ 的方式，虚线表示的是采用乘以 $\sqrt{1.0/n}$ 的方式。

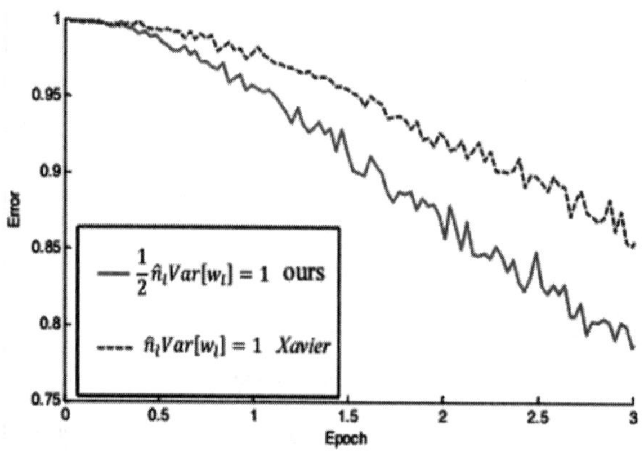

图 4.19 不同初始化比较

4.9.3 训练当中的技巧

1. 滤波器与池化尺寸

训练所需准备图像的像素尺寸最好是 2^n，如 32（这是 CIFAIR- 10 数据集的图像宽度）、64、224（众所周知的 ImageNet 数据集的大小）、384、512 等。此外，使用小卷积核（如 3×3）和步长（如 1）也很重要，并使用周围一圈补 0（Zero-Padding）方法确保得到的特征图（Feature Map）的大小不会减少，这种操作不仅会减少参数的个数，也会提高整个深度神经网络的准确率。同时，上面提到的 3×3 卷积核与长度为 1 的步长，可以保持特征图的空间大小。对于池化层（Pooling Layer），常用的池化尺寸为 2×2。

在实际使用中，很多人推荐使用 Mini-batch 的大小来对梯度进行划分，因为学习率（LR）不是总能被改变的，但可以改变 Mini-batch 的大小。为了获取更合适的学习率，使用交叉验证集是一个有效的方法，一般来说 0.1 是学习率的常用值。如果在验证集上看不到性能的提升（注：如损失函数值下降或者准确率上升），那就可以对当前的学习率除以 2（或 5），看看效果并循环这一过程，或许能够收到不错的效果。

2. 参数微调

参数微调（Fine-tune）是深度学习当中非常有效的方法，即在预先训练好的模型（Pre-trained Model）上做参数微调。如今有很多已训练好且表现领先的深度神经网络模型被众多知名研究小组（如 VGG Group 等）开放。这些训练好的模型通常都是在大量的数据上经过大量的时间调用参数训练好的，多亏这些泛化能力极佳的预训练好的深度模型，才能拿来直接应用到自己的应用里。通过对预训练好的模型基于自己的数据进行参数微调，可进一步提高分类表现，这是一种简单且有效的微调方法。

Tips：参数微调在不同的情形下策略不同，例如，Caltech-101数据集与 Image Net 数据集很相似，因为两者都是以目标物体为中心的图像数据集；但 Place Database 与 ImageNet 数据集不同，因为前者是以场景为中心的，而后者是以目标物体为图像中心的。

对于参数微调来说，最重要的两个因素就是新数据规模的大小以及与当初用来预训练深度模型时所用数据的相似程度。不同的情况，所采用的参数微调的策略也不同。

- 一个好的情景是新数据与当初预训练模型的数据非常相似，这种情况下，若数据比较少就只能训练一个线性分类器作为预训练模型的顶层特征抽取部分。
- 但当数据很多时，就可以使用一个较小的学习率，对预训练模型的多个顶层进行微调。
- 如果数据与当初训练模型的数据相差大，但数据量多。那么网络的大多数层的参数都应该基于新的数据做微调，同时用一个较小的学习率以提升性能。
- 如果数据与当初训练模型的数据相差大，且数据量少，那就会比较棘手。受数据量的限制，还不如单独训练一个线性模型。因为数据与原本训练深层模型的数据不同，如若从顶层开始用自己差异大的数据（预训练模型得到的参数体现的是原始数据的特征）来训练，不见得会有多好，反倒不如训练一个支持向量机的模型替换深层模型中的某些层。

4.9.4 正则化

引入正则化是为了有效地防止过拟合。这里介绍几种用来预防神经网络过拟合的正则化方法。

1. L2 正则化

L2 可能算是最常见的正则化形式，它的实现是通过直接惩罚目标函数中所有参数的平方，这个参数就是网络中的每个权重 w ，这个正则化

项为 $\frac{1}{2}\lambda w^2$，将其加入目标函数中，λ（lambda）是正则的力度。

通常数字 $\frac{1}{2}$ 都会在正则化项前作为系数，因为在之后计算 w 的微分得到的结果就是 λw 而不是 $2\lambda w$。L2 正则化的直观解释是对权重向量的加强惩罚（Heavily Penalizing Peaky Weight Vectors）和对权重向量的发散（Diffuse Weight Vectors）。

2. L1 正则化

L1 正则化是另一种相当常见的正则化形式，做法是将权重向量中的每个权重参数累加后（即 $\lambda|w|$）加入目标函数中。此外，还可以基于 L1 和 L2 的组合构成正则化项：$\lambda_1|w|+\lambda_2 w^2$（这也被称为弹性的网络正则）。L1 正则化有一个有趣的特性，在取最值的优化过程中它可以让权重向量变得稀疏（即让其中一些元素变得接近 0）。换句话说，带有 L1 正则化的神经元最终会将输入数据中重要输入元素保留，其余会变成或接近 0，即使对加过噪声的同一输入数据，也会保证不变性。二者相比，权重向量经 L2 正则化通常最终会变得发散，值变小。在实际中，若不关心具体的特征选择，那么使用 L2 正则化方法得到的结果会优于基于 L1 正则化的方法。

3. 最大模限制

最大模限制（Max Norm Constraints）是另一种形式的正则化，其做法是让每个神经元的权重向量有一个绝对上限（Upper Bound）的约束，使用投影梯度下降（Projected Gradient Descent）来执行这个约束。实际的做法是：参数更新的过程不变，强制权重向量中每个神经元 $w\rightarrow$ 的约束是让其满足 $\|w\rightarrow\|2<c$。c 的值通常为 3 或 4。用过这种正则方法的人表示该方法对性能有所提升，即使学习率很大，网络也不会出现参数爆炸（Explode），因为更新过程中都受到了限制。

4. Dropout

Dropout（丢弃法）已经在前面介绍过，是一个超级有效、简单的方法。在训练中，Dropout 可理解为对整个神经网络进行抽样（抽样网络），并基于输入数据仅仅更新抽样网络的参数（因为这些抽样得到的网络是共享参数的，所以这些网络的权重参数并非是独立的）。

但在测试过程中，不使用 Dropout 在训练时的策略（即随机神经元“失活”），而是使用基于所有的子网络，即指数规模的子神经网络的集成（有关“模型集成”可参考后面小节的内容）预测出的平均值来做输出。实际中，通常 Dropout 的概率 p 被设为一个合理的默认值，即 p=0.5，但在验证数据集上是可以被调整的。

表 4.2 为不同正则化方法在 Minist 数据集上性能的比较。

表 4.2　不同正则化方法在 Minist 数据集上性能的比较

Method（方法）	Test Classification error %（测试分类错误 /%）
L2	1.62
L2+L1 applied towards the end of training	1.60
L2+KL-sparsity	1.55
Max-norm	1.35
Dropout+L2	1.25
Dropout+Max-norm	1.05

4.9.5　训练结果图像分析

到目前为止，通过以上技巧的使用在深度神经网络上会得到一个满意的设置（如数据处理、架构选择等其他细节）。在训练过程中，可以绘制出网络训练过程中的性能表现图像。

1. 观察损失曲线：学习率

众所周知，学习率对模型的表现是敏感的。从图 4.20 中可以看出：学习率过大会导致损失变大。一个小学习率即使是经过很多轮训练集的学习，损失函数值的下降依然很慢；相反，稍微大点的学习率下降反而很快，但它也会很快陷入局部最优，这样看来网络并未得到一个好的结果。对于一个好的学习率，其损失曲线的表现应该是平滑的，最终达到最优（最小）

2. 放大损失曲线：学习率、Batch 大小

对学习率的图进行放大，会看到很多锯齿一样的线段，可进一步观

察损失函数的变化情况。每轮（Epoch）训练是基于一个完整的训练数据集进行的，它将一个完整的训练数据集划分为若干个 Mini-batch。如果在每轮完整的训练集绘制出损失函数值，绘制出的结果如图 4.20 所示（由于是被放大后的图，所以比较毛糙）。若损失曲线接近水平线，说明学习率比较小；若损失函数值下降并不是很多，说明学习率或许有点大。

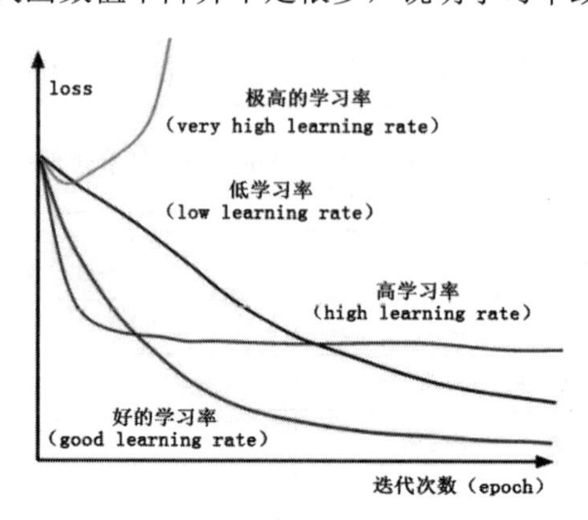

图 4.20 学习率对于性能的影响

此外，曲线中（两次更新间）每小段线段的垂直高度与本次做更新时的批（Batch）中有多少个样本有关，看起来越长的，表明两个批（Batch）间样本的方差很大（两次计算损失间的批内训练样本的方差很大），说明可以通过再加大批的样本数量（Batch Size）来减少两次样本集间的方差。

3. 准确率曲线

关于准确率曲线（见图 4.21），虚线是训练集的准确率，实线是交叉验证集的准确率，当交叉验证集的准确率曲线收敛时，虚线与实线间的差距将会反应深度神经网络的效能。

如果差距很大，则表明在训练数据上模型表现很好，然而在验证集网络的准确率很低。造成这种情况的原因是深度模型在训练集数据上过拟合了，因此需要使用一些正则化方法来限制深度神经网络模型的拟合能力。

但若没有差距，同时准确率在训练集和交叉验证集准确率曲线上都很低，那就表明深度模型的学习能力（即拟合能力）还不行，这时就需要增加模型的容量（如增大模型复杂度，去掉一些正则化方法等）以得到更好的准确率。

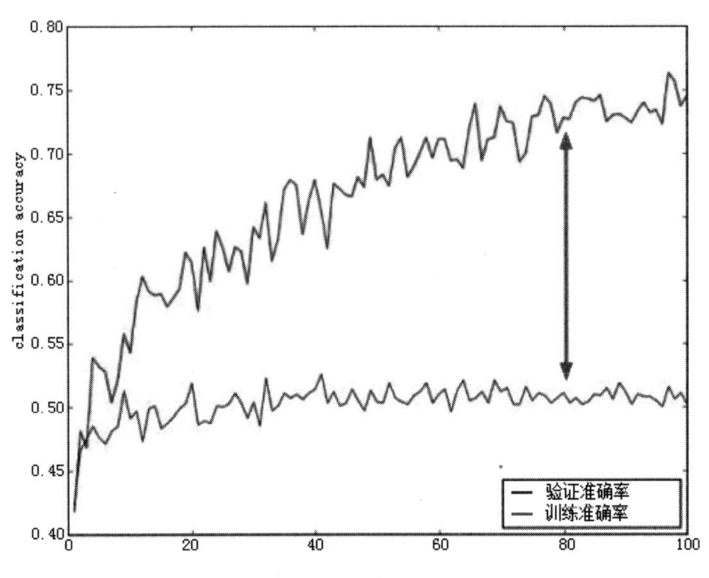

图 4.21 准确率曲线（横坐标是迭代次数）

4.9.6 模型集成

在机器学习中，集成方法（Ensemble Methods）是指训练多个学习器并将它们组合使用，最终得到一个强有力的分类器的方法。众所周知，集成（Ensemble）方法通常比单一的学习器预测或者分类更精确，集成方法本身也在许多实际任务中取得了大量的成功。在实际应用中，如数据竞赛，取得第一或第二名的获胜者用的通常都是集成方法。

在此介绍几种针对深度学习场景的集成方法的技巧。

1. 集成不同初始化的模型

使用交叉验证集来确定最佳的超参数，再在基于最佳超参数的情况下，使用不同的随机初始化方法初始化权重来训练多个模型。该方法的风险在于权重初始化方法的不同产生的差异。

2. 集成 topN 表现的模型

使用交叉验证集确定了最佳的超参数后，再选取表现最佳的前 topN

个模型进行集成。这可以提升集成模型的多样性，但风险就是这几个模型都是局部最优模型。在实践中，这种做法可以达到不错的性能，因为不需要（在交叉验证后）对模型进行额外的重新训练。实际上，可以直接在 Caffe Model Zoo 中选择表现性能在 topN 的几个深度模型进行集成。

3. 集成相同但不同阶段的模型

当训练一个模型的代价很大时（如时间很长），可以训练一个单一的网络模型但在不同的阶段记录网络权重参数，例如每个 epoch 后记录一次参数（相当于得到一个模型），用这些得到的模型参数实现模型集成。显而易见，这种方法缺乏网络的多样性（因为是基于一个网络），但在实际中的表现还算不错，优点在于相比训练多个不同的网络模型做集成，该方法更易于实现。

本章总结

第 3 章从网络的结构上介绍了深度学习，从数学的推导上学习了如何对网络进行更新。在第 3 章的基础上，本章对如何高效地使用深度学习做出了详细的介绍。其实在使用深度学习的过程中，知道这样的技巧能够达到事半功倍的效果，要感谢在这方面做出贡献的作者，他们对于在深度学习方面的挖掘以及对其背后原理关系的探索促进了深度学习的进步。其中每一个功能模块都具有很重要的现实意义。激活函数的选择对于网络收敛的速度以及梯度弥散问题至关重要，于是出现了继 Sigmoid 函数之后的一系列激活函数，包括 ReLU 族类以及 Maxout 激活函数。

过拟合问题一直是机器学习模型当中非常棘手的问题。在深度学习中也不例外。Pooling 层的使用使得网络的特征图得到了压缩，使网络下一层的输入变小，从而降低了网络的复杂度。Dropout 操作是解决过拟合最直接的方法，网络过于复杂那就以一定的概率保持网络中的神经元处于抑制状态，本质上是一种集成学习的算法。数据的预处理对于网络的性能至关重要，那网络层之间的数据处理是否也是必要的？答案是肯定的。为了使网络之间的数据不因为神经元参数的更新而破坏数据本来的分布，网络层之间引入了批量规范化（Batch Normalize）层。这一层通过对数据的重构，去除了数据之间的关联性，也让数据在 0 均值周围保持原来的分布。

具体使用过程的技巧也在本章最后部分进行了介绍，希望读者在平时的实践中能够融会贯通。

参考文献

[1] Dropout：A Simple Way to Prevent Neural Networks from Overfitting.

[2] Improving Neural Networks by Preventing Co-adaptation of Feature Detectors.

[3] Batch Normalization：Accelerating Deep Network Training by Reducing Internal Covariate Shift.

[4] Must Know Tips/Tricks in Deep Neural Networks.

[5] B.XU,N.Wang,T,chen,and M.Li.Empircal Evaluation of Rectified Activations in Convolution Network.ICML 2015.

第5章　卷积神经网络（CNN）

卷积神经网络是人工神经网络的一种，已成为当前语音分析和图像识别领域的研究热点。它的权值共享网络结构使之更类似于生物神经网络，降低了网络模型的复杂度，减少了权值的数量。该优点在网络的输入是多维图像时表现得更为明显，使图像可以直接作为网络的输入，避免了传统识别算法中复杂特征提取和数据重建过程。卷积神经网络是为识别二维形状而特殊设计的一个多层感知器，这种网络结构对平移、比例缩放、倾斜或者其他形式的变形具有高度不变性。

卷积神经网络受到早期的延时神经网络（TDNN）的影响。延时神经网络通过在时间维度上共享权值降低学习复杂度，适用于语音和时间序列信号的处理。

卷积神经网络是第一个真正成功训练多层网络结构的学习算法。它利用空间关系减少需要学习的参数数目以提高一般前向算法的训练性能。作为一个深度学习架构，卷积神经网络的提出是为了最小化数据的预处理要求。在卷积神经网络中，图像的一小部分（局部感受区域）作为层级结构的最低层输入，信息再依次传输到不同的层，每层通过一个数字滤波器获得观测数据最显著的特征。这个方法能够获取对平移、缩放和旋转不变的观测数据的显著特征，因为图像的局部感受区域允许神经元或者处理单元可以访问到最基础的特征，例如定向边缘或者角点。下面将详细介绍卷积神经网络。

5.1　卷积神经网络基础

5.1.1　卷积神经网络的历史

1962 年 Hubel 和 Wiesel 通过对猫的视觉皮层细胞的研究，提出了感受野（Receptive Field）的概念，1984 年日本学者 Fukushima 基于感受野的概念提出神经认知机（Neocognitron），可以看作是卷积神经网络的第一个实现网络，也是感受野概念在人工神经网络领域的首次应用。神经认知机将一个视觉模式分解成许多子模式（特征），然后进入分层递阶式相连的特征平面进行处理，它试图将视觉系统模型化，使其能够在即使物体有位移或轻微变形的时候，也能完成识别。

通常神经认知机包含两类神经元：承担特征抽取的 S-元和抗变形的 C-元。S-元中涉及两个重要参数，即感受野与阈值参数，前者确定输入连接的数目，后者控制对特征子模式的反应程度。许多学者一直致力于提高神经认知机性能的研究：在传统的神经认知机中，每个 S-元感光区中由 C-元带来的视觉模糊量呈正态分布。如果感光区的边缘所产生的模糊效果比中央大，S-元将会接受这种非正态模糊所导致的更大的变形容忍性。我们希望得到的是，训练模式与变形刺激模式在感受野的边缘与其中心所产生的效果之间的差异变得越来越大。为了有效地形成这种非正态模糊，Fukushima 提出了带双 C-元层的改进型神经认知机。

Van Ooyen 和 Niehuis 为提高神经认知机的区别能力引入了一个新的参数。事实上，该参数作为一种抑制信号，抑制了神经元对重复激励特征的激励。多数神经网络在权值中记忆训练信息。根据 Hebb 学习规则，某种特征训练的次数越多，在以后的识别过程中就越容易被检测。也有学者将进化计算理论与神经认知机结合，通过减弱对重复性激励特征的训练学习，而使得网络注意那些不同的特征以助于提高区分能力。上述都是神经认知机的发展过程，而卷积神经网络可看作是神经认知机的推广形式，神经认知机是卷积神经网络的一种特例。

5.1.2 卷积神经网络的核心

神经网络对于图像特征的提取是非常有效的，对于深度学习的隐含层实际上可以理解为特征抽取层。假设要对一张图片的每一个像素点进行特征的提取，图 5.1 所示的是一幅很经典的示意图。对于一个大小为 1000×1000 的输入图像而言，假设要计算每一个像素点的特征值，那么下一个隐含层的神经元数目为 10^6 个。要精确地求解出每一个位置的特征，需要考虑该像素点和所有的像素点的关系，因此采用全连接的方式，则有 $1000\times1000\times10^6 = 10^{12}$ 个权值参数，这只是一层网络的参数，如此数目巨大的参数几乎是难以训练的。

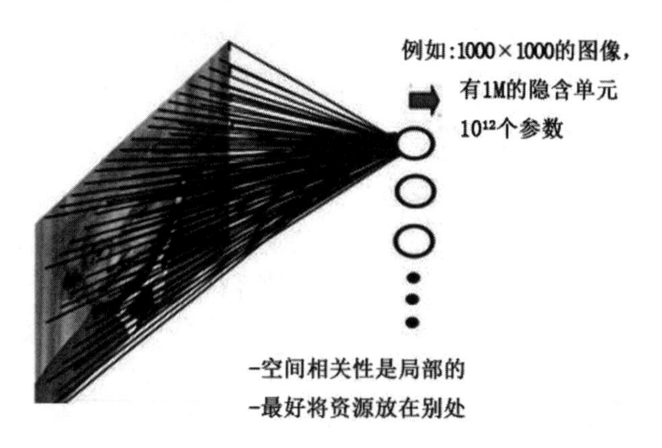

图 5.1　没有局部感知的网络示意图

再来考虑这个问题，对于每一个位置的特征的求解并不是一定要和所有的像素点发生关系，其实只要是它周围区域的像素点即可。因此，这样的思路就构成了如图 5.2 所示的局部连接。仍然是对上面 1000×1000 大小的输入图片进行特征的提取，若采用局部连接，隐含层的每个神经元仅与图像中 10×10 的局部图像区域相连接（这个 10×10 的区域对应的权值参数就是卷积核了），那么此时的权值参数数量为 $10\times10\times10^6 = 10^8$，将直接减少 4 个数量级，这样使得网络的训练成为可能。

尽管减少了几个数量级，但是每一层的参数还是达到了 100M 个的大小，参数数量依然较多。能不能再进一步减少呢？能！方法就是权值共享。权值共享也就是让每一个隐含层单元对应的权值变成一样的。

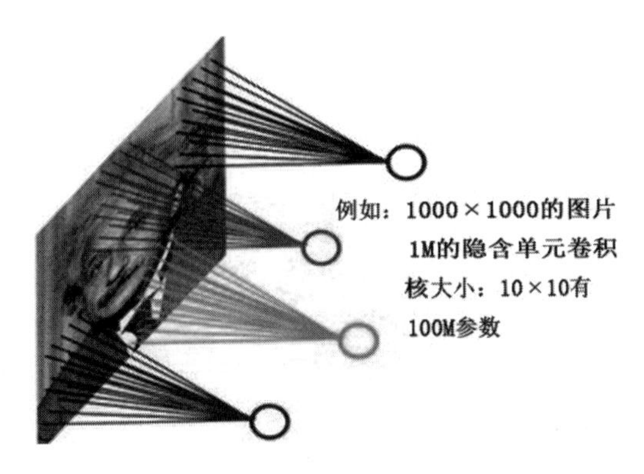

图 5.2 局部感知网络结构示意图

具体的做法是：在局部连接中隐含层的每一个神经元连接的是一个 10×10 的局部图像，因此有 10×10 个权值参数，然后让其余的神经元参数共享这 100 个参数，也就是说隐含层中 10^6 个神经元的权值参数相同，那么此时不管隐含层神经元的数目是多少，需要训练的参数就是这 100 个权值参数。这样的操作带来的影响是惊人的，需要训练的参数由原来的 100M 个变成了 100 个。如果有 100 个不同的卷积核待训练的权重也仅仅只有 10k，即使是普通的 CPU 也能够简单地完成这样的计算。

这个卷积核很容易让我们想到高斯滤波。显然，通过这样一个卷积核来处理 1000×1000 的图像可以得到一张与卷积滤波后同样大小的图像。那么图像中越是接近高斯卷积核的部分就被提出来了，越是相悖于高斯卷积核的部分就被去掉了，如图 5.3 所示。因此，权值共享的方式是通过一种特定的特征核对整幅图像求出同样的特征。那么，通过一种特征并不能很好地描绘出输入图像。因此，引入多个卷积核，为的是提取图像的多种特征。如图 5.4 所示，左边的是不进行权值共享的方式，右边的是进行权值共享的方式，但是提取了多种的特征。其中相同的颜色代表同享一份权值，不同的颜色代表不同的特征。

以上已经简要地介绍了卷积神经网络最核心的部分。接下来将更加系统地介绍卷积神经网络，包括卷积核的理解、卷积操作等。此外，也会详细介绍基于卷积神经网络的经典结构以及在卷积神经网络上非常精彩的设计。接下来的内容安排如下。

- 卷积神经网络结构基础。

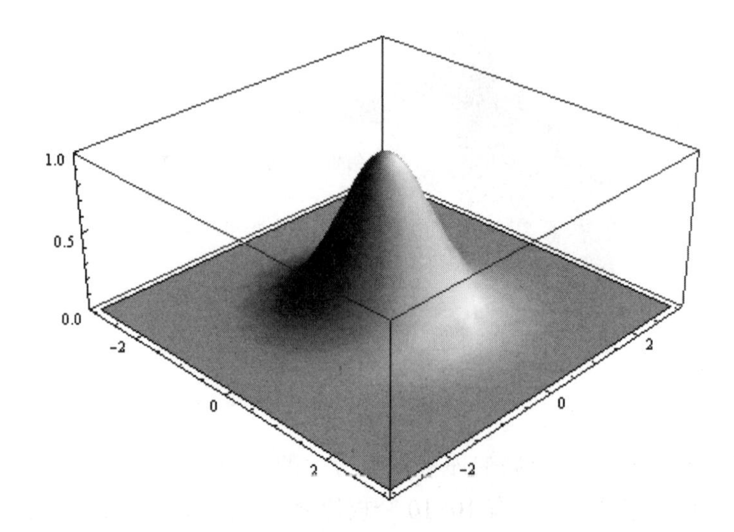

图 5.3 高斯卷积核

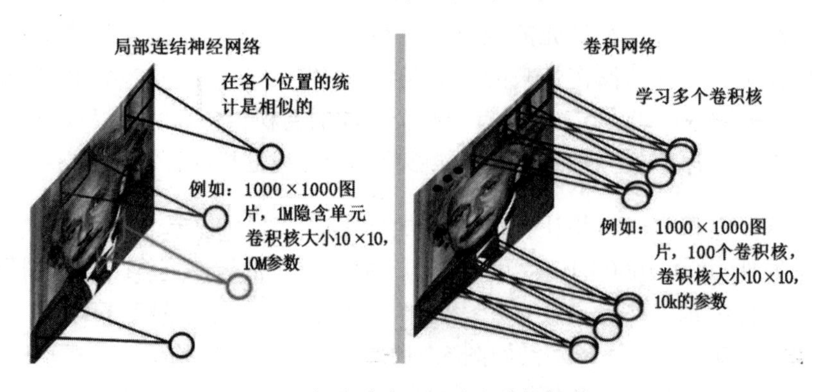

图 5.4 权值共享以及多卷积核机制

- 卷积神经网络的经典结构，如 LeNet、VGG 等。
- 基于卷积神经网络的经典设计——RCNN。
- 对抗网络设计及其拓展。

5.2 卷积神经网络结构

卷积神经网络实际上已经存在很久了，只是当时计算机的计算能力等因素制约了其发展。但它们目前已经成为计算机视觉领域中最具影响力的创新。深度神经网络在 2012 年崭露头角，Alex Krizhevsky 凭借他设计的 Alex 深度学习框架赢得了那一年的 ImageNet 挑战赛的冠军，他把分类误差记录从 26% 降到了 15%，在当时震惊了世界。自那之后，大量公司开始将深度学习用作服务的核心。深度学习一时成为最热门的研究领域之一。

5.2.1　深度卷积神经网络

图 5.5 所示的是一个看似非常简单的分类问题，但是传统的机器学习算法大多是一种线性的分类器，得到的分类超平面很难在这样的非线性问题中取得较好的效果。支持向量机算法（SVM）中有一种解决这一类问题的算法，那就是通过隐性核函数将该数据投影到一个高维线性空间中，然后在高维空间中得到一个线性求解的问题。这种思路能够很好地理解深度学习。很多人将深度学习看作是一种表观学习（Representation Learning），也就是学习到一种输入数据的特征表示，然后通过简单的分类器对其进行分类。

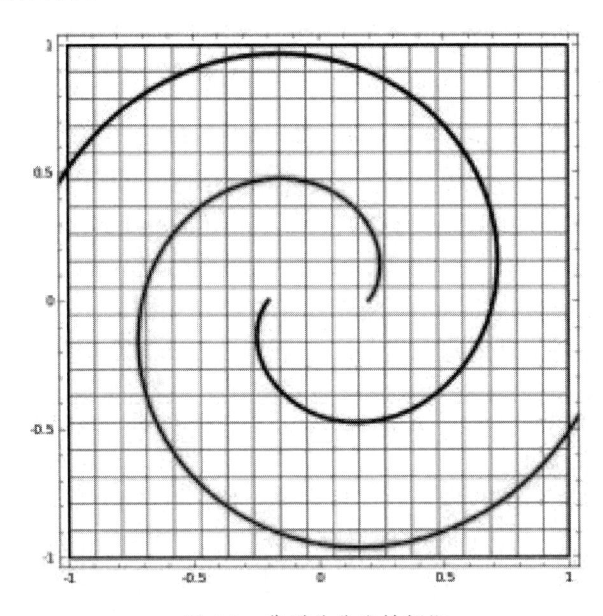

图 5.5　典型的非线性问题

卷积神经网络接收上一个网络层的输出作为输入，然后进行神经元的计算。如图 5.6 所示，这里存在两个隐含层，来看其中的第二个隐含层

中的 $N4$ 单元。这个神经元的输出结果为：感知上一层的输出 $N1$、$N2$ 和 $N3$，然后和卷积核的权重（以及偏置）相乘，经过激活函数 f 得到输出结果。那么这里就存在 3 个不同的卷积核，即 3 套不同的权重参数，用于提取 3 种不同的特征。其实在 CNN 中也是这样操作的，不同的是每一个卷积核每一次只是感知卷积核中的一个部分。基于图像识别处理的任务，下面继续讲解 CNN 的具体实现。

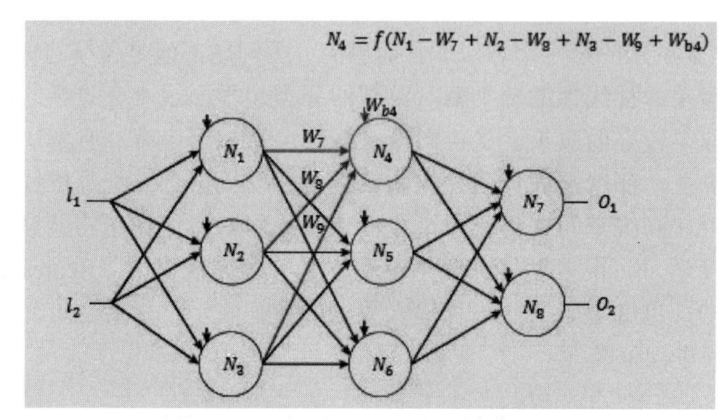

图 5.6　神经元计算方式

图 5.7 展示的是一个典型的卷积神经网络结构。该结构被应用于目标识别，假设输入的图像是一张 5×5 的彩色图像。从图像可以看到这个网络包含一个输入层、两个卷积层（Convolution Layer）、一个池化层（Pooling Layer）、两个全连接层（Fully Connected Layer），以及一个输出层。那么在各个功能网络层当中都还包括激活函数。一个卷积神经网络结构的设计就是要确定网络当中的各个组成以及各个层的具体参数。至于什么样的网络才是有效的，一般都需要进行大量的实验。

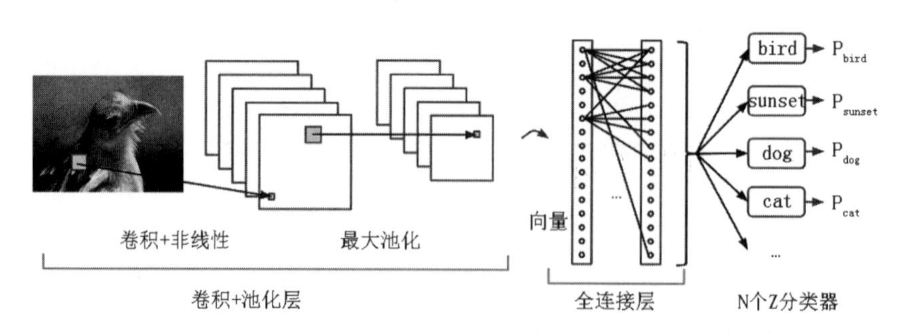

图 5.7　卷积神经网络处理目标识别任务

如上所述，输入内容为一个 5×5×3 的像素值数组。为了形象地理解 CNN，可以想象在一个黑暗的环境当中，有一束手电筒的光正从图像的左上角照过。假设手电筒光可以覆盖 3×3（这里的单位都是像素）的区域，那么，手电筒的光从左到右、从上到下慢慢地照过去就可以感受到整个图像。在机器学习中，这束手电筒的光被叫作卷积核（Filter 或 Kernel），被照过的区域被称为感受野（Receptive Field）。那么这里的卷积核的大小就是 3×3，感受视野也是 3×3，也就是说每一次输入的数据就是 3×3 大小的数组。手电筒的光慢慢移动到底，每次移动多少呢？这就需要一个移动步长，这里假设是 1。

卷积核同样也是一个数组，其中的数字被称作权重或参数。此外，卷积核的深度必须与输入内容的深度相同，这里输入图像的深度也就是通道数，为 3，因此卷积核大小为 (3×3)×3。现在，以卷积核所处在的某一个位置为例，即图像的左上角，当筛选值在图像上滑动（卷积运算）时，卷积核中的值会与图像中的原始像素值相乘（又称为计算点积）。这些乘积被加在一起（从数学上来说，一共有 27 个乘积）。现在得到了一个数字。为了便于观察，现展示深度为 1 的情况。如图 5.8 所示，可以知道，此时这个“手电筒”已经向右移动了 3 个步长，向下移动了 2 个步长。因此，卷积操作得到的结果为图像当中第二行第三个元素的结果。此时卷积核的参数为：[−1,0,1,−1,0,1,−1,0,1]，感受野接收到的数据为：[1,0,2,5,4,2,3,4,5]。因此，卷积的操作为：(−1)×1+0×0+1×2+(−1)×5+0×4+1×2+(−1)×3+ 0×4+1×5=0，得到该位置卷积的结果为 0（当然还需要经过激活单元）。于是，继续右移一个步长，计算下一个卷积位置的结果。

需要说明的一点是，这里进行了边缘的填充操作（如边缘部分补 0），这样才能够保证输出的特征图大小和输入的特征图保持一致。卷积核滑过所有位置后将得到一个 5×5×1 的数组，称为激活映射（Activation Map）或特征映射（Feature Map）的数组。

卷积层，采用各种卷积核对输入图片进行卷积处理，基本卷积过程如图 5.8 所示。需要说明的是，卷积核的权重参数正是要求解的部分。但是在某一个具体的迭代当中，其值是固定的。卷积操作具有平移不变性。因而，能够支持神经元学习到鲁棒性比较高的特征。卷积层操作结束后通常都会使用一个池化层（Pooling Layer），池化操作通常也具有这样的性质。池化层的操作，是一种降采样操作，对于特征图较大、维度较高的情况能简单有效地减少计算的复杂度。该操作是在一个小区域内，采取一个特定的值作为输出值。如图 5.9 所示，在每个特定的小区域内，选取最大值作为输出值。池化层的操作可以达到一定的空间不变性效果。但是需要说明的是，这种是没有重叠的 Pooling 操作，在具体的实现中可能存在有重叠的 Pooling 操作，因此，可以认为这是一般性 Pooling 操作中设置步长为池化窗口大小的操作。

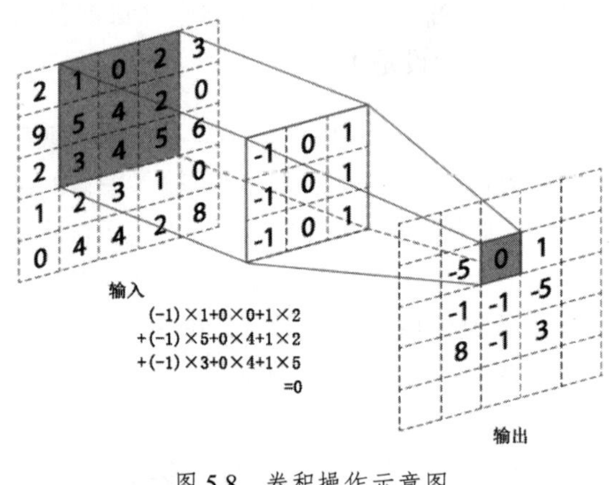

图 5.8　卷积操作示意图

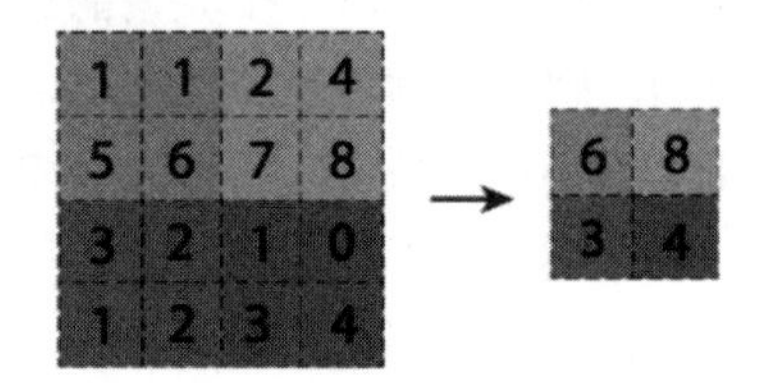

图 5.9　最大池化层

卷积神经网络中的激励函数，根据一系列的输入值和神经元之间连接的权值以及激励规则，刺激神经元。卷积神经网络中的损失函数，在训练阶段，用于评估网络输出结果与实际值的差异。然后用损失函数的值更新每个神经元之间的权重值。卷积神经网络训练目的就是最小化损失函数值。

5.2.2　深度卷积神经网络可视化

深度卷积神经网络在特征识别的相关任务中取得了令人瞩目的效果，

并且远比传统方法好。因此，CNN 广泛应用于图像识别、自然语言处理等领域。但是，因为 CNN 结构庞大，一般都会包含几层到十几层，甚至是几十层的网络神经层，而每一层又有成百上千个神经元，同时，CNN 任意两层之间神经元的相互影响错综复杂。这些主要因素导致 CNN 难以理解、分析。为此，用户很难从失败或成功的例子中学习到如何设计一个好的卷积神经网络。因此，设计一个效果好的神经网络，往往需要依靠大量的尝试。

清华大学科研人员提出了一个可视分析系统——CNNVis，支持机器学习专家更好地理解、分析、设计深度卷积神经网络。

可视分析系统 CNNVis 的设计流程图如图 5.10 所示，主要包含四个部分。

（1）DAG 转换：主要是将卷积神经网络转换为有向非循环网络（Directed Acyclic Graph）。

（2）神经元群簇可视化：目的在于，给用户一个直观的可视化形式分析神经元群簇在整个网络中的作用。

（3）基于双边聚类的边捆绑技术：目的是减少视图的混乱。

（4）交互：系统还支持一系列的交互，如支持用户修改聚类结果等，以便于用户更好地分析探索整个卷积神经网络。

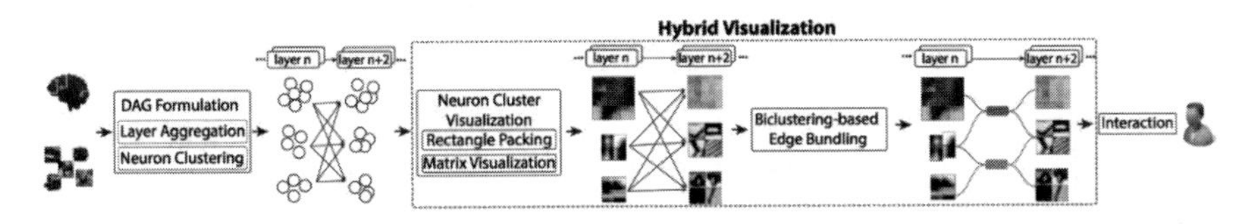

图 5.10　CNNVis 的设计流程图

在 DAG 转换环节，由于一个卷积神经网络往往会有很多层，每一层会有很多神经元。为了提供总览图，方便用户建立对整个卷积神经网络的认识，首先对层进行了聚类，然后在每个层聚类中，对内部的神经元进行了聚类（见图 5.11）。

在神经元群簇可视化部分，采用矩阵填充技术，将群簇内神经元的输出图像填充成一个矩阵来表示该群簇特征。同时，为了方便用户分析每个神经元在不同类别上的性能，采用矩阵形式来表示此类信息。一个群簇用一个矩阵表示。在矩阵中，每一行表示一个神经元，每一列表示一个类别，颜色的深浅表示该神经元在该类别上的判别能力（见图 5.12）。为了更好地表现出该群簇的特点，对矩阵中的行进行了重排序，最大化邻近的两个行的相似性之和。

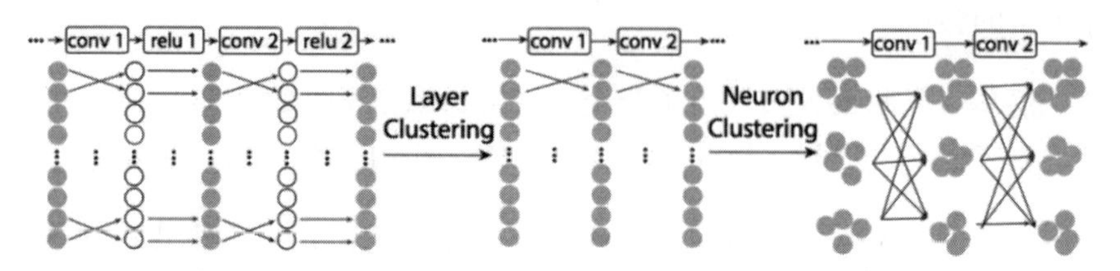

图 5.11　DAG 转换及聚类过程

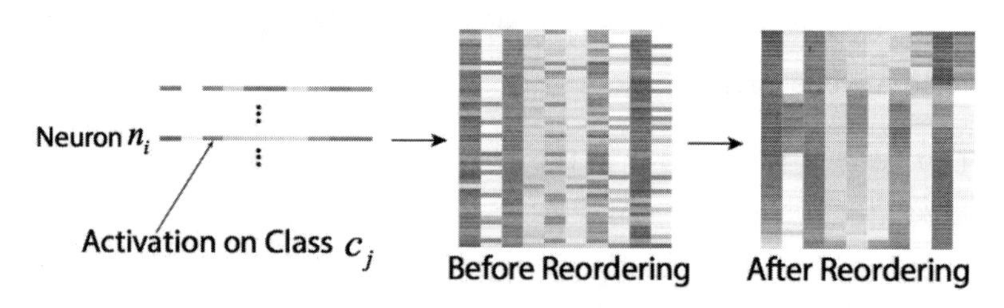

图 5.12　CNNVis 中的矩阵表现形式

接着，为了减少视图的混乱、线的交叉，提出了基于双边聚类的边捆绑技术。此处的双边分别指两层之间输入的边和输出的边。如图 5.13 所示，双边聚类之后，对每个聚类结果分别进行边捆绑操作。

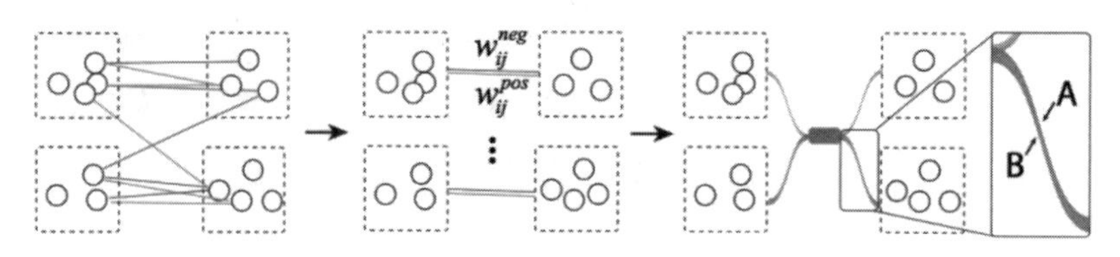

图 5.13　基于双边聚类的边捆绑技术示意图

接下来，将通过一个样例，展示 CNNVis 的实用性。在这个例子中，采用包含 4 个卷积层和 2 个全连接层的基本 CNN 网络，该网络主要用于图像识别。在 CNNVis 中，可以发现在比较低的层，神经元倾向于学习一些简单的模式，见图 5.14 中的 A，如边缘、颜色、条带灯；在比较高的层，神经元能够检测到一些抽象的特征，见图 5.14 中的 C，如整辆轿车等。

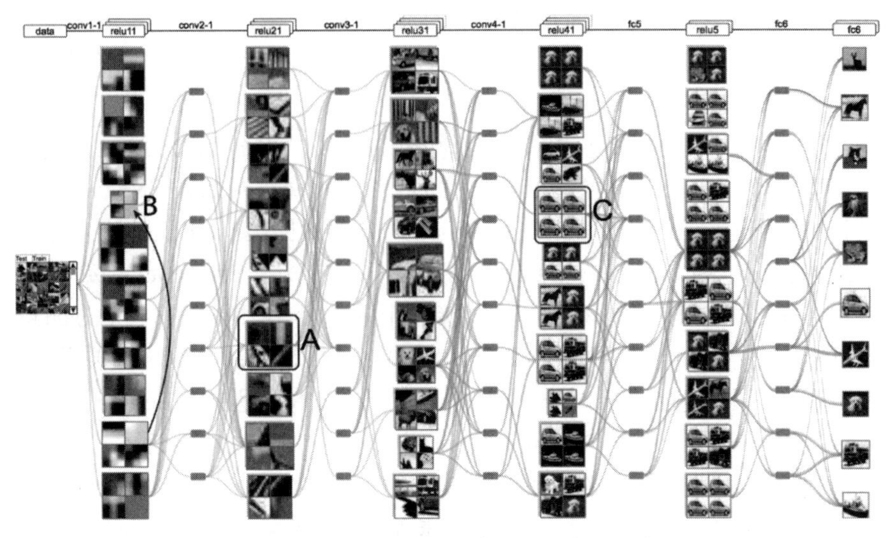

图 5.14　用 CNNVis 分析 CNN 神经网络

总的来说，清华大学视觉分析团队的这项研究提出了一个可视分析系统来支持更好地理解、分析、设计深度卷积神经网络的系统。很多机器学习算法都有与卷积神经网络相似的特点，如难以理解、分析、参数设置麻烦等。结合适合的可视分析技巧，可以有效地将这些黑盒子透明化，方便相关的研究者更好的理解、分析、设计这些机器学习算法。CNNVis 工具具体的网址为：http://shixialiu.com/publications/cnnvis/demo/，各位读者可以尝试使用。

5.3　经典卷积神经网络架构分析

图 5.15 所示的是微软的刘昕博士总结的 CNN 结构演化的历史，笔者觉得总结得非常精要。其实 CNN 网络的发展是离不开神经科学的，早期的很多深度神经网络的研究主要是神经认知机模型，此时已经出现了卷积结构，其中最主要的贡献者就是深度学习的大牛之一——Yann LeCun。早在 1985 年，Hinton 等人提出的反向传播算法可谓开启了神经网络新世界的大门。目前该文章的引用率已经超过 2 万。在文章发出后的几年

中，Yann LeCun 将其应用到手写邮政编码识别中，提出了以自己的名字命名的 LeNet，其中已经采用了 5×5 的卷积核以及局部感知野，但是当时并没有提出卷积核的概念。直到十年后，经典的 LeNet 诞生了。1998 年，Yann LeCun 提出了影响深远的 LeNet-5。当时，该网络主要应用于手写体识别，稍微改进便可以应用在其他领域。但是，网络的计划量巨大，加上当时并没有 ReLU 这样的结构，此后 CNN 的锋芒开始被 SVM 等手工设计的特征盖过。随着 ReLU 和 Dropout 概念的提出，GPU 以及大数据带来的历史机遇，CNN 在 2012 年迎来了历史突破——AlexNet。接下来，很快迎来了深度学习的爆发，一个接一个的深度学习网络在各个方面得到了 state-of-the-art 的水平。VGG、GoogleNet、ResNet 等都相继被提出，不断刷新行业底线。在计算机视觉领域，基于 CNN 提出了 Region CNN，其中的经典设计 RPN（Region Proposal Network）极大地促进了 CNN 在目标检测等视觉任务上的应用。而其中的 NIN（Network in Network）以及 Inception 也是 CNN 发展过程中的重要成果。CNN 的演化路径可以总结为以下几个方向。

- 从 LeNet 到 AlexNet。
- 网络结构加深。
- 加强卷积功能。
- 从分类到检测。
- 新增功能模块。

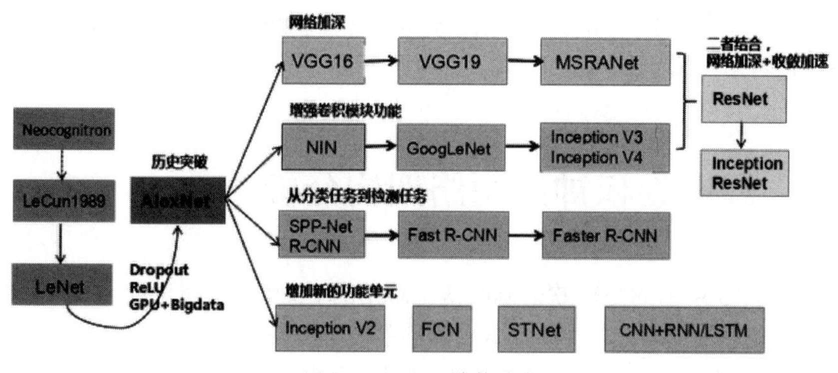

图 5.15　CNN 结构演化

接下来，将详细的介绍其中影响深远的几种网络结构。从 LeNet 开始，然后是 AlexNet、VGG、GoogleNet，最后是 ResNet。

5.3.1　一切的开始——LeNet

图 5.16 所示的是广为流传 LeNet 的网络结构，“麻雀虽小，五脏俱全”，该网络结构包括卷积层、池化层、全连接层，这些都是现代 CNN 网络的基本组件。

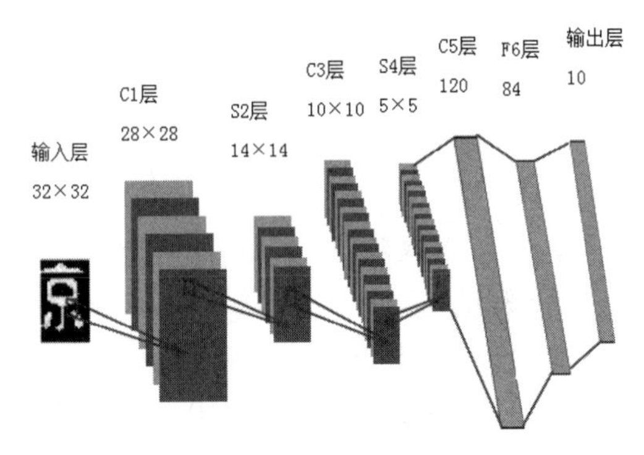

图 5.16　LeNet 网络结构

为了更好地读懂这个图，下面对其中的标识进行一定的说明。首先，输入一张图像（这里就是其中的 A）经过多层神经网络得到一个输出结果，其中的灰白方框表示的是一张特征图，于是 A 在经过第一层网络后得到的就是 6 张特征图。每一张特征图的大小就是 28×28。因此，原图中的 6@28×28 表示的就是 6 张 28×28 大小的特征图，其余的层次也是这样。由于这里使用的是 5×5 大小的卷积核，因此一个输入大小为 32×32 的特征图经过卷积后得到特征图大小就是 28×28。接下来看各个网络层，网络的整体结构如下。

- 输入层：输入尺寸为 32×32。
- 卷积层：3 个（C1，C3，C5 层）。
- 降采样层：2 个（S2、S4 层）。
- 全连接层：1 个 （F6 层）。
- 输出层：输出 10 个类别（数字 0~9 的概率）。

那么接下来具体介绍其中的每一层。

（1）输入层：输入图像尺寸为 32×32，这要比 mnist 数据库中最大的字母（28×28）还大。这样做的目的是希望潜在的明显特征，如笔画断续、角点能够出现在最高层特征监测子感受野的中心。对于卷积层来说，选取的是一个 5×5 的卷积核，也就是说需要求解的参数是 25 个，加上一个偏置共有 26 个参数。如果不采用参数共享机制，那么在第一层中需要的连接数是 26×6×(28×28)=122 304 的待求解参数。但是使用参数共享之后需要求解的参数只有 26×6=156 个参数。

（2）C1 层：C1 层是一个卷积层，有 6 个卷积核（提取 6 种局部特征），核大小为 5×5，步长为 1，能够输出 6 个特征图（Feature Map），每个特征图的大小为 32−5+1=28，也就是说输入数据的大小由 32×32=1024 个减小到了 28×28=784，要计算的网络参数个数为 156 个。

（3）C3 层：C3 卷积层中选择卷积核的大小依旧为 5×5，由于上一层得到的特征图的个数为 6，因此，这里每一个卷积核的实际大小为 5×5×6。卷积核的个数为 16 个，步长为 1，可以得到新的特征图的大小为 14−5+1=10，因此可以得到 16 张大小为 10×10 的特征图，要计算的网络参数的个数为 (5×5×6+1)×16=2416 个。

（4）C5 层：C5 层也是卷积层，采用的是 5×5 的卷积核进行卷积，卷积核的大小和输入的特征图的大小相等，因此不需要步长移动。输入的特征图的个数为 16 张，卷积后得到 120 个特征图，但是每一张特征图实际上只是一个值，因此最后得到的实际上是一个 120 维的向量。后面就可以非常方便地连接上全连接神经网络。这里需要求解的网络的参数的个数为 (5×5×16+1)×120=48120 个。

因此，可知需要求解的卷积核参数的个数为 50692 个，已经远远小于传统的多层网络，计算上已经成为可能。卷积核在二维平面上平移，并且卷积核的每个元素与被卷积图像对应位置相乘，再求和。通过卷积核的不断移动，就得到这个图像完全由卷积核在各个位置时的乘积求和的结果组成。在前面的章节已经详细介绍过。接下来看池化层。

（5）S2 层：S2 池化层实际上也是降采样层，也就是使用最大池化进行下采样。这里池化的窗口选择的是 2×2，相当于对 C1 层 28×28 的图片进行分块。2×2 表示的就是 4 个元素变为 1 个元素，也就是将原来的特征图的长和宽都变为原来的一半。这样可以得到 14×14 的特征图，特征图的个数保持不变，仍然是 6 张。S2 层中不存在待求解的参数。

（6）S4 层：S4 池化层对 C3 当中输出的 16 张 10×10 的图片进行最大池化，池化窗口的大小仍然为 2×2。因此经过 S4 层，最终得到 16 张 5×5 的特征图。同样 S4 层没有需要求解的网络参数。

S2 和 S4 池化层极大地降低了特征图的维度，因此降低了网络训练参数及模型的过拟合程度。池化的方式通常有以下两种。

- Max-Pooling：选择池化窗口中的最大值作为采样值。
- Average-Pooling：将池化窗口中的所有值相加取平均，以平均值作为采样值。

需要说明一点的是，代码当中的实现并不一定是这种没有重叠的池化方式。其实将池化窗口看作一个卷积核，同样加上一个卷积的步长，当步长和窗口的尺寸相等时就实现了没有重叠池化方式。

（7）F6 层：是全连接层，类似 MLP 中的一个层，共有 84 个神经元（为什么选这个数字？跟输出层有关），这 84 个神经元与 C5 层进行全连接，所以需要训练的参数是：(120+1)×84=10164。

（8）输出层：由欧式径向基函数（Euclidean Radial Basis Function）单元组成，每类一个单元，每个单元有 84 个输入。

如同经典神经网络，F6 层计算输入向量和权重向量之间的点积，再加上一个偏置。然后将其传递给 Sigmoid 函数产生单元 i 的一个状态。换句话说，每个输出 RBF 单元计算输入向量和参数向量之间的欧式距离。输入离参数向量越远，RBF 输出的越大。用概率术语来说，RBF 输出可以被理解为F6层配置空间的高斯分布的负对数似然估计。给定一个输出，损失函数应能使 F6 的配置与 RBF 参数向量（即模式的期望分类）足够接近。

到这里就完整地介绍了 LeNet 网络，LeNet 可以说是 CNN 的开山之作，演化出很多优秀的 CNN 网络框架，接下来将一一介绍。

5.3.2　王者回归——AlexNet

AlexNet 网络结构是 Hinton 和他的学生 Alex Krizhevsky 在 2012 年 ImageNet 挑战赛上使用的模型结构，刷新了 Image 分类的几率，从此深度学习在 Image 这块开始一次次超过当前最好结果，甚至可以打败人类。AlexNet 可以说是具有历史意义的一个网络结构，在 AlexNet 之前，深度学习已经沉寂了很久。历史的转折在 2012 年到来，AlexNet 在当年的 ImageNet 图像分类竞赛中，Top-5 错误率比上一年的冠军下降了十个百分点，而且远远超过当年的第二名。

AlexNet 之所以能够成功，深度学习之所以能够重回历史舞台，原因在于如下几方面。

- 非线性激活函数：ReLU。
- 防止过拟合的方法：Dropout，Data augmentation。
- 大数据训练：百万级 ImageNet 图像数据。
- 其他：GPU 实现，LRN 归一化层的使用。

当前目标检测主要采用机器学习的方法。为了改善性能，可以收集更多的数据，学习更强大的模型，使用更好的技术防止过拟合。目前有标记的图片数据库还比较小，简单的识别任务足够应付，尤其是还可以采用保留标签图片变换的方法人工扩增这些数据。但是，现实中的物体是复杂多样的，这就需要更大的已标记数据集。ImageNet 就是这样一个数据集，其中的图像固定大小为 256×256，先把最小边缩放为 256，然后从图像中间抠取 256×256 图片。数据集的出现极大地促进了计算机视觉的发展。同时从这个百万级的图片数据中学习数千个物体，需要一个具备强大学习能力的模型。但是，对于大量物体识别的复杂任务，ImageNet 这样的大数据集依然不够用，因此模型也需要具备一些先验知识来补偿那些不知道的数据。卷积神经网络（CNN）就是一类满足要求的模型，它可以通过改变深度和宽度调整学习能力，也会做出很强且近乎正确的假设（即先验知识，如统计稳定性、局部像素相关性）。

下面来详细介绍 AlexNet，其网络结构如图 5.17 所示。

AlexNet 总共包括 8 层，其中前 5 层是卷积层，后面 3 层是全连接层，当然其中某些卷积层仍然会有池化操作。减少任何一个卷积结果会变得很差，下面来具体讲讲每一层的构成。

- 第一层卷积层：输入图像的大小为 224×224×3，其中 3 表示 3 个通道。第一层使用的卷积核的大小为 11×11，因此每一个卷积核的大小为 11×11×3。第一层当中使用了 96 个卷积核，卷积的步长为 4，能够产生 55×55 大小的特征图。然后进行响应值的正则化，也就是考虑到周围的神经元对该值的影响，之后进行池化操作。经过第一层应该得到 96 张特征图，但是如图 5.17 所示，AlexNet 里面采用了两个 GPU，因此从图上看第一层卷积层得到的特征图有两部分。因为各个通道之间是独立的，所以这样操作完全没有问题。池化操作的窗口大小为 3×3，滑动步长为 2 个像素，得到 96 个 27×27 的特征图。因此，这里需要求解的参数的个数为：11×11×3×96=34848。

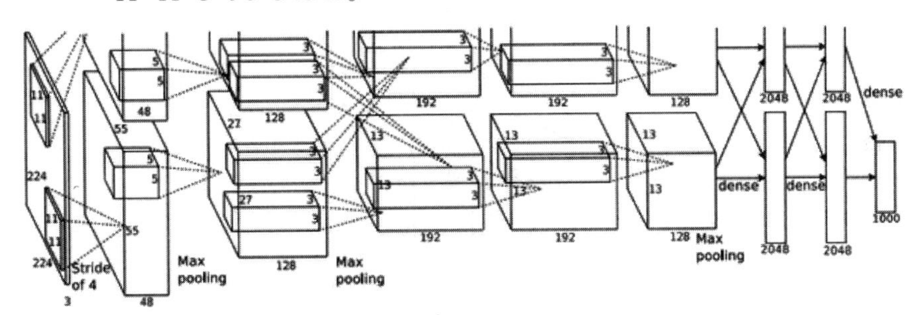

图 5.17　AlexNet 网络结构

- 第二层卷积层：对上一层输出的 (27×27)×96 的特征图，在这一层中，使用大小为 3×3 的卷积核，也就是每一个卷积核的大小为 3×3×96，使用 256 个这样的卷积核。同样，分布在两个 GPU 上，每个上面有 128 个大小为 3×3×48 的卷积核。由于进行了边界填充，且采取的步长是 1。因此，卷积结束后得到的特征图的大小保持不变，仍然为 27×27。同样做 LRN 处理，然后池化进行降采样，池化以 3×3 窗口，2 个像素为步长，得到 256 个 13×13 大小的特征图。
- 第三层、第四层和第五层卷积层：第三层使用 384 个大小为 3×3×256 的卷积核进行卷积，同样保持特征图的大小不变；第四层也使用 384 个大小为 3×3×384 的卷积核，保持特征图的大小不变；第五层使用 256 个大小为 3×3×384 的卷积核，卷积后保持特征图的大小不变。但是进行一个池化的操作，窗口大小为 3×3，步长为 2，使得池化后输出为 256 个 6×6 大小的特征图。
- 全连接层：前两层分别有 4096 个神经元，第一个作用于 256×

6×6 个数据输入上，第二个作用于这 4096 个向量上，ImageNet 输出为 1000 类，因此最后输出 Softmax 为 1000 个。

AlexNet 有一个特殊的计算层——LRN 层，是对当前层的输出结果做平滑处理。前后几层（对应位置的点）对中间这一层做平滑约束，计算公式为：

$$b_{x,y}^{i} = a_{x,y}^{i} \Bigg/ \left(k + \alpha \sum_{j=\max(0,i-n/2)}^{\min(N-1,i+n/2)} (a_{x,y}^{j})^2 \right)^{\beta}$$

图 5.18 所示的是 LRN 层示意图。

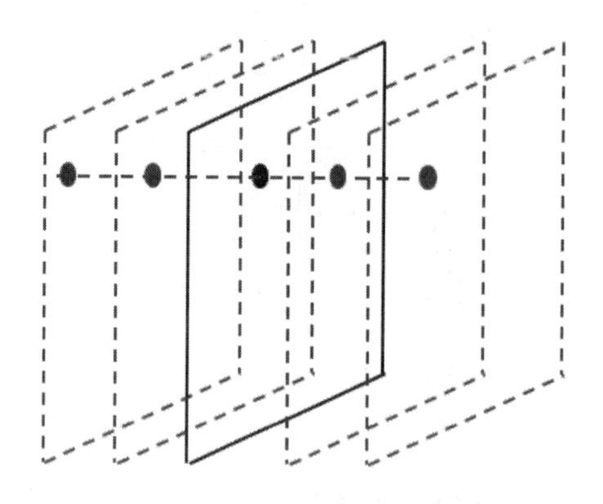

图 5.18　LRN 层示意图

在了解了 AlexNet 的网络结构之后，下面来看训练过程中的一些技巧。有一种观点认为神经网络是靠数据“喂”出来的，若增加训练数据，则能够提升算法的准确率，因为这样可以避免过拟合，就可以增大网络结构了。当训练数据有限的时候，可以通过一些变换来从已有的训练数据集中生成一些新的数据，扩大训练数据的尺寸。其中，最简单通用的图像数据变形的方式有以下几种。

- 水平翻转（flip）图像，如图 5.19（a）所示。
- 从原始图像（256,256）中，随机裁剪（crop）出一些图像（224,224），如图 5.19（b）所示。
- 给图像增加一些随机的光照及彩色变换（color jittering），如图 5.19（c）所示。

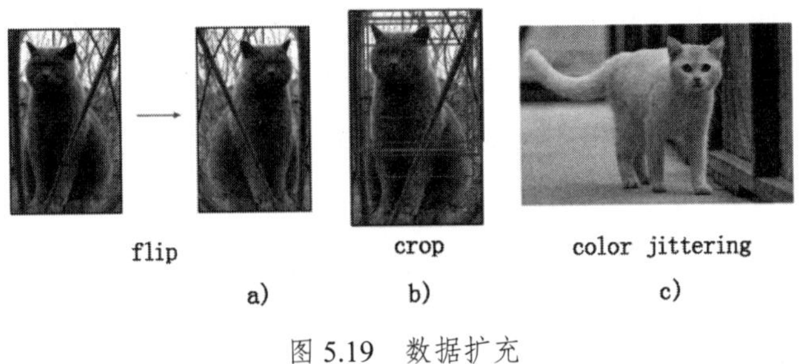

图 5.19　数据扩充

按照上面的方式对 AlexNet 进行训练，在数据扩充 Data Augmentation 上处理得很好，具体有如下。

- 随机 crop 训练时，对 256×256 的图片随机 crop 到 224×224，然后允许水平翻转，那么相当于将样本倍增到 $(256-224)^2 \times 2 = 2048$。
- 测试时候，对左上、右上、左下、右下、中间做了 5 次 crop，然后翻转，共 10 个 crop，之后对结果求平均。不做随机 crop，大网络基本都会过拟合（Overfitting）。
- 对 RGB 空间做 PCA，然后对主成分做一个 (0, 0.1) 的高斯扰动，结果让错误率又下降了 1%。

和之前网络不同的是，AlexNet 网络中引入了新的激活函数 ReLU，它是常用的非线性激活函数，能够把输入的连续值“压缩”到 0~1 之间。如果是非常大的负数，那么输出就是 0；如果是非常大的正数，输出就是 1。但是它有如下一些致命的缺点。

- Sigmoid 易造成梯度弥散。这是 Sigmoid 函数的一个非常致命的缺点，当输入非常大或者非常小的时候，会出现饱和现象，这些神经元的梯度是接近于 0 的。如果初始值很大的话，梯度在反向传播的时候因为需要乘上一个 Sigmoid 的导数，所以会使得梯度越来越小，这会导致网络变得很难学习。
- Sigmoid 的输出不是 0 均值。这是不可取的，因为这会导致后一层的神经元将得到前一层输出的非 0 均值的信号作为输入。产生的一个结果就是：如果数据进入神经元的时候是正的，那么通过 ω 计算出的梯度始终都是正的。当然了，如果是按 Batch 去训练，那么可能得到不同的信号，所以这个问题还是可以缓解一下的。

因此，非 0 均值这个问题虽然会产生一些不好的影响，不过跟上面提到的梯度弥散问题相比还是要好很多的。

实际上在网络中引入了 ReLU 激活函数，ReLU 激活函数的数学表达式为：

$$f(x)=\max(0,x)$$

很显然，从图 5.20（a）可以看出，输入信号 <0 时，输出都是 0；输入信号 >0 的情况下，输出等于输入。ω 是二维的情况下，使用 ReLU 之后的效果如图 5.20（b）所示。

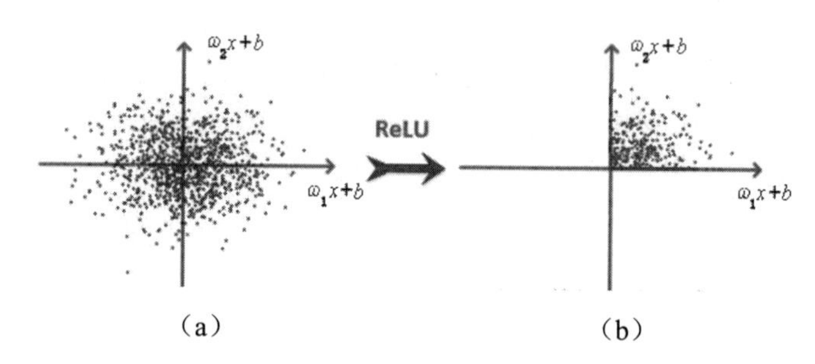

图 5.20　输入经过 ReLU 函数后的效果

Alex 用 ReLU 函数代替了 Sigmoid 函数，发现使用 ReLU 函数得到 SGD 的收敛速度会比 Sigmoid/Tanh 函数快很多。主要因为它是线性的，而且非饱和（因为 ReLU 函数的导数始终是 1），相比于 Sigmoid/Tanh 函数，ReLU 函数只需要一个阈值就可以得到激活值，而不用进行一大堆复杂的运算。

AlexNet 网络的另一个创新点就是引入了 Dropout 机制。结合预先训练好的许多不同模型，来进行预测是一种非常成功的减少测试误差的方式，即集成学习（Ensemble）的思想。但因为每个模型的训练都需要花好几天的时间，因此这种做法对于大型神经网络来说太过昂贵。然而，AlexNet 提出了一个非常有效的模型组合版本，它在训练中只需要花费“两倍”于单模型的时间。这种技术叫作 Dropout，即以 0.5 的概率将每个隐含层神经元的输出设置为 0。以这种方式丢掉（Dropped Out）的神经元既不参与前向传播，也不参与反向传播。

所以每次输入一个样本，就相当于该神经网络尝试了一个新的结构，但是所有这些结构之间共享权重。因为神经元不能依赖于其他特定神经元而存在，所以这种技术降低了神经元复杂的互适应关系。正因为如此，网络需要被迫学习更为鲁棒的特征，这些特征在结合其他神经元的一些不同随机子集时有用。在测试时，将所有神经元的输出都仅仅只乘以 0.5，对于获取指数级 Dropout 网络产生的预测分布的几何平均值，这是一个合理的近似方法。该方法不仅有效地引入了集成学习的算法思想，同时还有效地减少了过拟合的程度。

如之前所说的，其实在卷积层，各个卷积核的操作是相对独立的。因此，将网络分布在两个 GPU 上。目前的 GPU 特别适合跨 GPU 并行化，因为它们能够直接从另一个 GPU 的内存中读出和写入，不需要通过主机内存。这里采用的并行方案是：在每个 GPU 中放置一半核（或神经元）。还有一个额外的技巧是：GPU 间的通信只在某些层进行，例如第 3 层的核需要从第 2 层中所有核映射输入。然而，第 4 层的核只需要从第 3 层中位于同一 GPU 的那些核映射输入。

在这个网络当中还引入了局部响应正则化处理（Local Responce Normalization，LRN）的操作，一句话概括：本质上，这个层也是为了防止激活函数饱和的，其原理是通过正则化让激活函数的输入靠近“碗”的中间（避免饱和），从而获得比较大的导数值。所以从功能上说，LRN 跟 ReLU 是重复的。从试验结果看，LRN 操作可以提高网络的泛化能力，将错误率降低大约 1 个百分点。

因此，AlexNet 的优势在于：网络增大（5 个卷积层 +3 个全连接层 + 1 个 Softmax 层），同时引入了非常多的创新来解决过拟合的问题，如 Dropout、Data Augmentation、LRN 等，变更激活函数也使得函数梯度弥散的问题得到了有效解决，并且利用多 GPU 加速计算。

在介绍 AlexNet 的同时，不得不介绍在它基础上改进的 ZF Net 网络，ZF Net 网络结构如图 5.21 所示。2012 年 AlexNet 出尽了风头，ILSVRC 2013 就出现了一大批 CNN 模型。2013 年的冠军是纽约大学 Matthew Zeiler 和 Rob Fergus 设计的 ZF Net 网络，错误率 11.2%。ZF Net 模型更像是 AlexNet 架构的微调优化版，但还是提出了有关优化性能的一些关键想法。另外关于 ZF Net 的论文写得非常好，用作者花了大量篇幅阐释有关卷积神经网络的直观概念，展示了将滤波器和权重可视化的正确方法。

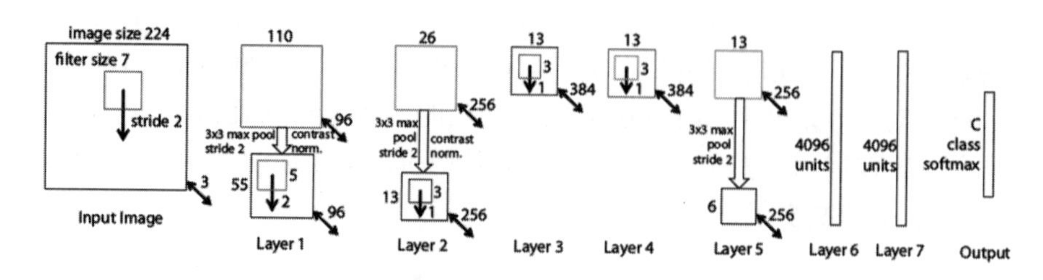

图 5.21 ZF Net 网络结构

在这篇题为“Visualizing and Understanding Convolutional Neural Networks”的论文中，Zeiler 和 Fergus 从大数据和 GPU 计算能力让人们重拾对 CNN 的兴趣讲起，讨论了研究人员对模型内在机制知之甚少，一针见血地指出“发展更好的模型实际上是不断试错的过程”。虽然我们现在要比 3 年前知道得多了一些，但论文所提出的问题至今仍然存在！这篇论文的主要贡献在于提出了一个比 AlexNet 稍微好一些的模型并给出了细节，还提供了一些制作可视化特征图值得借鉴的方法。除了一些小的修改，整体架构非常类似 AlexNet，下面来看论文中的要点。

- AlexNet 训练用了 1 500 万张图片，而 ZF Net 只用了 130 万张。
- AlexNet 在第一层中使用了大小为 11×11 的滤波器，而 ZF Net 使用的滤波器大小为 7×7，整体处理速度也有所减慢。做此修改的原因是，对于输入数据来说，第一层卷积层有助于保留大量的原始像素信息。11×11 的滤波器漏掉了大量的相关信息，特别是这是第一层卷积层。
- 随着网络增大，使用的滤波器数量增多。
- 利用 ReLU 激活函数，将交叉熵代价函数作为误差函数，使用批处理随机梯度下降进行训练。
- 使用一台 GTX 580 GPU 训练了 12 天。
- 开发可视化技术反卷积网络（Deconvolutional Network），有助于检查不同的特征激活和其对输入的空间关系。之所以称为反卷积网络，是因为它将特征映射到像素（与卷积层恰好相反）。

ZF Net 是对 AlexNet 网络的一种改进，希望对它的学习读者能加深对卷积神经网络的理解，最终能设计出自己的网络结构。

5.3.3 起飞的时候——VGG

VGG 是 2014 年十分火的一个深度学习模型，它和 GoogleNet 并称为 2014 年的 ImageNet 挑战赛的双雄。VGG 全名为 Very Deep Convolutional Networks For Large-Scale Image Recognition，其特点就是网络非常深，引用苹果的广告语就是“比更深还深，岂止于深”。

实际上，随着计算机的计算能力增加，GPU 的制作水平有了提升，计算一个深网络已经比以前要容易得多。提出 VGG 模型的作者也提到，ImageNet 的比赛已经从高维度隐特征编码的方向渐渐转变为研究更深的卷积网络了。

接下来看下 VGG 的网络结构，如图 5.22 所示。实际上 VGG 网络是一系列的网络，总共有六种网络结构，包括图 5.22 中的 A、A-LRN、B、C、D、E 六种网络结构。整个系统，作者试验了 11 层的网络 A，11 层带 LRN 的网络 A-LRN，13 层的网络 B，16 层带 1×1 卷积核的网络 C，16 层全 3×3 卷积核的网络 D 以及 19 层全 3×3 卷积核的网络 E。其中 D 和 E 就是经常说到的 VGG16 以及 VGG19。实验证明还是这两种网络结构效果要更好一点。

在介绍各个网络结构之前需要重点说明的是其中的两种设计：（1）用 1×1 的卷积核代替全连接层；（2）整张特征图（Feature Map）的均值池化操作。首先来看第（1）种设计，其实在一个神经网络中，导致参数迅速增加的是全连接层；在卷积层当中要求解的参数并不算多。此外，全连接层还有一个缺点就是，一旦网络设计完成必须要求输入的尺寸一样大。因此，1×1 的卷积核可谓是优点多多。一方面大大降低了要求解网络参数的个数，同时也能满足全连接层的作用，并且还能够适应不同的输入数据的大小。再说一下整张图的均值池化操作，原理很简单，对整张特征图求一个平均，变成一个值。这样的作用是，假设最终要进行 10 类目标的判别，那么很明显最终输出一个 10 维的向量是很好的，这种池化操作就可以帮助达到想要的效果。此外，对于 1×1 的卷积核之后的特征图进行此操作也可以增加 1×1 卷积核的个数来增加精度。

ConvNet 的配置表					
A	A-LRN	B	C	D	E
11个权重层	11个权重层	13个权重层	16个权重层	16个权重层	19个权重层
input(224×224 RGB image)					
conv3-64	conv3-64 LRN	conv3-64 conv3-64	conv3-64 conv3-64	conv3-64 conv3-64	conv3-64 conv3-64
最大池化层					
conv3-128	conv3-128	conv3-128 conv3-128	conv3-128 conv3-128	conv3-128 conv3-128	conv3-128 conv3-128
最大池化层					
conv3-256 conv3-256	conv3-256 conv3-256	conv3-256 conv3-256	conv3-256 conv3-256 conv1-256	conv3-256 conv3-256 conv3-256	conv3-256 conv3-256 conv3-256 conv3-256
最大池化层					
conv3-512 conv3-512	conv3-512 conv3-512	conv3-512 conv3-512	conv3-512 conv3-512 conv1-512	conv3-512 conv3-512 conv3-512	conv3-512 conv3-512 conv3-512 conv3-512
最大池化层					
conv3-512 conv3-512	conv3-512 conv3-512	conv3-512 conv3-512	conv3-512 conv3-512 conv1-512	conv3-512 conv3-512 conv3-512	conv3-512 conv3-512 conv3-512 conv3-512
最大池化层					
FC-4096					
FC-4096					
FC-1000					
soft-max					

图 5.22　6 种 VGG 网络结构

Tips：这里的裁剪是随机裁剪，无法预测裁剪图片的哪一部分。实际上在此之后的许多算法都用裁剪来保证输入固定以进行训练。

下面就 VGG 网络结构的详细组成做一下说明。首先来看输入部分。输入需要有预处理，输入要求是固定的 224×224 的 RGB 图像，预处理就是减去平均 RGB 值。这里需要介绍一下裁剪（Crop）的过程，所有给定图像都需要裁剪成 224×224 的大小来保证输入，所以，假设 S 是原图的宽度，那么：

- 如果 S=224，很好，裁剪的结果还是原图本身。
- 如果 S>224，裁剪的结果只能反应原图的部分信息。

所以原图要求至少要比 224 大，作者提出两种方案：一是固定 S 大小，那么偏差都一样；二是 S 取一个范围，这样不至于太离谱（有的获得了图片的全部信息，有的只能获得图片 1/1000 的信息，训练出来的结果肯定是后者没有前者好）。

其次来看卷积层。获得 224×224 的输入之后，CNN 的第一步是过卷积，这里也一样，特别之处在于这里使用了 3×3 的小卷积核，步长为 1。为什么要用一个这么小的卷积核呢？实际上，在此之前，大多数的卷积核都是选取 5×5 或者 7×7 的大卷积核。可以推导一下，假如有一个 50×50 的输入，则有：

（1）用 3×3 卷积核（步长为 1）卷积获得的特征图大小是 48×48，考虑到 CNN 权值共享，参数也就是 3×3=9 个。

（2）再加一层卷积，重复第（1）步，获得特征图大小 46×46，参数也是 3×3=9 个。

（3）再加一层卷积，重复第（1）步，获得特征图大小 44×44，参数还是 3×3=9 个。

算下来，参数共为 27 个。

再假设用 7×7（步长为 1）的卷积核，那么输入卷积，获得特征图大小为 44×44，参数是 7×7=49 个。这样一比，就可以发现，用小卷积核与用大卷积核堆叠卷积层卷积的结果是一样的（不考虑 0 填充），但是参数却少了很多。所以，其余条件不变的情况下，卷积核小的比卷积核大的具有更少的参数。但是这并不能够说卷积核大的精度就高于卷积核小的。它们对于图像的感知区域的大小不同，因此，能够处理的问题也不同。卷积核小的适合于小目标的检测；卷积核大的对于比较大的物体更能够感知。

观察图 5.22 中的 C 情况，发现其使用了 1×1 的卷积核，1×1 的卷积核实际上只是做了一个线性变换，之后通过激活来具有非线性的特征。这里的激活函数使用 ReLU，每一个隐含层后面都会有一个。每过几个卷积层，都会包含一个池化层，这里使用的是最大池化（Max-Pooling）。池化之后的特征图尺寸减半，为了保证空间分辨率或者时间复杂度不变，要把卷积核的数目（Channel）加倍。通过卷积，特征图的大小是可以不变的，但是通过池化可以达到降采样的效果，如使得特征图大小变为输入的 1/4。

最后来看全连接层（FC），有三个 FC，分别包含 4096、4096、1000 个通道。1000 个通道是为了完成 ImageNet 分类竞赛的问题，该数据集有 1000 分类。在前两个全连接层之后跟随概率为 0.5 的 Dropout 层来抑制过拟合，减少训练时间。最后连接一个 Softmax 来进行多分类。至此，这个网络的结构就算是完成了。在训练的过程中，提出 VGG 模型的作者仿照 2012 年 Krizhevsky 的参数设置，包括每一个批量的数目 mini-Batch 设为 256，Momentum 为 0.9 的 SGD，权重衰减为 0.0005，丢弃率（Dropout Rate）设为 0.5，学习率（Learning Rate）为 0.01，每次验证不再增加的时候，除以 10。那来看一下 VGG 网络在 Imagenet 上的性能，如表 5.1 所示。

表 5.1　VGG 在 ImageNet 上的性能一览表

网络配置类型	最小的图片的边长		Top-1 验证误差（%）	Top-5 验证误差（%）
	train(*S*)	test(*Q*)		
A	256	256	29.6	10.4
A-LRN	256	256	29.7	10.5
B	256	256	28.7	9.9
C	256	256	28.1	9.4
	384	384	28.1	9.3
	[256;512]	384	27.3	8.8
D	256	256	27.0	8.8
	384	384	26.8	8.7
	[256;512]	384	25.6	8.1
E	256	256	27.3	9.0
	384	384	26.9	8.7
	[256;512]	384	25.5	8.0

对于多种不同大小的输入数据，和之前的结果比较，VGG 不但不弱，反而还要强一点。VGG 探索了一条将深度学习网络的深度加深的路，但是 VGG 也存在一些弊端。最明显的就是训练非常慢，提出 VGG 模型的作者在 2 个 Nvidia Titan Black 上训练了 2 周多，很多人重复实现实验，训练一两个月的也大有人在。另外，网络不一定是越深越好，层数多了容易产生

弥散（Degradation），反而不如层数少的好，这并非是过拟合的问题。当然，这无法阻碍 VGG 在该领域的巨大贡献。

5.3.4 致敬经典——GoogLeNet

GoogLeNet 是 Google 公司设计的一个卷积神经网络框架。但是其命名中别出心裁地大写了其中的 L。这是为什么呢？大写了 L 之后，这个名字便包含了 20 世纪 90 年代的经典网络 LeNet。Google 这样做正是为了向在卷积神经网络中有重大贡献的 LeNet 致敬。GoogLeNet 的特点是提升了计算资源的利用率，可以在保持网络计算资源不变的前提下，通过工艺上的设计来增加网络的宽度和深度，基于 Hebbian 法则和多尺度处理来优化性能。在深度学习中，提升网络性能最直接的办法就是增加网络的深度和宽度，这也就意味着巨量的参数。但是，巨量参数容易产生过拟合，也会大大增加计算量。

对于大规模稀疏的神经网络，可以通过分析激活值的统计特性和对高度相关的输出进行聚类来逐层构建出一个最优网络，这点表明臃肿的稀疏网络可能被不失性能地简化。解决过拟合和计算成本的根本方法是将全连接甚至一般的卷积都转化为稀疏连接，早在 AlexNet 中使用的 Dropout 就是将网络之间的连接转变为稀疏连接从而减少参数的数据以防止模型过拟合，但是，计算机软硬件对非均匀稀疏数据的计算效率很差，所以在 AlexNet 中又重新启用了全连接层，目的是为了更好地优化并行运算。

GoogLeNet 主要的创新在于它的 Inception，这是一种网中网（Network In Network，NIN）的结构，即原来的节点也是一个网络。Inception 一直在不断发展，目前已经是 V2、V3、V4 版本了。Inception 的结构如图 5.23 所示，其中 1×1 卷积主要用来降维，用了 Inception 之后整个网络结构的宽度和深度都可扩大，能够带来 2~3 倍的性能提升。

图 5.23（a）是网络组成的结构示意图，图 5.23（b）是网络的结构设计。采用不同大小的卷积核意味着不同大小的感受野，最后的 Filter Concatenation 意味着不同尺度特征的融合。卷积核大小采用 1×1、3×1 和 5×5，主要是为了方便对齐。那如何将不同大小的卷积结果合起来呢？设

定卷积步长（Stride）为 1 之后，只要分别设定 pad=0、1、2，便可以得到相同维度的特征，然后这些特征就可以直接拼接在一起了。网络越到后面，卷积核变大，特征在越高层越抽象，而且每个特征所涉及的感受野也更大。

如图 5.24 所示，在相同的一块区域中，使用不同大小的卷积核进行特征提取，然后将通过聚类算法将高相关性的区域聚集到一起，卷积核（Filter）越来越大，聚类的数目越来越少。Inception 模块之间互相堆放，它们的输出相关性统计一定会改变：高层次提取高抽象性的特征，空间集中性会降低，因此 3×3 和 5×5 的卷积核在更高层会比较多。

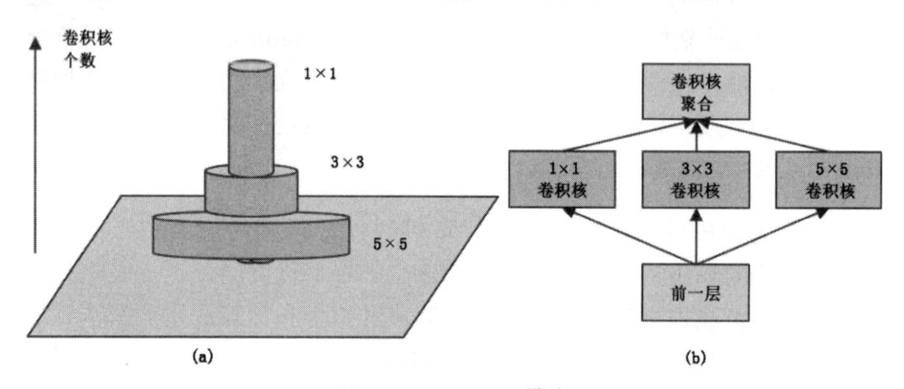

图 5.23 Inception 模块

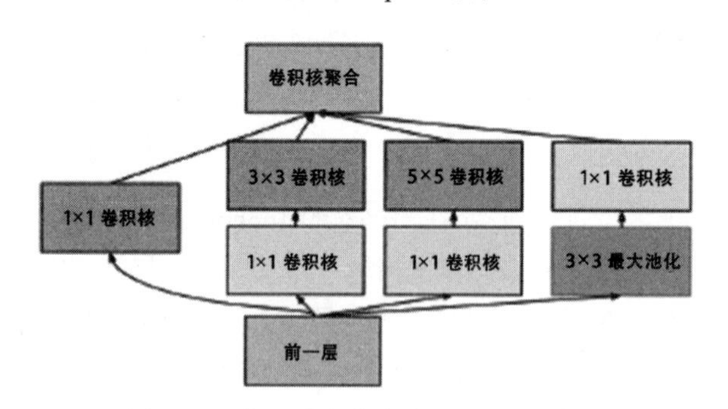

图 5.24 为了减少维度的 Inception 单元

采用上面的模块有一个大问题是在卷积层顶端由于卷积核太多，即使是 5×5 的卷积都会让计算开销太过昂贵。当 Pooling 单元加入之后这个问题更加明显：输出滤波器的数量等于前一步中卷积核的数量。Pooling 层的输出和卷积层的输出融合会导致输出数量逐步增长。即使这个架构可能包含了最优的稀疏结构，还是会非常没有效率，导致计算没经过几步就崩溃。

因此有了 GoogLeNet 架构的第二个主要思想：在计算要求增加很多的地方应用维度缩减和预测，即在 3×3 和 5×5 的卷积前用一个 1×1 的卷积用于减少计算，还用于修正线性激活。如图 5.24 所示，左边是加入维度缩减之前的，右边是加入维度缩减之后的。

假设上一层的输出为 100×100×128，经过具有 256 个输出的 5×5 卷积层之后（stride=1，pad=2），输出数据为 (100×100)×256。其中，卷积层的参数为 (128×5×5)×256。假如上一层输出先经过具有 32 个输出的 1×1 卷积层，100×100×32 的特征图；再经过具有 256 个输出的 5×5 卷积层，那么最终的输出数据仍然为 100×100×256，但卷积参数量已经减少为 128× 1×1×32 + 32×5×5×256，待求解的参数大约减少了 4 倍。

表 5.2 是 GoogLeNet 的网络结构，其中包括 27 层，但表中只有 19 层，因为在网络的中间也存在输出的情况，没有标明。最左边的一列表示的是各层的网络类型（Type）；第二列表示的是一般网络层的卷积核或者窗口大小，以及步长，对于 inception 层，会标记这一层有多少层，以及每一层的具体情况；在网络的最右边一列还标出了这一层会用到的网络参数的个数。那么，来具体看一下当中的一些细节。

表 5.2 GoogLeNet 网络结构

网络层类别	块大小 / 步长	输出尺寸	深度	#1×1	#3×3 缩减	#3×3	#5×5 缩减	#5×5	池化投影	参数个数	运算次数
convolution	7×7/2	112×112×64	1							2.7KB	34MB
max pool	3×3/2	56×56×64	0								
convolution	3×3/1	56×56×192	2		64	192				112KB	360MB
max pool	3×3/2	28×28×192	0								
inception(3a)		28×28×256	2	64	96	128	16	32	32	159KB	128MB
inception(3b)		28×28×480	2	128	128	192	32	96	64	380KB	304MB
max pool	3×3/2	14×14×480	0								
inception(4a)		14×14×512	2	192	96	208	16	48	64	364KB	73MB
inception(4b)		14×14×512	2	160	112	224	24	64	64	437KB	88MB
inception(4c)		14×14×512	2	128	128	256	24	64	64	463KB	100MB

（续表）

网络层类别	块大小/步长	输出尺寸	深度	#1×1	#3×3缩减	#3×3	#5×5缩减	#5×5	池化投影	参数个数	运算次数
inception(4d)		14×14×528	2	112	144	288	32	64	64	580KB	119MB
inception(4e)		14×14×832	2	256	160	320	32	128	128	840KB	170MB
max pool	3×3/2	7×7×832	0								
inception(5a)		7×7×832	2	256	160	320	32	128	128	1072KB	54MB
inception(5b)		7×7×1024	2	384	192	384	48	128	128	1388KB	71MB
avg pool	7×7/1	1×1×1024	0								
dropout(40%)		1×1×1024	0								
linear		1×1×1000	1								
softmax		1×1×1000	0								

- 包括 Inception 模块的所有卷积，都用了修正线性单元（ReLU）激活函数。
- 网络的感受野大小是224×224，采用 RGB 彩色通道，且减去均值。
- #3×3 reduce 和 #5×5 reduce 分别表示 3×3 和 5×5 的卷积前缩减层中 1×1 滤波器的个数；pool proj 表示嵌入的 max-pooling 之后的投影层中 1×1 滤波器的个数；缩减层和投影层都要用 ReLU。
- 网络包含 22 个带参数的层（如果考虑 Pooling 层就是 27 层），独立成块的层总共约有 100 个。
- 网络中间的层次生成的特征会非常有区分性，给这些层增加一些辅助分类器。这些分类器以小卷积网络的形式放在 Inception(4a) 和 Inception(4b) 的输出上。在训练过程中，损失会根据折扣后的权重（折扣权重为 0.3）叠加到总损失中。

相信大家对 GoogLeNet 已经有了一个比较好的认识。通过推出 Inception 模型，Google 从某种程度上把这一概念抛了出来。GoogLeNet 是一个 22 层（带参数的）的卷积神经网络，在 2014 年的 ILSVRC 2014 竞争中凭借 6.7% 的错误率进入 Top 5。传统的卷积神经网络的方法是简单堆叠卷积层，然后把各层以序列结构堆积起来。但是这种新的模型重点考虑了内存和能量消耗。这一点很重要，把所有的层都堆叠，增加大量的滤波器，在计算和内存上消耗很大，过拟合的风险也会增加。GoogLeNet 采用了模块化的结构，如图 5.25 所示，方便增添和修改。网络最后采用了 Average Pooling 来代替全连接层，实际在最后还是加了一个全连接层，主要是为了方便以后大家 Fine-tune。虽然移除了全连接，但是网络中依然使用了 Dropout。为了避免梯度消失，网络额外增加了两个辅助的 Softmax 用于向前传导梯度。这两个辅助的分类器的损失应该加一个衰减系数，但看 Caffe 中的模型也没有加任何衰减。此外，实际测试的时候，这两个额外的 Softmax 会被去掉。GoogLeNet 的网络全貌如图 5.25 所示。GoogLeNet 的出现，真正标志着卷积神经网络进入了一个腾飞的时期。

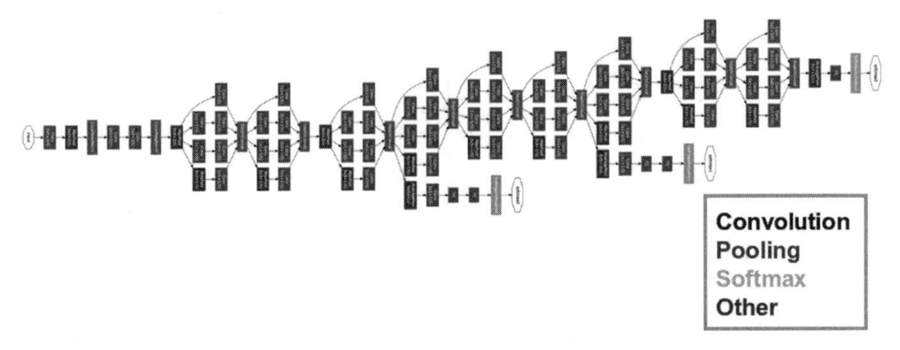

图 5.25　GoogLeNet 网络全貌

5.3.5　没有最深只有更深——ResNet

介绍残差网络（ResNet）前都不需要说什么了，直接看图 5.26 就知道，CNN 网络结构没有最深，只有更深！在残差网络出现之前，几乎所有的计算机视觉方面的工作都是在 VGG 网络上进行微调，难免受到 VGG 网络的限制。但是残差网络另辟蹊径，在如下五个主要任务轨迹中都获得了第一名的成绩。

- ImageNet 分类任务："超级深"的 152 层网络。
- ImageNet 检测任务：超过第二名 16%。
- ImageNet 定位任务：超过第二名 27%。
- COCO 检测任务：超过第二名 11%。
- COCO 分割任务：超过第二名 12%。

ResNet 依然是：没有最深，只有更深（152 层）。据说目前层数已突破一千。主要的创新在残差网络，如图 5.27 所示，其实这个网络提出的本质还是要解决层次比较深的时候无法训练的问题。这种借鉴了公路网（Highway Network）思想的网络，相当于在旁边专门开个通道使得输入可以直达输出，而优化的目标由原来的拟合输出 $H(x)$ 变成输出和输入的差 $H(x)-x$，其中 $H(x)$ 是某一层原始的期望映射输出，x 是输入。

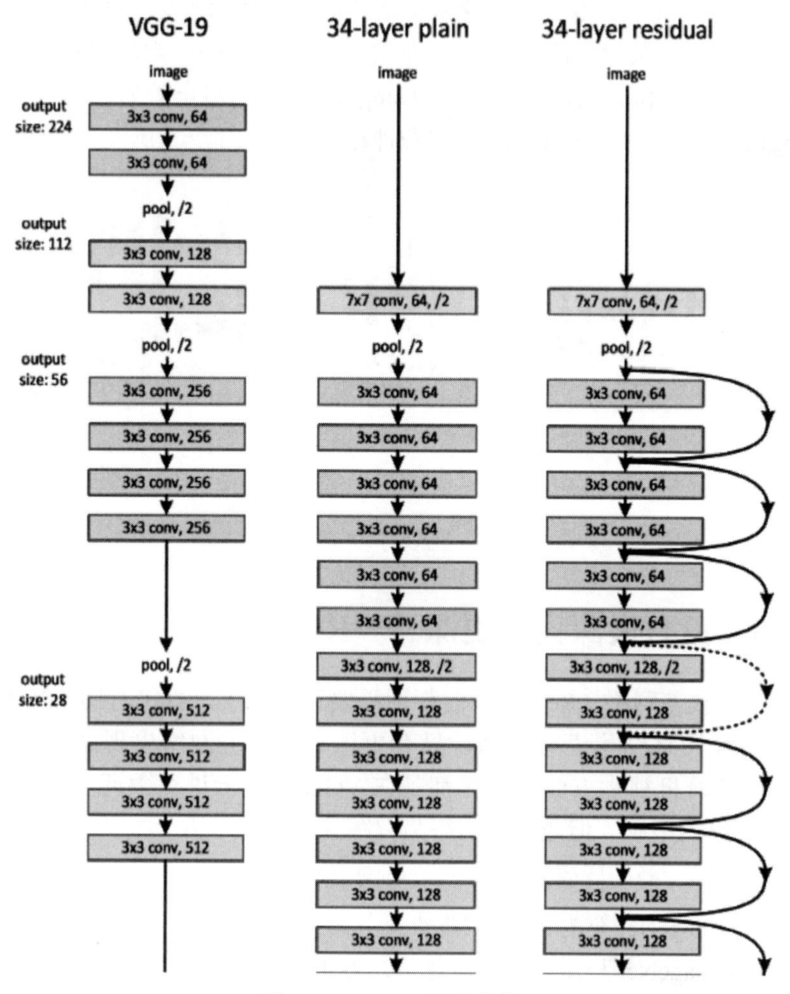

图 5.26　ResNet 网络结构

在复现 CIFAR-10 上的结果时，plain-20 代表不含残差结构的纯粹的 20 层的网络结构，很明显可以看出随着网络深度的增加，性能却在下降。该网络的设计者将这一现象称为 degradation，即随着网络深度的增加，准确度饱和并且迅速减少。这一问题广泛存在于深层的网络结构中，例如 VGG 的论文中也观察到这一现象。degradation 表明不是所有的系统都能很容易地被优化。

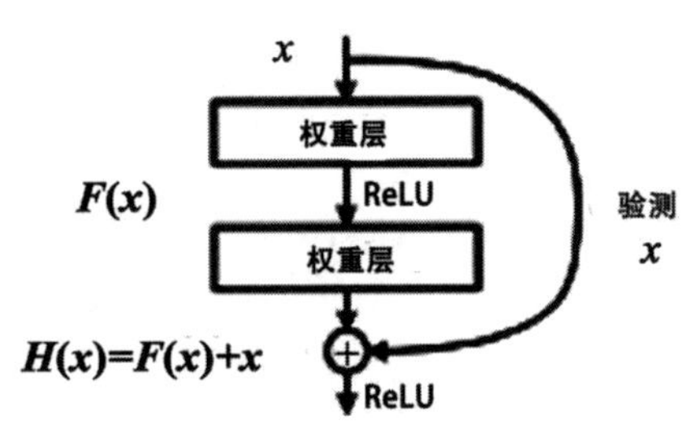

图 5.27　residual block

接下来，作者提出了深度残差学习的概念来解决这一问题。首先假设要求的映射是 $H(x)$，通过上面的观察我们意识到直接求得 $H(x)$ 并不那么容易，所以转而去求 $H(x)$ 的残差形式 $F(x)=H(x)-x$。假设求 $F(x)$ 的过程比 $H(x)$ 要简单，这样，通过 $F(x)+x$ 就可以达到目标，简单来说就是如图 5.27 所示，我们将这个结构称之为一个残差模块（residual block）。

作者在论文中介绍了一个深层次的残差学习框架来解决精准度下降的问题。作者明确地让这些层适合残差映射，而不是寄希望于每一个堆叠层直接适合一个所需的底层映射。形式上，把 $H(x)$ 作为所需的基本映射，让堆叠的非线性层适合另一个映射：$F(x)=H(x)-x$。那么原映射便转化成：$F(x)+x$。假设优化剩余的映射，比优化原来未引用的映射更容易。如果原来映射是最佳的，那么将剩余的映射推导为 0，就比用一堆非线性层来适应身份映射更容易。

公式 $F(x)+x$ 可以通过“快捷连接”前馈神经网络实现。快捷连接是那些跳过中间一层或更多层的连接方式。在作者的情景中，快捷连接简单地执行身份映射，并将它们的输出添加到叠加层的输出。身份快捷连接添加既不产生额外的参数，也不会增加计算的复杂度。通过反向传播的 SGD，整个网络仍然可以被训练成终端到端的形式，并且可以在没有修改器的情况下很容易的使用公共资料库（例如 Caffe）。

我们在 ImageNet 上进行了综合性实验展示精准度下降的问题，并对作者的方法做出评估，发现：

（1）特别深的残差网络很容易优化，但当深度增加时对应的“平面”网（即简单的堆栈层）表现出更高的训练误差。

（2）深度残差网络能够在大大增加深度的同时获得高精准度，产生的结果本质上优于以前的网络。

相似的现象同样出现在 CIFAR-10 集中，这表明了优化的难度，以及我们的方法影响的不仅仅是类似于一个特定的数据集。我们在这个超过 100 层数据集中提出了成功的训练模型，并探讨了超过 1 000 层的模型。

在 ImageNet 分层数据集中，通过极深的残差网络，作者得到了非常好的结果。152 层的残差网络在 ImageNet 中是最深层的网络，同时相比于 VGG 网络，它仍然具有较低的复杂性。作者的集成在 ImageNet 测试集中有 3.57% 排名前 5 的误差，并且在 2015 ILSVRC 分类竞争中取得第一名。这种极深的残差网络在其他识别任务方面也有出色的泛化性能，并赢得了第一的位置，如在 ILSVRC 和 COCO 2015 竞赛中的、ImageNet 检测、ImageNet 定位、COCO 检测和 COCO 分割方面。这有力的证据表明，深度学习的原则是通用的，作者期望它适用于其他的视觉和非视觉问题。

那么残差网络 (ResNets) 将如何解决这些问题？

（1）表征能力。残差网络在模型表征方面不存在直接的优势（只是实现重复参数化），但是，残差网络允许逐层深入地表征所有的模型。

（2）优化能力。残差网络使得前馈 / 反向传播算法非常顺利进行。在极大的程度上，残差网络使得优化较深层模型更为简单。

（3）归纳能力。残差网络未直接处理学习深度模型过程中存在的归纳问题。但是，“更深 + 更薄”是一种好的归纳手段。

以上介绍了到目前为止非常经典的卷积神经网络。一路走来，大家也慢慢意识到模型本身的结构是 Deep Learning 研究的重中之重，在网络结构的更新过程中也逐步探索出 Dropout、Batch Normalize 等优秀算法，不断推进深度学习的发展。本节回顾了 LeNet、AlexNet、GoogLeNet、VGG、ResNet 等经典网络，图 5.28 是其中部分网络的网络深度以及其错误率的比较。随着 2012 年 AlexNet 的一举成名，CNN 成了计算机视觉应用中的不二选择。目前，关于 CNN 又有了很多新的想法，如用于生成的对抗网络、特别适合于图像任务的 R-CNN 系列。这些会在接下来的章节中进行介绍。

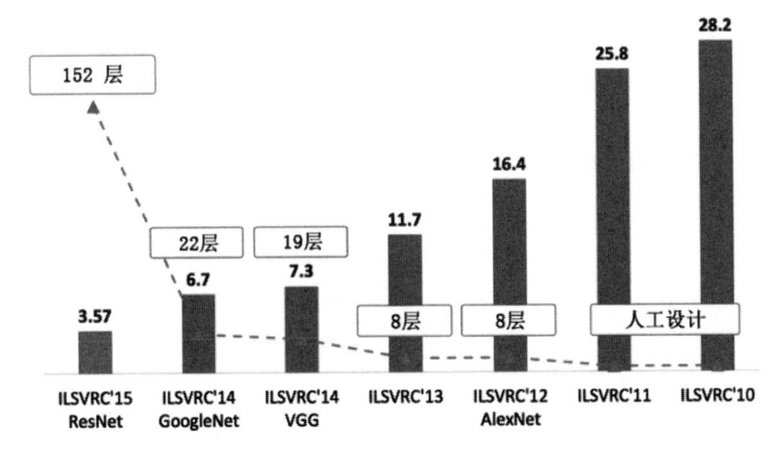

图 5.28 CNN 网络结构的发展

5.4 生成对抗网络

5.4.1 生成对抗网络（GAN）基础

生成对抗网络（GAN）的论文是 2014 年的 10 佳论文之一。GAN 是一种新的生成模型，它是一种对训练数据的概率分布进行建模的算法，在对抗学习的过程当中生成接近于真实样本分布的样本。学习的过程好比是一对对手在不断学习、不断对抗和不断对抗、不断学习的过程。这一对对手，其中一个好像是鉴定者，另一个是伪造者。如图 5.29 所示，伪造者从一堆杂乱的素材当中，学着真实样本的样子开始仿造样本，它的目标就是造出鉴定者也没办法分辨的样本出来。而鉴定者不断地学习，目标就是在不知道样本来源的情况下分辨样本的真实性。开始的时候，可能伪造者的水平很差，于是轻易地就被鉴定者认定为假。当接收到这个结果的时候，伪造者就更新自己的造假水平，造出更好的样本。而鉴定者一旦发现自己已经不能分辨就开始更新自己，提高自己以至于能够鉴定更细致的赝品。在这样的对抗学习当中，二者的能力都得到提高。

但我们更关心的是伪造者，因为我们希望构造出这样的一个生成器。

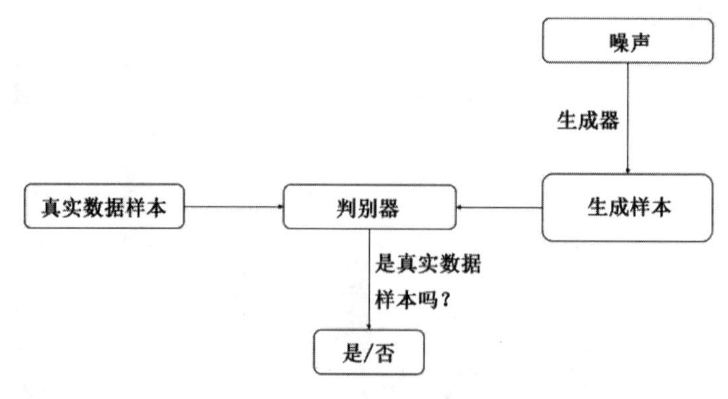

图 5.29 GAN 算法原理图

对抗网络其实并不是一个新的网络结构，而是一个训练框架。在这个框架中有两个网络，一个是生成网络（Generator，G）用于生成样本，另一个是判别网络（Discriminator，D）用于判别样本的真实性。生成网络和判别网络可为 MLP 或 CNN 等其他网络结构。例如，在 mnist 数据集中，生成网络用来生成一张手写图像，而判别网络则负责判断该张图片是机器生成的还是人手写的。为了理解对抗网络为何有上述功能，下面对 GAN 的各个部分进行细致的讲解。

1. 判别网络（判别器）

判别网络的任务是判断一个输入的样本是生成网络生成的，还是真实的样本数据。因此，判别网络就是一个普通的分类模型，在这里完成的就是一个二分类的任务。输入一张图像，输出是或者否的标记。当然，判别器同样也可以解决多分类的问题。在 mnist 手写数字的例子中，判别网络的输入大小为28×28，输出节点个数为1，表示的是这个样本的标签。判别器也通过判别过程中损失函数的反向传导过程对网络进行更新。

2. 生成网络（生成器）

之前提到过生成网络的任务是对训练数据集的概率分别进行建模，同时通过建模的采样能够生成一个该分布的伪造样例。因此输入的是一个任意维度的向量，输出的是一个和真实样本同等大小的样本样例，如图 5.30 所示。例如，在 mnist 的例子中输入的是符合某一分布的多维随机数，这是一个 100 维的向量，输出层节点个数为 28×28。

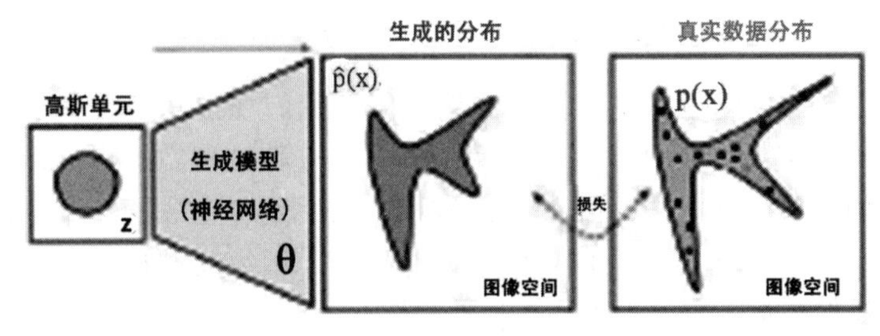

图 5.30　GAN 生成器的作用

3. 损失函数

生成对抗网络的损失函数也很简单，其目的是使生成网络更具有欺骗性（对训练数据更好的建模）以及使判别网络有更强的鉴别能力。

判别器的损失函数为：

$$V(D,G)=E_{x\sim pdata(x)}[\log D(x)]+E_{z\sim pz(x)}[\log(1-D(G(z)))]$$

生成器的损失函数可以取判别式中的后项，其损失函数也可以取为：

$$E_{x\sim p_g}[-\log D(x)]$$

其中 D 和 G 分别表示判别器和生成器；$D(x)$ 为判别网络在训练数据集上的输出，为 1 表示真实样本，为 0 表示绝对不是真实样本，因此对真实样本而言，判定为 1 损失函数返回的值为 0；$x\sim pdata(x)$ 为数据集的真实概率分布，$z\sim pz(x)$ 为生成网络模拟的训练数据集概率分布，z 为随机向量，$x\sim Pg$ 表示为 x 是通过生成器生成的样本；$G(z)$ 表示的就是该随机向量通过生成器得到的样本；因此，$D(G(z))$ 为生成网络生成的图片经过判别网络后的输出。在判别器的损失函数当中：$E_{x\sim pdata(x)}[\log D(x)]$ 目的是使判别网络能够正确区分输入真实的数据，$E_{z\sim pz(x)}[\log(1-D(G(z)))]$ 目的是使判别网络也能够很好地分辨伪造的样本。在生成器当中，希望生成的样本能够骗过判别器。

4. 训练数据集生成

在训练判别网络的时候用的是上述的 $V(D,G)$ 损失函数，以保证判别网络能够区分数据的来源。在训练生成网络的时候用的是 $E_{z\sim pz(x)}[\log(1-$

$D(G(z)))]$ 以保证生成网络能够伪造高质量的数据，同时也可以使用上述的另一个损失函数。因此生成网络和判别网络训练数据的生成有点不同。

如图 5.31 所示为 GAN 算法的伪代码。我们观察知道，其实在更新判别器的网络的时候，使用到了两种样本，一种是真实的样本，另一种是生成的样本。而在生成器的训练过程中只用到了生成的样本，但实际上真实数据的分布在生成器当中是有体现的。训练的过程比较简单，但实际上却不是那么容易得到一个收敛的情况。

Algorithm 1 Minibatch stochastic gradient descent training of generative adversarial nets. The number of steps to apply to the discriminator, k, is a hyperparameter. We used $k = 1$, the least expensive option, in our experiments.

for number of training iterations **do**
  for k steps **do**
  - Sample minibatch of m noise samples $\{\boldsymbol{z}^{(1)}, \ldots, \boldsymbol{z}^{(m)}\}$ from noise prior $p_g(\boldsymbol{z})$.
  - Sample minibatch of m examples $\{\boldsymbol{x}^{(1)}, \ldots, \boldsymbol{x}^{(m)}\}$ from data generating distribution $p_{\text{data}}(\boldsymbol{x})$.
  - Update the discriminator by ascending its stochastic gradient:

$$\nabla_{\theta_d} \frac{1}{m} \sum_{i=1}^{m} \left[\log D\left(\boldsymbol{x}^{(i)}\right) + \log\left(1 - D\left(G\left(\boldsymbol{z}^{(i)}\right)\right)\right) \right].$$

  end for
  - Sample minibatch of m noise samples $\{\boldsymbol{z}^{(1)}, \ldots, \boldsymbol{z}^{(m)}\}$ from noise prior $p_g(\boldsymbol{z})$.
  - Update the generator by descending its stochastic gradient:

$$\nabla_{\theta_g} \frac{1}{m} \sum_{i=1}^{m} \log\left(1 - D\left(G\left(\boldsymbol{z}^{(i)}\right)\right)\right).$$

end for
The gradient-based updates can use any standard gradient-based learning rule. We used momentum in our experiments.

图 5.31　GAN 算法的伪代码

在实验当中，判别网络训练数据生成：假设训练的 Batch 大小为 100，则 50 个正样本在真实数据中选取。50 个负样本生成过程如下：（1）生成 50 个随机向量；（2）将这 50 个随机向量作为生成网络的输入，得到 50 个伪造数据作为判别网络的负样本。生成网络训练数据生成：同样的，Batch 大小为 100，则先生成 100 个随机向量，然后将这 100 个随机向量作为生成网络的输入，得到 100 个伪造的数据，并标定为生成网络的正样本。

GAN 是一种开拓性的设计，为深度学习在无监督学习当中的探索开启了一扇门，其贡献是不言而喻的。当然这只是一个无监督学习的框架，还需要很多的改进。

5.4.2　WGAN 介绍

自从 2014 年 Ian Goodfellow 提出 GAN 以来，GAN 就存在着训练困难、生成器和判别器的损失函数（Loss）无法指示训练进程、生成样本缺乏多样性等问题。从那时起，很多论文都在尝试解决这些问题，但是效果不尽人意。目前使用最多的一个 GAN 网络结构叫作 DCGAN，通过试验最终找到一组比较好的网络架构设置，但是实际上是治标不治本，没有彻底解决问题。而现在要介绍的 Wasserstein GAN（WGAN）成功地做到了以下爆炸性的几点。

- 彻底解决 GAN 训练不稳定的问题，不再需要小心平衡生成器和判别器的训练程度。
- 基本解决了多样性不足（Collapse Mode）的问题，确保了生成样本的多样性。

训练过程中终于有一个像交叉熵、准确率这样的数值来指示训练的进程，这个数值越大代表 GAN 训练得越好，代表生成器产生的图像质量越高。相比原始 GAN 的算法，改进后实现流程只改了以下四点。

- 判别器最后一层去掉 Sigmoid 函数。
- 生成器和判别器的损失函数不取对数。
- 每次更新判别器的参数之后把它们的绝对值截断到不超过一个固定常数 c。
- 不要用基于动量的优化算法（包括 Momentum 和 Adam），推荐使用 RMSProp，SGD 也行。

尽管改动是如此简单，效果却惊人地好。此外，作者做了详细的理论推导，其背后是精巧的数学分析，而这也是本节想要整理的内容。

首先需要分析原始 GAN 究竟为什么会存在这样的问题。原始 GAN 中损失函数如下：

$$E_{x\sim p_r}[\log D(x)]+E_{x\sim p_g}[\log(1-D(x))]$$

其中，P_r 表示的是真实样本的分布，P_g 是由生成器产生的样本分布。最小化这个损失函数就是为了尽可能把真实样本分为正例，生成样本分为负例。但是，这个损失函数当中却存在相互矛盾的地方。简单来讲，在判别器很好的地方生成器就一定最好吗？那么 WGAN 论文的作者做出数学的推导就让我们看到了其中的问题。

一句话概括：判别器越好，生成器梯度消失越严重。WGAN 论文中对如上的损失函数进行概率展开并且求导，让导数为 0，化简得到最优判别器的表达式为：

$$D^{*}(x)=\frac{P_r(x)}{P_r(x)+P_g(x)}$$

因此，很容易得到这样的结论：对于一个伪造的样本，那么，这个样本在真实的样本分布当中的概率接近于 0，并且在生成器当中的概率不为 0。如果 $P_r(x)=P_g(x)$，那就说明此时最优判别器不能给出明显的区分，即最优判别器应该给出概率为 0.5。将如上最优的判别器带入到损失函数当中，经过推导（具体可参考原文）之后可以得到，原来的损失函数等价于：

$$2JS(P_r \| P_g)-2\log 2$$

因此，可以得到这样的结论：在最优判别器的情况下，可以把原始 GAN 定义的生成器的损失函数等价变换为最小化真实分布 P_r 与生成分布 P_g 之间的 JS 散度。训练判别器的过程中，判别器就越接近最优，最小化生成器的损失函数也就会越近似于最小化 P_r 和 P_g 之间的 JS 散度。

最终，我们希望通过训练使得生成的数据的分布越接近于真实的分布。因此我们会希望如果两个分布之间的 JS 散度越小越好，通过优化 JS 散度就能将 P_g 拉向 P_r，最终以假乱真。如果两个数据的分布有所重叠的时候是成立的，但是如果两个分布完全没有重叠的部分，或者它们重叠的部分可忽略它们的 JS 散度却出问题了。因为这样结果会固定在 $\log 2$，因为对于任意一个 x 只有以下的四种可能，这样的结果无疑都是 $\log 2$：

$$P_1(x)=0 \text{ 且 } P_2(x)=0$$

$$P_1(x) \neq 0 \text{ 且 } P_2(x) \neq 0$$

$$P_1(x) = 0 \text{ 且 } P_2(x) \neq 0$$

$$P_1(x) \neq 0 \text{ 且 } P_2(x) = 0$$

如果这个损失函数的值固定为 $\log 2$，也就是表明梯度的变化始终都是 0，即没有办法对网络进行更新。换句话说，只要 P_r 跟 P_g 没有一点重叠或者重叠部分可忽略，*JS* 散度就固定是常数 $\log 2$，意味着梯度为 0！此时对于最优判别器来说，生成器肯定是得不到一丁点梯度信息的。即使对于接近最优的判别器来说，生成器也有很大机会面临梯度消失的问题。

但是 P_r 与 P_g 不重叠或重叠部分可忽略的可能性却非常大。就好比说在一个二维空间当中两条曲线重叠的面积，或者是三维空间当中两个曲面相交的比例。因此，我们就得到了 WGAN 中关于生成器梯度消失的第一个论证：在（近似）最优判别器下，最小化生成器的损失函数等价于最小化 P_r 与 P_g 之间的 *JS* 散度，而由于 P_r 与 P_g 几乎不可能有不可忽略的重叠，所以无论它们相距多远 *JS* 散度都是常数 $\log 2$，最终导致生成器的梯度（近似）为 0，梯度消失。因此，原始 GAN 不稳定的原因就清楚了：判别器训练得太好，生成器梯度消失，生成器损失函数降不下去；判别器训练得不好，生成器梯度不准，四处乱跑。只有判别器训练得不好不坏才行，这个经验技巧要求就非常得高了，因此 GAN 网络很不稳定，所以 GAN 才那么难训练。实验辅证如图 5.32 所示。

Tips：y 轴是对数坐标轴。

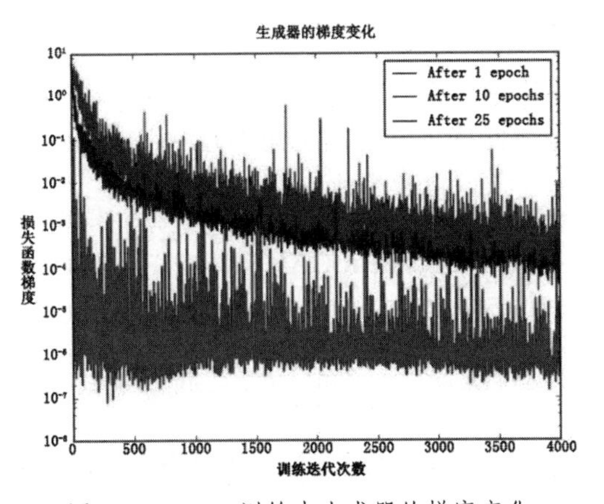

图 5.32　GAN 训练中生成器的梯度变化

WGAN 之前的工作。先分别将 DCGAN 训练 1、20、25 个事件（Epoch），然后固定生成器不动，判别器重新随机初始化从头开始训练，对于第一种形式的生成器损失函数产生的梯度可以打印出其尺度的变化曲线，可以看到随着判别器的训练，生成器的梯度均迅速衰减。

原始 GAN 形式的第二个问题是多样性不足（Collapse Mode）。主要原因是因为这当中存在矛盾的地方，不能在生成的样本的分布等同于真实样本的情况下还使得二者的 *KL* 散度最小。因此，生成器不会去生成更加丰富多样的样本，因为这很大的可能会带来巨大的惩罚。在 WGAN 论文中经过公式的推导讨论了这个问题，推导后得到了如下一个损失函数：

$$KL(P_g \| P_r) - 2JS(P_r \| P_g)$$

这个损失函数表明，优化的过程当中要最小化生成分布与真实分布的 *KL* 散度（其中的第一项），但同时又要最大化两者的 *JS* 散度。这正是矛盾所在，一个要拉近二者的分布情况，另一个却要保持二者的差距！这在直观上是非常荒谬的，在数值上则会导致梯度不稳定。此外，GAN 网络期望生成的样本数据的概率分布无限接近真实样本的分布，于是在 WGAN 论文中采用 *KL* 散度来描绘这个差距，但是这样是存在问题的。我们从 *KL* 散度的定义知道，$KL(P_g \| P_r)$ 与 $KL(P_r \| P_g)$ 表示的并不是同一个值，在二者的差距很明显的时候这个值的差距就更加明显了。但是，这两个值不应该一样吗？这样的差距导致更新网络的时候返回的梯度差距很大。总结起来，导致了两种问题：第一种问题对应的是缺乏多样性，第二种问题对应的是缺乏准确性。

因此，必须要找到一种合理的度量来替换掉其中的 *KL* 散度度量以及 *JS* 散度来衡量这个差距的方式。这也是 WGAN 的核心之处，这样的改动使得网络更加容易训练，收敛的速度也更快。

GAN 实际上就是 Wasserstein GAN，其中的“Wasserstein”是一种距离的度量方式，这种距离又叫作“Earth-Mover”（EM）距离，定义为：

$$W(P_r, P_g) = \inf_{\gamma \sim \Pi(P_r, P_g)} E_{(x,y)\sim\gamma}[\| x - y \|]$$

其中，$\Pi(P_r, P_g)$ 是 P_r 和 P_g 组合起来的所有可能的联合分布的集合，

反过来说，$\Pi(P_r,P_g)$ 中每一个分布的边缘分布都是 P_r 和 P_g。对于每一个可能的联合分布 γ 而言，可以从中采样 $(x,y)\sim\gamma$ 得到一个真实样本 x 和一个生成样本 y，并算出这对样本的距离 $\|x-y\|$，所以可以计算该联合分布 γ 下样本对距离的期望值 $E_{(x,y)\sim\gamma}[\|x-y\|]$。在所有可能的联合分布中能够对这个期望值取到的下界 $\inf_{\gamma\sim\Pi(P_r,P_g)} E_{(x,y)\sim\gamma}[\|x-y\|]$，就定义为 Wasserstein 距离。直观上可以把 $E_{(x,y)\sim\gamma}[\|x-y\|]$ 理解为在 γ 这个“路径规划”下把 P_r 这堆“沙土”挪到 P_g “位置”所需的“消耗”，而 $W(P_r,P_g)$ 就是“最优路径规划”下的“最小消耗”，所以才叫 Earth-Mover（推土机）距离。

Wasserstein 距离相比 KL 散度、JS 散度的优越性在于，即便两个分布没有重叠，Wasserstein 距离仍然能够反映它们的远近。WGAN 本作通过简单的例子展示了这一点。考虑如图 5.33 所示的二维空间中的两个分布 P_1 和 P_2，P_1 在线段 AB 上均匀分布，P_2 在线段 CD 上均匀分布，通过控制参数 θ 可以控制两个分布的距离远近。KL 散度和 JS 散度是突变的，要么最大要么最小，Wasserstein 距离却是平滑的，如果我们要用梯度下降法优化 θ 这个参数，前两者根本提供不了梯度，Wasserstein 距离却可以。类似地，在高维空间中如果两个分布不重叠或者重叠部分可忽略，则 KL 和 JS 既反映不了远近，也提供不了梯度，但是 Wasserstein 却可以提供有意义的梯度。

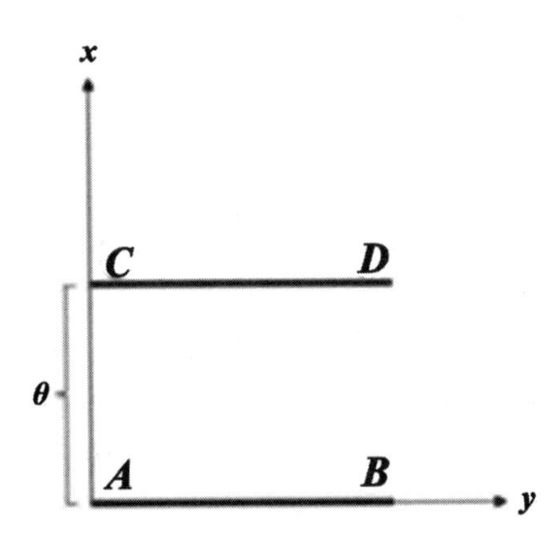

图 5.33　Wasserstein 距离示意

那么，接下来作者将其中的 Wasserstein 距离应用到 GAN 网络当中。通过这个距离重新来度量生成样本的分布以及真实的样本分布情况的差别。

因为 Wasserstein 距离定义中的 $\inf_{\gamma \sim \Pi(P_r, P_g)}$ 没法直接求解，于是作者用了一个已有的定理把它变换为如下形式：

$$W(P_r, P_g) = \frac{1}{K} \sup_{\|f\|L \leqslant K} E_{x \sim P_r}[f(x)] - E_{x \sim P_g}[f(x)]$$

在这个等式当中引入了一个函数的限制，它其实就是在一个连续函数 f 上面额外施加了一个限制，要求存在一个常数 $K \geqslant 0$ 使得定义域内的任意两个元素 x_1 和 x_2 都满足：

$$|f(x_1) - f(x_2)| \leqslant K|x_1 - x_2|$$

此时称函数 f 的 Lipschitz 常数为 K，具有这种性质的函数被称作是 Lipschitz 连续函数。简单理解，比如说 f 的定义域是实数集合，那上面的要求就等价于 f 的导函数绝对值不超过 K。Lipschitz 连续条件限制了一个连续函数的最大局部变动幅度。于是上面公式的意思就是在要求函数 f 的 Lipschitz 常数 $\|f\|_L$ 不超过 K 的条件下，对所有可能满足条件的 f 取到 $E_{x \sim P_r}[f(x)] - E_{x \sim P_g}[f(x)]$ 的上界，然后再除以 K。那么，对于其中的函数就可以用神经网络来拟合。因此，可以构造一个含参数 ω、最后一层不是非线性激活层的判别器网络 f_ω，在限制 ω 不超过某个范围的条件下，使得：

$$L = E_{x \sim P_r}[f_\omega(x)] - E_{x \sim P_g}[f_\omega(x)]$$

尽可能取到最大，此时 L 就会近似真实分布与生成分布之间的 Wasserstein 距离（忽略常数倍数 K）。原始 GAN 的判别器做的是真假二分类任务，但是现在 WGAN 中的判别器 f_ω 做的是近似拟合 Wasserstein 距离，属于回归任务，所以要把最后一层的 Sigmoid 拿掉。接下来生成器要近似地最小化 Wasserstein 距离，可以最小化 L，由于 Wasserstein 距离的优良性质，我们不需要担心生成器梯度消失的问题。考虑到 L 的第一项与生成器无关，就得到了如下 WGAN 的两个损失函数。

$$-E_{x\sim P_g}[f_\omega(x)]$$（WGAN 生成器损失函数）

$$E_{x\sim P_g}[f_\omega(x)]-E_{x\sim P_r}[f_\omega(x)]$$（WGAN 判别器损失函数）

生成器损失函数公式表明，生成器倾向于生成二者差别越小的数据；判别式损失的公式表明，当两种样本的 Wasserstein 距离最小的时候，损失越大。判别器的损失函数可以指示训练进程，其数值越小，表示真实分布与生成分布的 Wasserstein 距离越小，GAN 训练得越好。那么，来具体看一下 WGAN 的实现过程。

如图 5.34 所示，WGAN 算法并没有做很大的改动，但是如前所述，其每一步的理论依据都是非常强大的。在 WGAN 算法中，更新网络两部分的网络仍然是独立的。往往在更新了数次的判别器之后才会进行生成器的更新。和 GAN 一样，通过真实样本和合成样本同时来进行判别器的更新，而通过合成样本来更新生成器。为了让网络拟合出 Wasserstein 距离，判别网络去掉了最后的 Sigmoid 函数。同时为了满足 Lipschitz 常数为 K 的条件，在判别器的训练过程中参数也采用了截断的方式。

Algorithm 1 WGAN, our proposed algorithm. All experiments in the paper used the default values $\alpha = 0.00005$, $c = 0.01$, $m = 64$, $n_{\text{critic}} = 5$.

Require: : α, the learning rate. c, the clipping parameter. m, the batch size. n_{critic}, the number of iterations of the critic per generator iteration.
Require: : w_0, initial critic parameters. θ_0, initial generator's parameters.
1: **while** θ has not converged **do**
2:   **for** $t = 0, ..., n_{\text{critic}}$ **do**
3:     Sample $\{x^{(i)}\}_{i=1}^m \sim \mathbb{P}_r$ a batch from the real data.
4:     Sample $\{z^{(i)}\}_{i=1}^m \sim p(z)$ a batch of prior samples.
5:     $g_w \leftarrow \nabla_w \left[\frac{1}{m}\sum_{i=1}^m f_w(x^{(i)}) - \frac{1}{m}\sum_{i=1}^m f_w(g_\theta(z^{(i)}))\right]$
6:     $w \leftarrow w + \alpha \cdot \text{RMSProp}(w, g_w)$
7:     $w \leftarrow \text{clip}(w, -c, c)$
8:   **end for**
9:   Sample $\{z^{(i)}\}_{i=1}^m \sim p(z)$ a batch of prior samples.
10:   $g_\theta \leftarrow -\nabla_\theta \frac{1}{m}\sum_{i=1}^m f_w(g_\theta(z^{(i)}))$
11:   $\theta \leftarrow \theta - \alpha \cdot \text{RMSProp}(\theta, g_\theta)$
12: **end while**

图 5.34　WGAN 完整的算法流程

上面说过，WGAN 与原始 GAN 第一种形式相比，只修改了四点。

但是 WGAN 论文的作者做了不少实验验证，本节只提如下比较重要的三点。

第一，判别器所近似的 Wasserstein 距离与生成器的生成图片质量高度相关，如图 5.35 所示。

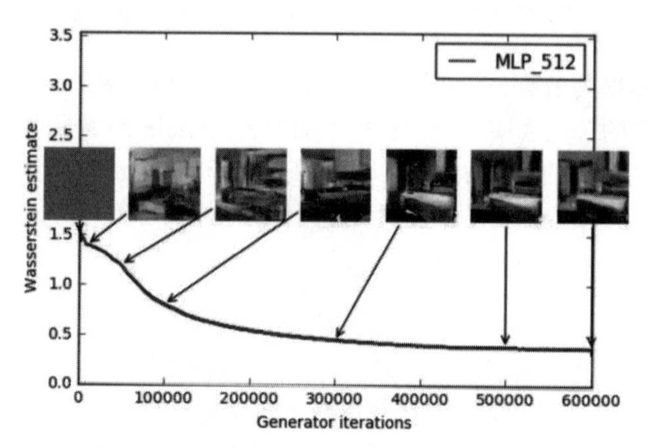

图 5.35 Wasserstein 距离与图片质量的关系

第二，WGAN 如果用类似 DCGAN 架构，生成图片的效果与 DCGAN 差不多，如图 5.36 所示。

图 5.36 相同结构下 WGAN 与 DCGAN 生成效果对比

但是厉害的地方在于，WGAN 不用 DCGAN 各种特殊的架构设计也能做到不错的效果，比如如果 WGAN 和 DCGAN 一起拿掉 Batch Normalization（BN）的话，DCGAN 就崩了，效果对比如图 5.37 所示。

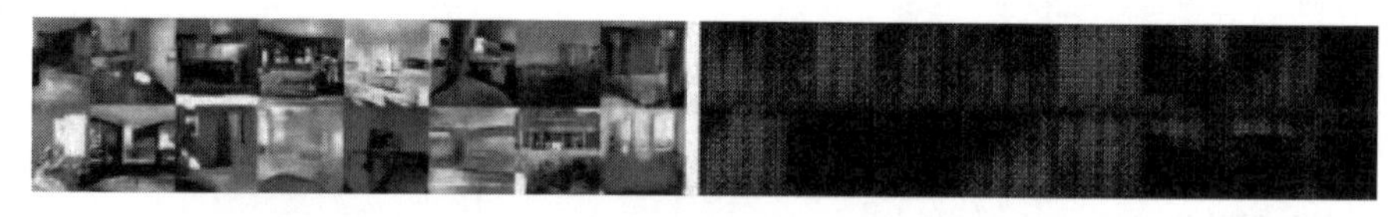

图 5.37 去掉 BN 网络后 WGAN 与 DCGAN 生成效果对比

第三，在所有 WGAN 的实验中未观察到多样性不足（Collapse Mode）的问题，作者也只说应该是解决了，如果 WGAN 和原始 GAN 都使用多层全连接网络（MLP），不用 CNN，WGAN 质量会变差些，但是原始 GAN 不仅质量变得更差，而且还出现了多样性不足的问题，效果对比如图 5.38 所示。

图 5.38　WGAN 与 DCGAN 多样性效果对比

WGAN 分析了 Ian Goodfellow 提出的原始 GAN 两种形式各自的问题，第一种形式在最优判别器下等价于最小化生成分布与真实分布之间的 *JS* 散度，由于随机生成分布很难与真实分布有不可忽略的重叠以及 *JS* 散度的突变特性，使得生成器面临梯度消失的问题；第二种形式在最优判别器下等价于既要最小化生成分布与真实分布之间的 *KL* 散度，又要最大化其 *JS* 散度，相互矛盾，导致梯度不稳定，而且 *KL* 散度的不对称性使得生成器会选择丧失多样性也不选择丧失准确性，导致多样性不足现象。

WGAN 的论文引入了 Wasserstein 距离，由于它相对 *KL* 散度与 *JS* 散度具有优越的平滑特性，理论上可以解决梯度消失的问题。接着通过数学变换将 Wasserstein 距离写成可求解的形式，利用一个参数数值范围受限的判别器神经网络来最大化这个形式，就可以近似求 Wasserstein 距离。在此近似最优判别器下优化生成器使得 Wasserstein 距离缩小，就能有效拉近生成分布与真实分布的差距。WGAN 既解决了训练不稳定的问题，也提供了一个可靠的训练进程指标，而且该指标确实与生成样本的质量高度相关，最后作者对 WGAN 进行了实验验证。这是一篇非常值得我们学习的论文，从理论的推导以及实验的的支持都是值得我们学习的。

5.5　R-CNN 简介

现总结目前几种比较常用的 R-CNN 网络结构，如图 5.39 所示。并对其基本的思想进行了归纳概括。其中 2014 年提出的 R-CNN 具有开创性的意义，也是第一次提出 R-CNN（Region CNN）的思想来解决计算机视觉的问题。R-CNN 采用传统的方式——选择搜索（Selective Search）的方式进行候选框的选取，这就是所谓的候选区域（Region Proposals），然后将这些归一化的候选框位置通过 CNN 对提取特征，最终采用分类器

（如 SVM）对不同的目标进行分类。该算法一经提出，就掀起了 CNN 处理视觉任务的热潮，该算法直接将目标检测任务的基准结果（Baseline）从 34.3% 提高到了 66%。这是传统算法所不能想象的，虽然处理的速度只有 47s/f，但是丝毫没有降低科研人员对它的信心。

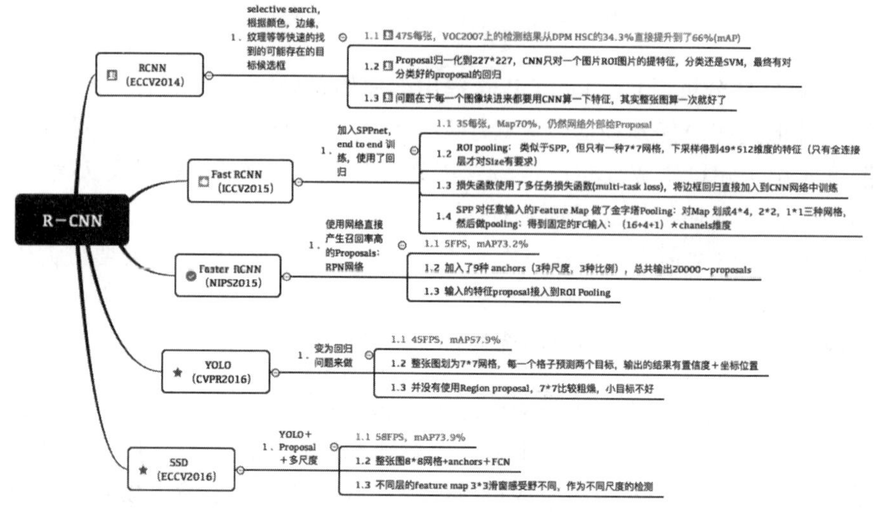

图 5.39　R-CNN 算法比较

果然，R-CNN 提出不久，马上就有了新的突破，Fast R-CNN 以及 Faster R-CNN 相继被提出。R-CNN 存在很明显的缺点：（1）对每一个候选区域提取特征，这是它速度慢的根源；（2）不用 CNN 提取 Proposals；（3）不用 CNN 进行分类。因此，在这些问题上新的算法分别对它们进行了处理。反思 R-CNN 为什么不对一整张图像求出特征，然后对每一个 Proposal 截取相应位置的特征呢？这样操作能够节省大量的重复计算的时间。原因就在于，如果这样操作就会得到大小不一的特征输入维度，后续的分类器没有办法处理。因此在当时，提出 R-CNN 的作者采用了先归一化图片大小的方式，这样就不需要对网络进行修改来适应各种大小的输入。而 Fast R-CNN 却正是通过这种方式来加快网络速度的。Fast R-CNN 在网络中引入了一个 ROI Pooling 的操作，首先，还是通过传统的方式提取 Proposals，对于其中的每一个 Proposal 先不急着求取特征，而是对整体的图片求出特征。然后通过不同的位置信息得到一个区域映射。接下来 Fast R-CNN 要解决的问题就是：如何对不同大小的特征输入进行分类？他们引入了 SPP 网络的思想，也就是文章中提到的 ROI Pooling 操作。简单来讲，就是对于不同大小的特征输入归一化为一个相同维度的特征输入，采用的是一种“划格子分块”的方式，不管原来是多大都可以分为相同的块数，对于每一块池化操作变为一个值。最后还用 Softmax 的方式替代了 SVM 分类器，同时还回归得到一个输出的 Region 的位置。

而对于 Faster CNN 显然要解决的问题是：为什么不用网络提取 Proposal 呢？于是网络当中引入了 RPN 进行 Proposals 的提取。RPN 通过训练学习到，什么样的数据分布最可能存在一个目标。具体的，RPN 以前面网络提取的特征为输入，用一个 3×3 的卷积核作为感知野（因为越到后面特征层次越高，因此可以感受到的范围是相当大的），并且对于卷积的每一个位置都提出 9 种不同大小的锚（Anchors），在此基础上预测得到前景或者背景的判别以及一个有 9 个坐标位置的回归。

而其他的，如 YOLO 以及 SSD 都是在此类方法上的改进。YOLO 在精度和速度的选择上选择了速度，最快的在 GPU 上能够达到 40+FPS 的水平，是 Faster R-CNN 的 9 倍，真正意义上达到了实时。与此同时，精度也远远地超过传统算法的水平。SSD 通过对不同层次的特征输出的处理得到一个适应不同大小目标的检测器，很好地解决了 YOLO 对小目标效果差的问题，在保证速度的同时，精度也能够相媲美于 Faster R-CNN，可谓是 R-CNN 中十分优秀的算法框架。

分析比较 Faster R-CNN、YOLO、SSD 这几种算法，个人觉得有一个问题要先回答，YOLO、SSD 为什么速度快？最主要的原因还是 Proposal（最后输出将全连接换成全卷积也是一点原因）。其实总结起来笔者认为有两种方式：（1）RPN；（2）暴力划分。RPN 的设计相当于是一个滑动窗口对最后特征图的每一个位置都进行了估计，由此找出锚上面不同变换的 Proposal，设计非常经典，代价就是滑动窗口。相比较，YOLO 比较暴力，直接划为 7×7 的网格，估计以网格为中心两个位置也就是总共 98 个 Proposal。速度很快明显与精度和格子的大小有关。SSD 则是结合不同层输出的不同尺度的特征图（Feature Map）提出来，划格子，划多种尺度的格子，在格子上提取锚，结果显而易见。

还需要说明的一个核心就是 RPN。目前虽然已经有更多的 RCNN，但是 Faster RCNN 中的 RPN 仍然是一个经典的设计。下面来说一下 RPN

网络，如图 5.40 所示（当然也可以将 YOLO 和 SSD 看作是一种 RPN 的设计）。

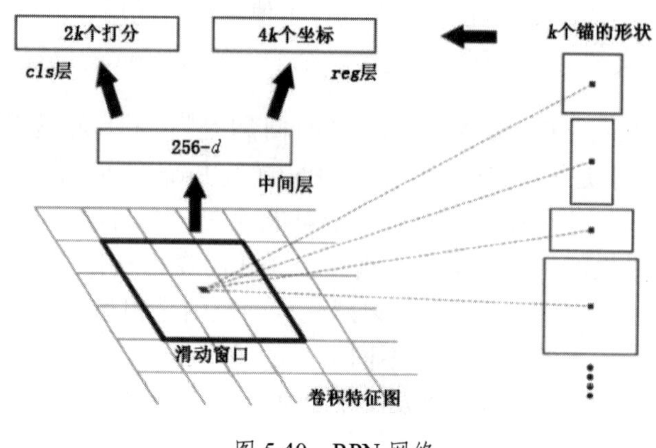

图 5.40 RPN 网络

在 Faster R-CNN 当中，一张大小为 224×224 的图片经过前面 5 个卷积层，输出 256 张大小为 13×13 的特征图（也可以理解为一张 13×13×256 大小的特征图，256 表示通道数）。接下来将其输入到 RPN 网络，输出可能存在目标的候选位置（Region）$W \times H \times k$ 个（其中 $W \times H$ 是特征图的大小，k 是 Anchor 的个数）。实际上，这个 RPN 由两部分构成：一个卷积层，一对全连接层，它们分别输出分类结果（Cls Layer）以及坐标回归结果（Reg Layer）。卷积层：步长为 1，卷积核大小为 3×3，输出 256 张特征图（这一层实际参数为 3×3×256×256）。相当于一个滑动窗口探索输入特征图的每一个 3×3 的区域位置。当这个 13×13×256 特征图输入到 RPN 网络以后，通过卷积层得到 13×13 个 256 维特征图，也就是 169 个 256 维的特征向量，每一个对应一个 3×3 的区域位置，每一个位置提供 9 个 Anchor。于是，对于每一个 256 维的特征，经过一对全连接网络（也可以是 1×1 的卷积核的卷积网络），一个输出前景或是背景的输出，为 2 维；另一个输出回归的坐标信息（x、y、w、h，共 4×9 维，但实际上是一个处理过的坐标位置）。于是，以这 9 个位置为基准，在附近求到了一个真实的候选位置。

R-CNN 目前广泛地应用于计算机视觉领域，具有非常大的学术和商业价值。通过以上的讲解我们已掌握了其中最核心的部分，相信对于读者以后的学习或者工作都有很好的帮助。

5.6　CNN 的应用实例

在前面的章节中，对 CNN 的构成、特性等做了非常详细的介绍，同时还介绍了当前主流的卷积神经网络框架。相信读者对于 CNN 已经有了非常深刻的认识。那么在本节中，将介绍一种基于 CNN 网络的应用——图像分割（Image Segmentation）。如果把计算机视觉中的目标识别看作是区域级别的分类，那么图像分割就是像素级别的分类。也就是说，需要对每一个像素点属于哪一个类别进行分类。接下来要介绍的这种算法来自于 Facebook，让我们来看一下它们是如何实现的。

先来看看图像分割的整体的思路。由图 5.41 来看，采用的还是目标检测（Object Detection）的深度学习框架，这里的网络分为两个分支：首先通过框架的第一个分支，也就是上面的分支给出目标落在中心处的掩码（Mask），然后，利用下面的那个分支对于输入图像块的目标进行打分（Score）。其优点在于：Mask 和 Score 两部分共享大部分网络，网络精简且效率高，得到的 Proposal 数目更少，但是召回率（Recall）却非常高，准确度大幅度提高，并且 Facebook 也开源了它们的研究成果。

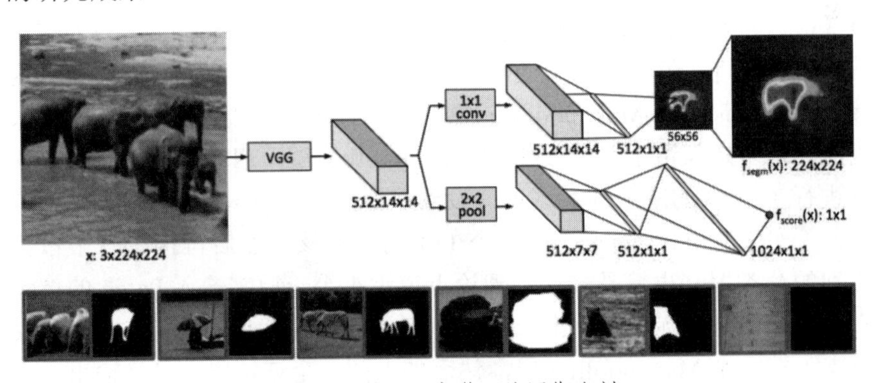

图 5.41　基于深度学习的图像分割

那接下来具体来看看算法的思路，算法中对于输入的一张图片，目标是要得到当中可能存在的目标 Proposals，以及各个 Proposal 的得分值。为了达到这个目的，将网络分为两个分支；第一个分支输出图片 Patch 块的 Mask，第二个分支得到它的得分值。两个分支的前部分共享很大一部分的网络来得到底层的特征。相比于其他的数据，数据的输出输入部分包括了像素级别的掩码标记，也就是标记了每一个像素是属于哪一个物体的。

1. 数据部分

每一个训练样本 k 都包括以下三部分：（1）RGB 三通道的样本 Patch 块；（2）Patch 块当中每一个像素的二值掩码；（3）样本块的标签 y。其中，如果在这个 Patch 块中心或附近存在一个目标物体并且这个目标物体在一定尺度的容忍范围内占满这个 Patch 块，那么 Patch 块的标签为 $y=1$，否则为 $y=-1$。再来看一下掩码赋值，当标签为 1 的时候，如果某像素点是中心点这个目标物体（因为它有可能是别的目标物体的一部分）的一部分的话，那在 Mask 当中，这个像素点的值为 1，否则为 -1；而当标签为 -1 的时候，掩码 Mask 也就不用了（全部为 0 就好了）。因此，如图 5.41 所示，前面的样本就是可以使用的样本，而后面 3 个框当中的样本，由于占用这个图像块的比例过大或者是过小，或者是这个目标物体并没有处于图片的中心，因此不使用这样的样本。

2. 网络部分

在 VGG-A 网络进行的 Fine-tuning [备注：网络中包括 8 层的卷积网络（最后的卷积层输出为 512 张特征图），5 层的 Max_pooling，以及三层的全连接层]，在构建网络的时候，作者首先去掉 VGG 中全部的全连接层，以及最后的 Max_pooling 层（因为，需要用到前面学到的特征），因此网络中还保留了 4 个 2×2 的 Max_pooling 层，相当于对于输入的样本进行了 1/16 的降采样（这里假设卷积后尺度不变），然后构建出网络的两个分支：Mask 分支，接一个 1×1 的卷积核，然后再接了一个像素级别的分类器（也算是一层，理论上说大小等于原来输入 Patch 的像素点个数，但是实际上应该小于该像素点个数，然后上采样还原）；Score 分支，接一个 Max_pooling 层，然后加上两个全连接层，最终输出一个打分值，判断 Patch 的标签。训练的损失函数为：

$$\mathcal{L}(\theta)=\sum_k\left(\frac{1+y_k}{2\omega^o h^o}\sum_{ij}\log(1+e^{-m_k^{ij}f_{segm}^{ij}(x_k)})+\lambda\log(1+e^{-y_k f_{score}(x_k)})\right)$$

其中，$f_{segm}^{ij}(x_k)$表示的是网络预测在位置（i,j）处的掩码结果（为 1，或者是 -1），m 对应其真实的标签公式的前一部分，也就是括号当中的第一项是对 Mask 部分的处理，其中前面的系数部分表示对于不存在目标部分的掩码，就不要再进行训练了，也就是标签为 $y=-1$ 带入到损失函数中的时候，其实第一部分为 0，而当对该像素预测的掩码的值和实际的值相接近的时候产生的损失就很小。第二部分 $f_{score}(x_k)$ 是对 Patch 块的预测，看其中是否包含目标物体。通过这个损失函数进行反向传播就可以来更新网络。

在应用当中，经过变换后的样本，在距离原来的样本中心点 ±16 个像素点，尺度变换为 0.8 ～ 1.2 都被视为是和原来样本一样的，且也会被给予 1 的标签；而如果是距离任何的样本中心点 ±32 个像素点以上，尺度变换为 0.5 或者是 2 倍的范围外都被视为是和原来样本不一样的，且也会被给予 -1 的标签。在测试阶段，对于输入的一张图片，以 16 个像素的步长变换位置，以 1/4 到 2 倍的尺度进行变换。这样保证至少有一个 Patch 能够包括其中所有的目标物体。经过训练得到如图 5.42 所示的结果。

图 5.42　图像分割结果示意图

本章总结

正是由于卷积神经网络（CNN）在深度学习中的重要性，因此，本章进行了较大篇幅的介绍。本章从卷积神经网络的基础着手，对CNN中比较重要的部分做了以下几个方面的讲解。

首先，回顾了深度学习的历史，记录当中几个重要的事件。卷积神经网络的核心、局部感知大大地降低了网络的复杂程度，使得在当前的硬件条件下能够进行比较基本的计算。

其次，介绍了卷积神经网络的原理，对于其卷积的过程进行了详细的描述。实际上卷积层也在替代全连接层，卷积网络已经在向着全卷积网络发展。此外，我们对清华大学提出的CNN的可视化工具也进行了介绍，希望能够帮助大家形象地理解卷积神经网络。

接下来，回顾了CNN的经典网络结构的发展，对这些经典的网络结构进行了详细的对比和介绍。这是我们学习深度学习重要的部分，通过对这些优秀的网络结构的学习希望能够指导我们设计出优秀的网络结构。

然后，介绍了CNN当中一些新的研究成果，主要包括两个方面：一个是R-CNN，另一个是对抗网络。R-CNN在图像特别是其中的目标检测任务中取得了巨大的成果，R-CNN即使用CNN网络提取出目标位置的候选位置（Region），因此被称作R-CNN。R-CNN已经在目标检测当中取得了最好的效果。对抗网络开启了无监督学习的大门，具有极大的潜力。最后，通过一个实例学习卷积神经网络。

目前，深度强化学习的研究都是基于CNN进行的。这也是为什么我们用如此大的篇幅来介绍CNN。在后面的章节中，还会介绍如何用代码来实现神经网络。希望通过CNN的学习，读者能够掌握深度学习的基本概念，这对于深度强化学习知识的掌握以及深度强化学习的设计是非常有帮助的。

参考文献

[1] A Beginner's Guide To Understanding Convolutional Neural Networks.

[2] ImageNet Classification with Deep Convolutional Neural Networks.

[3] Learning to Segment Object Candidates ,Facebook.

[4] CNNVis-Towards Better Analysis of Deep Convolutional Neural Networks.

[5] Visualizing and Understanding Convolutional Neural Networks.

[6] Very Deep Convolutional Networks For Large-Scale Image Recognition.

[7] Learning methods for generic object recognition with invariance to pose and lighting.

[8] ImageNet classification with deep convolutional neural networks,Alex Krizhevsky,Ilya Sutskever,Geoffrey E Hinton,NIPS,2012.

[9] Very Deep Convolutional Networks for Large-Scale Image Recognition, Karen Simonyan,Andrew Zisserman.

[10] Going Deeper With Convolutions,Google,CVPR2015.

[11] Deep Residual Learning for Image Recognition,Kaiming He,Xiangyu Zhang,Shaoqing Ren,Jian Sun,CVPR2015.

[12] Generative Adversarial Nets，Ian J Goodfellow, Jean Pougetabadie, Mehdi Mirza, Bing Xu, David Wardefarley, Sherjil Ozair,Aaron Courville, Yoshua Bengio.

[13] Wasserstein GAN.

第6章　循环神经网络（RNN）

人类大脑并不是每时每刻都从一片空白开始思考。在读者阅读本章内容的时候，都是基于自己已经拥有的对先前所见词的理解来推断当前词的真实含义。我们不会将所有的东西都全部丢弃，然后用空白的大脑进行思考。我们的思想拥有持久性。

传统的神经网络并不能做到这点，看起来这像是一种巨大的弊端。例如，假设你希望对电影中的每个时间点的事件类型进行分类。传统的神经网络应该很难来处理这个问题——使用电影中先前的事件推断后续的事件，循环神经网络（RNN）解决了这个问题。RNN 是包含循环的网络，允许信息的持久化。

循环神经网络（Recurrent Neural Networks，RNN）是目前非常流行的神经网络模型，在自然语言处理等很多时序问题的求解上非常有效，在很多其他领域的任务求解中也已经展示出卓越的效果。图 6.1 所示为 RNN 网络结构及其模型展示。

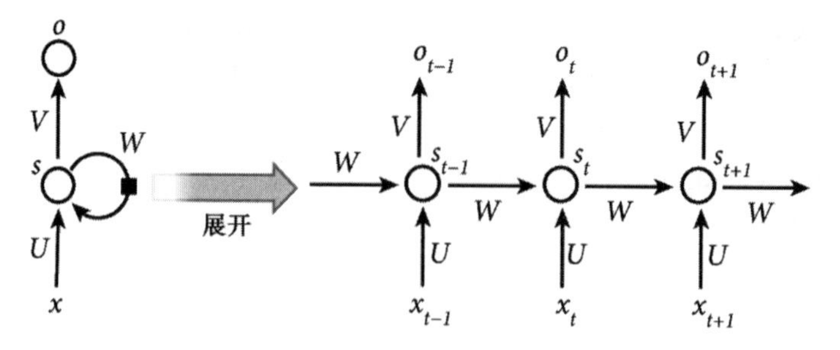

图 6.1　RNN 网络结构及其模型展开

循环神经网络又被称作是递归神经网络，它也是一类人工神经网络，可用于识别诸如文本、基因组、手写字迹、语音等序列数据的模式，也可用于识别传感器、股票市场、政府机构产生的数值型时间序列数据。循环神经网络可以说是最强大的神经网络之一，甚至可以将图像分解为一系列图像块，作为序列加以处理。由于循环神经网络拥有一种特定的记忆模式，而记忆也是人类的基本能力之一，所以下面会时常将循环网络与人脑的记忆活动进行类比。接下来将详细的介绍 RNN 模型。

Tips：不像传统的深度神经网络，在不同的层使用不同的参数，循环神经网络在所有步骤中共享参数（U、V、W），这个反映一个事实，即我们在每一步上执行相同的任务，仅仅是输入不同。这个机制极大减少了需要学习的参数数量。s_t 可以捕获之前所有时刻发生的信息，可以将隐含层状态 s_t 认为是网络的记忆。输出 o_t 的计算仅仅依赖于时刻 t 的记忆。上面已经简略提到，实际中这个过程有些复杂，因为 s_t 通常不能获取之前过长时刻的信息。

6.1　RNN 概览

循环神经网络（RNN）是一个在时间上传递的神经网络，网络的深度就是时间的长度。该神经网络是专门用来处理时间序列问题的，能够提取时间序列的信息。很多的非时序问题也可以被转化为时序问题。如果是前向神经网络，每一层的神经元信号只能够向下一层传播，样本的处理在时刻上是独立的。对于循环神经网络而言，神经元在这个时刻的输出可以直接影响下一个时间点的输入，因此该神经网络能够处理时间序列方面的问题。

循环神经网络背后的思想就是使用序列信息。在传统的神经网络中，我们认为所有的输入（和输出）彼此之间是互相独立的。但是对于很多任务而言，这个观点并不合适。如果想预测句子中的下一个词，你最好需要知道它之前的词。循环神经网络之所以称之为循环，就是因为它们对于序列中每个元素都执行相同的任务，输出依赖于之前的计算。另一种思考循环神经网络的方法是，它们有一个记忆，记忆可以捕获迄今为止已经计算过的信息。理论上，循环神经网络可以利用任意长度序列的信息，但是，在实际中，它们仅能利用有限长度序列的信息。图 6.2 所示的是一个典型的循环神经网络。

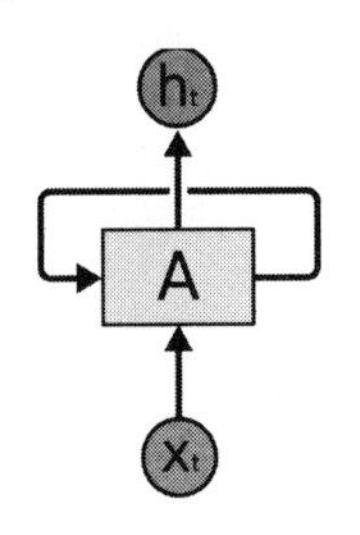

图 6.2　RNN 网络总体结构

图 6.2 的网络非常简单，神经网络的模块 A 读取某个输入 x_t，并输出一个值 h_t，循环可以使得信息从当前步传递到下一步。因此，其中至少包括两部分的参数：一部分是神经网络输入值 x_t 对应的输入权重；另一部分是上一级输出 h_{t-1} 对应的权重。

这些循环使得 RNN 看起来非常神秘。然而，如果仔细想想，RNN 也不比一个正常的神经网络难于理解。RNN 可以被看作是同一神经网络的多次复制，每个神经网络模块会把消息传递给下一个。所以，如果将这个循环展开，则结果如图 6.3 所示。

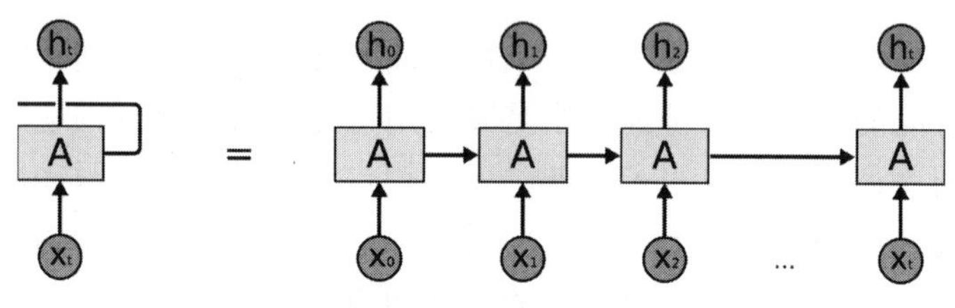

图 6.3　展开的 RNN

链式的特征揭示了 RNN 本质上是与序列和列表相关的，是对这类数据的最自然的神经网络架构。图 6.3 展示了一个循环神经网络展开的全网络。通过展开，简单地认为我们写出了全部的序列。例如，如果我们关心的序列是一个有 5 个词的句子，那么这个网络就会展开为 5 层的神经网络，一层对应一个词（注意，这里所说的层指的是每一列）。循环神经网络中组成的元素如下：

- x_t 是时刻 t 的输入。例如，x_1 可以是一个 one-hot 向量（one-hot 向量其实就是一个向量，其中只有一个有效值为 1，其余都为 0，保留 0 是为了归一化为固定的大小），对应句子中第二个词。
- s_t 是时刻 t 的隐含层状态，它是网络的记忆。s_t 基于前一时刻的隐含层状态 s_{t-1} 和当前时刻的输入 x_t 进行计算，得到当前状态的输出 $s_t=f(U\times x_t+W\times s_{t-1})$。函数 f 通常是非线性激活函数，如 tanh 或者 ReLU。s-1 被要求为计算第一个隐藏状态，通常被初始化为全 0。
- o_t 是时刻 t 的输出。例如，如果想预测句子 a 的下一个词，它将会是一个词汇表中的概率向量，$o_t=softmax(Vs_t)$。

由于 RNN 也有梯度消失的问题，因此很难处理长序列的数据，研究人员对 RNN 做了很多的改进，如 MV-RNN、RNTN 等。但是其中最有名的还是长短期记忆网络（Long Short Term Memory Networks，LSTM），它可以避免常规 RNN 的梯度消失，因此在工业界得到了广泛的应用。此外，基于 LSTM 的改进版本 GRU 也非常有效，将在接下来的章节中介绍这两种 RNN 的改进。

6.2 长期依赖（Long Term Dependencies）问题

在过去几年中，RNN 应用在语音识别、语言建模、翻译、图片描述等问题上已经取得一定成功，并且应用范围还在增长。而这些应用成功的关键之处就是 LSTM 的使用，这是一种特别的 RNN，相比标准的 RNN，它在很多任务上都表现得更好。几乎所有的令人振奋的关于 RNN 的结果都是通过 LSTM 达到的。本小节就 LSTM 进行展开。

RNN 的关键点之一就是它们可以用来连接先前的信息到当前的任务上，例如使用过去的视频段来推测对当前段的理解。如果 RNN 可以做到这个，它们就变得非常有用。但是真的可以么？答案是，还有很多依赖因素。很多时候我们并不知道需要依赖多少之前的信息。有时候，我们仅仅知道需要先前的信息来执行当前的任务。例如，有一个语言模型用来基于先前的词来预测下一个词。如果我们试着预测“the clouds are in the ___”最后的词，我们并不需要任何其他的上下文，很明显下一个词很显然就应该是 sky。在这样的场景中，相关的信息和预测的词位置之间的间隔是非常小的，RNN 可以学会使用先前的信息。如图 6.4 所示，对于预测的信息，只需要依赖于它之前的信息就可以成功地预测，但实际情况并不是这样的简单。

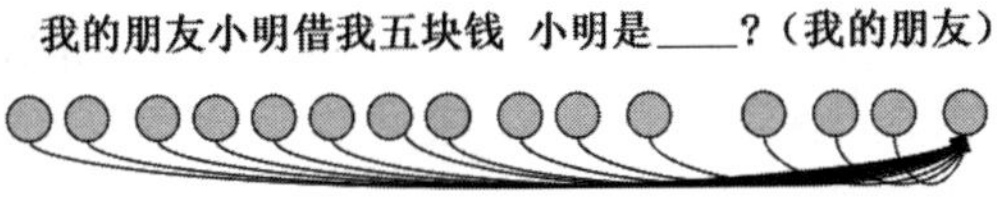

我的朋友小明借我五块钱 小明是____?（我的朋友）

图 6.4 不太长的相关信息和位置间隔

同样会有一些更加复杂的场景，这个时候该如何预测呢？假设我们试着去预测“I grew up in France, ……I speak fluent___”iv 当中的下划线上面的内容（其中的……表示很长的信息）。当前的信息建议下一个词可能是一种语言的名字，但是如果我们需要弄清楚是哪种语言，需要先前提到的离当前位置很远的 France 的上下文。这说明相关信息和当前预测位置之间的间隔肯定变得相当大，甚至可能还有这样的问题，知道首尾的信息，需要预测这其中的信息。如：“I grew up in ___, ……I speak fluent French.”当然这不是目前要考虑的问题。

不幸的是，在间隔不断增大时，RNN 会丧失学习到连接如此远的信息的能力，就好像我们淡忘了很久远的信息一样。

图 6.5 中的输入信息，你能很快很清楚地得到答案吗？很难吧！在理论上，RNN 绝对可以处理这样的长期依赖（Long-Term Dependencies）问题。人们可以仔细挑选参数来解决这类问题中的最初级形式，但在实践中，RNN 肯定不能够成功学习到这些知识。人工智能科学家 Bengio 等人对该问题进行了深入的研究，他们发现了一些使训练 RNN 变得非常困难相当根本的原因。然而，幸运的是，LSTM 使得这个问题变得非常地简单！

小明是小刚的朋友。
小明的父亲是机关干部，母亲是国企员工，家境优越；
小刚的父亲是普通工人，母亲下岗后在家开小卖部，生活拮据。
小明乖巧懂事，学习成绩优异，是班里的班长。
小刚活泼好动，对一切食物充满好奇，却无法安静地坐下来写作业，成绩较差。
小明借给小刚五块钱，小明是 ___？（×乖巧懂事，√小刚的朋友）

图 6.5　相当长的相关信息和位置间隔

长短期记忆网络（Long Short Term Memory Network，LSTM）是一种 RNN 特殊的类型，可以学习长期依赖信息。LSTM 由 Hochreiter 和 Schmidhuber 在 1997 年提出，并在深度学习发展的过程中被 Alex Graves 进行了改良和推广。在很多问题上，LSTM 都取得了相当巨大的成功，并得到了广泛的使用。如图 6.6 所示，其中输入了不同的时序数据。我们来看 t 时刻的情况，假设要预测这个时候的输出，但是实际上和该输出直接相关的是 $t-2$ 时刻的输入。那么很简单，熟悉数字电路的同学知道，在这个网络当中加入门电路直接就可以实现这个功能。那么在网络中也一样，通过网络的学习得到在 $t-2$ 这个地方的门应该打开，而在其余地方的输入应该关闭。于是这样就轻松的实现了网络的记忆功能。接下来我们去进一步了解网络当中的详细结构，来看网络当中是如何实现这个门单元的功能的。我们将图 6.2 所示当中的网络模块 A 可视化得到如图 6.7 的网络结构。LSTM 通过刻意的设计来避免长期依赖问题。记住长期的信息在实践中是 LSTM 的默认行为，而不是需要付出很大代价才能获得的能力！所有 RNN 都具有一种重复神经网络模块的链式的形式。在标准的 RNN 中，这个重复的模块只有一个非常简单的结构，例如一个 tanh 层。

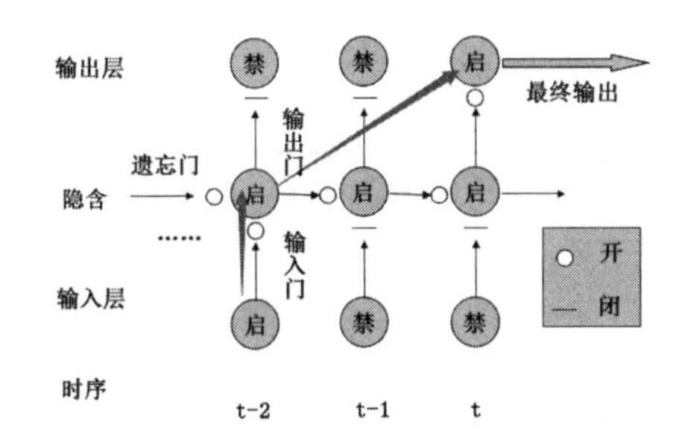

图 6.6　理解 LSTM 网络

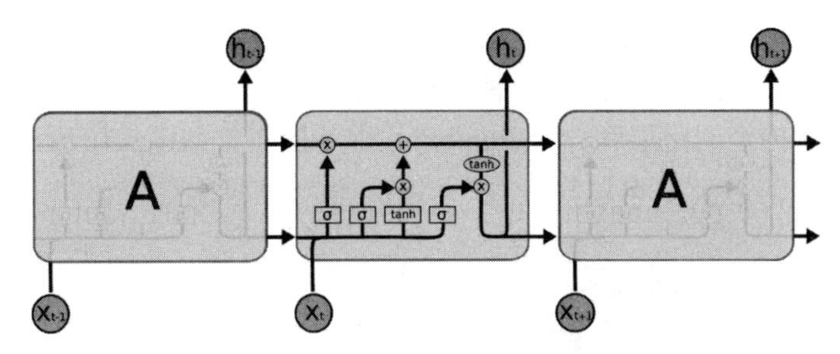

图 6.7　标准 LSTM 中的重复模块包含四个交互的层

LSTM 同样是这样的结构，但是重复的模块拥有一个不同的结构。不同于单一神经网络层，这里是有四个，以一种非常特殊的方式进行交互。不必担心这里的细节。我们会一步一步地剖析 LSTM 解析图。现在，先来熟悉一下图 6.8 中使用的各种元素的图标。

图 6.8　LSTM 中的图标

图 6.8 中，每一条黑线传输着一整个向量，从一个节点的输出到其他节点的输入；圈代表点级别（Pointwise）的操作，诸如向量的和；而矩形就是学习到的神经网络层；合在一起的线（Concatenate）表示向量的连接；分开的线（Copy）表示内容被复制，然后分发到不同的位置。

LSTM 的关键就是细胞状态，水平线在图上方贯穿运行。细胞状态类似于传送带，直接在整个链上运行，只有一些少量的线性交互。信息在上面流传保持不变会很容易。如图 6.9 中的 C 就相当于之前的状态信息流的输入。在每一个阶段都可以得到它作为此时预测的一个输入。

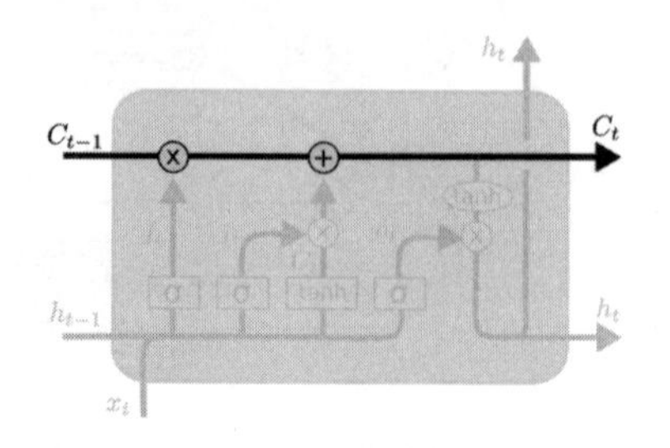

图 6.9　前序状态输入

LSTM 有通过精心设计的被称作为“门”的结构来去除或者增加信息到细胞状态的能力。门是一种让信息选择式通过的方法，它们包含一个 Sigmoid 神经网络层和一个 Pointwise 乘法操作，如图 6.10 所示。因此，对于前序的信息流 C 可以通过这个门结构进行信息的选取。

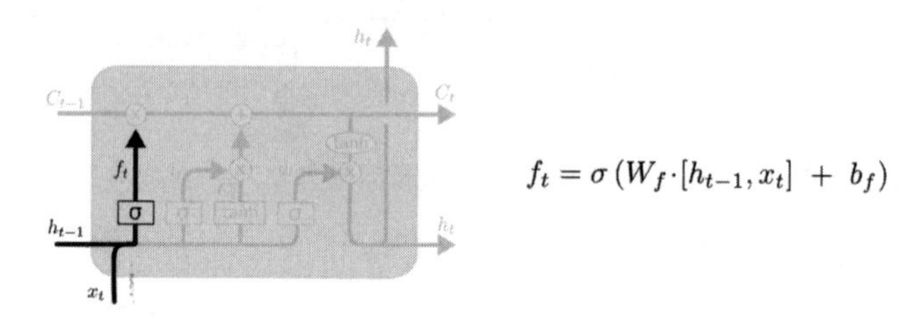

图 6.10　决定丢弃信息单元

如图 6.10 所示，其中的 σ 表示的是 Sigmoid 层，Sigmoid 层输出 0 到 1 之间的数值，描述每个部分有多少量可以通过。0 代表“不许任何量通过”，1 就是指“允许任意量通过”！因此，可以知道在 LSTM 中有三个门，来保护和控制细胞状态。在 LSTM 中的第一步是决定我们会从细胞状态中丢弃什么信息。这个决定通过一个称为忘记门的层来完成。该门会读取 h_{t-1} 和 x_t，根据该输入，输出一个在 0~1 之间的数值，给每个在细胞状态 C_{t-1} 中的数字，1 表示“完全保留”，0 表示“完全舍弃”。其中的 h_{t-1} 表示的是上一时刻的输出，而 x_t 是此时刻的输入。回到语言模型的例子中来，基于已经看到的预测下一个词。在这个问题中，细胞状态可能包含当前主语的类别，因此正确的代词可以被选择出来。当看到新的主语，我们希望忘记旧的主语。

在决定了什么样的信息要被遗忘之后，下一步是确定什么样的新信息被存放在细胞状态中，如图 6.11 所示。这里包含两个部分：第一，Sigmoid 层，称为“输入门层”，决定什么值将要更新；第二，tanh 层，创建一个新的候选值向量 $\tilde{C}_{t-1}$，会被加入到状态中。下一步，我们会用这两个信息来产生对状态的更新。在我们语言模型的例子中，希望增加新的主语的类别到细胞状态中，来替代旧的需要忘记的主语。

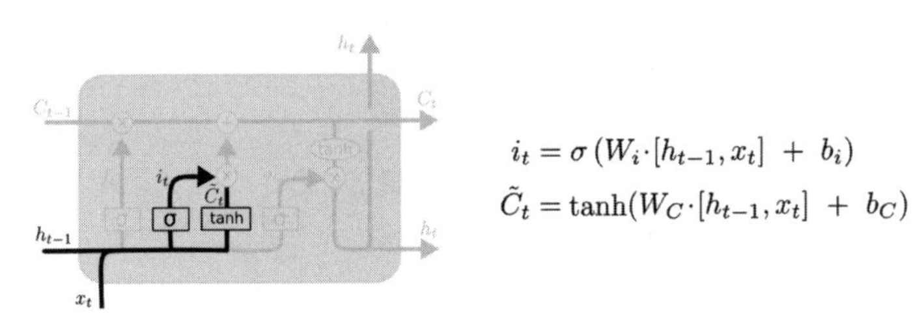

图 6.11　确定更新的信息

现在是更新旧细胞状态的时间了，使用 C_{t-1} 更新为 C_t，如图 6.12 所示。前面的步骤已经决定了将会做什么，现在就是去实际完成。我们把旧状态与 f_t 相乘，丢弃掉确定需要丢弃的信息。接着加上 $i_t * \tilde{C}_{t-1}$。这就是新的候选值，根据我们决定更新每个状态的程度进行变化。在语言模型的例子中，这就是我们实际根据前面确定的目标，丢弃旧代词的类别信息并添加新信息的地方。

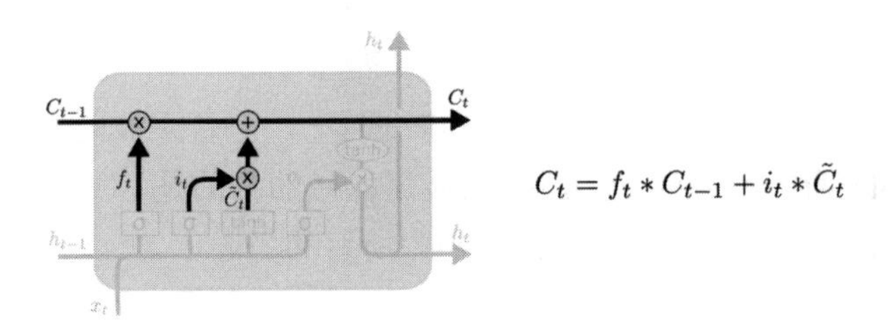

图 6.12　更新细胞状态

最终，我们需要确定输出什么值。这个输出将会基于细胞状态，但是也是一个过滤后的版本。首先，运行一个 Sigmoid 层来确定细胞状态的哪个部分将输出。接着，把细胞状态通过 tanh 进行处理（得到一个在 -1 ~ 1 之间的值）并将它和 Sigmoid 门的输出相乘，最终仅仅会输出我们确定输出的那部分，如图 6.13 所示。在语言模型的例子中，因为它就看到了一个代词，可能需要输出与一个动词相关的信息。例如，可能的输出是否为代词，是单数还是复数，这样如果是动词的话，我们也知道动词需要进行的词形变化。

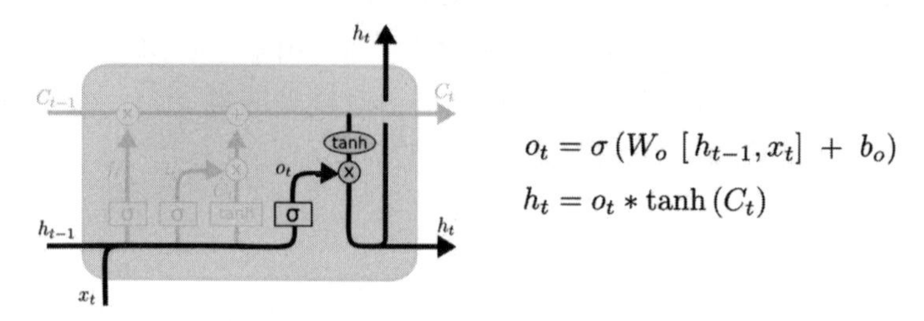

图 6.13　LSTM 的输出信息

6.3　LSTM 的变体

到目前为止都还在介绍正常的 LSTM，但是不是所有的 LSTM 都长成一样的。实际上，几乎所有关于 LSTM 的论文都采用了 LSTM 的微小变体。差异非常小，但是也值得来讲一下。

其中一个流形的 LSTM 变体，就是由 Gers & Schmidhuber（2000）提出的，增加了窥视孔连接（Peephole）连接的 LSTM 变体。也就是说，我们让门层也会接受细胞状态的输入。

图 6.14 中，增加了 peephole 到每个门上，但是许多论文会加入部分的 peephole 而非所有都加上。很明显这样做的目的是为了让上一个细胞的状态能够同时影响到 LSTM 网络当中所有的门。

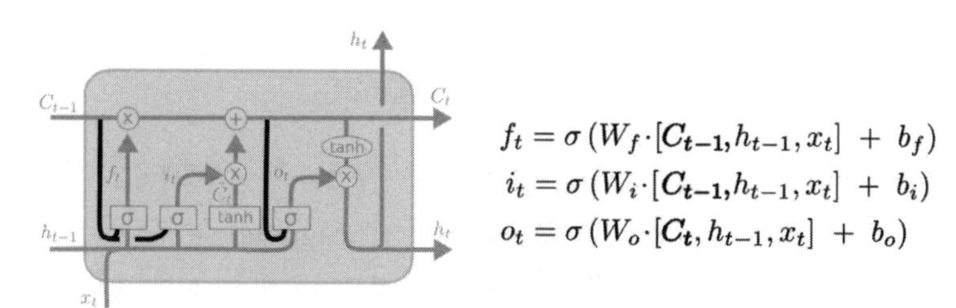

图 6.14　peephole 连接

LSTM 的另一个变体是通过使用成对（Coupled）忘记门和输入门，如图 6.15 所示。不同于之前是分开确定什么要忘记和需要添加什么新的信息，这里是一同做出决定的。

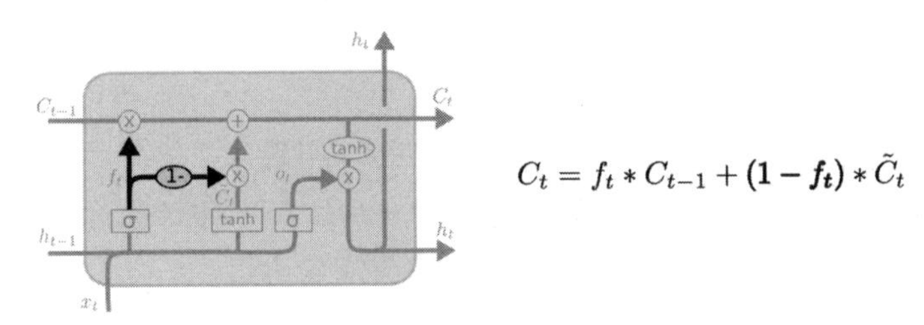

图 6.15 Coupled 忘记门和输入门

LSTM 的另一个改动较大的变体是门循环单元（Gated Recurrent Unit，GRU），这是由 Cho 等人于 2014 年提出的。它将忘记门和输入门合成一个单一的更新门，还混合了细胞状态和隐藏状态，以及其他一些改动。最终的模型比标准 LSTM 模型要简单，如图 6.16 所示，这也是非常流行的变体。

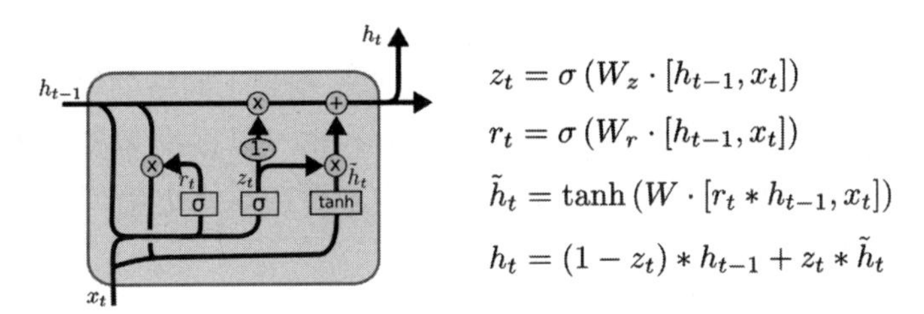

图 6.16 GRU 网络

GRU 是 LSTM 网络的一种变体，目前非常常用。根据 Google 的测试表明，LSTM 中最重要的是忘记门（Forget Gate），其次是输入门（Input Gate），最后是输出门（Output Gate）。GRU 把 LSTM 中的 Forget Gate 和 Input Gate 用更新门（Update Gate）来替代。把细胞状态（Cell State）C_t 和隐藏状态 h_t 进行合并，在计算当前时刻新信息的方法和 LSTM 有所不同。图 6.16 是 GRU 更新 h_t 的过程，具体更新过程如下。

（1）介绍 GRU 的两个门，分别是重置门 r_t 和更新门 z_t，计算方法和 LSTM 中门的计算方法一致。

（2）计算候选隐藏层 $\tilde{h}_t$。这个候选隐藏层和 LSTM 中的 $\tilde{C}_t$ 类似，可以看成是当前时刻的新信息，其中 r_t 用来控制需要保留多少之前的记忆，如果 r_t 为 0，那么 $\tilde{h}_t$ 只包含当前词的信息，得到的 $\tilde{h}_t$ 的结果如图 6.16 中的表达式。

（3）z_t 控制需要从前一时刻的隐藏层 h_{t-1} 中遗忘多少信息，需要加入多少当前时刻的隐藏层信息 $\tilde{h}_t$，最后得到 h_t，直接得到最后输出的隐藏层信息，这里与 LSTM 的区别是 GRU 中没有输出门。

如果 r_t 接近 0，那么之前的隐藏层信息就会丢弃，允许模型丢弃一些和未来无关的信息；z_t 控制当前时刻的隐藏层输出 h_t 需要保留多少之前的隐藏层信息，若 z_t 接近 1，相当于我们把之前的隐藏层信息复制到当前时刻，可以学习长距离依赖。一般来说那些具有短距离依赖的单元，重置门比较活跃（如果 r_t 为 1，而 z_t 为 0，那么相当于变成了一个标准的 RNN，能处理短距离依赖），具有长距离依赖的单元，更新门比较活跃。这是一个相当棒的设计。

如图 6.17 是 GRU 的算法原理图，这里 x 相当于网络的输入，隐含层相当于网络的输出，同时上一个时刻的输入也可以根据需要作为输入加入到网络当中。通过其中的两个核心结构重置门以及更新门能够控制这个过程中的输入量。

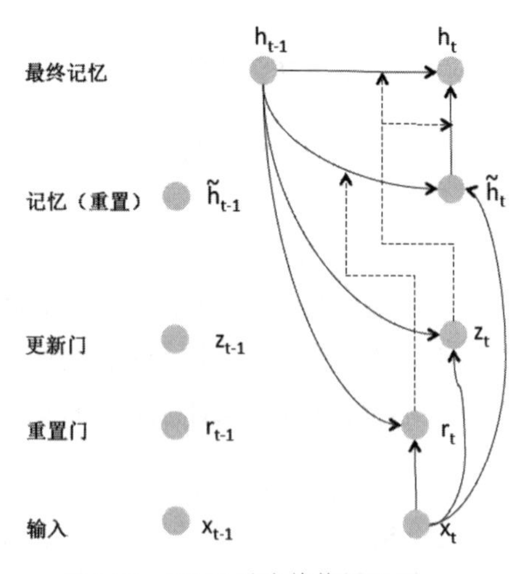

图 6.17　GRU 网络结构原理图

这里只是部分流行的 LSTM 变体。当然还有很多其他的，如 Yao 等人于 2015 年提出的 Depth Gated RNN。还有用一些完全不同的观点来解决长期依赖问题，如 Koutnik 等人于 2014 年提出的 Clockwork RNN。要问哪个变体是最好的？一般来讲和具体的使用环境有关系。Greff 等人于 2015 给出了流行变体的比较，认为这些变体基本上不存在本质的结构差异。目前比较通用的两种结构就是 LSTM 和 GRU，但是有些科研人员在架构上进行了测试，发现一些架构在某些任务上也取得了比 LSTM 更好的结果。对此感兴趣的读者可以参考相关的资料。

LSTM 的发展促进了序列问题的求解，本质上所有这些问题都可以使用 LSTM 完成。LSTM 对于大多数任务确实展示了更好的性能！目前，在自然语言处理，语音合成领域以及金融领域都有 LSTM 的身影。LSTM 是我们在 RNN 中获得的重要成功。同时目前在图像的语义理解中也有应用，例如使用 RNN 来产生对一个图片的描述，将焦点集中在图片的某一部分的注意（Attention）机制。

本章总结

本章对循环神经网络（RNN）进行了简要的介绍。RNN 对于序列问题的求解十分有效，因此目前被广泛地应用于自然语言处理（NLP），语音合成（TTS）以及金融领域。其实，图像领域的问题被看作是一个序列的问题，比如视频数据的处理，这个很显然。而图像的空间位置其实也可以当作是一个序列问题进行处理。这也就是之前所说的，序列问题和非序列问题并没有很明显的界限。

RNN 出现了很多优良的设计，其中最有名的当属 LSTM。LSTM 加入了三种门，这使得网络能够有效地处理当前预测对之前信息的依赖情况。因此，LSTM 目前已经广泛地被使用于工业界和学术界。LSTM 网络的一种变体是 GRU 网络，将其中的三个门的设计变成了重置门和更新门两种，这种设计是一种更加通用的设计，能一步一步提升其影响力。此外，RNN 的另外一个优势是，在网络中共享一份参数，这大大减小了模型的大小，便于模型的使用。

目前 RNN 也在不断地拓宽着自己的应用，包括图像领域，如看图说话（Image Captioning），以及逐像素生成图像的算法等。目前 RNN 的研究已经相当多，让我们期待更加丰富的研究成果！

参考文献

[1] Hochreiter S, Schmidhuber J. Long short-term memory[J]. Neural computation, 1997, 9(8)：1735-1780.

[2] Chung J, Gulcehre C, Cho K H, et al. Empirical evaluation of gated recurrent neural networks on sequence modeling[J]. arXiv preprint arXiv:1412.3555, 2014.

[3] Understanding LSTM Networks, colah.github.io

第 7 章　如何实现 CNN——用 C 语言实现深度学习

7.1　如何写 CMake 文件

本节介绍如何使用 C 语言进行深度学习网络框架的代码编写。在这之前要介绍一个非常方便的编译工具——CMake（图标如图 7.1 所示），感谢中科院潘伟洲在这个小工具上的分享。

图 7.1　CMake 工具图标

读者或许听过好几种 Make 工具，例如 GNU Make、QT 的 qmake、微软的 MS nmake、BSD Make（也叫 bmake 或 pmake）、Makepp 等。这些 Make 工具遵循着不同的规范和标准，所执行的 Makefile 格式也千差万别。这就带来了一个严峻的问题：如果软件想跨平台使用，必须要保证该软件能够在不同平台上编译。而如果使用上面的 Make 工具，就得为每一种标准写一次 Makefile，这将是一件让人抓狂的工作。

CMake 就是针对上面问题所设计的工具：它首先允许开发者编写一种与平台无关的 CMakeList.txt 文件来定制整个编译流程，然后再根据目标用户的平台进一步生成所需的本地化 Makefile 和工程文件，如 UNIX 的 Makefile 或 Windows 的 Visual Studio 工程。从而做到一次编码，终身受益（Write once, run everywhere）。显然，CMake 是一个比上述几种 Make 工具更高级的编译配置工具。一些使用 CMake 作为项目架构系统的知名开源项目有 VTK、ITK、KDE、OpenCV、OSG 等。

在进行深度学习算法研究的过程中，通常都会选用 Linux 开发环境，因此本节对 CMake 实例的介绍也是基于 Linux 平台。在 Linux 平台下使用 CMake 生成 Makefile 并编译的流程如下。

- 编写 CMake 配置文件 CMakeLists.txt。
- 执行命令 cmake PATH 或者 ccmake PATH 生成 Makefile 文件，其中 PATH 是 CMakeLists.txt 所在的目录（ccmake 和 cmake 的区别在于前者提供了一个交互式的界面）。
- 使用 make 命令进行编译。

接下来将从一个简单的实例入手，一步步讲解 CMake 的常见用法。在这个例子的源码中，实现的是一个简单的求解一个数的指数次方的过程，如代码 7.1 所示。那么接下来来看如何编写这个简单工程的 CMakeLists.txt，并且实现对它的编译。

【代码 7.1】示例源码。

```
/****cmake      举例 ************************************/
#include <stdio.h>
#include <stdlib.h>

double power(double base, int exponent)
{
    int result = base;
    int i;

    if (exponent == 0) {
        return 1;
    }

    for(i = 1; i < exponent; ++i){
        result = result * base;
    }
    return result;
}
```

```
int main(int argc, char *argv[])
{
    if (argc < 3){
        printf("Usage：%s base exponent \n", argv[0]);
        return 1;
    }
    double base = atof(argv[1]);
    int exponent = atoi(argv[2]);
    double result = power(base, exponent);
    printf("%g ^ %d is %g\n", base, exponent, result);
    return 0;
}
```

CMakeLists.txt 的语法比较简单，由命令、注释和空格组成，其中命令是不区分大小写的。符号“#”后面的内容被认为是注释。命令由命令名称、小括号和参数组成，参数之间使用空格进行分隔。将以上源码保存在 main.cc 文件当中，接下来，要为这个程序编写 CMakeLists.txt 文件，如代码 7.2 所示。

【代码 7.2】CMakeLists.txt 文件代码。

```
/# CMake 最低版本号要求
cmake_minimum_required (VERSION 2.8)
# 项目信息
project (Demo1)
# 指定生成目标
add_executable(Demo main.cc)
```

在这个示例当中指明了编译一个简单工程的基本要素。具体来看其中的每一个部分，对于上面的 CMakeLists.txt 文件，依次出现了如下几个命令。

（1）cmake_minimum_required：指定运行此配置文件所需的 CMake 的最低版本。

（2）project：参数值是 Demo1，该命令表示项目的名称是 Demo1，即最终编译出来的项目名称。

（3）add_executable：表示将名为 main.cc 的源文件编译成一个名称为

Demo 的可执行文件。需要添加生成这个可执行文件的所有依赖文件，这里只依赖于 main.cc。如果依赖的源文件很多并且位于不同的文件夹，那么还可以在这当中添加文件的路径变量。

Tips：最后的那个"."是必须的，表示当前的路径，当然也可以在其他路径当中执行该命令，需要对应的添加 CMakelists.txt 文件的路径。

完成 CMakelists.txt 文件的编写之后便可以在 CMakelists.txt 文件位置下，使用 cmake. 命令编译这个文件，生成 Makefile 文件。

然后，执行 make 命令就可以编译出可执行文件 Demo。执行它就可以计算一个数的指数幂的结果了，如代码 7.3 所示。

【代码 7.3】编译源文件并执行该程序示例结果。

```
[ikerpeng@research]$ cmake .
-- The C compiler identification is GNU 4.8.2
-- The CXX compiler identification is GNU 4.8.2
-- Check for working C compiler：/usr/sbin/cc
-- Check for working C compiler：/usr/sbin/cc -- works
-- Detecting C compiler ABI info
-- Detecting C compiler ABI info - done
-- Check for working CXX compiler：/usr/sbin/c++
-- Check for working CXX compiler：/usr/sbin/c++ -- works
-- Detecting CXX compiler ABI info
-- Detecting CXX compiler ABI info - done
-- Configuring done
-- Generating done
-- Build files have been written to：/home/ehome/Documents/programming/
C/power/Demo1
[ikerpeng@research]$ make
Scanning dependencies of target Demo
[100%] Building C object CMakeFiles/Demo.dir/main.cc.o
Linking C executable Demo
[100%] Built target Demo
[ikerpeng@research]$./Demo 7 3
7 ^ 3 is 343
```

上面例子中，通过 CMake 编译了这个小工程，分别执行了 cmake. 和 make 命令，最终生成了可执行文件 Demo。代码 7.3 当中通过"./ "在执行这个可执行文件 Demo。后面的 7 和 3 是函数的输入，这里是为了求 7 的 3 次方。最终输出计算的结果 343。

那么，一个类似于 CMake 的 Hello world 程序在这里就学习完成。当然，在实际的使用过程中并不是这么简单，感兴趣的读者可进一步参考其他资料。

7.2　如何实现卷积神经网络

7.1 节中，学习了当一个工程被建立之后如何使用 CMake 工具来编译和执行这个工程项目。那么接下来将介绍如何使用 C 语言实现一个基本的卷积神经网络。

一个神经网络由不同的功能网络层构成，构成一个卷积神经网络（CNN）至少需要涉及卷积层、激活层、池化层、全连接层等，而各个网络层中，神经元则是其基本构成，神经元当中又要引入一个偏置网络。因此，在接下来的章节中将逐一介绍它们的 C 语言实现方法。需要说明的是，本节只介绍卷积神经网络在 CPU 上的实现，而高性能编程不是本节的重点。

7.2.1　激活函数

每一个神经元都可以看作是由两部分构成的：一部分是带权重的输入；而另一部分就是激活函数。这个激活函数决定对于一个输入数据信号是否进行抑制或者加强。下面来看具体是如何实现的。

【代码 7.4】激活函数头文件。

```
    #ifndef ACTIVATIONS_H
    #define ACTIVATIONS_H
    #include “cuda.h”
    #include “math.h”

    //枚举出库中有的激活函数
    typedef enum{
        LOGISTIC, RELU, RELIE, LINEAR, RAMP, TANH, PLSE, LEAKY, ELU,
LOGGY
    }ACTIVATION;
```

在激活函数头文件中首先枚举了当前主流的激活函数，包括 Logistic、ReLU 激活函数、Tanh 激活函数等。本节介绍的是其中的五个函数的实现，都非常好理解。在 Activation 头文件中不仅实现了如 ReLu 等激活函数的正向传播形式，而且对其对应的反向传播过程的梯度函数也有实现，都以内联函数的方式予以实现，具体的实现如代码 7.5 所示。

【代码 7.5】激活函数实现。

```
static inline float linear_activate(float x){return x;}
static inline float logistic_activate(float x){return 1./(1. + exp(-x));}
static inline float loggy_activate(float x){return 2./(1. + exp(-x)) - 1;}
static inline float relu_activate(float x){return x*(x>0);}
static inline float elu_activate(float x){return (x >= 0)*x + (x < 0)*(exp(x)-1);}
static inline float relie_activate(float x){return x*(x>0);}
static inline float ramp_activate(float x){return x*(x>0)+.1*x;}
static inline float leaky_activate(float x){return (x>0) ? x : .1*x;}
static inline float tanh_activate(float x){return (exp(2*x)-1)/(exp(2*x)+1);}
static inline float plse_activate(float x)
{
    if(x < -4) return .01 * (x + 4);
    if(x > 4)      return .01 * (x - 4) + 1;
    return .125*x + .5;
}
```

如代码 7.5 所示，来看其中实现的最简单的一个激活函数，是一个线型的激活函数，也就是对于其任意的输入直接输出该输入值。这里只是为了测试比较，在实际的使用当中不会用到，否则神经网络就变成了简单的线性叠加，从而不能起到向高维空间映射的作用。再来看其中的 ReLu，ReLu 激活函数通过 return $x\times(x>0)$ 进行实现，当满足括号中的条件时返回 1，不满足的时候返回 0，也就保证了对小于 0 的部分激活函数的阻断，而只有当输入大于 0 的时候输入才是激活的状态。对应于其反向传播中的梯度计算就变得异常简单了，因为对于 x 的求导结果就是 1，因此，得到的最终结果就是在 $x>0$ 的地方为 1，如代码 7.6 所示。代码中的 Leaky 激活函数是对 ReLU 激活函数的改进。在大于 0 的部分，和 ReLU 激活函数一模一样；但是在小于 0 的时候，经过激活函数的输出值则变成输入值的 0.1 倍。其他激活函数的实现也非常简单，请参考代码 7.5 中的具体实现。

【代码 7.6】激活函数求导实现。

```
static inline float linear_gradient(float x){return 1;}
static inline float logistic_gradient(float x){return (1-x)*x;}
static inline float loggy_gradient(float x)
{
    float y = (x+1.)/2.;
    return 2*(1-y)*y;
}
static inline float relu_gradient(float x){return (x>0);}
static inline float elu_gradient(float x){return (x >= 0) + (x < 0)*(x + 1);}
static inline float relie_gradient(float x){return (x>0) ? 1 : .01;}
static inline float ramp_gradient(float x){return (x>0)+.1;}
static inline float leaky_gradient(float x){return (x>0) ? 1 : .1;}
static inline float tanh_gradient(float x){return 1-x*x;}
static inline float plse_gradient(float x){return (x < 0 || x > 1) ? .01 : .125;}
```

在了解了其中的激活函数后，再回到激活函数头文件中定义的几个函数，如代码 7.7 所示。现在就非常清晰了：Activation 头文件当中定义了一个枚举类型，列出了所有用到的激活函数的名称，接下来的 6 个函数分别实现了获取激活函数的名称，对头文件中实现的激活函数以及对应的梯度的调用的功能，都非常简单。重点讲解最后两个函数，它们实现了在正向传播中如何对一个输入数据求解其经过激活函数的值，以及在反向传播中，如何将回传的值进行梯度的计算。首先来看正向传播，如代码 7.8 所示。

【代码 7.7】激活函数头文件函数。

```
ACTIVATION get_activation(char *s);

char *get_activation_string(ACTIVATION a);
float activate(float x, ACTIVATION a);
float gradient(float x, ACTIVATION a);
void gradient_array(const float *x, const int n, const ACTIVATION a, float
*delta);
void activate_array(float *x, const int n, const ACTIVATION a);
```

【代码 7.8】激活函数的使用。

```
void activate_array(float *x, const int n, const ACTIVATION a)
{
```

```
    int i;
    for(i = 0; i < n; ++i){
        x[i] = activate(x[i], a);
    }
}

void gradient_array(const float *x, const int n, const ACTIVATION a, float
*delta)
{
    int i;
    for(i = 0; i < n; ++i){
        delta[i] *= gradient(x[i], a);
    }
}
```

如代码 7.8 所示，其中激活部分是第一个函数。对于输入的一张特征图，其中的每一个数据，通过调用对应的激活函数进行求解。该函数中，有三个输入参数：数据块 x、数据块的大小 n，以及激活函数名称。输入一个激活函数的名称类别参数 a，根据对应到枚举类型中来调用对应的激活函数。如 a=RELU 则调用 ReLU 激活函数。而数据块 x 中的每一个元素都要和它来进行运算。我们再来看反向传播：反向传播的时候就调用其中的梯度函数计算这个损失值的梯度并进行求解。输入参数分别是反向传播的数据块 x 以及数据的大小，激活梯度函数名称 a 以及梯度求解后的值 delta。而这里的 delta 首先是从上一层网络得到的。最终会根据这个误差值来更新这个网络。

7.2.2 池化函数

那接下来来看看其中池化层的操作。池化经常是被用来进行降采样的，对于输入维度较大的数据有很大的作用。池化操作也非常简单，现从代码中来看它具体是如何实现的，如代码 7.9 所示。

【代码 7.9】池化层操作的主要函数声明。

```
#include "image.h"
#include "layer.h"
#include "network.h"

typedef layer avgpool_layer;
```

```
image get_avgpool_image(avgpool_layer l);
avgpool_layer make_avgpool_layer(int batch, int w, int h, int c);
void resize_avgpool_layer(avgpool_layer *l, int w, int h);
void forward_avgpool_layer(const avgpool_layer l, network_state state);
void backward_avgpool_layer(const avgpool_layer l, network_state state);
```

前面介绍的池化操作主要包括最大池化操作以及平均池化操作。这里将会介绍平均池化操作的实现。在本节要介绍的网络结构中，其实每一个功能神经网络层都是继承于基本的数据结构层的，其中定义了一个神经网络层需要的基本的数据结构，包括网络层输入输出的大小、有多少个隐含单元、是否使用如 Batch normalize 等功能。调用该基本的结构之后，便可以根据各个网络层的需要来设计特定的网络结构。代码 7.9 中包括了构建一个网络层需要的基本函数：结构平均池化层函数 make_avgpool_layer()，对池化层进行网络结构变换的函数 resize_avgpool_layer()，以及正向函数反向传播中的池化函数。当然在构建一个池化层之后便可以通过函数 get_avgpool_image() 来得到网络的参数。那还是先看通过上面的 make_avgpool_layer() 如何来实现。这个函数是为了构建池化层的基本结构，如代码 7.10 所示。

【代码 7.10】构造池化层结构。

```
#ifndef AVGPOOL_LAYER_H
#define AVGPOOL_LAYER_H

#include “image.h”
#include “layer.h”
#include “network.h”

typedef layer avgpool_layer;
image get_avgpool_image(avgpool_layer l);
avgpool_layer make_avgpool_layer(int batch, int w, int h, int c);
void resize_avgpool_layer(avgpool_layer *l, int w, int h);
void forward_avgpool_layer(const avgpool_layer l, network_state state);
void backward_avgpool_layer(const avgpool_layer l, network_state state);
```

这个函数非常简单，将其中的参数初始化为 0，构建一个池化层最主要的就是输入网络层需要的参数。输入的 w、h 是池化操作核的大小，c 是输入的特征图的个数。因此输入参数为：w、h 和 c。而输出是将卷积核内的元素取均值或者是取最大值，这都使得输出变为一个值，因此输出参数为 1、1 和 c。然后根据参数为其中的各个量分配内存，最终返回这个层 l。接下来看一下在正向传播和反向传播当中分别是如何操作的，如代码 7.11 所示。

【代码 7.11】正、反向池化操作实现。

```
void forward_avgpool_layer(const avgpool_layer l, network_state state)
{
    int b,i,k;

    for(b = 0; b < l.batch; ++b){
        for(k = 0; k < l.c; ++k){
            int out_index = k + b*l.c;
            l.output[out_index] = 0;
            for(i = 0; i < l.h*l.w; ++i){
                int in_index = i + l.h*l.w*(k + b*l.c);
                l.output[out_index] += state.input[in_index];
            }
            l.output[out_index] /= l.h*l.w;
        }
    }
}

void backward_avgpool_layer(const avgpool_layer l, network_state state)
{
    int b,i,k;

    for(b = 0; b < l.batch; ++b){
        for(k = 0; k < l.c; ++k){
            int out_index = k + b*l.c;
            for(i = 0; i < l.h*l.w; ++i){
                int in_index = i + l.h*l.w*(k + b*l.c);
                state.delta[in_index] += l.delta[out_index] / (l.h*l.w);
            }
        }
    }
}
```

在代码 7.11 中，正向传播实际上就是将这一批（一个 Batch）的数据的同一个空间位置，在这个池化核中的数据取平均的操作（因为这里就是平均池化操作，也有最大化池化操作）。代码中循环表示的是对于这一批中的每一个样本，对于样本的每一个特征图通道，遍历每一个池化核里面的值，求取平均。而在反向传播当中，将那个均值加到原来特征图增量的每一个位置，这也就是一种反池化操作了。

Tips：在进行如代码 7.11 中的 Pooling（池化）操作之前是需要对数据按照 Pooling 核的大小进行重新的组织，具体的可参考后面章节中的 im2col_cpu 函数。

7.2.3　全连接层

多层感知机其实就是神经网络最原始的多层网络结构，采取的就是全连接的方式。目前，在卷积层等其他的功能层输出结果之后，一般都会经过一个或多个全连接层进行网络的输出。在这一小节中，会看到全连接层的具体实现。代码 7.12 为全连接层头文件。

【代码 7.12】全连接层头文件。

```
#include “activations.h”
#include “layer.h”
#include “network.h”

typedef layer connected_layer;

connected_layer make_connected_layer(int batch, int inputs, int outputs,
ACTIVATION activation, int batch_normalize);

void forward_connected_layer(connected_layer layer, network_state state);
void backward_connected_layer(connected_layer layer, network_state
state);
void update_connected_layer(connected_layer layer, int batch, float
learning_rate, float momentum, float decay);
```

如代码 7.12 所示，全连接层同样是在层（Layer）这个基础的结构上进行扩展的。仍然定义了 4 个最主要的函数：make_connected_layer( ) 是构造全连接层函数，forward_connected_layer( ) 是前向传播输入数据函数，backward_connected_layer( ) 是全连接层的反向传播函数，而当参数的增量计算结束之后，通过 update_connected_layer( ) 函数进行全连接层网络参数的更新。接下来看这 4 个函数的实现。首先是 make_connected_layer( ) 函数，如代码 7.13 所示。

【代码 7.13】构造全连接层函数。

Tips：特别注意到代码中为权重开辟的空间的大小为 *inputs*×*outputs*。

```
    connected_layer make_connected_layer(int batch, int inputs, int outputs,
ACTIVATION activation, int batch_normalize)
    {
        int i;
        connected_layer l = {0};
        l.type = CONNECTED;

        l.inputs = inputs;
        l.outputs = outputs;
        l.batch=batch;
        l.batch_normalize = batch_normalize;

        l.output = calloc(batch*outputs, sizeof(float));
        l.delta = calloc(batch*outputs, sizeof(float));

        l.weight_updates = calloc(inputs*outputs, sizeof(float));
        l.bias_updates = calloc(outputs, sizeof(float));

        l.weights = calloc(outputs*inputs, sizeof(float));
        l.biases = calloc(outputs, sizeof(float));


        //float scale = 1./sqrt(inputs);
        float scale = sqrt(2./inputs);
        for(i = 0; i < outputs*inputs; ++i){
            l.weights[i] = scale*rand_uniform(-1, 1);
        }

        for(i = 0; i < outputs; ++i){
            l.biases[i] = scale;
        }

        if(batch_normalize){
            l.scales = calloc(outputs, sizeof(float));
            l.scale_updates = calloc(outputs, sizeof(float));
            for(i = 0; i < outputs; ++i){
                l.scales[i] = 1;
            }
```

```
            l.mean = calloc(outputs, sizeof(float));
            l.mean_delta = calloc(outputs, sizeof(float));
            l.variance = calloc(outputs, sizeof(float));
            l.variance_delta = calloc(outputs, sizeof(float));

            l.rolling_mean = calloc(outputs, sizeof(float));
            l.rolling_variance = calloc(outputs, sizeof(float));

            l.x = calloc(batch*outputs, sizeof(float));
            l.x_norm = calloc(batch*outputs, sizeof(float));
        }
        l.activation = activation;
        fprintf(stderr, “Connected Layer：%d inputs, %d outputs\n”, inputs,
outputs);
        return l;
    }
```

在构造全连接层的过程当中，首先将层的类型变为 CONNECTED（全连接层）。接着根据输入数据以及输出的特征图的数量为全连接层的参数开辟地址空间。

对于全连接层来说，一个输入大小为 *inputs* 的数据，输出一个数据就需要 *inputs* 这么多个权重值，那么对于 *outputs* 这么多的输出自然就需要 *inputs*×*outputs* 个权重。最终，对于其中的权重参数也进行一个初始化，采用的方式是随机在 [-1,1] 之间生成的方式（当然还乘以了一个比例因子）。

代码 7.14 是全连接层中前向传播的实现，也就是对于输入的数据进行全连接层的计算得到输出。

【代码 7.14】全连接层的前向传播。

```
void forward_connected_layer(connected_layer l, network_state state)
{
    int i;
    fill_cpu(l.outputs*l.batch, 0, l.output, 1);
    int m = l.batch;
    int k = l.inputs;
    int n = l.outputs;
```

```
        float *a = state.input;
        float *b = l.weights;
        float *c = l.output;
        gemm(0,1,m,n,k,1,a,k,b,k,1,c,n);
        if(l.batch_normalize){
            if(state.train){
                mean_cpu(l.output, l.batch, l.outputs, 1, l.mean);
                variance_cpu(l.output, l.mean, l.batch, l.outputs, 1, l.variance);

                scal_cpu(l.outputs, .95, l.rolling_mean, 1);
                axpy_cpu(l.outputs, .05, l.mean, 1, l.rolling_mean, 1);
                scal_cpu(l.outputs, .95, l.rolling_variance, 1);
                axpy_cpu(l.outputs, .05, l.variance, 1, l.rolling_variance, 1);

                copy_cpu(l.outputs*l.batch, l.output, 1, l.x, 1);
                normalize_cpu(l.output, l.mean, l.variance, l.batch, l.outputs, 1);
                copy_cpu(l.outputs*l.batch, l.output, 1, l.x_norm, 1);
            } else {
                normalize_cpu(l.output, l.rolling_mean, l.rolling_variance,
l.batch, l.outputs, 1);
            }
            scale_bias(l.output, l.scales, l.batch, l.outputs, 1);
        }
        for(i = 0; i < l.batch; ++i){
            axpy_cpu(l.outputs, 1, l.biases, 1, l.output + i*l.outputs, 1);
        }
        activate_array(l.output, l.outputs*l.batch, l.activation);
    }
```

在其中以 gemm 函数进行了实现，也就是对一个和输入图像同样大小的“卷积核”进行了卷积，输出结果 c 或者是它所指向的 l.output。接下来对输出的结果，根据需要输入到了一个 Batch Normalize 层，这里就是一些归一化处理。那接下来，对于每一个的输出，再加上一个偏置，最终经过激活函数就得到了全连接层的输出了。接下来来看反向传播。如代码 7.15 所示，在全连接层的反向传播中，首先反向传导到激活函数。通过激活函数求导得到反向传播的值，这个值被存在 l.delta 中。接下来通过这个变化量来更新 batch 个样本当中每一个样本的偏置值。

【代码 7.15】全连接层的反向传播。

```
void forward_connected_layer(connected_layer l, network_state state)
{
    int i;
    fill_cpu(l.outputs*l.batch, 0, l.output, 1);
    int m = l.batch;
    int k = l.inputs;
    int n = l.outputs;
    float *a = state.input;
    float *b = l.weights;
    float *c = l.output;
    gemm(0,1,m,n,k,1,a,k,b,k,1,c,n);
    if(l.batch_normalize){
        if(state.train){
            mean_cpu(l.output, l.batch, l.outputs, 1, l.mean);
            variance_cpu(l.output, l.mean, l.batch, l.outputs, 1, l.variance);

            scal_cpu(l.outputs, .95, l.rolling_mean, 1);
            axpy_cpu(l.outputs, .05, l.mean, 1, l.rolling_mean, 1);
            scal_cpu(l.outputs, .95, l.rolling_variance, 1);
            axpy_cpu(l.outputs, .05, l.variance, 1, l.rolling_variance, 1);

            copy_cpu(l.outputs*l.batch, l.output, 1, l.x, 1);
            normalize_cpu(l.output, l.mean, l.variance, l.batch, l.outputs, 1);
            copy_cpu(l.outputs*l.batch, l.output, 1, l.x_norm, 1);
        } else {
            normalize_cpu(l.output, l.rolling_mean, l.rolling_variance,
l.batch, l.outputs, 1);
        }
        scale_bias(l.output, l.scales, l.batch, l.outputs, 1);
    }
    for(i = 0; i < l.batch; ++i){
        axpy_cpu(l.outputs, 1, l.biases, 1, l.output + i*l.outputs, 1);
    }
    activate_array(l.output, l.outputs*l.batch, l.activation);
}
```

在代码 7.15 中，用指针 *c* 关联到权重的更新向量，*a* 指针指向更新需要用到的 l.delta。再将这个值通过卷积一样的操作传回去，通过函数 gemm 来实现。最后，简单了解这个更新网络参数的过程是如何进行的，如代码 7.16 所示。

【代码 7.16】全连接层更新。

```
void update_connected_layer(connected_layer l, int batch, float learning_rate, float momentum, float decay)
{
    axpy_cpu(l.outputs, learning_rate/batch, l.bias_updates, 1, l.biases, 1);
    scal_cpu(l.outputs, momentum, l.bias_updates, 1);

    if(l.batch_normalize){
        axpy_cpu(l.outputs, learning_rate/batch, l.scale_updates, 1, l.scales, 1);
        scal_cpu(l.outputs, momentum, l.scale_updates, 1);
    }

    axpy_cpu(l.inputs*l.outputs, -decay*batch, l.weights, 1, l.weight_updates, 1);
    axpy_cpu(l.inputs*l.outputs, learning_rate/batch, l.weight_updates, 1, l.weights, 1);
    scal_cpu(l.inputs*l.outputs, momentum, l.weight_updates, 1);
}
```

更新也很简单，也就是直接应用反向传播中的更新量来分别更新网络中的权重参数以及偏置参数。最后三行代码涉及实际使用中的一些技巧，即回传量延迟、冲量等。

7.3 卷积神经网络

卷积神经网络（Convolutional Neutron Network，CNN）是当前最被广泛使用的深度学习网络结构。不管是监督学习中的 AlexNet、VGG 网络，还是无监督学习中的生成对抗网络（GAN）、自编码网络，还是强化学习当中的 DQN 网络、A3C。这些网络的实现通通都是基于 CNN 结构实现的。接下来要重点介绍 CNN 的实现。

7.3.1 CNN 的构建

还是从 CNN 的头文件开始，如代码 7.17 所示。

【代码 7.17】CNN 网络层头文件。

```
#ifndef CONVOLUTIONAL_LAYER_H
#define CONVOLUTIONAL_LAYER_H

#include "image.h"
#include "activations.h"
#include "layer.h"
#include "network.h"

typedef layer convolutional_layer;

convolutional_layer make_convolutional_layer(int batch, int h, int w, int c, int n, int size, int stride, int pad, ACTIVATION activation, int batch_normalization, int binary);
void denormalize_convolutional_layer(convolutional_layer l);
void resize_convolutional_layer(convolutional_layer *layer, int w, int h);
void forward_convolutional_layer(const convolutional_layer layer, network_state state);
void update_convolutional_layer(convolutional_layer layer, int batch, float learning_rate, float momentum, float decay);
image *visualize_convolutional_layer(convolutional_layer layer, char *window, image *prev_filters);
void binarize_filters(float *filters, int n, int size, float *binary);
void swap_binary(convolutional_layer *l);
void binarize_filters2(float *filters, int n, int size, char *binary, float *scales);

void backward_convolutional_layer(convolutional_layer layer, network_state state);

void add_bias(float *output, float *biases, int batch, int n, int size);
void backward_bias(float *bias_updates, float *delta, int batch, int n, int size);

image get_convolutional_image(convolutional_layer layer);
image get_convolutional_delta(convolutional_layer layer);
image get_convolutional_filter(convolutional_layer layer, int i);

int convolutional_out_height(convolutional_layer layer);
int convolutional_out_width(convolutional_layer layer);
void rescale_filters(convolutional_layer l, float scale, float trans);
```

```
void rgbgr_filters(convolutional_layer l);

#endif
```

CNN 的头文件中声明了 CNN 实现需要的基本的函数。那么和之前一样，其中一定会定义的函数是：构建 CNN 网络层、CNN 前向传播、CNN 反向传播以及最终通过参数的增量来更新网络。除此之外，在 CNN 的头文件中还定义了包括卷积层的重置尺寸（Resize）操作、二值化操作，以及特征图的大小计算等操作。接下来本书还是要重点介绍前面四个部分，在这个过程中调用到一些重要的函数也会在以下进行说明。

当实现一个 CNN 网络层的时候，首先要知道其中包含的几个部分：输入部分、卷积部分、激活函数部分以及输出部分。因此，首先要定义各个部分的参数变量，以及为它们分配合适的内存空间。如代码 7.18 所示，首先初始化网络层的参数为 0。接下来将层的类型定义为 CONVOLUTIONAL（卷积层）。然后就是输入层的处理了，对于输入层的大小，通过输入的参数：*h*、*w* 和 *c* 来初始化，同时输入的一个批量的样本数，样本是否需要在边缘进行填充，卷积核的大小以及步长都是需要考虑的方面。于是分别通过输入的参数：*batch*、*pad*、*size*，以及 *stride*（步长）进行参数的初始化。需要指出的一点是：如果步长是 1 而且在还设置了边缘的填充情况，是可以保证经过卷积后的特征图保持和原来输入图像同样大小的。

在经过以上的输入参数的初始化之后，需要对网络的参数进行内存的分配。需要分配内存的参数有四个，如代码 7.18 所示，其中的 filters 也就是所有的卷积核参数了，这就是需要训练的网络权重参数。同时为了实现网络参数的更新，需要设置一个和 filters 同样大小的卷积核参数更新值。所有卷积核 filters 的大小为 $c \times n \times size \times size$，这里表示的是一个 2D 的卷积核，每一个卷积核的大小为 $size \times size$，由于输入当中有 c 个通道也就是 c 张的特征图，因此每一个 filter 还需要 c 个通道，即实际的 filter 的大小为 $c \times size \times size$。每一个这样的卷积核会生成一个特征图（Feature Map），总共要生成 n 张 Feature Map，那么就需要 n 个这样的 filter。因此，总的 filter 参数的个数就为：$c \times n \times size \times size$，于是就需要分配这样的一个空间。对于用 filter 更新的部分也同样。对于偏置来说就很简单了，每一个 filter 加一个偏置就行了，也就是说有多少张 Feature Map 就有多少个偏置。

【代码 7.18】CNN 网络的构建实现。

```
    convolutional_layer make_convolutional_layer(int batch, int h, int w, int c,
int n, int size, int stride, int pad, ACTIVATION activation, int batch_normalize, int
binary)
    {
        int i;
        convolutional_layer l = {0};
        l.type = CONVOLUTIONAL;

        l.h = h; l.w = w; l.c = c; l.n = n;
        l.binary = binary;
        l.batch = batch;
        l.stride = stride;
        l.size = size;
        l.pad = pad;
        l.batch_normalize = batch_normalize;

        l.filters = calloc(c*n*size*size, sizeof(float));
        l.filter_updates = calloc(c*n*size*size, sizeof(float));

        l.biases = calloc(n, sizeof(float));
        l.bias_updates = calloc(n, sizeof(float));

        float scale = sqrt(2./(size*size*c));
        for(i = 0; i < c*n*size*size; ++i) l.filters[i] = scale*rand_uniform(-1, 1);
        int out_h = convolutional_out_height(l);
        int out_w = convolutional_out_width(l);
        l.out_h = out_h;
        l.out_w = out_w;
        l.out_c = n;
        l.outputs = l.out_h * l.out_w * l.out_c;
        l.inputs = l.w * l.h * l.c;

        l.col_image = calloc(out_h*out_w*size*size*c, sizeof(float));
        l.output = calloc(l.batch*out_h * out_w * n, sizeof(float));
        l.delta      = calloc(l.batch*out_h * out_w * n, sizeof(float));
```

```
        if(binary){
            l.binary_filters = calloc(c*n*size*size, sizeof(float));
            l.cfilters = calloc(c*n*size*size, sizeof(char));
            l.scales = calloc(n, sizeof(float));
        }

        if(batch_normalize){
            l.scales = calloc(n, sizeof(float));
            l.scale_updates = calloc(n, sizeof(float));
            for(i = 0; i < n; ++i){
                l.scales[i] = 1;
            }

            l.mean = calloc(n, sizeof(float));
            l.variance = calloc(n, sizeof(float));

            l.rolling_mean = calloc(n, sizeof(float));
            l.rolling_variance = calloc(n, sizeof(float));
        }
        l.activation = activation;
        fprintf(stderr, "Convolutional Layer：%d x %d x %d image, %d filters ->
%d x %d x %d image\n", h,w,c,n, out_h, out_w, n);

        return l;
    }
```

同样，完成网络参数内存的内存分配之后，需要对网络的参数进行初始化。采取的策略同样是随机的初始化：在 -1 到 1 之间进行均匀地随机初始化。到此，输入部分的设计就算结束了。那接下来看输出部分的设计。构造一个 CNN 网络层的时候，其实相关的输出参数也已经定了，但是需要简单的计算。首先，根据卷积核的个数可以知道输出的特征图的个数，即输出的 Feature Map 的个数等于 filter 的个数 n。然后，在知道输入的图像的大小以及卷积核大小，包括步长等信息之后，输出特征图的大小就是可以计算的了。那么接下来看如何通过它们来计算输出特征图的大小，如代码 7.19 所示。

【代码 7.19】计算特征图的大小。

```
int convolutional_out_height(convolutional_layer l)
{
    int h = l.h;
    if (!l.pad) h -= l.size;
    else h -= 1;
    return h/l.stride + 1;
}
```

代码 7.19 中计算的是没有填充的情况下特征图的大小。假设当前输入的特征图的大小为 100×100，卷积核的大小为 5×5，卷积过程中步长是 2，于是可以得到卷积出来的宽为：width=(100−5)/2+1，即 48，所以输出的尺度就是 48×48。而如果 pad 为真，就会对边缘进行填充，那么其实最终得到的特征图的大小和原输入一样大。同理，有另外一个函数计算高（height）也一样。

【代码 7.20】CNN 层的 resize 操作。

```
void resize_convolutional_layer(convolutional_layer *l, int w, int h)
{
    l->w = w;
    l->h = h;
    int out_w = convolutional_out_width(*l);
    int out_h = convolutional_out_height(*l);

    l->out_w = out_w;
    l->out_h = out_h;

    l->outputs = l->out_h * l->out_w * l->out_c;
    l->inputs = l->w * l->h * l->c;

    l->col_image = realloc(l->col_image,
                out_h*out_w*l->size*l->size*l->c*sizeof(float));
    l->output = realloc(l->output,
                l->batch*out_h * out_w * l->n*sizeof(float));
    l->delta = realloc(l->delta,
                l->batch*out_h * out_w * l->n*sizeof(float));

}
```

通过以上的介绍，代码 7.20 中这个 resize 的操作也很简单了。这个函数可以改变 CNN 层的大小。要改变的时候也需要做几个事情：接收新的网络参数、计算新的输出的大小、改变参数分配内存的大小。

接下来看看 CNN 前向传播如何实现。实际上这对于接收不同大小的输入数据有非常大的好处。这样训练出来的网络更加鲁棒。

7.3.2 CNN 的前向传播

在前向传播过程中，第一要紧的事情还是计算出输出的 Feature Map 的大小，前面已经介绍了具体实现的方式。其次需要做的就是最核心的部分：卷积计算。其实输入的数据存储在 state 中的 input 当中。要卷积操作的数据就是它。具体的操作过程实际上是分为两个步骤进行的：（1）通过一个重要的函数 im2col_cpu，使得输入数据能够被高效卷积；（2）采用 gemm 函数对数据进行卷积。对 Batch 当中的每一个数据都是这样操作，每结束一个样本的处理将指针移动到下一个数据块的位置，如代码 7.21 所示。那为什么对数据 *a*、*b*、*c* 的处理相当于对卷积核、输入数据以及输出数据的处理呢？因为在代码以指针的方式将 *a*、*b*、*c* 分别指向了 filters、col_image 以及 output。经过卷积之后，前向输出再加上偏置，经过激活函数就是 CNN 网络的输出了。接下来看看卷积的过程具体是如何实现的。

【代码 7.21】CNN 前向传播的实现。

```
void forward_convolutional_layer(convolutional_layer l, network_state state)
{
    int out_h = convolutional_out_height(l);
    int out_w = convolutional_out_width(l);
    int i;

    fill_cpu(l.outputs*l.batch, 0, l.output, 1);

    int m = l.n;
    int k = l.size*l.size*l.c;
    int n = out_h*out_w;

    float *a = l.filters;
    float *b = l.col_image;
    float *c = l.output;
```

```
    for(i = 0; i < l.batch; ++i){
        im2col_cpu(state.input, l.c, l.h, l.w,
                l.size, l.stride, l.pad, b);
        gemm(0,0,m,n,k,1,a,k,b,n,1,c,n);
        c += n*m;
        state.input += l.c*l.h*l.w;
    }
    add_bias(l.output, l.biases, l.batch, l.n, out_h*out_w);

    activate_array(l.output, m*n*l.batch, l.activation);
}
```

CNN 的前向传播是神经网络的重点，一般来讲一个网络包括前向传播和反向传播两个部分。但是对于一个训练好的网络，只需要使用前向传播部分进行推理。因此，在很多的资源有限的应用场景中，通常都是利用离线训练好的模型进行推理。因此，前向传播当中的计算效率也是十分重要的。

代码 7.22 中函数 im2col_cpu 对于卷积操作非常重要，它是加州大学伯克利分校的算法思想。这个函数将输入数据生成一种非常便于计算的数据格式。

【代码 7.22】数据重构函数。

```
#include "im2col.h"
#include <stdio.h>
float im2col_get_pixel(float *im, int height, int width, int channels,
                        int row, int col, int channel, int pad)
{
    row -= pad;
    col -= pad;

    if (row < 0 || col < 0 ||
        row >= height || col >= width) return 0;
    return im[col + width*(row + height*channel)];
}

//From Berkeley Vision's Caffe!
//https://github.com/BVLC/caffe/blob/master/LICENSE
```

```
void im2col_cpu(float* data_im,
        int channels,       int height,       int width,
        int ksize,      int stride, int pad, float* data_col)
{
    int c,h,w;
    int height_col = (height - ksize) / stride + 1;
    int width_col = (width - ksize) / stride + 1;
    if (pad){
        height_col = 1 + (height-1) / stride;
        width_col = 1 + (width-1) / stride;
        pad = ksize/2;
    }
    int channels_col = channels * ksize * ksize;
    for (c = 0; c < channels_col; ++c) {
        int w_offset = c % ksize;
        int h_offset = (c / ksize) % ksize;
        int c_im = c / ksize / ksize;
        for (h = 0; h < height_col; ++h) {
            for (w = 0; w < width_col; ++w) {
                int im_row = h_offset + h * stride;
                int im_col = w_offset + w * stride;
                int col_index = (c * height_col + h) * width_col + w;
                data_col[col_index] = im2col_get_pixel(data_im, height,
width, channels,
                        im_row, im_col, c_im, pad);
            }
        }
    }
}
```

Tips：需要注意的一点是，输入的数据虽然是一个二维的数据，但是却存放在一个一维的向量中，只是通过二维的方式进行组织的。

其中，输入的数据是 data_col，参数 channels、height、width 分别代表的是输入数据的通道数、高和宽。接下来的参数是和卷积核相关的：ksize 表示为卷积核的边长（卷积核就是 ksize×ksize 大小的），stride 是卷积过程的步长，pad 标识是否在边缘需要填充，而最终输出的数据存放在 data_im 当中。

那么首先根据输入数据的尺寸大小和卷积核的大小计算出一张输出 Feature Map 的大小为：height_col×width_col。同时也计算出在需要边缘填充的情况下，pad 的大小为 ksize/2。那么，对于这个有 channels 个通道的数据，其实每一个卷积核的大小应该为 ksize×ksize×channels。那么，接下来比对卷积核的大小，按照卷积的顺序来构造数据。特征图当中的每一个数据其实都是这个卷积核和输入数据的特定卷积的位置进行卷积得到的结果。因此，在代码 7.22 中，其目的就是对卷积核中的每一个元素，从输入数据中找到对应要进行卷积的数据。最终，构造出来的数据的大小为 height_col×width_col×channels_col。这个数据比输入的数据大很多了，但是会大大地提高卷积的速度。因此，图形化这个数据如图 7.2 所示，其中立方体的高为一张输出的特征图的高（height_col），宽度为一张输出的特征图的宽（width_col），厚度表示的是一个卷积核的大小（channels_col），即 ksize×ksize×channels。因此，卷积核对于该数据的卷积就得到一张特征图。那么再回到代码 7.22 中去理解。代码中设置了 w_offset 以及 h_offset，对于卷积核中每一个位置的值，设置一个 w_offset，表明行的偏置，h_offset 表明列的偏移。如代码 7.22 中通过这两个量来计算在原数据中的索引。将其取出在输出的数据 data_im 中重新组织。

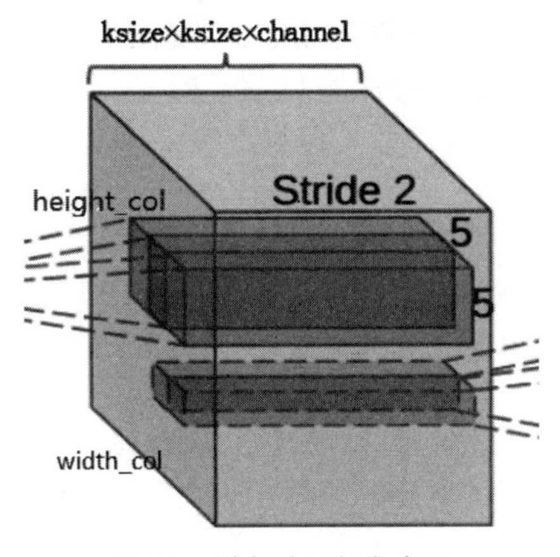

图 7.2　数据的可视化表示

在得到一个组织好的数据之后，来看如何进行卷积。至少有四种方式的操作，但是这里只介绍其中的一种。代码 7.23 为一种卷积操作的实现。

【代码 7.23】一种卷积操作的实现。

```
void gemm_nt(int M, int N, int K, float ALPHA,
        float *A, int lda,
        float *B, int ldb,
        float *C, int ldc)
```

```
{
    int i,j,k;
    for(i = 0; i < M; ++i){
        for(j = 0; j < N; ++j){
            register float sum = 0;
            for(k = 0; k < K; ++k){
                sum += ALPHA*A[i*lda+k]*B[j*ldb + k];
            }
            C[i*ldc+j] += sum;
        }
    }
}
```

代码 7.23 中的 gemm 函数就是为卷积设计的，有很多种不同的方式，包括卷积完一张 Feature Map 再进行下一张的卷积；或者对每一张 Feature Map 的同一位置同时卷积，依次到下一个位置。代码 7.23 中采取的是前者的方式。函数当中的 M 表示为输出的特征图的个数，也就是卷积核的个数；N 表示的是一张特征图的大小；K 表示的是一个卷积核的大小。ALPHA 是一个比例参数，通常是 1；A、B、C 各自是一个指针指向的数据，分别表示的是卷积核，输入数据以及输出数据。lda、ldb、ldc 表示的是它们各自的大小，这里分别等于 K、N、N。

于是，上面代码表示的是：对于每一张输出的特征图 i，作用于它的这个卷积核是 $A[i\times lda]$；对于特征图上面的每一个值 k 通过卷积核元素 $A[i\times lda+k]$ 和输入数据 $B[j\times ldb+k]$ 的乘积得到，而 B 当中的 $j\times ldb$ 表示的是对于第 j 个卷积的元素。最终计算的结果会进行累加，然后存储到输出的数据 C 当中。

7.3.3 CNN 的反向传播

在前向传播中一般还会加入 Batch Normalize 的操作，这是非常有效的技巧（Trick）。此外，例如 Dropout、二值化网络等都是提高网络性能，减少模型大小非常有效的方式。但是本节中不会重点介绍。关于前向传播的实现就介绍到这里。接下来看反向传播是如何实现的。

反向传播是网络更新的核心部分。训练的过程中，通过反馈的损失函数的值，网络参数朝着损失函数降低的方向增加，从而达到提升网络性能的目的。更新的过程当中，使用求导的链式法则可以将其中的梯度逐层向前传导，更新每一层的网络参数。

【代码 7.24】卷积操作的反向传播。

```
    void backward_convolutional_layer(convolutional_layer l, network_state
state)
    {
        int i;
        int m = l.n;
        int n = l.size*l.size*l.c;
        int k = convolutional_out_height(l)*
            convolutional_out_width(l);

        gradient_array(l.output, m*k*l.batch, l.activation, l.delta);
        backward_bias(l.bias_updates, l.delta, l.batch, l.n, k);

        for(i = 0; i < l.batch; ++i){
            float *a = l.delta + i*m*k;
            float *b = l.col_image;
            float *c = l.filter_updates;

            float *im = state.input+i*l.c*l.h*l.w;

            im2col_cpu(im, l.c, l.h, l.w,
                    l.size, l.stride, l.pad, b);
            gemm(0,1,m,n,k,1,a,k,b,k,1,c,n);

            if(state.delta){
                a = l.filters;
                b = l.delta + i*m*k;
                c = l.col_image;

                gemm(1,0,n,k,m,1,a,n,b,k,0,c,k);

                col2im_cpu(l.col_image, l.c, l.h, l.w, l.size, l.stride, l.pad, state.
delta+i*l.c*l.h*l.w);
            }
        }
    }
```

Tips：在代码 7.24 中，需要注意的一点是，state 变量是一个辅助更新的参数，在训练的过程中，state 中的 delta 变量首先指向该层网络的上一层，以至于该层计算的梯度的大小会保存到上一层网络中，这样能够保证实时更新。

卷积操作的反向传播利用网络当中损失函数的值来进行网络参数的更新。代码 7.24 中，根据网络的输出，首先计算梯度，然后将参数反向传播回去。依次来看代码 7.24 的片段。首先，*m*、*n*、*k* 分别表示的是特征图的个数、卷积核的大小以及输出的特征图的大小。接下来根据 l.output 计算反向传播的梯度变化并存放在 l.delta 中，对于偏置也计算出相应的更新值的大小。那么，接下来对于这一批训练数据中的每一个数都来进行卷积，计算出反向传播返回去的值的大小。卷积的过程中，同样先进行数据的组织，如其中的代码一样，接下来还是采用卷积函数 gemm 进行卷积操作。最终得到的网络的更新量存放在 filter_updates 等中，准备在更新函数中进行更新。

在反向传播的过程中计算了网络参数的更新大小，在代码 7.25 的函数中则是采用该更新值对网络的参数进行更新。但是更新的过程中涉及一些小的技巧，比如学习率的设置，设置冲量和延迟以便于调整该更新量对网络短期和长期的影响。

【代码 7.25】更新网络的参数。

```
    void update_convolutional_layer(convolutional_layer l, int batch, float
learning_rate, float momentum, float decay)
    {
        int size = l.size*l.size*l.c*l.n;
        axpy_cpu(l.n, learning_rate/batch, l.bias_updates, 1, l.biases, 1);
        scal_cpu(l.n, momentum, l.bias_updates, 1);

        axpy_cpu(size, -decay*batch, l.filters, 1, l.filter_updates, 1);
        axpy_cpu(size, learning_rate/batch, l.filter_updates, 1, l.filters, 1);
        scal_cpu(size, momentum, l.filter_updates, 1);
    }
```

7.4 文件解析

在完成基本网络的实现之后，深度学习中还有必不可少的一部分是网络的配置文件，如代码 7.26 所示。

【代码 7.26】网络配置文件（部分）。

```
[net]
batch=128
subdivisions=1
height=256
width=256
channels=3
learning_rate=0.01
momentum=0.9
decay=0.0005

[crop]
crop_height=224
crop_width=224
flip=1
angle=0
saturation=1
exposure=1

[convolutional]
filters=64
size=11
stride=4
pad=0
```

配置文件就像是一个网络结构的说明文档，其中定义了深度神经网络的层数、每一层的类型、每一层的大小以及是否进行一些特殊操作等。在这个文件中通常会定义一些通用字符，比如“[]”作为一个网络层的开始，并且在其中表明每一层的类型。因此，在代码 7.26 的配置文件中我们知道，第一个“[]”中的关键字 net 标识这文件定义的是一个网络。而后，又发现两个“[]”，表明这个网络里面有 2 层，从其中的关键字可知，它们分别是截取层（Crop Layer，一种类型的神经网络层，为了对输入的图像进行扩充，这里不做详细的介绍）和卷积层（Convolutional Layer）。而且在每一层中又会通过字符串来定义每一层网络的初始化以及为它们进行初始化。

【代码 7.27】解析网络配置文件。

```
network parse_network_cfg(char *filename)
{
```

```
// here section means layer
list *sections = read_cfg(filename);
node *n = sections->front;
if(!n) error("Config file has no sections");
network net = make_network(sections->size - 1);
size_params params;

section *s = (section *)n->val;
list *options = s->options;
// 第一层必须是这个关键字
if(!is_network(s)) error("First section must be [net] or [network]");
parse_net_options(options, &net);

params.h = net.h;
params.w = net.w;
params.c = net.c;
params.inputs = net.inputs;
params.batch = net.batch;
params.time_steps = net.time_steps;

n = n->next;
int count = 0;
free_section(s);
while(n){
    params.index = count;
    fprintf(stderr, "%d：", count);
    s = (section *)n->val;
    options = s->options;
    layer l = {0};
    if(is_convolutional(s)){
        l = parse_convolutional(options, params);
    }else if(is_local(s)){
        l = parse_local(options, params);
    }else if(is_activation(s)){
        l = parse_activation(options, params);
    }else if(is_avgpool(s)){
        l = parse_avgpool(options, params);
```

```
        }else{
            fprintf(stderr, "Type not recognized：%s\n", s->type);
        }
        l.dontload = option_find_int_quiet(options, "dontload", 0);
        l.dontloadscales = option_find_int_quiet(options, "dontloadscales", 0);
        option_unused(options);
        net.layers[count] = l;
        free_section(s);
        n = n->next;
        ++count;
        if(n){
            params.h = l.out_h;
            params.w = l.out_w;
            params.c = l.out_c;
            params.inputs = l.outputs;
        }
    }
    free_list(sections);
    net.outputs = get_network_output_size(net);
    net.output = get_network_output(net);
    return net;
```

例如，[net] 下面有 batch、width、height 等关键字，通过这些来定义网络输入的批量大小、输入数据的维度大小等信息，并且还可以相应地进行初始化。那么在 [crop] 中也看到，通过这一层对输入的数据大小进行处理，得到一个被截取的输入，大小为 224×224。接下来，在一个卷积层当中定义了卷积层的大小为 11×11，并且知道从这一层输出的特征图的个数为 64 张。卷积的步长为 4，且不进行边缘的扩充。输出前采用激活函数 ramp。最大池化操作中也定义了池化操作的核的大小以及池化的步长。要写一个配置文件非常直观和方便，但是要如何让网络也能够读懂这个配置文件，并且读入相应的参数初始值呢？我们就需要写一个配置文件的解析函数了。

代码 7.27 是在解析整个网络的配置函数，其中有两个重要的函数：一个是用于配置文件读取的 read_cfg 函数，另一个是用于网络参数解析的 parse_net_options 函数，会在后面重点介绍。先来看一下整体的解析过程。

在解析的过程中，首先通过 read_cfg 函数将配置文件读入到内存当中。将其中的内容读入到一个内存地址中，并且以 list 的方式进行存储。接下来，通过 parse_net_options 函数逐个解析其中的参数到网络中。接下来通过其中的网络的 style（类型）构造不同的网络层。

首先来看 read_cfg 函数，如代码 7.28 所示，函数将配置文件以文件流的方式打开，并且一行一行地解析，存储在 line 中。最终被解析出来的内容都会以段（Section）的形式存放在 sections 当中。其实，在每一个 section 当中存放的就是 key 和 value。

【代码 7.28】解析配置文件。

```
list *read_cfg(char *filename)
{
    FILE *file = fopen(filename, “r”);
    if(file == 0) file_error(filename);
    char *line;
    int nu = 0;
    list *sections = make_list();
    section *current = 0;
    while((line=fgetl(file)) != 0){
        ++ nu;
        strip(line);
        switch(line[0]){
            case ‘[ ‘:
                current = malloc(sizeof(section));
                list_insert(sections, current);
                current->options = make_list();
                current->type = line;
                break;
            case ‘\0’:
            case ‘#’:
            case ‘;’:
                free(line);
                break;
            default:
                if(!read_option(line, current->options)){
                    fprintf(stderr, “Config file error line %d, could parse：
```

```
%s\n", nu, line);
                                    free(line);
                              }
                              break;
                  }}
            fclose(file);
            return sections;
      }
```

再来看代码 7.28，在这个循环当中，首先得到一行的数据存放在 line 中。接着，对其中的元素分割进行对比检测，通过 line 中的第一个字符来判断这一行的内容。如果第一个字符是“[”表明这是一个网络层声明的开始，就会将接下来的网络层的类别名称存放到一个 section 结构体中的 style 里面。比对这个字符，其结果是换行符或者是注释符号“#”，或者是结束符号“；”，那么表明这一行并没有有效的字段需要解析。那么直接释放这一行的内容就行。除此以外的情况表明是有效的字段，于是在代码中使用 read_option 函数进行解析，如代码 7.29 所示。字段解析的原理很简单，依次检索字段中的每一个字符，找到字段当中的“=”。找到之后那么“=”字段之前的就是这个 option 中键（Key）的部分，之后的部分就是值（Value）的部分。于是将这个（key, value）构成一个 list。插入到 section 当中。

【代码 7.29】字段解析。

```
int read_option(char *s, list *options)
{
      size_t i;
      size_t len = strlen(s);
      char *val = 0;
      for(i = 0; i < len; ++i){
            if(s[i] == '='){
                  s[i] = '\0';
                  val = s+i+1;
                  break;
            }
      }
      if(i == len-1) return 0;
      char *key = s;
```

```
        option_insert(options, key, val);
        return 1;
    }
```

当配置文件中的参数都通过read_cfg函数的方式解析到sections之后，接下来要做的就是通过parse_net_options函数使用sections中的值进行网络的初始化。

如代码7.30所示，对输入的list也就是之前的sections进行解析。解析的过程中，直接到sections中去搜寻关键字。例如，要从字符串中去找到学习率的大小并且用来进行网络学习率的初始化只需要使用option_find_float函数，输入参数"learning_rate"，函数就会去匹配list当中的key值，然后返回对应的value。对于卷积层中的情况也是如此，就不再特别的说明。

【代码7.30】解析字段到网络。

```
    void parse_net_options(list *options, network *net)
    {
        net->batch = option_find_int(options, "batch",1);
        net->learning_rate = option_find_float(options, "learning_rate", .001);
        net->momentum = option_find_float(options, "momentum", .9);
        net->decay = option_find_float(options, "decay", .0001);
        int subdivs = option_find_int(options, "subdivisions",1);
        net->time_steps = option_find_int_quiet(options, "time_steps",1);
        net->batch /= subdivs;
        net->batch *= net->time_steps;
        net->subdivisions = subdivs;

        net->h = option_find_int_quiet(options, "height",0);
        net->w = option_find_int_quiet(options, "width",0);
        net->c = option_find_int_quiet(options, "channels",0);
        net->inputs = option_find_int_quiet(options, "inputs", net->h * net->w *
net->c);
        net->max_crop = option_find_int_quiet(options, "max_crop",net->w*2);


    }
```

本章总结

本章进行了 CNN 在代码层面的学习，通过 C 语言代码实现卷积神经网络，希望大家对于深度学习有一个深刻的认识。只有深刻地了解网络内部的构成情况，才可能从本质上去修改网络，甚至是设计网络。本章首先介绍了如何编译一个写好的 C 语言文件，通过 Cmake 编译使得网络能够在任何平台编译运行。

在讲解网络的 C 语言实现时，首先介绍了卷积神经网络中的一些标配，例如激活函数、池化函数、全连接层等。然后对 CNN 的实现进行了细致的解读，包括如何构建一个 CNN、前向传播以及反向传播、网络参数的更新等。个人觉得其中最巧妙的还是卷积部分。神经网络中要进行大量的矩阵乘法运算。为了高效地实现该计算，必须要设计高效的数据结构。在以上的数据组织中，我们采用了十分高效的数据组织方式，对数据按照卷积核的大小重新进行了组织。因此，在卷积的过程当中效率就非常高。最后本章介绍了网络参数的解析，在实现过程中，构建一个网络是以创立一份配置文件完成的。因此，要使程序读懂网络的配置文件，必须要进行配置文件的解析。

为了尽量简单地向大家呈现一个卷积神经网络的构成，本章中去掉了很多在实际的使用过程中会用到的技巧。比如，网络当中的很多计算其实是可以在 GPU 上并行完成的。在一些资源比较受限的设备上，如某些终端设备上，多种方式可以提高计算的效率。例如使用汇编指令集 SIMD，通常能够提高网络性能 5 倍左右，使用二值化网络或者量化网络参数也可以提高效率。此外，Batch Normalize 能够降低网络的不稳定性，这些都是提高网络性能有效的技术手段。希望通过本章的学习，读者能够成为一名不止会用深度学习 API 的研究员，而且是一名明白其背后原理的科研人员。

第 8 章　深度强化学习

深度强化学习（Deep Reinforcement Learning，DRL）算法能够在今天取得如此高的成就和关注度，这都要感谢 Google 的 DeepMind 团队。他们通过深度强化学习算法训练得到的围棋智能体——AlphaGo 则是人工智能领域的“当红明星”。AlphaGo 所取得的成就让世界为之震惊：先是在所有围棋智能体中夺冠，接下来横扫欧洲，然后在万众瞩目中战胜围棋顶级职业选手，而在 2016 年末更是以 60 胜的傲人战绩横扫整个人类的围棋职业选手。因此，我们将 2016 看作是人工智能开始迈向成熟的重要起点。

深度强化学习（DRL）的工作是随着深度学习的爆红才兴起的，能够有如此的成就得益于深度学习软件和硬件的发展。因此，在前面的章节中花了大量篇幅来介绍深度学习。简单说来，深度学习就是在多层神经网络的结构下，辅以结构设计和各种梯度技术，能够对图像分类等问题有很好的效果。它的优点在于不仅能够提供端到端的解决方案，而且能够提取出远比人工特征有效的特征向量。

那继续来看强化学习。我们知道一个强化学习问题能够很好地被一个马尔科夫决策（MDP）来描述。如图 8.1 所示，是一个强化学习过程的示意图。假设这里的智能体表示的是一个智能机器人，它要根据当前的天气状态决定是否要出去散步以及出去多远。机器人通过自己的传感器摄取到外界的天气状态，同时也根据自身的电量状态以及离家的距离等环境状态决定当前的行动策略。

对于任何一个强化学习问题我们都可以通过 MDP 方式对其进行建模，如之前所说，建模结束之后通常有两种方式来求解这个模型：一种是基于动态规划（DP）的算法，包括值迭代、策略迭代等；另一种则是基于策略优化（PO）的算法，包括策略梯度、策略子 - 评价（Actor-Critic）算法等。

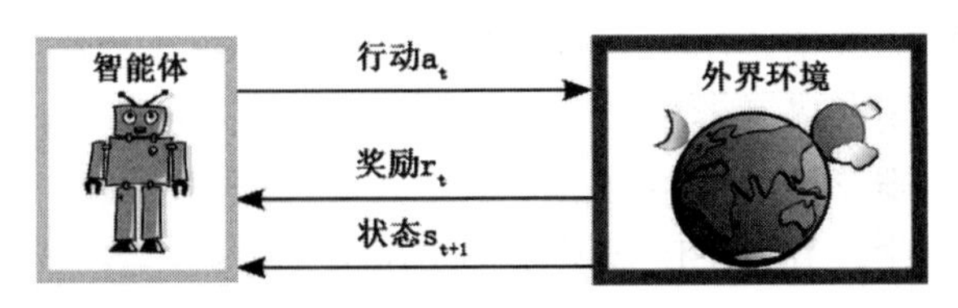

图 8.1　强化学习过程示意图

到目前为止，我们看不到任何与传统强化学习算法不一样的地方。是的，唯一的不同是深度强化学习采用深度神经网络对 MDP 过程当中相应的量进行了参数化，利用神经网络的非线性性能以及其梯度求解的方式进行强化学习问题的求解。例如，在基于 DP 的求解算法中，DRL 使用神经网络对其中的状态值函数，或者是动作状态值函数进行参数化；而在策略优化的算法中对策略进行参数化；而在 Actor-Critic 算法当中，引入两组网络参数，对其中值函数和策略同时进行了参数化。

一旦将强化学习当中相关的变量进行参数化，对于强化学习的问题就可以转化为深度学习的方法进行求解。因此，深度强化学习问题的核心还是如何对问题建模，对什么样的变量进行参数化以及如何参数化的问题了。相比于传统的机器学习算法，强化学习的数据的关联性也是需要解决的问题。我们也将在接下来的章节当中详细阐明。

通过本章的学习，读者将掌握以下的知识：

- 深度强化学习基础。
- 基于值函数的深度强化学习算法。
- 基于策略梯度的深度强化学习算法。
- 当前的深度强化学习框架。

8.1　初识深度强化学习

8.1.1　深度强化学习概览

模型、数据和求解算法是机器学习当中重要的三元素。在深度强化学习当中也不例外。在深度强化学习中，同样需要在模型的复杂度和算法的性能之间做权衡。DRL 同样采用卷积神经网络来构建网络模型，因此对于网络的层数以及卷积核的大小都是需要考量的。DRL 中数据是区别于传统的机器学习算法数据的一个主要的特征是：对于一个深度强化学习问题，在学习开始的时候甚至都不用准备数据，数据的获取是经过一步一步地仿真采样得到的，而得到的数据并不是一种带标签的数据，也不是无监督学习当中的训练数据。如前面所说的，强化学习的数据是一种标签延迟的训练数据。为了得到一个好的训练结果，通常需要进行大量的迭代采样，这样也能够有效地防止过拟合的出现。对于求解的算法在之前的章节就有所介绍，这里再进行简单的说明。

如图 8.2 所示，强化学习算法分为两种：一种是有模型学习算法，对算法的理解十分有帮助，但是在现实世界中很少存在这种简单的情况；另一种是无模型学习算法，也就是不知道模型当中的状态转移关系等，比较常用。在这种模型中，通常采用的是样本采样的学习算法。其中典型的为蒙特卡洛算法（MC 算法），如 REINFORCE 算法，以及时序差分（TD）算法，如 Sarsa 算法和 Q 学习算法，而这两种算法普遍使用于基于策略梯度的算法以及基于动态规划的算法中。蒙特卡洛算法具有很高的方差，使得学习过程中收敛都比较慢，加入一个基准（Baseline）能够缓解这个问题。对于 TD 算法来说，就没有这种问题，而其中的 Q 学习算法确实在该领域取得了非常好的成就，也得到了很多的研究和改进。

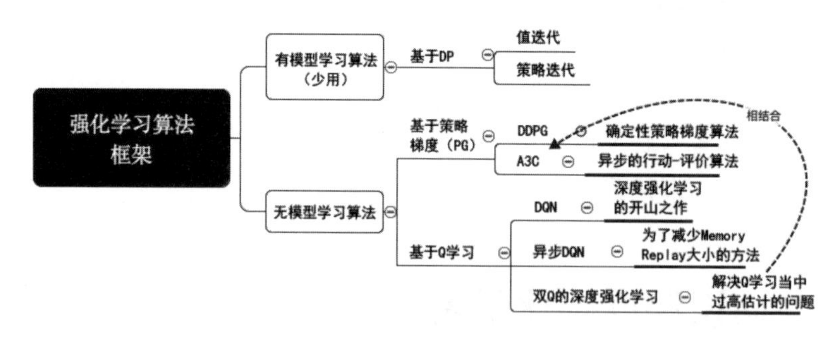

图 8.2　强化学习算法框架

但是在深度强化学习中直接使用神经网络进行简易的 Q 学习算法会产生振荡或者发散，原因如下。

- 数据是序列化的：时间连续的样本是相关的，不是独立的分布。

- Q 值微小的变动会剧烈地影响策略：策略可能会振荡。数据分布会从一个极端摇摆到另一个极端。
- 回报和 Q 值的范围未知：简易的 Q 学习的梯度在反向传播的时候会非常不稳定。

正是由于这样的原因，使得深度强化学习在 2013 年才开始取得突破性的进展。Google 的 DeepMind 团队巧妙地在学习的过程中引入了记忆回放（Memory-Replay）机制，从而打破了样本之间的关联性，使得学习到的策略趋于稳定。实际上，Memory-Replay 机制的引用是一种蒙特卡洛算法在深度 Q 学习算法中的应用。但是采样的样本数量越多需要的存储空间也就越大。异步 DQN 算法，使用同一起始状态在不同线程中的仿真解决了这个问题，速度上和存储上都得到了很好的效果。

摒弃深度 Q 学习算法的成功，Google、openAI 以及来自于加州伯克利分校的专家都提出了一种基于策略梯度的算法，并且他们一致认为这将是一种优于深度 Q 学习的算法。因此，他们相继提出信赖域策略优化算法（TRPO）、确定性深度策略梯度算法（DDPG）以及提升异步 Actor-Critorl 算法。对于这些算法框架，将在后面的章节中会详细介绍。

8.1.2 记忆回放（Memory Replay）机制

Memory Replay 机制是深度强化学习启蒙时期最重要的技巧之一，因为它的引入将深度强化学习推进了一大步。最早提出的深度强化学习是一个深度 Q 学习的模型。图 8.3 中左图是直接将强化学习当作一个监督学习问题而设计出来的网络结构，它的输入就是一个状态变量 s 和采取的动作 a，对于该输入训练出一个网络，该网络输出其对应的 Q 值。但是这里存在一个明显的问题，那就是训练样本的标签哪里来的？我们并不能得到每一个样本的 Q 值，甚至它都需要通过学习得到。图 8.3 右侧则是 GoogleDeepMind 提出的深度 Q 学习模型框架。该模型的输入是当前的状态 s，而输出是对应于该状态下能够采取的各个动作的 Q 值的估计。这正是我们想要的结果：通过训练学习得到的网络，对于任何一个输入 s 得到在该状态下能够采取的各个动作对应的 Q 值输出。有了这个输出以后，便可以选出最大的那个 Q 值动作进行仿真执行了。

细心观察，其实我们已经发现了这其中的问题。很明显，采用这种方式进行训练，当前训练使用的样本是前一个状态通过网络决策得到的状态，各个状态之间存在很明显的关联性，这显然不符合机器学习中对样本的独立同分布的假设。训练过程中，策略也会进行剧烈的振荡，从而使得收敛的速度十分缓慢。诸如此类的问题严重地影响了深度学习在强化学习算法中的应用。因此，在这个时候，DeepMind 引入的 Memory Replay 机制可谓是点睛之笔。首先看看 Memory Replay 机制在这当中起到了什么样的作用？

- 打破可能陷入局部最优的可能。
- 模拟监督学习。
- 打破数据之间的关联性。

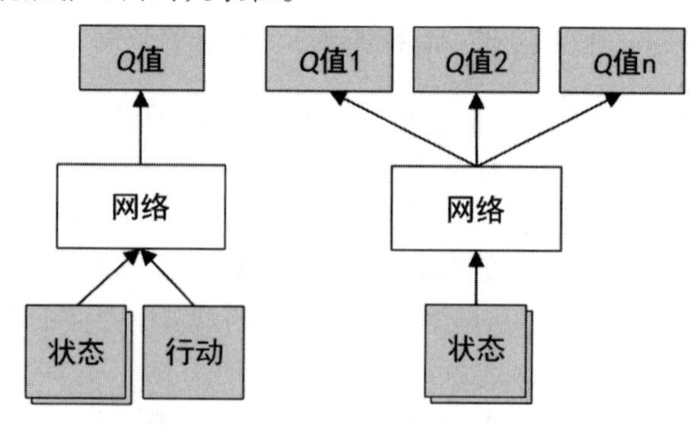

图 8.3 一般网络的结构和 DeepMind 结构

正是 Memory Replay 机制具有这样的作用，才使得深度学习算法被顺利地应用在了强化学习的领域。Memory Replay 机制很简单，具体操作步骤如下：

（1）在算法当中开辟一个空间，使用当前的策略进行样本的采样仿真。

（2）在每一次仿真采样的时候将形成的 MDP 采样序列存储在开辟的空间中。

（3）在存储的采样样本当中随机地采样一个批量（Batch）的样本。

（4）使用随机选取的样本，根据 Bellman 方程计算得到这些样本中存在的状态对应的 Q 值。

（5）通过该估计值和网络的估计值的差量来更新网络。

（6）在此时的网络策略中来进行新的采样，并将新的采样序列存储到 Memory 空间中，当达到空间最大值之后替换原来的采样样本。

需要指出的是，随机采样正好打破了这种样本之间的关联性，同时也使得一个强化学习的问题变成了一个类似于监督学习的问题。Memory Replay 机制在深度 Q 学习算法中起到了关键的作用，但是由于要进行深度学习的训练，因此需要开辟一个很大的存储空间，这也是其明显的弊端。异步的强化学习策略正是为了解决这个问题提出的。

8.1.3　蒙特卡洛搜索树

蒙特卡洛搜索树（Monte Carlo Tree Search，MCTS），是一种在强化学习问题中做出最优决策的方法，它结合了随机模拟的一般性和搜索树的准确性，用于各种组合博弈中的行动策略规划。MCTS 受到快速关注，主要是因为其在计算机围棋方面的成功以及其潜在的在众多难题中的解决方案，尤其是近期 AlphaGo 横扫世界顶级围棋专业选手，其价值已经超越博弈游戏本身，MCTS 理论上可以被用在以“状态 - 动作对”定义和用模拟进行预测输出结果的任何领域。接下来将重点来介绍蒙特卡洛搜索树的算法细节。

现从一个简单的例子来理解蒙特卡洛搜索树算法：假设在一个封闭的筐里有 100 个苹果，我每次从中拿出 1 个，挑出其中最大的苹果。那使用 MCTS 算法应该怎么操作呢？于是我随机拿 1 个，再随机拿 1 个跟它比，留下大的；再随机拿 1 个，和我手中留下的这个比较，如此循环。我每拿一次，留下的苹果都至少不比上次的小。拿的次数越多，挑出的苹果就越大，但我除非拿 100 次，否则无法肯定挑出了最大的。这个挑苹果的算法，就属于蒙特卡罗算法：尽量找好的，但不保证是最好的。

基本的 MCTS 算法非常简单：根据模拟的输出结果，按照节点构造搜索树，如图 8.4 所示，其过程如下。

（1）选择（Selection）：从根节点（Root）开始，选择最优的子节点，并且在子节点中递归选择最优的子节点直到达到叶子节点 L。

（2）扩展（Expansion）：如果 L 不是一个终止节点（也就是，不会导致博弈游戏终止)，那么就创建一个或者更多的子节点，选择其中一个子节点 C。

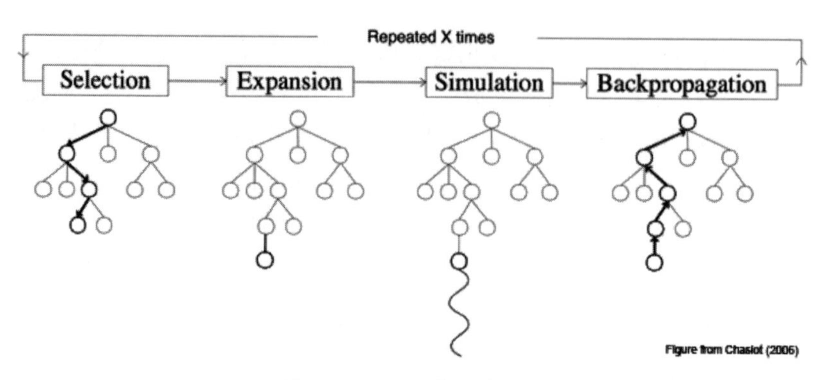

图 8.4　MCTS 算法流程图

(3) 模拟（Simulation）：从节点 C 开始运行一个模拟的输出，直到博弈游戏结束。

(4) 反向传播（Back Propagation）：用模拟的结果输出更新当前行动序列。

Tips：其实根据不同的应用，这里也可以在每个迭代过程中增加超过一个子节点。

其实，在一个强化学习的问题中，每一个节点表示的就是一个状态，每一条边表示为在某一个状态下采取的动作 a。每个节点包含两个重要的信息：一个是根据模拟结果估计的值；另一个是该节点已经被访问的次数。按照最为简单和最节约内存的实现，MCTS 将在每个迭代过程中增加一个子节点。

在搜索树向下遍历时的节点选择通过选择最大化某个量来实现，这其实类似于多摇臂赌博机问题（Multiarmed Bandit Problem），其中的参与者必须选择一个机器臂（Bandit）来最大化每一轮的估计的收益。置信度上限算法（Upper Confidence Bounds，UCB）公式常常被用来计算节点被选中的可能性，UCB 表示如下：

$$v_i + C \times \sqrt{\frac{\ln N}{n_i}}$$

其中，v_i 是节点估计的值，n_i 是节点被访问的次数，而 N 则是其父节点已经被访问的总次数。C 是可调整参数。UCB 公式具有探索和利用

（Exploitation 和 Exploration）的思想，对已知收益的状态节点进行利用（Exploitation），同时鼓励探索（Exploration）那些相对未曾访问的节点，在这二者当中寻求一个平衡。其中的收益估计 v_i 是基于随机模拟得到的，所以节点必须被访问若干次来确保估计变得更加可信。MCTS 算法估计在搜索的开始阶段往往不大可靠，但最终会在给定充分的时间后收敛到更加可靠的估计上，在无限时间下能够达到最优估计。如果在 MCTS 开始阶段加入监督学习，训练的结果也会大大地提高 MCTS 算法的收敛速度。

UCB 算法比盲目的蒙特卡洛局面评估收敛得更快，主要是因为在算法执行的过程中，UCB 算法能不断根据之前的结果调整策略，选择优先评估哪一个可下点，其实这是一种在线的机器学习策略。对于博弈问题而言，UCB 算法相比于朴素的蒙特卡洛局面评估方法，收敛速度有很大的提高，但确实存在可进一步优化的地方。UCB 算法加上搜索树便形成了 UCT 算法。

Kocsis 和 Szepervari 在 2006 年首先构建了一个完备的 MCTS 算法，通过扩展 UCB 算法到最小化最大搜索树，并将其命名为上限置信区间算法（Upper Confidence Bounds for Trees，UCT）。

UCT 可以被描述为 MCTS 的一个特例：UCT = MCTS + UCB。它是众多 MCTS 实现中的一个算法版本。以下是 UCT 算法描述。

给定一棵博弈树。

（1）从博弈树的根节点开始向下搜索。

（2）遇到节点 a 后，若 a 存在从未评估过的子节点，执行步骤（3），否则执行步骤（4）。

（3）通过 MCTS 方法评估该子节点，得到收益值后更新该子节点至根节点路径上所有节点的平均收益值，执行步骤（1）。

（4）计算每个子节点的 UCB 值，将 UCB 值最高的子节点作为节点 a，执行步骤（2）。

（5）算法可随时终止，通常达到给定时间或尝试次数后终止。

接下来采用示意图的方式对以上的算法进行详细的介绍。

首先，从一个初始的状态开始，作为根节点来构建 UCT 搜索树，如图 8.5 中的 *C* 节点。这里的根节点具有 4 个子节点，当前的状态是，每一个状态都还处于未被访问的状态。

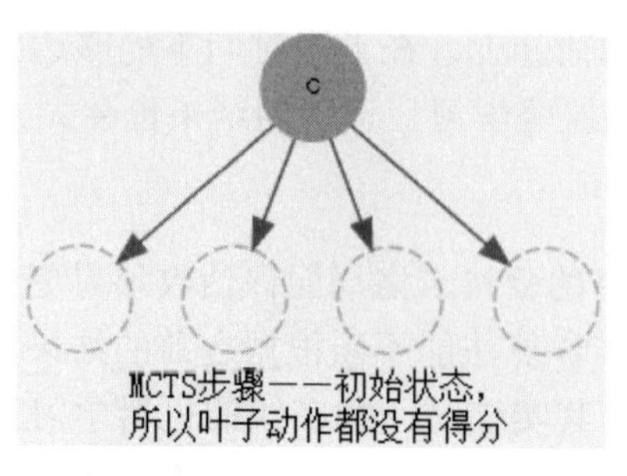

图 8.5　初始状态下的搜索树

接下来，对于其中每一个未访问的状态节点，采用 MCTS 算法进行搜索。也就是从该状态开始，进行多次仿真（次数越多越接近于真实的状态），达到一个终止的状态。根据博弈的结果返回一个评价的值。对于根节点的每一个子节点多次进行如此的操作，如图 8.6 所示，经过多次的扩展之后，每一个子节点状态都有一个度量的值。

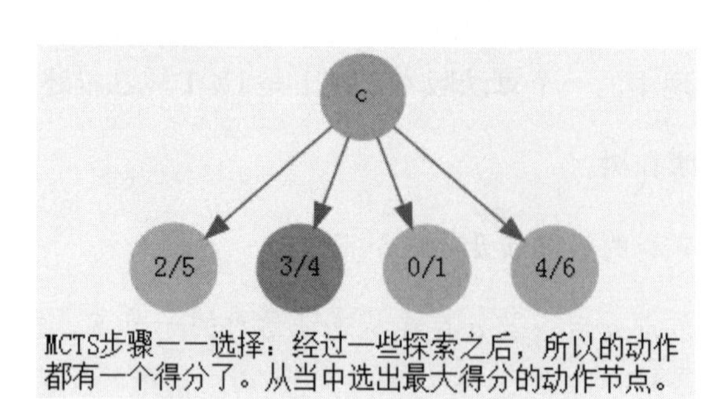

图 8.6　采用 MCTS 进行扩展

返回的值表示为一个分数，分子表示的是从这个状态开始采用 MCTS 进行仿真模拟取胜的次数，分母表示的是总共的访问次数。根据此时的值，从当中选择值最大的那个子节点。如图 8.6 所示，比较发现其中 3/4 为此时的最大。因此选择该子节点进行扩展，如图 8.7 所示。

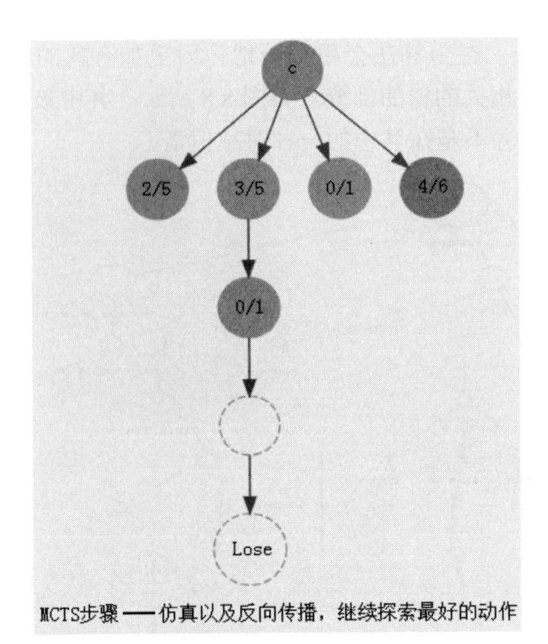

图 8.7　子节点的扩展

根节点下平均收益值最高的子节点作为算法的输出。对于这个算法，有如下几点需要解释：

（1）博弈树的根节点指的是当前的局面。

（2）评估过的节点及其平均收益值将在程序运行过程中保存及更新。

（3）收益值可自行设定合适的值。例如将其设为 1（胜）或 0（负）。

（4）这个算法是现代围棋博弈程序的基石。

（5）该算法并不需要知道博弈游戏的领域知识。

如上面提到的，MCTS 不要求任何关于给定的领域策略或者具体实践知识来做出合理的决策，这个算法可以在没有任何关于博弈游戏除基本规则外的知识的情况下进行有效工作。这意味着一个简单的 MCTS 的实现可以重复地用在很多的博弈游戏中，只需要进行微小的调整，所以这使得 MCTS 成为一般博弈游戏的很好的方法。

MCTS 还具有一种非对称性，即执行一种非对称树的适应搜索空间拓扑结构的增长。这个算法会更频繁地访问更加有趣的节点，并聚焦其搜索时间在更加相关的树的部分。如图 8.8 所示，其中被访问的树枝被深色标出，可看出并不是在其中的一种对称搜索。

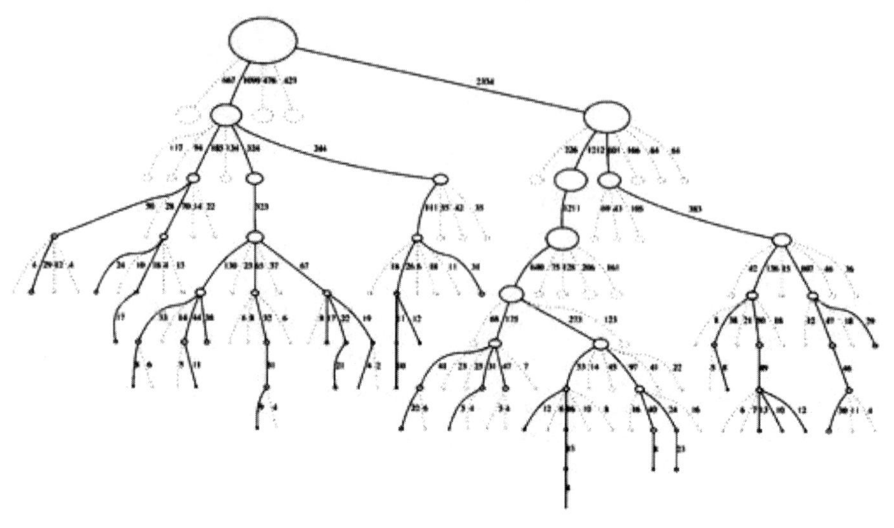

图 8.8 MCTS 的非对称的增长

这使得 MCTS 更加适合那些有着更大的分支因子的博弈游戏，比如 19×19 的围棋。这么大的组合空间会给标准的基于深度或者宽度的搜索方法带来问题，所以 MCTS 的适应性说明它（最终）可以找到那些更加优化的行动，并将搜索的工作聚焦在那些部分。并且该算法可以在任何时间终止，并返回当前最优的估计。当前构造出来的搜索树可以被丢弃或者供后续重用。

当然，MCTS 也存在明显的劣势：性能是其最主要的劣势。首先，由于 MCTS 算法的计算复杂度，使得它在某些甚至并不是很大的博弈游戏中，在可承受的时间内也不能够找到最好的行动方式。这基本上是由于组合步的空间的全部大小所致，关键节点并不能够访问足够多的次数来给出合理的估计。速度上也是，MCTS 搜索可能需要足够多的迭代才能收敛到一个很好的解。例如，最佳的围棋程序可能需要和领域最佳进行百万次的交战以及强化学习才能得到专家级的行动方案，而最优的方案实现对更加复杂的博弈游戏可能也就只要每秒钟数十次（领域无关的）交战。对可承受的行动时间，这样的方案可能很少有时间访问到每个合理的行动，所以这样的情形也不大可能产生表现非常好的搜索。

然而幸运的是，算法的性能可以通过一些技术显著提升。很多种 MCTS 强化的技术已经出现了。这些基本上可以归纳为领域知识或者领域独立两大类。

领域知识：特定博弈游戏的领域知识可以用在树上来过滤掉不合理的行动，或者在模拟过程中产生重要的对局（更接近人类对手的表现）。这意味着交战结果将会更加的现实而不是随机的模拟，所以节点只需要少量的迭代就能给出一个现实的收益值。领域知识可以产生巨大的性能提升，但在速度和一般性上也会有一定的损失。

领域独立：领域独立强化能够应用到所有的问题领域中。这些一般用在树中（如 AMAF），还有一些用在模拟（如在交战时倾向于胜利的行动）。领域独立强化并不和特定的领域绑定，具有一般性，这也是当前研究的重心所在。

8.2　深度强化学习（DRL）中的值函数算法

8.2.1　DRL 中值函数的作用

深度强化学习中，同样采用了传统的强化学习中的值函数。值函数表示的是一个累积的奖励值，对于一个状态的评估有着最直接的度量。越接近于目标位置的状态网络具有较高的值函数，这也和策略的学习是保持一致的。因为策略的学习同样也是找到其中最好的行动策略，以至于得到最好的收益情况。

传统的值函数相当于在某个特定策略下一系列动作的采样累积奖励，这能够很精确地描述这个状态值的情况。但是，对于强化学习问题的求解并不直观。因为，强化学习希望得到一个在特定状态下的行动策略。因此，在 DRL 中 Q 函数的求解比一般的值函数更加直观。求解得到一个 Q 函数，实际上就对应于该状态下行动的得分值。看起来更加直观。另外，即便是使用策略梯度的算法，同样需要策略函数对其中的策略进行评价。同时，策略梯度的方向往往是和值函数增加的方向保持一致。因此，策略梯度的更新往往和值函数的梯度保持一致。

而在 DRL 中，一个突出的特点是通过网络的参数来拟合值函数。由于网络的非线性能力，使得网络能够更好地拟合值函数，从而从中训练得到的 Q 函数能够更精确地度量某个执行动作的性能。

在一些新的研究成果中，其实值函数的作用已经进一步被凸显出来。如图 8.9 所示，值函数的计算可以完全被神经网络来拟合。图 8.9 所示的是值函数更新迭代的过程，值函数的更新是通过 Q 函数进行的。卷积的参数正好表达了状态转移的概率，这样就将其中的转移策略更新到网络参数中。因此，在这个新的网络中，值函数用于设计一个决策计划（Learn to Plan）的模块。整体构建出一个值迭代网络，具体的细节将在第 9 章进行说明。

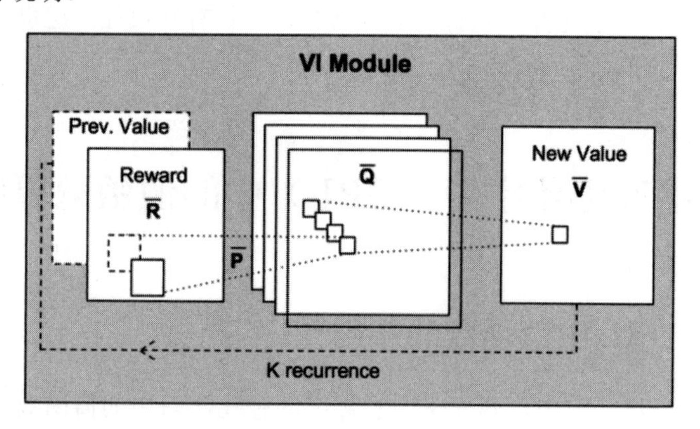

图 8.9　VIN 网络迭代

8.2.2　DRL 中值函数理论推导

假设你就是感知环境的智能体，环境正处在某一个状态 S_0 上，这个时候你可以采取某种策略进行行动，并且你的行动可以带来某种奖励，同时智能体移动也使得环境状态发生改变。假设在某一策略的情况下进行了 n 次采样，于是可以得到如下一串序列：

$$s_0, a_0, r_1, s_1, a_1, r_2, s_2, \cdots, s_{n-1}, a_{n-1}, r_n, s_n$$

将其中从 S_i 开始到 S_{i+1} 结束的四个元素当作是一个数据元组，那么这就构成了在前面的章节中介绍的 MDP 过程。为了得到最好的策略，采用一个累积的值，也就是值函数来衡量在每一个状态下的奖励情况。同时，使用 Bellman 方程，得到：

$$R_t = r_t + \gamma R_{t+1}$$

实际上，R_t 是一个和状态相关的量，衡量的是从某个状态开始的值函数的累积。为了更好地衡量在一个状态下应该采取的动作，引入了 Q 函数，它表示的是：在状态 s 下采取行动 a 能够得到的最大的折扣累积奖励值。从其定义可以知道，它衡量的是游戏结束后，在状态 s 的情况下最有质量（Quality）的动作 a 所取得的累积奖励值。因此可以表示为：

$$Q(s_t, a_t) = \max(R_{t+1}) \tag{8-1}$$

实际上，这样的定义在开始很让人费解，如何可以在只知道当前的状态和当前的动作的情况下找到一个函数，它可以估计出直到这个游戏结束的奖励值？强化学习正是在这种假设的情况下进行的。假设可以找到这样一个函数，那么也可以表示为：

$$Q(s_t, a_t) = r_t + \gamma \max(Q(s', a')) \tag{8-2}$$

这也使用了很有名的 Bellman 方程，当看了这个方程后，其实它所表达的意思是非常有道理的：最大化当前状态和动作的操作就是等于此刻的及时奖励加上下一个状态的最大化将来奖励值。

于是，下面面对的问题就是要穷举这样的状态，但这是不可能的，因为这个数据量非常巨大（大概有 10^{67970} 种状态）。其实智能体真正能够触及到的只是当中极少一部分的信息。因此，需要去除大量冗余的信息。而这正好是神经网络进行特征提取所擅长做的东西。因此可以通过神经网络来表示 Q 函数。例如在 Google DeepMind 团队的 paly Atari 游戏中，只需要输入灰度图像的游戏截屏图片来表示状态和行动（Action）（如是多张图片，可以计算出当中的速度和移动方向等信息）就可以输出相应的 Q 函数。

而在 DQN 算法中是通过网络对于各个 Q 值进行估计的，假设已经知道最优的函数为$Q^*(s,a)$，那么神经网络要做的就是对Q函数进行拟合，则有：

$$Q(s,a;\theta) \approx Q^*(s,a) \tag{8-3}$$

也就是说，一旦通过神经网络的方式对Q函数进行拟合，那么就可以通过神经网络的方式在该参数搜索空间中进行求解。因此，一个强化学习的问题变成了一个深度学习的问题。那么，该如何设置损失函数呢？我们知道，通过 Bellman 方程可以得到Q函数的估计，那么将该估计的值和网络预测的Q值进行比较便可以得到一个差异，这个差异便可以来更新网络。因此，可以在网络当中引入一个损失函数，这个损失函数是为了最小化 Bellman 方程对Q值的估计与网络对Q值的估计的差，即

$$L_i(\theta_i) = E_{s,a\sim\rho(\cdot)}[(y_i - Q(s,a;\theta_i))^2] \tag{8-4}$$

其中y_i表示为$y_i = E_{s'\sim\varepsilon}[r + \gamma \max Q(s',a' \mid \theta_{i-1}) \mid s,a]$，当在计算$y_i$的值时候，使用的是上一次网络更新以后的参数$\theta_{i-1}$。因此，在用随机梯度下降法求导的时候，$y_i$当中的网络参数作常数处理。所以在进行求导的时候只对θ_i求导而不对θ_{i-1}求导。

8.3 深度强化学习中的策略梯度（Policy Gradient）算法

在本节中，将思考一种新的方法——策略梯度算法。之前章节中并没有做很多的介绍，但是该算法应该优于前面介绍的强化学习的算法，特别对于连续的状态空间或者是连续的动作空间中的强化学习问题。

本节会从两种思路对策略梯度算法进行介绍：一种是从监督学习的思路出发，推导到强化学习；另一种是直接对强化学习的问题进行推导，特别是对带有终止情况的问题进行推导。不可否认的是，本节的数学推导比较多，对于缺乏数据基础的读者在理解上比较困难。但是，本节对于算法的理解十分重要，因此建议尽量看懂本节的内容。

8.3.1 策略梯度算法的作用和优势

策略梯度算法通过梯度下降进行优化，也就是说，通过重复计算策略的期望回报梯度的噪声估计，然后按照梯度方向来更新策略。该方法比其他强化学习（RL）方法（如 Q 学习）更有利，主要是我们可以直接优化感兴趣的量——策略的期望总收益。该方法由于梯度估计的高方差长期被认为不太实用，直到最近 DeepMind 在 DDPG 算法工作上的成果展示了神经网络策略在困难的控制问题上采用策略梯度方法的成功应用。此外，在这种连续的动作空间中，其实很难度量出各个动作下的动作值函数。因此，接下来将从策略梯度方面去讨论强化学习的求解问题。

到目前为止，本书中所有的方法都是通过学习到各种动作的值函数，然后基于各个动作的值函数估计值来选择一个动作，如果没有估计的动作 - 值函数，甚至该策略都不会存在。下面来思考一些不需要计算值函数的方法——一些通过参数化策略的方法。当然，在计算策略的权重的时候可能还是会用到值函数，但是在动作的选择中则完全不需要值函数。我们仍然使用表示主要的权重参数向量，但是在这一节中表示的是策略的权重向量。因此，用 π 来表示时刻 t 在状态 s 下基于当前参数采取动作 a 的概率。如果在某一种方法中同时也用到了值函数，那么值函数中的参数为了区别使用 w 来表示，即 $\dot{V}(s,w)$

在这一节中，讨论的是基于一些和策略权重相关的性能函数 $\eta(\theta)$ 的梯度来学习策略的权重。这些方法的目标都是为了最大化性能函数，因此，通过梯度上升法来更新估计性能函数 $\eta(\theta)$ 当中的 θ：

$$\theta_{t+1} \doteq \theta_t + \alpha \nabla \hat{\eta}(\theta_t) \tag{8-1}$$

其中的 $\nabla \hat{\eta}(\theta_t)$ 是性能函数关于 θ_t 的梯度随机的期望估计。不管有没有使用值函数，都将所有基于这种框架的方法称作策略梯度（Policy Gradient）方法。通常，同时学习策略以及值函数的估计的方法被称作是策略子 - 评价（Actor-Critic）算法，其中的 Actor 指代学习到的策略，Critic 代表的是学习到的评价函数，通常来讲是一个状态值函数。

基于策略估计的方式，有三个明显的优势。在策略梯度当中，策略可以用任意的方式进行参数化，只要关于权重可导进行，也就是说，存

在 $\nabla_\theta \pi(a/s,\theta)$ 并且有限就可以。在实际情况中，为了确保探索，我们一般还会要求策略绝对不要变为确定性的，也就是说，$\forall s,a,\theta$ 有 $\pi(a/s,\theta)$ (0,1) 为开区间。在这一小节中，将介绍离散的动作空间中最常用的参数化方式，并且指出它对于一般的动作值函数方法的优势。实际上基于策略梯度的方法是在连续的动作空间中有效的方法，将在后面介绍。

Tips：这里的分母只是为了让各个状态下的所有动作的概率加起来为 1，但是它们各自的表示还能够被确定地参数化。

如果动作空间是离散的并且不是很大，那么一种很自然的参数化方式就是对每一个状态 - 动作对都单独地构造一个表达：$h(s,a,\theta)\in R$。那么对一个状态中最偏好的动作就给予被选中的最高概率，如通过一个指数的 Softmax 表示为：

$$\pi(a\mid s,\theta)\doteq\frac{\exp[h(s,a,\theta)]}{\sum_b \exp[h(s,b,\theta)]} \tag{8-2}$$

其中，exp() 是以 e 为底的指数函数，e=2.71828，表示的是基本的自然对数的底数。

例如，它们能够被深度神经网络计算，这里的 θ 就是网络中所有相连的权重，就像在前面的章节中描述的深度 Q 网络（Deep-Q-Network）一样。或者说这个表达式能够简单地通过特征中的线性组合来表达，即：

$$h(s,a,\theta)\doteq\theta^T\phi(s,a) \tag{8-3}$$

通过动作 - 值函数采用 ε- 贪心的方法选择动作始终会以 ε 大的概率进行随机的动作选择。因此，通过动作公式（8-2）中的 Softmax 进行动作的选择有一个直接的优点，就是对策略的估计能够得到一个确定性的动作。当然，动作 - 值函数的方法也可以使用 Softmax 进行动作选择，但是单独使用仍然不能得到一个确定性的动作。相反，动作 - 值函数的估计能够收敛于一个它的真实值，这个值存在一定的差异，并且也能够映射到 0 到 1 之间的一个具体的概率。如果 Softmax 中包含一个热度参数，那么随着时间的推移，这个热度会降低以至于接近于一个确定的理论。但是在实际情况中，制定降低的时间规划是非常困难的，甚至对于热度参数的初始化都非常困难。在不知道关于真实的动作 - 值函数的情况下，我们更愿意进行假设。偏好的动作会很不同，因为其并没有接近于某种具体的值，但是这些动作却倾向于产生最优的随机策略。如果最优策略是存在的，那么对于最优动作的偏好会一定程度地高于次优的策略（在参数允许的情况下）。

也许相比于对动作 - 值函数的参数化，对策略进行参数化，最简单的优势就是策略可能是一个更简单的估计函数。根据问题的不同，策略函数和动作 - 值函数的复杂程度也不同。对于有一些问题，动作 - 值函数要简单一些，并且也容易估计；对于另外一些问题，策略的情况更加简单一些。在后者的这种情况当中，基于策略的方法将会明显学习得更快并且达到一个无限接近于监督学习的策略。

在重要的函数估计的问题中，最好的估计策略就是随机。例如，在具有不完备信息的牌类游戏中，最优的策略通常都是以一定的概率做两件事情，一个是进攻，另一个是防守，比如在扑克牌游戏当中何时进行虚张声势。使用动作 - 值函数来找到一个随机的最优策略显得很不自然，策略估计的方式却十分合适。这是基于策略方法的第三个优势。

8.3.2 策略梯度算法的理论推导

本小节中涉及两种理论推导，目的是为了让不同背景的读者都能够理解策略梯度算法的推导过程。

策略梯度算法的推导 1

读者可能比较熟悉概率模型的监督学习，其中目标是最大化给定输入 (x) 时的输出 (y) 的对数概率，即：

$$\max_{\theta}\sum_{n=1}^{N}\log p(y_n \mid x_n;\theta)$$

策略梯度方法通常需要假设一个随机策略，该策略表示的是从状态空间到动作空间的映射，给出了对每个状态 s 的动作 a 上的概率分布，我们将此分布写作 $\pi(a \mid s;\theta)$。如果知道对每个状态正确的动作 a^*，可以简单地最大化监督学习的目标函数，即：

Tips：在实际情况中，当前的状态 s 影响最终的动作 a，这里的参数 θ 应该是策略的参数。

$$\max_{\theta}\sum_{n=1}^{N}\log \pi(a_n^* \mid s_n;\theta)$$

然而，我们并不知道正确的动作，也就是说我们不能通过监督学习的方式来训练得到网络的参数。因此，我们会尝试对动作好坏进行粗略的猜测，试着去增加好的行动的概率。更加具体地讲，假设我们刚收集完一个智能体（Agent）和环境的交互，所以得到了一个状态、动作和收益的序列：$\tau=(s_0,a_0,r_0,s_1,a_1,r_1,\cdots,s_{T-1},a_{T-1},r_{T-1},s_T)$。令 R 表示收益和，则 R 可以表示为：$R=\sum_{t=0}^{T-1}\gamma^t r_t$。如前面的章节所述，也可以考虑上时间对于序列的影响，也就是引入了一个折扣因子。

我们知道上面的累积收益和状态 s 以及采取的策略是密切相关的。同时，在构成累积收益的各个部分中，所带来的影响是和状态的分布相关的。因此，对于值函数的表示需要一个更好的函数去度量。我们也知道，推导策略梯度公式的最简单的方式是使用打分函数梯度估计量，这是估计期望梯度的通用方法，因此接着将此想法用在计算期望收益的梯度上。假设状态 s 是一个随机变量，其概率密度是 $p(s|\theta)$，即概率密度依赖于参数向量 θ。为了表示出值函数和状态变量的关系，引入一个函数 $f(s)$，$f(s)$ 表示为一个标量值函数（就是收益），用来衡量收益的大小。因此，很明显，收益的大小可以通过函数的期望来表示，即 $R=E_s[f(s)]$，这里是连续的状态空间中的表示，离散的状态空间也类似。显然，如何使得收益的期望达到最大值是我们最想做的事情。于是采取梯度上升算法。首先计算出梯度 $R=\nabla_\theta E_s[f(s)]$ 的大小。想要计算 $\nabla_\theta E_s[f(s)]$，将 s 的概率分布 $p(s|\theta)$ 引入得到了下面的等式：

Tips：最小化损失函数，就用梯度下降法，最大化似然函数，就用梯度上升法。本质上都是一样的。因此，在这里是最大化似然函数，所以用梯度上升法。

$$\nabla_\theta E_s[f(s)]=E_s[\nabla_\theta p(s|\theta)f(s)]$$

这个方程也就是期望公式的展开，也可以写成积分形式，即连续的空间推导的方式：

$$\nabla_\theta E_s[f(s)]=\nabla_\theta\int \mathrm{d}s\, p(s|\theta)f(s)$$

上式表示的是离散空间的值函数的期望，将其进一步分解，可得：

$$\begin{aligned}\nabla_\theta E_s[f(s)]&=\int \mathrm{d}s\nabla_\theta p(s|\theta)f(s)\\&=\int \mathrm{d}s[p(s|\theta)\nabla_\theta\log p(s|\theta)]f(s)\\&=E_s[\nabla_\theta\log p(s|\theta)f(s)]\end{aligned}$$

在离散的状态空间当中的推导方式为：

$$
\begin{aligned}
\nabla_\theta E_x[f(x)] &= \nabla_\theta \sum_x p(x) f(x) \\
&= \sum_x \nabla_\theta p(x) f(x) \\
&= \sum_x p(x) \frac{\nabla_\theta p(x)}{p(x)} f(x) \\
&= \sum_x p(x) \nabla_\theta \log p(x) f(x) \\
&= E_x[f(x) \nabla_\theta \log p(x)]
\end{aligned}
$$

要计算这个估计量，就可以采样 $s \sim p(s \mid \theta)$ ，然后通过取平均的方式计算方程的左式（对 N 个样本进行平均），当 N 的值越趋近于无穷的时候，估计的准确度就越高。就是说，采样 $s_1, s_2, s_3, s_4, \cdots, s_N, \sim p(s \mid \theta)$ ，然后使用下面的公式进行梯度的计算：

$$
\nabla_\theta E_s[f(s)] = \frac{1}{N} \sum_{n=1}^{N} \nabla_\theta \log p(s_n \mid \theta) f(s_n)
$$

根据计算出来的结果再采用梯度上升法来更新策略的参数，使得到一个更好的收益。

策略梯度算法推导 2

为了在强化学习中使用这个思想，需要用到策略分布。我们知道策略是和当前的状态相关的，这意味着在每个状态 s ，我们的策略给出了一个行动上的概率分布，记作 $\pi(a \mid s)$ 。如之前所述，这个状态的参数更多的是对策略的一种参数化，因此策略同样有一个参数向量 θ，并且不需要分别表述。因此，就常写成 $\pi(a \mid s, \theta)$ 。为了更加准确地求解上述的策略梯度，我们对状态进行采样（其实也就是按照状态的分布去执行当前的策略），通过求解某个状态的期望的方式来求解上述梯度。我们引入一个采样轨迹 τ ，即 $\tau = (s_0, a_0, s_1, a_1, \cdots, s_{T-1}, a_{T-1}, s_T)$ ， τ 代表状态和行动的序列。令 $p(\tau \mid \theta)$ 表示在策略参数 θ 的情况下整个轨迹 τ 的概率，令 $R(\tau)$ 为整个轨迹的累计收益。接下来想要做的就是，更新策略的参数，使得期望的累计收益达到最大化。于是对累计收益 $R(\tau)$ 关于策略参数 θ 进行求导，则有：

$$
\nabla_\theta E_\tau[R(\tau)] = E_\tau[\nabla_\theta \log p(\tau \mid \theta) R(\tau)]
$$

我们只需要采样轨迹τ，然后使用上面的公式计算策略梯度估计量。现在，需要显式地写出$\log p(\tau|\theta)$来推导出一个实用的公式。我们知道各个状态之间以一定的概率进行转换，而且在马尔科夫决策当中假设当前的状态只是和前一个状态相关，因此，对于这一条采样的轨迹，使用概率的链式法则可得到：

Tips：这里很好地帮我们理解了π和p的区别，参数只和π有关。

$$p(\tau|\theta)=\mu(s_0)\pi(a_0|s_0,\theta)p(s_1|s_0,a_0)\pi(a_1|s_1,\theta)p(s_2|s_1,a_1)\cdots$$
$$\pi(a_{T-1}|s_{T-1},\theta)p(s_T|s_{T-1},a_{T-1})$$

其中，μ是初始状态分布，$p(s_t|s_{t-1},a_{t-1})$是状态的转换概率，$\pi(a_{t-1}|s_{t-1},\theta)$是策略函数。对其取对数后，就得到一个和式，关于$\theta$求导，$p(s_t|s_{t-1},a_{t-1})$和$\mu$就被消去了，则得到（这里最厉害的就是，消去了这个运动的状态轨迹中的状态转移）：

$$\nabla_\theta E_\tau[R(\tau)]=E_\tau\left[\nabla_\theta\sum_{t=0}^{T-1}\log\pi(a_t|s_t,\theta)R(\tau)\right]$$

这个公式非常厉害，因为我们不需要知道系统的动态情况（由转换概率P确定的）来计算策略梯度。直观的解释是我们收集了一个轨迹，然后与其总收益好的程度成比例提升概率，即如果收益$R(\tau)$非常高，我们应该按照在参数空间中$\log p(\tau|\theta)$高的方向进行移动。

但是实验发现，该算法存在着明显的缺点：方差高，收敛速度极慢。因此，通过一些数学推理，可推导出一个更好（更低方差）的策略梯度估计。实际上，会在推导中引入一个$b(s_t)$表示基准函数，在此基础上再进行策略梯度的计算。详细的推导参考后面的章节。

8.3.3 REINFORCE 算法

为了求解到最优的策略，在强化学习当中定义一个性能度量函数。这里可能会存在两种定义：一种定义于片段型情形（Episodic Case）；另一种定义于连续性的情形（Continuing Case）。我们尽量阐述这中间的所有事情，以至于这两种情形能够使用一套符号及描述。首先来考虑片段型情形，在这种情形中，我们将性能函数定义为片段中初始状态的值函数。我们可以在不损失掉任何有意义的一般性原则下作出这样的假设：每一个片段情形都是以一些具体的状态开始。于是，可以定义性能函数为：

$$\eta(\theta) \doteq v_{\pi_\theta(s_0)}$$

这里表示的是真实值函数，策略由策略权重参数决定。接下来讨论在有函数估计的情况下，如何解决通过改变策略参数的方式来确保提高值函数。待解决的问题同时依赖于动作的选择以及所处的选择动作的状态，并且二者都被策略权重参数所影响。

给定一个状态，策略权重参数对于动作以及相应的奖励的影响可以以相对直接的方式从策略的参数化中计算出来。但是策略对于状态分布情况的影响完全是一个关于环境的函数，并且一般来讲都是未知的。那么，性能梯度依赖于状态分布，我们在改变策略对状态分布的影响未知的情况下，应该如何通过策略参数进行性能梯度的估计？

这就引出策略梯度理论，它给我们提出了一个性能梯度关于策略参数的代数表达式（也就是说，我们需要去估计公式中的梯度下降），这个和状态分布的微分密切相关。策略梯度的公式是：

$$\nabla \eta(\theta) = \sum_s d_\pi(s) \sum_a q_\pi(s,a) \nabla_\theta \pi(a \mid s, \theta)$$

这里，在所有的情形当中，梯度都是一个关于其中各个成分的偏导的一个列向量，其中说明策略和权重向量相关，这里分布的表达式其实就是状态的先验概率。也就是说，在一个片段的情形当中，定义为在 t 次状态中，采样的结果中期望的次数，而采样采取的是从状态开始，在动态 MDP 中采用策略进行随机采样得到的状态。

目前，我们已经做好了第一个策略梯度算法的准备工作。回顾随机梯度下降法的思想，对于它来讲我们需要得到一些值函数的样本，这些样本的期望要等价于性能的梯度。在策略梯度理论的公式中，给了我们一个明确的梯度表达式，我们需要做的就是采样这些期望，让它们等于或者是约等于策略梯度表达式。

等式的右边是一个状态的值函数的加权和，权重表示的是这个状态在策略的情况下访问到的频率，同时还根据到达这个状态的时间被一个参数加权。如果我们仅仅是根据策略，对于某个状态我们就会以一个固定的比例遇到它，但是加入了一个扰动就会防止出现这个期望值。因此得出：

$$\nabla\eta(\theta)=\sum_s d_\pi(s)\sum_a q_\pi(s,a)\nabla_\theta\pi(a|s,\theta)$$

$$\nabla\eta(\theta)=E_\pi\left[\gamma^t\sum_a q_\pi(S_t,a)\nabla_\theta\pi(a|S_t,\theta)\right]$$

这是非常重要的一步，我们还将继续拓展，对于行动也采取同样的方式进行处理（用替代公式中的扰动）。上式期望当中还保留的是对行动的累加；要是每一项只是行动选取的概率就好了。让我们来构造这样的方式吧，乘以然后除以这一个概率，接着上面的等式，可得出：

$$\nabla\eta(\theta)=E_\pi\left[\gamma^t\sum_a\pi(a|S_t,\theta)q_\pi(S_t,a)\frac{\nabla_\theta\pi(a|S_t,\theta)}{\pi(a|S_t,\theta)}\right]$$

$$=E_\pi\left[\gamma^t q_\pi(S_t,A_t)\frac{\nabla_\theta\pi(A_t|S_t,\theta)}{\pi(A_t|S_t,\theta)}\right]，（将 a 用样本 A_t-\pi 代替）$$

$$=E_\pi\left[\gamma^t G_t\frac{\nabla_\theta\pi(A_t|S_t,\theta)}{\pi(A_t|S_t,\theta)}\right]，（其中 E_\pi[G_t|S_t,A_t]=q_\pi(S_t,A_t)）$$

这就是我们真正想要的东西，一个在每一个时间步骤都可以采样，并且其梯度等于期望的一个量。用这个简单的表达来表示度量函数当中的一般性的随机梯度下降法，我们得到更新的公式为：

$$\theta_{t+1}\doteq\theta_t+\alpha\gamma^t G_t\frac{\nabla_\theta\pi(A_t|S_t,\theta)}{\pi(A_t|S_t,\theta)}$$

Tips：Reinforce算法使用的是从时刻开始的完全反馈，包括了到这个事件片段结尾的所有的奖励。从这个层面来看，Reinforce算法是一种蒙特卡洛算法，它被定义为一种当片段式事件完成之后，再回过头来看各个更新的算法（像是前面章节中的蒙特卡洛算法）。

我们将这种算法称作REINFORCE算法（1992年，由Williams命名）。这种更新的理念非常直观。每一个增量都正比于返回值和一个向量的乘积，这个向量表示为一个将要采取动作的梯度除以该动作被选中的概率。这个向量朝着权重空间中最能够增加在未来要访问的状态中要重复动作的概率的方向。这个更新朝着正比于这个返回值，反比于动作被选中的概率大小。前者非常直观，它让权重朝着青睐的动作产生最大的回报的方向；后者也是作用明显，因为如果不除以这一项，概率高的动作会有经常被选中的优势，这样即便是得到最高的回报，它们也会胜出（更新就会常常朝着这个方向）。

下面的伪代码对其细节进行了描述，具体如下。

【算法 1】Reinforce 算法，一种基于策略梯度的蒙特卡洛算法（片段式的）。

输入：可微的策略参数化表达 $\pi(a|s,\theta), \forall a \in \mathcal{A}, s \in \mathcal{S}, \theta \in R^n$

初始化策略权重θ

一直迭代：

根据策略$\pi(.|.,\theta)$**生成一个采样片段：**$S_0, A_0, R_1, \ldots, S_{T-1}, R_T$**，对于片段当中的每一步** $t = 0, 1, \ldots, T-1$ **：**

$G_t \leftarrow$ **从第**t**步的返回**

$\theta \leftarrow \theta + \alpha\gamma^t G_t \nabla_\theta log\pi(A_t|S_t,\theta)$

Reinforce 算法更新当中的向量仅仅将策略的参数化表达放在其中，这个向量在不同的文献中有不同的符号表示和名称，我们将其简单地称为资格向量（Eligibility Vector）。资格向量通常被写作是一个简化后的表达式，作为一种随机梯度算法，Reinforce 算法具有非常好的收敛性。从其构成来讲，在一个采样周期中的更新方向是和性能梯度方向一致的。这就保证了对于充分小的梯度有一个期望的性能的提高，并且在标准的随机估计的条件下能够收敛于一个局部最优解。但是，由于 Reinforce 算法是一种蒙特卡洛算法，具有很高的方差，因此学习的速度非常慢。

8.3.4　策略梯度算法的优化

下面主要介绍有基准（Baseline）的 Reinforce 算法。

熟悉深度学习的读者知道，在深度学习的训练过程中存在很多的技巧（Trick），其中的一个技巧就是引入一个 Batch Normalize（BN）层，BN 层能够有效地降低训练过程中的不稳定性，提高算法的收敛程度。数据的白化处理也可以有效地提高训练的稳定性。于是，在上述的算法公式中，为了处理其训练缓慢的缺点，在公式中引入一个基准（Baseline），可以将上述公式当中的策略梯度理论一般化，则有：

$$\nabla \eta(\theta) = \sum_s d_\pi(s) \sum_a (q_\pi(s,a) - b(s)) \nabla_\theta \pi(a|s,\theta)$$

这个基准可以是任意函数，甚至是一个随机的变量，只要它不是随着动作 a 的不同而不同，这个等式还是成立的，因为减掉的这一项为0，即：

$$\sum_a b(s)\nabla_\theta \pi(a|s,\theta) = b(s)\nabla_\theta \sum \pi(a|s,\theta) = b(s)\nabla_\theta 1 = 0, \forall s \in \mathcal{J}$$

然而，当我们使用之前的策略将策略梯度转化为一个期望和一个更新的策略，这其中的基准就能够明显降低其中的方差。因此，最终得到一个包含基准的新版 Reinforce 算法，公式为：

$$\theta_{t+1} \doteq \theta_t + \alpha\gamma^t (G_t - b(S_t)) \frac{\nabla_\theta \pi(A_t|S_t,\theta)}{\pi(A_t|S_t,\theta)}$$

由于公式中的基准可以是一个 0 向量，因此这是 Reinforce 算法更一般的表达。一般来讲，基准可以使得期望值函数不变，但是对于方差的影响却是非常大的。模拟基准可以明显地降低梯度类算法的方差，并且因此提高学习的速度。在这一类算法中，这种值仅仅是一个值，但是对于 MDPs 基准应该根据状态 s 的不同而不同。在某些状态中所有的动作都具有较高的值函数，于是就需要一个高的基准来让具有高的值函数的动作从低的值函数的动作中被区别出来。在另一些状态中，所有的动作都具有低的值函数，因此需要一个低的基准。

一种自然的基准选择方式是对状态值进行估计。由于 Reinforce 算法是一种通过蒙特卡洛算法来学习策略权重的算法，很自然对于状态值函数权重的学习也可以采用蒙特卡洛算法。带基准的 Reinforce 算法完整的伪代码如下，其中的基准也通过学习到的状态值函数来表示。

【算法 2】带基准的 Reinforce 算法（片段式的）。

输入：一个可微的策略参数化表示 $\pi(a|s,\theta), \forall a \in \mathscr{A}, s \in \mathscr{S}, \theta \in \mathbb{R}^n$

输入：一个可微的状态值函数参数化表达 $\hat{v}(s,\mathbf{w}), \forall s \in \mathscr{S}, \mathbf{w} \in \mathbb{R}^m$

参数：步长 $\alpha > 0, \beta > 0$

初始化策略权重 θ **和状态值函数权重** $\mathbf{w}$

一直迭代：

根据策略 $\pi(.|.,\theta)$ **生成一个采样片段：** $S_0, A_0, R_1, \ldots, A_{T-1}, S_{T-1}, R_T$，**对于片段当中的每一步** $t = 0, 1, \ldots, T-1$：

$G_t \leftarrow$ 从第t步的返回

$\delta \leftarrow G_t - \hat{v}(S_t, \mathbf{w})$

$\mathbf{w} \leftarrow \mathbf{w} + \beta\delta\nabla_w(S_t, \mathbf{w})$

$\theta \leftarrow \theta + \alpha\gamma^t G_t \nabla_\theta log\pi(A_t|S_t, \theta)$

这里对于步长参数的讨论也是非常好的。值函数步长的选择相对来说比较简单，有经验规则可以参考。但是对于动作 - 值函数步长的选择就不是那么简单了，它依赖于奖励的方差以及策略的参数化表示。

8.3.5 策略子 - 评价算法（Actor-Critic）

虽然，带基准的 REINFORCE 算法同时学习了策略以及状态 - 值函数，但是仍然不能将其看作是一种策略子 - 评价算法（Actor-Critic 算法），因为其中的状态值函数只用做基准，并没有进行评价（Critic）。也就是说，基准并没有进行 Bootstrapping（也就是根据序列状态的值函数更新当前的状态），仅仅作为待更新状态的基准。这是一个非常有效的区分方式，因为只有迭代更新的方式才会引入一个基于估计函数性能的偏置和一个渐近线。正如我们所看到的，迭代更新引入的偏置以及对状态表达的依赖通常都在降低方差以及加速学习效率中起到一个平衡的作用。带基准的 Reinforce 算法是一种无偏估计，并且还会渐近地收敛于一个最小值。但是和大多数的蒙特卡洛算法一样，高方差使得其学习很慢。正如之前的介绍，使用时序差分（TD）算法可以消除这种不方便，通过多步（Muti-step）的算法我们可以灵活地选择迭代的程度。为了在策略梯度算法中使用到这些好处，我们采用一种具有真正的迭代评价的 Actor-Critic 算法。

首先，来考虑单步的 Actor-Critic 算法，就像在前面的章节中提到的 TD 算法，如 TD(0)、Sarsa(0) 以及 Q 学习算法。单步算法最主要的好处是它们是完全在线的和不断累积的，因此避免了资格轨迹的复杂性。它们是一种特殊的资格轨迹算法，并不是一种一般性的情况，但是非常便于理解。单步的 Actor-Critic 算法采用单步的返回替代了 Reinforce 算法中全部的返回（并且采用一个学习到的状态值函数作为基准），公式为：

Tips：注意这里将是一个完全在线的并且不断累积的一个算法，随着状态，动作以及奖励的不断进行，它们出现之后就不会再一次地被访问。

$$\theta_{t+1} \doteq \theta_t + \alpha(G_t^1 - b(S_t))\frac{\nabla_\theta \pi(A_t \mid S_t, \theta)}{\pi(A_t \mid S_t, \theta)}$$
$$= \theta_t + \alpha(R_{t+1} + \gamma \hat{v}(S_{t+1}, \boldsymbol{w}) v(S_t, \boldsymbol{w}))\frac{\nabla_\theta \pi(A_t \mid S_t, \theta)}{\pi(A_t \mid S_t, \theta)}$$

一般性的状态 - 值函数学习算法等价于半梯度的 TD(0) 算法。

因此，如果正向地思考这个问题，更具有一般性的多步算法以及接下来的返回算法更加直接。反向思考这个问题的思路也是非常直接的，对 Actor 和 Critic 使用单独的资格轨迹。上面的部分是对值函数的更新，相比于 Reinforce 算法，不同的地方在于其中的基准（Baseline）是在不断迭代变化的。这里只是对于评价部分也就是 Critic 部分的更新，Actor 部分也就是策略部分可以用策略梯度进行更新，下面是该算法的伪代码。

【算法 3】Actor-Critic 算法（片段式的）。

输入：一个可微的策略参数化表示 $\pi(a|s,\theta), \forall a \in \mathscr{A}, s \in \mathscr{S}, \theta \in \mathbb{R}^n$

输入：一个可微的状态值函数参数化表达 $\hat{v}(s,\mathbf{w}), \forall s \in \mathscr{S}, \mathbf{w} \in \mathbb{R}^m$

参数：步长$\alpha > 0, \beta > 0$

初始化策略权重θ和状态值函数权重$\mathbf{w}$

一直迭代：

　初始化S(第一个状态)

　$I \leftarrow 1$

　当S不是终止状态的时候：

　根据策略$A \sim \pi(.|S,\theta)$

　采取一个动作A,得到一个观测S', R

　　$\delta \leftarrow R + \gamma\hat{v}(S',\mathbf{w}) - \hat{v}(S,\mathbf{w})$

　　$\mathbf{w} \leftarrow \mathbf{w} + \beta\delta\nabla_w(S,\mathbf{w})$

　　$\theta \leftarrow \theta + \alpha\delta I\nabla_\theta log\pi(A|S,\theta)$

　　$I \leftarrow \gamma I$

　　$S \leftarrow S'$

Actor-Critic 算法是目前非常优秀的一种强化学习算法。我们看到模型中需要训练两部分的模型参数，分别是 Actor 的参数 θ 以及 Critic 的参

数 w。幸运的是，深度神经网络都可以通过网络参数来仿真这两个模型，因此，可以通过深度学习的方式对该模型进行求解。目前基于策略梯度的深度强化学习算法主要有 DDPG、A3C 算法等。在后面的章节将会详细介绍。

现对本节的知识点做以下的总结：本节对策略梯度算法进行了详细的介绍，同时也介绍了值函数算法和策略梯度相结合的算法。和 Q 学习或值网络不同，策略网络学习的不是某个动作（Action）对应的期望价值 Q，而是直接学习在当前环境应该采取的策略，相当于一种端对端的算法。在 Action 输出的个数有限的情况下，策略梯度算法输出的是每个 Action 的概率，好的 Action 应该对应较大概率，反之亦然，而在连续的动作空间，输出的是某个 Action 的具体数值。Policy-Based 的方法相比于 Value-Based，有更好的收敛性（通常可以保证收敛到局部最优，且不会发散），同时对高维或者连续值的 Action 非常高效（训练和输出结果都更高效），同时也能学习出带有随机性的策略。二者结合，构成的算法也具有很好的性能以及很大的潜力。

8.4 深度强化学习网络结构

目前为止，我们已经学习了很多强化学习算法，下面要进行主要的深度强化学习框架的介绍，在这之前，有必要对强化学习算法进行一定的总结，形成一个知识体系。

马尔科夫决策过程是强化学习的基础，强化学习分为有模型学习和无模型学习。区分这二者的依据为：是否存在明确的状态转移矩阵。因此，现实中的问题大多是一个无模型的问题。因此，强化学习问题主要指的是无模型的问题。在这些问题中，求解算法主要分为两大类：一类是基于动态规划的算法，典型的是 Bellman 方程的应用；另一类是基于策略优化的算法，典型的是策略梯度算法。而将二者结合是目前比较有效的算法，典型的是 Actor-Critic 算法。具体的关系结构如图 8.10 所示。

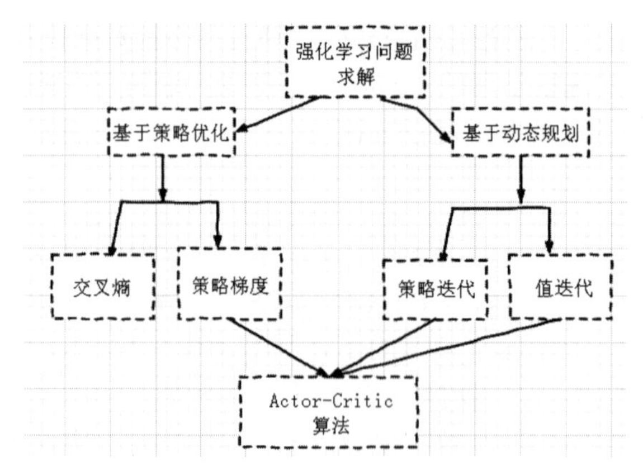

图 8.10　强化学习算法归类

在深度强化学习算法框架中，通过神经网络来参数化强化学习问题，因此也存在这样的关系。首先，让我们整体去看看这些算法框架。DQN是深度强化学习的开山之作，巧妙地在深度学习中使用了强化学习（具体是Q学习）。它是一种基于动态规划的算法，属于一种值迭代算法，其中的记忆回放（Memory Replay）的机制，打破了采样数据之间的关联性，使得强化学习能够像监督学习一样在深度学习当中训练。后面的双Q强化学习，以及异步的Q学习都是属于这个类别。

由于大量的迭代采样是强化学习必定经历的过程，大量的采样也使得记忆回放（Memory Replay）的尺度越来越大，并不利于端设备的使用。异步的DQN算法很好地解决了这个问题，对同一起始状态，在多个线程中同时模拟仿真，使用采用的样本对网络进行更新。这种算法的思路本身就是一种探索的过程，并且还解决了记忆尺度过大的问题。异步算法是一种非常优秀的强化学习算法框架。

Q学习其实一直存在一个问题，那就是过高估计（Over-Estimation）：动作的选择和值函数的估计采用的都是最大化的优化方式。因此，基于双Q的学习算法的提出就是为了解决这个问题。

其实双Q学习算法已经出现Actor-Critic的雏形了。顺着这个思路，便是将策略优化的算法也用深度学习进行参数化。从Q函数中的动作a可以知道，一旦a有很多甚至是动作空间连续的时候，基于Q学习的算法就很复杂了。那么为了解决连续的动作空间中的问题，提出了另一个思路的算法，即基于策略优化的算法（Policy Optimization），其中最典型的就是策略梯度（Policy Gradient）算法，Google 于 2016 年提出的确定性策略梯度算法就是其中的一种。另外一种就是基于深度学习的 Actor-Critic 算法，网络中可以包括两个部分：一部分是对动作的选择，称作是 Actor 部分；另一部分是对 Q 函数的估计，称作是 Critic 部分。二者都是通过网络进行参数化。而 A3C 算法就是在该算法上引入了异步操作实现的算法。它不仅结合了这两种方式，而且还采用了异步的计算方式，可谓是一种集各种优势于一身的算法。

以上这些算法，将在第 9 章中详细地介绍。

到目前为止，并没有出现一个专门为强化学习设计的软件框架，不同的科研人员都是在不同的深度学习上进行开发的。相对而言，Tensor Layer 是其中稍微早点开始这方面工作的框架。TensorLayer 是为研究人员和工程师设计的一款基于 Google TensorFlow 开发的深度学习与强化学习库。它提供高级别的（Higher-Level）深度学习 API，这样不仅可以加快研究人员的实验速度，也能够减少工程师在实际开发中的重复工作。TensorLayer 非常易于修改和扩展，这使它可以同时用于机器学习的研究与应用。此外，TensorLayer 提供了大量示例和教程来帮助初学者理解深度学习，并提供大量的官方例子程序方便开发者快速找到适合自己项目的例子。

此外，TensorLayer 的 Tutorial 包含了所有 TensorFlow 官方深度学习教程的模块化实现，因此读者可以对照 TensorFlow 深度学习教程来学习。

深度强化学习实际上也是基于 CNN 或者 RNN 来实现的，目前为止，TensorLayer 只是简单地为强化学习提供了两个专门的接口：奖励函数接口和损失函数的接口。读者主要的精力还是应该放在学习基本的深度学习框架，辅以 TensorLayer，能够更快地实现算法。

参考文献

[1] Playing Atari with Deep Reinforcement Learning, 2013.

[2] Deep Reinforcement Learning with Double Q-learning, 2015.
[3] Asynchronous Methods for Deep Reinforcement Learning, 2016.
[4] Deterministic Policy Gradient Algorithms, 2016.
[5] Value Iteration Networks, NIPS, 2016.
[6] S.Sutton: Reinforcement Learning: A Introduction.

第 9 章　深度强化学习算法框架

谷歌（Google）是深度强化学习领域的开山鼻祖，也是当之无愧的领域先驱。这一章中，我们跟踪 Google 最新的学术动态，介绍其提出的 5 种深度强化学习算法框架。此外，让人比较意外的是，加州大学伯克利分校另辟蹊径，提出了一种学习计划（Learning to Planning）的深度强化学习网络，并且还斩获 NIPS 2016 的最佳论文。因此，在这一章中也会对这篇最佳论文的思想进行深入的讲解和学习。

这 5 种算法框架具有很强的联系（见图 9.1），首先我们整体观察这些算法框架。DQN 是深度强化学习的开山之作，它巧妙地在深度学习中使用了强化学习（具体是 Q 学习），最关键的一点是引入了记忆回放（Memory Replay）的机制，打破了采样数据之间的关联性，使得深度强化学习成为可能。进行大量的迭代采样是强化学习必定经历的过程，大量的采样也使得 Memory Replay 的尺寸越来越大，并不利于端设备的使用。异步的 DQN 算法很好地解决了这个问题。它对同一起始状态，在多个线程中同时模拟仿真，使用采用的样本对网络进行更新。这种算法的思路本身就是一种探索的过程，并且还解决了 Memory Replay 尺寸过大的问题。异步算法是一种非常优秀的强化学习算法框架。但是 Q 学习其实一直存在一个问题，那就是过高估计（Over-Estimation）：动作的选择和值函数的估计采用的都是最大化的优化方式。因此，基于双 Q 学习算法的提出就是为了解决这个问题。

从 Q 函数中的动作 a 可以知道，一旦 a 有很多甚至是动作空间连续的时候，基于 Q 学习的算法就很复杂了。那么为了解决连续的动作空间中的问题，提出了另一个思路的算法，即基于策略优化（Policy

Optimization）的算法，其中最典型的就是策略梯度（Policy Gradient，PG）算法，Google2016 年提出的确定性策略梯度算法就是其中的一种。除此之外，PG 结合 Q 学习的算法也取得了很大的成功，其中最具代表性的就是 A3C 算法。它不仅结合了这两种方式，而且还采用了异步的计算方式，可谓是一种集各种优势于一身的算法。后面会逐个介绍这几种算法。另外，值函数迭代网络我们也会认真地讨论。

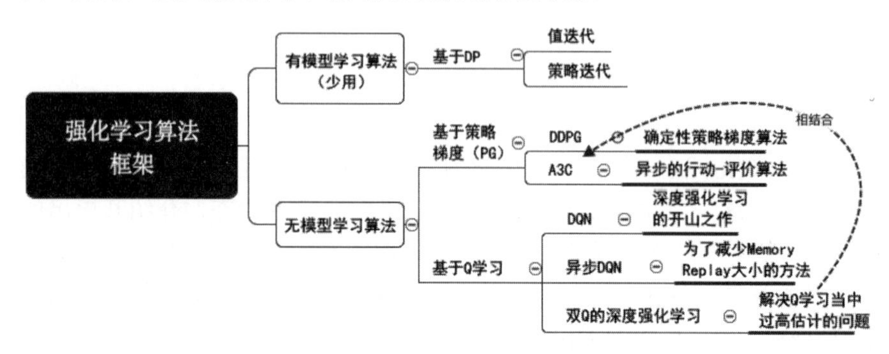

图 9.1 深度强化学习最新成果

毫无疑问，Q 学习 扮演着这些算法框架的核心。从当前状态 s 采取动作 a 达到下一个状态，这个行动的过程所得到的收益可以用动作值函数 $Q(s,a)$ 来表示。算法开始的时候会初始化每一个状态下采取每一种状态得到的 Q 值。为了得到最大的收益，在 Q 学习当中 $Q(s, a)$ 值的计算一般采用动态规划的算法进行求解，即通过最大化下一个状态的 Q 值来计算。那么通过这种方式计算得到的 Q 值和原来的 Q 值就存在一个增量。一般还会引入一个步长因子 α ，通过这个步长因子来调节更新 Q 值的大小，公式表示为：

$$Q(s,a) = Q(s,a) + \alpha(r + \gamma Q(s',a') - Q(s,a)) \quad (9\text{-}1)$$

公式（9-1）最右边表示的是 Q 值函数的增量，通过这个增量进行 Q 函数的更新。因为 Q 学习作为本章学习算法的基础，因此，还是要对 Q 学习从代码的级别做一些回顾。下面是 Python 实现的 Q 学习算法，如图 9.2 所示。

代码中定义了一个 q_Learning 函数，根据输入的环境以及迭代的次数，最终返回经过多次迭代的 Q 值函数。在强化学习问题当中通过 Q 函数就可以找到一个最优的策略。在这个函数当中，进行了很多次迭代；每一次迭代中，首先重置当前的环境，并且引入当前的策略。从当前的环境状态中都能够得到一个起始的状态（State），应用当前的策略到该状态都能得到一个相应的行动动作，如代码当中的 20 行和 21 行。这里采用的是一种探索的策略，通过该策略得到各个动作被选中的一个概率，根据该概率分布选择得到一个动作（Action）。接下来在环境当中执行该动作，便可以得到这个动作中的奖励以及下一个状态，其实 env.step() 函数做的就是这个事情。当然，这是在一个模拟环境当中仿真实现的，我们不必关心它的具体实现，可以直接调用 OpenAI 当中的 gym。好比是调用了一个游戏的接口，当输入游戏的动作的时候，其中的人物就执行什么样的动作，而执行之后的环境状态也会被返回。那么，当我们执行了该动作（Action），只有得到了下一个状态，我们才可以采用策略得到下一个状态要执行的动作。如果这里继续使用代码 20 行中的策略，那么就被称作是 on-policy 算法，如果不采用之前的策略而是采用类似于 25 行中的策略，那么这就是 off-policy 的算法。Q 学习算法就是这样一种算法。当这些变量都有的时候，就可以利用公式（9-1）来更新 Q 函数了，如代码中 25 行，直到该次迭代遇到了一个终止状态才开始下一次的迭代。

```
    1.def q_learning(env, num_episodes, discount_factor=1.0, alpha=0.5,
epsilon=0.1):
    2.
    3.      Q = defaultdict(lambda：np.zeros(env.action_space.n))
    4.      #使用的策略
    5.      policy = make_epsilon_greedy_policy(Q, epsilon, env.action_space.n)
    6.
    7.      for i_episode in range(num_episodes):
    8.          # Print out which episode we’re on, useful for debugging.
    9.          if (i_episode + 1) % 100 == 0:
    10.                 print("\rEpisode {}/{}.".format(i_episode + 1, num_
episodes), end="")# 有了 , end="" 可以保证打印的信息只有一行 python3 语法
    11.                 sys.stdout.flush()
    12.
    13.         state = env.reset()
    14.
    15.         # One step in the environment
```

图 9.2　Q 学习算法的 Python 实现

```
16.            # total_reward = 0.0
17.            for t in itertools.count():
18.
19.                # Take a step
20.                action_probs = policy(state)#    对当前的状态（state）根
据策略（policy）生成各个动作的概率（这里应该是 4 个）
21.                action = np.random.choice(np.arange(len(action_probs)),
p=action_probs)# 采用此概率，选择一个动作
22.                next_state, reward, done, _ = env.step(action)# 执行该动作
（action）
23.
24.
25.                # TD Update
26.                best_next_action = np.argmax(Q[next_state])#  这 是 和
SARSA 算法最大的不同
27.                td_target = reward + discount_factor * Q[next_state][best_
next_action]
28.                td_delta = td_target - Q[state][action]
29.                Q[state][action] += alpha * td_delta # 更新该 Q 值
30.
31.                if done:
32.                    break # 直到这一次从 state 出发遇到了终止状态，结
束这一次的迭代
33.
34.                state = next_state
35.
36.        return Q, stats
```

图 9.2　Q 学习算法的 Python 实现（续）

那么图 9.2 中 5 行代码的策略函数则是通过图 9.3 中的代码实现的，在这个算法中实现的是 ε 贪心的策略算法。首先使用均匀分布初始化该状态观察到的所有动作，然后对于其中的最好的动作采用另一个策略。

```
1.def make_epsilon_greedy_policy(Q, epsilon, nA):
2.     def policy_fn(observation):
3.         A = np.ones(nA, dtype=float) * epsilon / nA
```

图 9.3　策略函数的 Python 实现

```
4.          best_action = np.argmax(Q[observation])# 找到当前最好的动作
5.          A[best_action] += (1.0 - epsilon)
6.          return A
7.      return policy_fn # 返回的是一个函数
```

图 9.3　策略函数的 Python 实现（续）

相信通过上面代码的讲解，读者对于 Q 学习算法应该有了非常清晰的认识了。接下来将逐一介绍当前比较流行的几种深度强化学习算法。

9.1　深度 Q 学习网络

深度 Q 学习网络（Deep Q-Learning Network，DQN）算法是 Google DeepMind 团队的成名作，他们使用强化学习提出一种在解决控制策略求解问题上的深度学习网络模型，开启了深度强化学习的新纪元。他们将这个算法非常巧妙地应用在 Atari 2600 游戏（见图 9.4）上面，通过输入游戏屏幕的截屏图片，训练出一个深度强化学习网络。在这个网络中，输出一个值函数来决定游戏的决策，令人震惊的是，将该算法的输出结果应用在这些游戏上，其表现超过了多数人类专家的水平。

图 9.4　Atari 2600 游戏举例

虽然 DQN 算法在这些游戏中有如此好的表现，但其实 DQN 的思想非常简单：就是通过神经网络来估计 Q 函数，描绘一个非线性函数，这正好是神经网络擅长的，因此，这种思路是顺理成章的。但是，不同于传统的监督学习，强化学习是一个标签延迟的学习问题，再加上状态之间的关联性，使得该问题并不满足基于统计的学习方法对样本独立同分布的假设。因此，如何将强化问题转化为能够使用监督学习进行训练的问题一直是这方面的难点。直到 DQN 的提出者——DeepMind 团队在训练的过程中引入了 Memory Replay 机制，这个问题才得到解决。

接下来我们就来揭开 DQN 的神秘面纱，对其模型进行介绍。我们玩的这个 Atari 游戏世界其实就是一个环境（Env），在这个环境中存在一个智能体（Agent），该智能体通过图片的像素来感知周围世界的状态以及自己的状态属性。当我们要训练这个智能体的时候，我们采用图片的形式将它周围的环境告诉它。和一般的强化学习一样，它的反馈奖励也是在一系列的动作和观察之后产生的。由于智能体只能够从当前的屏幕中获得数据，因此，它并不能够对所需要的信息有一个全面的了解，例如其中的差分信息、位移速度等，因此输入采用多张图片的形式。在这个基础上建立 MDP 模型，根据 Bellman 方程得到：当前状态的动作 - 值函数 $Q(s,a)$ 为：$r+\gamma Q^*(s',a')$，其中的 s' 代表的是智能体到达的下一个状态，a' 表示的是下一个状态当中最好的动作，r 为采取动作 a 到达下一个状态得到的收益。在多次的实验中最优的 $Q^*(s,a)$ 为：

$$Q(s,a)=E_{s'\sim\varepsilon}[r+\gamma\max Q^*(s',a')\,|\,s,a] \tag{9-2}$$

在状态 s 下通过多次的实验可以得到多个 Q 值，当实验的次数趋近于无穷的时候，这个期望值也就趋向于真实的 $Q(s,a)$。而在 DQN 中是通过网络对于各个 Q 值进行估计的，即：

$$Q(s,a;\theta)\approx Q^*(s,a) \tag{9-3}$$

那么，通过 Bellman 方程得到的 Q 函数的估计以及通过网络估计的 Q 值函数就存在一个差异。因此，可以在网络中引入一个损失函数，这个损失函数是为了最小化 Bellman 方程对 Q 值的估计与网络对 Q 值的估计的差，即：

$$L_i(\theta_i)=E_{s,a\sim\rho(\cdot)}[(y_i-Q(s,a;\theta_i))^2] \tag{9-4}$$

其中，y_i 表示为：$y_i=E_{s'\sim\varepsilon}[r+\gamma\max Q(s',a'\,|\,\theta_{i-1})\,|\,s,a]$，当在计算 y_i 的值时候，使用的是上一次网络更新以后的参数 θ_{i-1}。因此，在用随机梯度下

降法进行求导的时候，y_i 当中的网络参数作常数处理。所以在进行求导的时候只对其中的 θ_i 求导，而不对其中的 θ_{i-1} 求导。来看一下 DQN 算法的流程，如图 9.5 所示。

Algorithm 1 Deep Q-learning with Experience Replay

Initialize replay memory $\mathcal{D}$ to capacity N
Initialize action-value function Q with random weights
for episode $= 1, M$ **do**
    Initialise sequence $s_1 = \{x_1\}$ and preprocessed sequenced $\phi_1 = \phi(s_1)$
    for $t = 1, T$ **do**
        With probability ϵ select a random action a_t
        otherwise select $a_t = \max_a Q^*(\phi(s_t), a; \theta)$
        Execute action a_t in emulator and observe reward r_t and image x_{t+1}
        Set $s_{t+1} = s_t, a_t, x_{t+1}$ and preprocess $\phi_{t+1} = \phi(s_{t+1})$
        Store transition $(\phi_t, a_t, r_t, \phi_{t+1})$ in $\mathcal{D}$
        Sample random minibatch of transitions $(\phi_j, a_j, r_j, \phi_{j+1})$ from $\mathcal{D}$
        Set $y_j = \begin{cases} r_j & \text{for terminal } \phi_{j+1} \\ r_j + \gamma \max_{a'} Q(\phi_{j+1}, a'; \theta) & \text{for non-terminal } \phi_{j+1} \end{cases}$
        Perform a gradient descent step on $(y_j - Q(\phi_j, a_j; \theta))^2$ according to equation 3
    end for
end for

图 9.5　DQN 算法流程

对于图 9.5 中的 DQN 算法，下面进行详细的解析。

DQN 算法中最大的一个亮点就是引入了 Memory Replay 的机制（伪代码中写的是 Experience Replay），然后通过网络来估算动作值函数 $Q(s,a;\theta)$。图 9.5 中伪代码的第一行表明，仿真过程中 Memory 的大小为 N，Q 函数进行随机初始化，然后，进行 M 次的迭代循环，在每一次训练的迭代过程中，做如下的操作。

（1）输入起始的状态 s_1：这个状态由几张图片构成，并且图片经过了归一化的处理。这里的处理主要是将三通道的 RGB 图像转化为一个通道的灰度图，然后转化为一个固定大小的图片。

（2）进行 T 次的仿真和训练，在每一次的仿真当中：

① 以一定的概率 ε 随机地选择动作，以 1- ε 的概率选择通过当前网络预测得到最大 $Q(s_t,a_t;\theta)$ 值的动作。

② 使用该动作进行仿真（在游戏中就是执行该动作），得到下一个环境状态 s_{t+1}，以及奖励 r_{t+1} 并且进行预处理。

③ 将该数据元组 tuple (s_t, a_t, r_t, s_{t+1}) 存放到 Memory 中。

④ 从 Memory 中随机取出来一组样本对网络训练，通过网络预测的 Q 值差异以及使用样本通过 Bellman 方程计算的 Q 值的差异进行网络的更新。

这里需要说明的是：在有限的状态空间和动作空间中，初始化的 Q 值的个数为 $n(s)*n(a)$，也就是每一个状态对应的每一个动作都应该有一个 Q 值。Atari 游戏中的动作是 18 个。

DeepMind 团队巧妙地将一个强化学习问题转换为一个一般的监督学习的问题，并且利用神经网络来编码 Q 函数，这是具有开创意义的。巧妙地引入 Memory Replay 机制，将采样的样本进行存储并且进行随机的采样，打破了序列样本之间的关联性。在对网络的更新时对经验回顾，观察到的转换被存放一段时间，并会均匀地从记忆库采样来更新网络。更新网络时对 y_i 的估计以及 Q 的估计都是同一个网络不同阶段的参数。

如表 9.1 所示是 Atari 游戏中 DQN 的网络结构。除了输入、输出层以外，网络主要由五层构成：三层卷积层以及两层的全连接层。我们可以得到，在最后一个全连接层之前，最终的特征输出为 512 维的一个向量。经过最后的这个全连接层，将特征映射到游戏中的 18 个动作，每一个动作对应一个 Q 值函数输出。根据这个 Q 就可以确定最终的策略。

表 9.1　DQN 网络参数

层	输入	Filter Size	步长	Num Filters	Activation	输出
convl	84×84×4	8×8	4	32	ReLU	20×20×32
conv2	20×20×32	4×4	2	64	ReLU	9×9×64
conv3	9×9×64	3×3	1	64	ReLU	7×7×64
fc4	7×7×64			512	ReLU	512
fc5	512			18	Linear	18

9.2　双 Q 学习

DQN 网络可谓是开启了强化学习在深度学习领域的大门，让传统的强化学习问题也可以借助于深度学习这个万能的工具来求解。DQN 作为开山力作，其中不免存在一些不足之处。双 Q 学习（Double Q-Learning）就是为了解决 DQN 中的过高估计（Over Estimation）问题。

我们会发现，DQN 中对于动作的选择和评估都是用的一个函数。这就好像在评奖学金的时候，通过成绩这个标准选出排名第一的人，然后又通过他的成绩告诉大家他是我们当中最好的学生。最好的做法应该是通过成绩这个标准选出排名为前五的学生，然后在通过其他的科研能力从中选出最好的学生。双 Q 学习就是一个这样的算法。双 Q 学习算法伪代码如图 9.6 所示。

```
Initialize Q1(s,a) and Q2(s,a), ∀s ∈ S, a ∈ A(s), arbitrarily
Initialize Q1(terminal-state,·) = Q2(terminal-state,·) = 0
Repeat (for each episode):
   Initialize S
   Repeat (for each step of episode):
      Choose A from S using policy derived from Q1 and Q2 (e.g., ε-greedy in Q1 + Q2)
      Take action A, observe R, S'
      With 0.5 probabilility:
         Q1(S,A) ← Q1(S,A) + α(R + γQ2(S', argmax_a Q1(S',a)) − Q1(S,A))
      else:
         Q2(S,A) ← Q2(S,A) + α(R + γQ1(S', argmax_a Q2(S',a)) − Q2(S,A))
      S ← S'
   until S is terminal
```

图 9.6　双 Q 学习算法伪代码

双 Q 学习算法比较于 Q 学习的算法并没有太大的变换，但是需要注意的是：算法中进行动作 a 的选择的时候，两个 Q 是交换位置的，当更新其中的一个 Q 函数的时候，动作的选择采用的是另一个 Q 函数。比如，对于其中 Q_1 的更新，我们看到使用 Q_2 进行值函数的估计的。但是 Q_2 中需要的动作却是通过 Q_1 函数进行的。所以可以理解为，有两个 Q 数，一个 Q 函数就是为了进行 a 的选择的，另一个就是为了 Q 函数的估计的。

图 9.7 真实地表明了两种算法的性能，可见双 Q 学习算法比较于 Q 学习算法有更好的准确率。实际上，之前是不知道是否这样的过高估计是普遍的，是否对性能有害，以及是否能从主体上进行组织。双 Q 学习算法的提出就是为了解决上述的问题，特别在 DQN 算法中，的确存在在玩 Atari 2600 游戏时会遭遇大量过度估计的问题。研究表明双 Q 学习算法可以很好地降低观测到的过度估计的问题，而且该算法在几个游戏上

的算法验证取得了更好的效果。

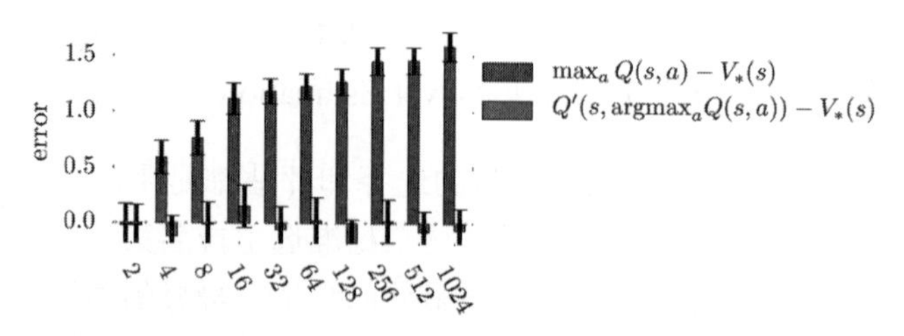

图 9.7 Q 学习和双 Q 学习算法性能比较

现通过一个曲线拟合的方式来说明这个问题。在图 9.8 中，横坐标表示各个状态，图中的每一条曲线表示的是在一个动作下的 Q 函数的函数估计。在图 9.8（a）中，深色的线是真实的值函数的值，浅色的线是一个估计的实例。在图 9.8（a）中最上面的图是曲线 $y = \sin(s)$ 的采样点，其余两个是曲线 $y = 2\mathrm{e}^{-s^2}$ 的采样点。通过这两种算法，根据其中的采样点进行曲线的拟合。图 9.8（b）表示的是通过 Q 学习算法对 10 个动作下的值函数的估计得到的结果，其中实线表示的是最大的 Q 函数的值。于是，得到显而易见的结果，通过 Q 学习得到的曲线的差异和真实的值函数的差异也就是其中的最大值和真实值的差异。而采用双 Q 算法得到的结果显然就好得多，如图 9.8（c）所示，得到的是算法拟合值和真实值的差异，其中浅色的线表示 Q 学习算法估计值和真实值的差异，深色的线表示双 Q 算法和真实值的差异。

Tips：需要注意的是，当此时的动作选择出来的时候，再进行 Q 值的运算已经没有使用 max 操作了。

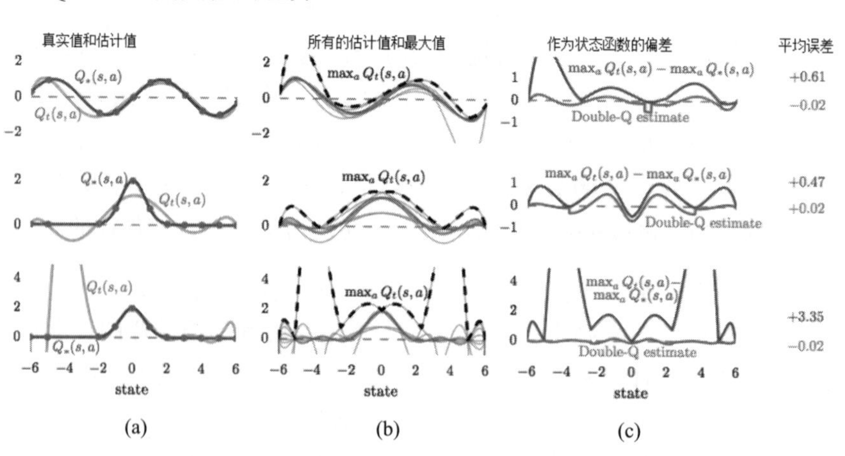

图 9.8 Q 学习以及双 Q 学习在曲线拟合当中的性能比较

深度双 Q 学习算法（Deep Double Q-Learning Network，DDQN）最核心的思想就是，解构 DQN 中的动作选择（Action Selection）以及动作值估计（Action Evaluation）。这样做最大的好处就是降低过度估计（Over Estimations）的出现。但是在深度双 Q 学习算法中并没有完全按照传统的双 Q 学习算法解构这两个操作，但是 DDQN 可以理解为在 DQN 上面复制了一份网络参数作为目标网络，然后进行交替更新。所以 DDQN 中有两个网络：通过在线的网络来进行评估 ε贪心算法的优劣，并进行动作的选择；通过目标网络来进行值函数的估计。因此，只需要对 DQN 进行非常小的改动，即：

$$Y_t^{DoubleQ} = r + \gamma Q(s_{t+1}, \arg\max Q(s_{t+1}, a; \theta_t), \theta_t^-) \tag{9-5}$$

其中 θ_t 表示的是目标网络（Target Network）的参数，其实就是网络在更新前的参数的一个备份。用这种方法简化了网络，使得这一部分的网络就可以代替之前的部分了。

所以，可以看出 DDQN 中，通过目标网络来进行 Q 的估计，通过在线的网络参数进行 a 的选择，并且取消了 Bellman 方程中的 max 的操作，这样防止了求解过程中的过度估计。

其实，可以看出，这里已经存在策略子－评估（Actor-Critic）算法的雏形了。在介绍 Actor-Critic 算法之前还是先来谈一下异步深度强化学习算法。

9.3　异步深度强化学习

异步深度强化学习（Asynchronous Deep Reinforcement Learning）这里特指基于 Q 学习的异步深度强化学习算法，即异步 DQN 算法，它是对 DQN 网络的一种改进，其思想简单明了。在 Q 学习算法中，我们最终要得到一个 Q 值函数的估计值，于是重写这个表达式：

$$Q(s,a) = E_{s'\sim\varepsilon}[r + \gamma \max Q^*(s',a') \mid s,a] \tag{9-6}$$

可以发现，最终的 Q 函数的值其实是一个多次采样的期望，对于每一个状态进行估计的次数越多，这个值最终就越趋于真实值。既然在强化学习中对每一个开始的状态要进行多次的探索求解其期望，那么可以对于其环境状态进行复制，然后在多个线程中进行异步的求解，在一定的周期内用各个线程中探索的结果统一来更新网络参数。这样的思考是非常合理的。

在异步 DQN 算法中，仍然引入两个网络：一个是在线训练网络，另一个就是目标网络。这两个网络的参数是全局的，然后在各个线程中来运行该算法参数。

图 9.9 所示的是异步 DQN 算法的流程。

Algorithm 1 Asynchronous one-step Q-learning - pseudocode for each actor-learner thread.

// Assume global shared θ, θ^-, and counter $T = 0$.
Initialize thread step counter $t \leftarrow 0$
Initialize target network weights $\theta^- \leftarrow \theta$
Initialize network gradients $d\theta \leftarrow 0$
Get initial state s
repeat
    Take action a with ϵ-greedy policy based on $Q(s,a;\theta)$
    Receive new state s' and reward r
    $y = \begin{cases} r & \text{for terminal } s' \\ r + \gamma \max_{a'} Q(s',a';\theta^-) & \text{for non-terminal } s' \end{cases}$
    Accumulate gradients wrt θ: $d\theta \leftarrow d\theta + \frac{\partial (y - Q(s,a;\theta))^2}{\partial \theta}$
    $s = s'$
    $T \leftarrow T + 1$ and $t \leftarrow t + 1$
    if $T \mod I_{target} == 0$ **then**
        Update the target network $\theta^- \leftarrow \theta$
    end if
    if $t \mod I_{AsyncUpdate} == 0$ or s is terminal **then**
        Perform asynchronous update of θ using $d\theta$.
        Clear gradients $d\theta \leftarrow 0$.
    end if
until $T > T_{max}$

图 9.9　异步 DQN 算法流程

异步 DQN 算法中存在多个线程，对于每一个线程共享全局的网络参数θ，θ^-。而θ，θ^-分别表示在线网络（On-Line）当前的参数和目标网络（Target Network）参数（前一个周期的参数）。同时，为了确定何时进行网络的更新，还有一个全局的计数器$T=0$，在每一个线程中又有各自的计数器t。算法开始时，在每一个线程中进行如下操作。

（1）初始化线程计数器$t=0$，用网络参数θ初始化θ^-，将用来进行网络参数更新的$\mathrm{d}\theta$初始化为 0。

（2）得到初始状态s，进行算法的迭代，在每一次的迭代中：

① 采用ε - 贪心算法进行动作a的选择。以ε的概率进行探索，以$1-\varepsilon$的概率选择使得Q函数$Q(s,a;\theta)$最大的一个动作。

② 应用该动作，得到新的状态s'以及相应的奖励值r，利用它们使用 Bellman 方程对新的Q值函数进行估计得到一个y值。

③ 对通过网络得到的$Q(s,a;\theta)$值和以上的y值的差值构造损失函数，通过这个差值进行网络梯度的计算，并且累计到该线程的梯度改变$\mathrm{d}\theta$中。

④ 然后将计数器T和t都加上 1，并且判断是否达到各自规定的次数，由此进行目标网络参数的更新以及在线网络参数的更新。

⑤ 最终将网络参数变化量$\mathrm{d}\theta$进行清零，进入到下一次的迭代。

对以上操作步骤进行几点说明。

（1）其中的T计数器是一个全局的变量，不会在训练的过程当中被清零，也就是每一个线程中t加上一次，T都会加上一次。但是梯度的变化量在规定的次数以后就会清零。

（2）算法当中对于网络的更新是统一调度的，而对于网络梯度的更新是各线程单独管理的。也就是说，全局管理的是目标网络参数θ^-的更新，而各个线程都有对当前训练的网络更新的权限，通过各自线程中$\mathrm{d}\theta$就可以对网络参数θ进行更新。

（3）当在状态s下面采取动作a以后就达到了一个终止的状态，那么对于Q值的计算就直接等于r。

（4）这里采用的是一步（One-Step）的 Q 学习算法，也就是只考虑第一次遇到了那个状态就可以计算Q值。

（5）注意这里其实全局的网络参数θ，θ^-并不是同步更新的，也就是说其实还是用到了类似双Q学习的算法。

在分析完异步DQN算法，我们发现原理是比较简单的，但是异步DQN算法性能却非常好。传统的DQN算法在GPU上面训练8天可以达到平均人类得分的121%，但是异步DQN算法在CPU上经过一天的学习就可以达到人类玩家得分的344%。此外，由于同一起始状态的多线程的训练，通过各个线程的结果来更新网络，这样的方式本身就打破了其中样本的关联性，起到了随机采样的目的。因此有效地解决了DQN中Memory Replay存储过大的问题，使得该算法在空间要求严格的地方更加适用。

9.4 异步优越性策略子-评价算法

有了以上的经验，那么接下来就要谈谈策略子-评价（Actor -Critic）算法。本节提到的Actor-Critic算法是一种异步的算法，具体地讲这里的算法叫作异步优越性策略子-评价算法（Asynchronous Advantage Actor-Critic，A3C）。在以上的算法中，我们不难发现，它们其实处理的动作空间都不是很大。那要是面对的是一个连续的动作空间，逐个求解状态值函数是很不现实的一种方式。即使是进行采样，要求解的Q值函数的个数也是非常庞大的（有$n(s)*n(a)$个）。因此，对动作空间的参数化是十分必要的。例如前面章节中我们提到的策略梯度，其实策略正是一个从状态空间到动作空间的映射函数，策略梯度就是在这个函数当中沿着Q值函数增大的方向。因此，通过策略梯度的最大化可以达到动作-值函数的最大化。而Actor被称作是动作执行子（策略子），它是一个关于策略的网路，通过这个网络能够进行策略梯度的求解。以下为Actor算法的三部分。

（1）确立收益函数：$J(\theta)=V^{\pi_\theta}(s)=E_{\pi_\theta}[V]$。

（2）对策略函数进行求导：$\nabla_\theta \pi_\theta(s,a)=\pi_\theta(s,a)\nabla_\theta \log \pi_\theta(s,a)$。

（3）通过梯度更新收益梯度：$\nabla_\theta J(\theta)=E_{\pi_\theta}[\nabla_\theta \log\pi_\theta(s,a)V^{\pi_\theta}(s)$。

由此，为了达到最大的收益，便可以用梯度上升法来更新策略的参数了。但是前面的知识告诉我们，这里V函数的计算也是可以通过网络的参数来拟合的。在这个算法中，这部分的网络被称为 Critic 网络。于是 Actor 网络和 Critic 网络都有了，那怎么将两部分的网络结合起来呢？

假设 Critic 部分的网络参数为w，那么可知，当网络最终确定下来可以得到：$V_w(s)\approx V^{\pi_\theta}(s)$。同时，我们还知道，通过两种方式得到的策略应该是等效的，也就是说不管哪一种方式都在同样的地方得到最优的策略。于是可知这两种梯度应该是相等的，即$\nabla_w V_w(s)=\nabla_\theta \log\pi_\theta(s,a)$。

在有了这些先验的知识之后，来看如何构建整体网络的损失函数。假设一个损失函数为：$\varepsilon=E_\pi[(V^{\pi_\theta}(s)-V_w(s))^2]$。当对它进行最小化的时候，它的最小值在导数为 0 的地方产生，由此得到：$\nabla_w\varepsilon=0$。于是，可以得到以下的推导：

$$E_\pi[(V^{\pi_\theta}(s)-V_w(s))\nabla_w V_w(s)]=0$$

$$E_\pi[(V^{\pi_\theta}(s)-V_w(s))\nabla_\theta \log\pi_\theta(s,a)]=0$$

$$E_\pi[V^{\pi_\theta}(s)\nabla_\theta \log\pi_\theta(s,a)]=E_\pi[V_w(s)\nabla_\theta \log\pi_\theta(s,a)]$$

收益函数的梯度可以表示为我们得到我们想要的结果，即：

$$\nabla_\theta J(\theta)=E_{\pi_\theta}[\nabla_\theta \log\pi_\theta(s,a)V_w(s)]$$

这表示对于策略梯度的估计不再需要在V值的估计中引入策略的参数进行更新，两个过程是可以分开进行的。V值的估计只和V的参数相关，一旦V值估计出来，我们也就可以通过策略梯度对策略的参数进行估计了。接下来看看这个算法的流程，如图 9.10 所示。

在该算法中存在多个线程，对于每一个线程共享全局的网络参数θ，θ_v（θ，θ_v分别表示 Actor 网络的网络参数和 Critic 网络的网络参数），在各个线程中还存在两个网络参数θ、θ_v'，同时，为了确定何时进行网络的更新，还有一个全局的计数器$T=0$，在每一个线程中又有各自的计数器t。算法开始时，在每一个线程中迭代$T_{\max}$具体操作如下：

Algorithm S3 Asynchronous advantage actor-critic - pseudocode for each actor-learner thread.

// Assume global shared parameter vectors θ and θ_v and global shared counter $T=0$
// Assume thread-specific parameter vectors θ' and θ'_v
Initialize thread step counter $t \leftarrow 1$
repeat
  Reset gradients: $d\theta \leftarrow 0$ and $d\theta_v \leftarrow 0$.
  Synchronize thread-specific parameters $\theta' = \theta$ and $\theta'_v = \theta_v$
  $t_{start} = t$
  Get state s_t
  repeat
    Perform a_t according to policy $\pi(a_t|s_t;\theta')$
    Receive reward r_t and new state s_{t+1}
    $t \leftarrow t+1$
    $T \leftarrow T+1$
  until terminal s_t **or** $t - t_{start} == t_{max}$
  $R = \begin{cases} 0 & \text{for terminal } s_t \\ V(s_t,\theta'_v) & \text{for non-terminal } s_t \text{// Bootstrap from last state} \end{cases}$
  for $i \in \{t-1,\dots,t_{start}\}$ **do**
    $R \leftarrow r_i + \gamma R$
    Accumulate gradients wrt θ': $d\theta \leftarrow d\theta + \nabla_{\theta'} \log \pi(a_i|s_i;\theta')(R - V(s_i;\theta'_v))$
    Accumulate gradients wrt θ'_v: $d\theta_v \leftarrow d\theta_v + \partial(R - V(s_i;\theta'_v))^2/\partial\theta'_v$
  end for
  Perform asynchronous update of θ using $d\theta$ and of θ_v using $d\theta_v$.
until $T > T_{max}$

图 9.10　异步优越性策略子－评价算法（A3C）

（1）初始化线程计数器$t=1$，用全局的网络参数θ、θ_v来初始化线程中的参数θ'、θ'_v，将用来进行网络参数更新的$\mathrm{d}\theta$、$\mathrm{d}\theta_v$初始化为0。线程中$t_{start}=t$，记录开始的状态，确定$t_{\max}$为执行的最大次数，并且得到一个初始化状态s_t。

（2）进行迭代，直到达到了最大的执行次数$t_{\max}$，或者是遇到了终止的状态。在每一次的迭代中：利用策略函数$\pi(a_t|s_t;\theta')$得到一个动作a_t，并且执行该动作，得到下一个状态s_{t+1}，以及相应的奖励值r_t，并且通过此时的Critic网络求解各个状态下的值函数：

$$R=\begin{cases}0, & \text{遇到终止状态的情况}\\ V(s_t,\theta'_v), & \text{一般情况}\end{cases}$$

并且对计数器进行更新：$t=t+1$；$T=T+1$。

（3）在这么多次（可能是$t_{\max}$次，也可能提前结束了）的采样中，对每一次的采样通过 Bellman 方程来计算值函数：$R_i = r_i + R_{i+1}$，同时通过梯度来更新两个网络的参数。

（4）达到迭代次数之后，使用线程当中的参数 θ' 、θ_v' 来更新全局的网络参数 θ 、θ_v。

9.5 DDPG 算法

必须要提醒的一点是，以上的策略梯度被称作一种随机策略梯度（Stochastic Policy Gradient），也就是最终输出的是一种动作的选择概率。根据这个概率随机选择一种动作，然后通过网络参数的方式进行估计。相比于前面的策略梯度，这里直接用 Actor 来进行表示，使用的是一种确定性的策略梯度（Deterministic Policy Gradient）。GoogleDeepMind 的专家 David Silver 在他的 2014 年的论文中提到确定性策略梯度一定存在，且沿着动作 - 值函数的梯度方向。并且，确定性策略梯度被证明是随机策略梯度的极限值。

笔者的理解是：随机的策略梯度返回的仍然是一个动作的映射的概率值，而在确定性策略梯度中，返回的就是一个动作本身。

DDPG（Deep Deterministic Policy Gradient）算法是一种 Actor-Critic 框架上的算法。因此在深度强化学习当中，它由两部分构成，一部分是评价网络（Critic Network）；另一部分由策略子网络（Actor Network）组成。两部分网络都存在自己的网络参数，因此在训练迭代的过程中会对两部分的网络分别进行更新。下面来看 DDPG 算法的伪代码，如图 9.11 所示。

DDPG 算法的具体流程如下：

（1）构建一个由两个部分组成的网络：Critic Network 和 Actor Network，网络参数分别用 θ^Q 、θ^μ 表示，其中 Critic Network 进行 Q 函数计算得到 Q 值：$Q(s,a|\theta^Q)$，Actor Network 进行状态到动作的映射得到 $\mu(s|\theta^\mu)$，并且对网络的参数 θ^Q 、θ^μ 进行随机初始化。

Algorithm 1 DDPG algorithm

Randomly initialize critic network $Q(s,a|\theta^Q)$ and actor $\mu(s|\theta^\mu)$ with weights θ^Q and θ^μ.
Initialize target network Q' and μ' with weights $\theta^{Q'} \leftarrow \theta^Q$, $\theta^{\mu'} \leftarrow \theta^\mu$
Initialize replay buffer R
for episode = 1, M **do**
  Initialize a random process $\mathcal{N}$ for action exploration
  Receive initial observation state s_1
  for t = 1, T **do**
    Select action $a_t = \mu(s_t|\theta^\mu) + \mathcal{N}_t$ according to the current policy and exploration noise
    Execute action a_t and observe reward r_t and observe new state s_{t+1}
    Store transition (s_t, a_t, r_t, s_{t+1}) in R
    Sample a random minibatch of N transitions (s_i, a_i, r_i, s_{i+1}) from R
    Set $y_i = r_i + \gamma Q'(s_{i+1}, \mu'(s_{i+1}|\theta^{\mu'})|\theta^{Q'})$
    Update critic by minimizing the loss: $L = \frac{1}{N}\sum_i (y_i - Q(s_i, a_i|\theta^Q))^2$
    Update the actor policy using the sampled policy gradient:

$$\nabla_{\theta^\mu} J \approx \frac{1}{N}\sum_i \nabla_a Q(s,a|\theta^Q)|_{s=s_i,a=\mu(s_i)} \nabla_{\theta^\mu}\mu(s|\theta^\mu)|_{s_i}$$

    Update the target networks:

$$\theta^{Q'} \leftarrow \tau\theta^Q + (1-\tau)\theta^{Q'}$$

$$\theta^{\mu'} \leftarrow \tau\theta^\mu + (1-\tau)\theta^{\mu'}$$

  end for
end for

图 9.11 DDPG 算法伪代码

（2）通过该网络参数 θ^Q、θ^μ 来初始化所要求解的目标网络的参数 $\theta^{Q'}$、$\theta^{\mu'}$。同时开辟一个空间 R 作为 Memory Replay 的存储空间。

（3）得到初始化状态 S_1，准备进行迭代求解，在每一个迭代中进行如下操作。

① 通过当前网络加上高斯扰动选择一个动作进行探索的过程，网络参数 θ^Q，$a_t = \mu(s|\theta^\mu) + N_t$，其中 N_t 是一个高斯扰动。

② 执行该动作，得到相应的奖励 r_t 和下一个状态 s_{t+1}，并且将这个过程形成的元组（s_t，a_t，r_t，s_{t+1}）存储到 Memory Replay 空间 R 中。

③ 进行网络的更新。通过当前网络对 $Q(s_t,a_t|\theta^Q)$ 进行估计，同时也从 R 中随机选择一个小批量（Minibatch）的元组数据，通过 Bellman 方程对 Q 进行估计，得到的结果假设用 y_i 表示，则有：

$$y_i = r_i + \gamma Q'(s_{i+1}, \mu'(s_{i+1}|\theta^{\mu'})|\theta^{Q'}$$

然后通过这两个的差值对评估网络（Critic Network）的参数进行更新。

④ Critic Network 更新结束后，才进行 Actor Network 的更新。在进行 Actor Network 更新的时候主要采用策略梯度的方式，即：

$$\nabla_{\theta^\mu} J(\theta) = \frac{1}{N}\sum_i \nabla_a Q(s,a \mid \theta^Q)\mid_{s=s_i,a=\mu(s_i)} \nabla_{\theta^\mu}\mu(s \mid \theta^\mu)\mid_{s_i}$$

⑤ 由于采取的是最大化期望奖励的方式，因此得到策略梯度以后，采用梯度上升的方式。最后利用刚才更新的网络参数对目标网络进行更新。

9.6 值迭代网络

Google 的 DeepMind 团队可谓是深度强化学习的领军人物，以上的研究成果均出自于他们。但是本节介绍的强化学习的成果确实来自于加州大学伯克利分校。这个研究团队的实力真是不容小觑。本节介绍的值迭代网络（Value Iteration Network，VIN）是为了解决强化学习中泛化能力差的问题。为了解决这个问题，该研究团队开拓出新的研究方向，引入了一个学习计划（Learn to Plan）模块，值迭代网络如图 9.12 所示。值迭代网络的论文也成为 2016 NIPS 的最佳论文。

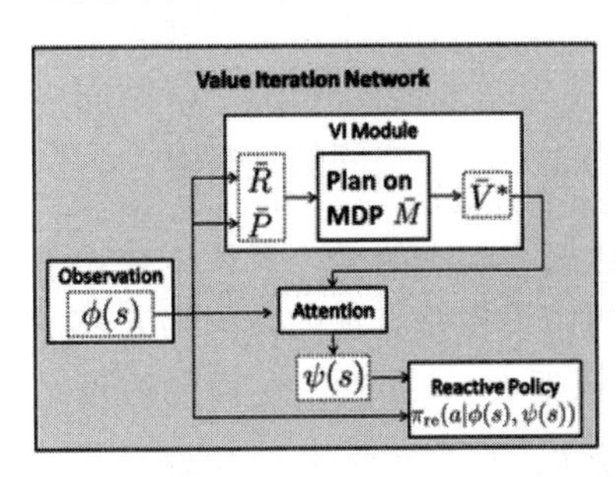

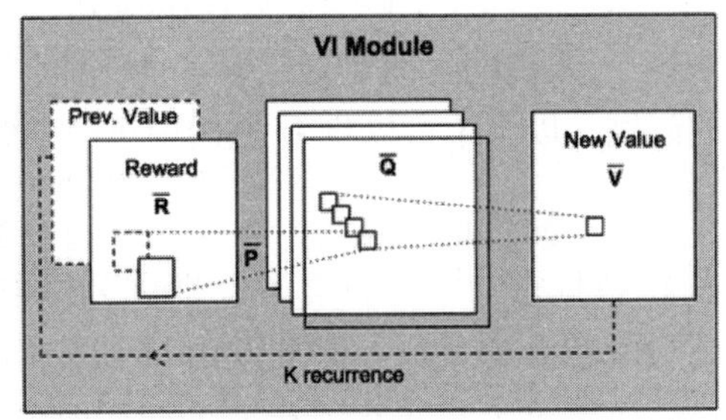

图 9.12　值迭代网络

这篇论文的最大创新在于：在一般性的策略表示（Policy Representation）中加入了一个计划模块（Planing Module）。作者认为加入这个模块的动机（Motivation）是很自然的，因为解决一个空间问题的时候都不是单纯地解决这个问题，而是要在这个空间中去计划。总结 VIN 的创新点，笔者觉得主要有以下几点。

（1）将奖励函数和转移函数也参数化，并且能够求导。

（2）引入了一个 $\bar{M}$ 空间辅助策略的求解，使得策略更具有泛化能力。

（3）在策略的求解当中引入注意（Attention）机制。

（4）将 VI Module（模块）的设计等价为一个 CNN 网络。

简单理解，就是加了一个计划模块，这个计划模块输出这个空间中的一个值函数，并且还输出一个注意机制的区域，也就是该策略要做决策的一个状态转移的候选区域。

作者定义了一个 MDP 空间 M，这个空间由一系列的元组（Tuple）构成，也就是一系列的状态、动作、转移、奖励数据元组，M 决定着我们的最终策略。那么通过这个 MDP 空间的数据 M 得到的一个策略并不是一个具有很好的泛化能力的策略，因为策略局限在这个数据空间中。因此，作者假设得到了未知的数据空间 $\bar{M}$，在这个空间中存在最优的计划，包含了 M 空间中的最优化策略的重要信息。其实这样的假设就好像 M 仅仅是这个 MDP 空间中的一部分的采样轨迹，加入 $\bar{M}$ 就像是对这个空间中的轨迹的一个补充。

做了这样一个假设之后，作者用了一个比较巧妙的做法：不是去求解这一个 $\bar{M}$ 空间，而是通过让在 M 空间中的策略能够同样解决 $\bar{M}$ 空间中的问题，以至于可以将 $\bar{M}$ 空间中策略的解加入到 M 空间的策略中。

为了简化这个问题，作者认为在 $\bar{M}$ 数据空间中的 $\bar{R}$，$\bar{P}$ 同样依赖于在 M 数据空间中的观察（笔者觉得这样的假设也是合理的，因为 R 和 P 是与 s 和 a 相关的。因此，由 M 决定问题不大）。在做了这样的假设之后，作者引入了两个函数 f_R、f_P 分别用于 R、P 的参数化。f_R 表示一个奖励函数：对输入的状态图，计算出对应的奖励值。例如，在接近于目标附近的状态得到的奖励值比较高，而接近于障碍物的状态得到的奖励值就低。f_P 是一个状态转移函数，是在状态下的确定性转移动作。

假设已经得到了 $\bar{M}$ 空间的数据，通过一般的算法都能够得到一个值

函数 $V'^*(s)$，那么如何来使用这个结果？基于这两点观察，作者巧妙地设计了 VI 网络：（1）对于 MDP 空间中所有的状态 s，所得到的值函数为 $V'^*(s)$，那么 $\bar{M}$ 空间中最优计划的所有的信息就被编码到值函数中。因此，当把这个值函数当作额外的信息加入到 M 空间的策略中的时候，从策略中就可以得到要得到 $\bar{M}$ 空间中的最优计划的完备的信息。（2）对于值函数 $V'^*(s)$ 的求解实际上只是依赖于一个状态的子集。因为从状态 s 能够进行状态转移的状态实际上并不多（也就是临近的几个）。因此，这个 VI 模块存在两个特点：一个是产生一个将所有的关于最优的计划信息都编码的值函数 $V'^*(s)$；另一个则是将产生一个 Attention 机制，集中在可能的转移中，于是在一般性的强化学习算法中便可以加入一个规划模块。整体的形式如图 9.13 所示。

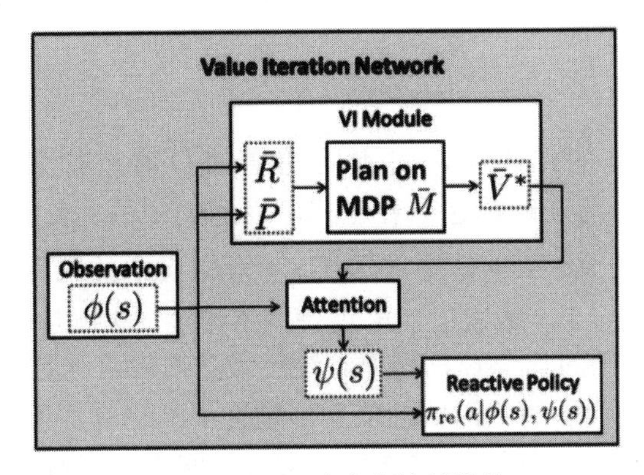

图 9.13　VIN 当中的计划模块

接下来再来看看这个 VI 模块的具体的实现细节，对于这个 VI Module（模块），作者将它描述为：一种能够进行规划计算的可导的神经网络（a NN That Encodes a Differentable Planing Computation）。因此，可以看出作者将它看作是一种新的神经网络结构。那么，作者为什么会这样说呢？ 主要是基于这样的观察：VI 的每一次迭代都可以看作是将上一次迭代的值函数 V'_n 和奖励函数 R 经过卷积层以及最大池化（Max-Pooling）层，找到一个最大的 V 值来更新当前值函数。因此，每一个特征图实际上可以看作是一个具体的动作对应的值函数的结果（也就是 Q 函数）。有多少个动作就会对应多少张特征图（这是使用动作有限的情况来理解，笔者认为连续的动作是可以通过一个特征向量来表示的）。那么卷积层中卷积和的参数正好对应于状态的转移概率，如图 9.14 所示。

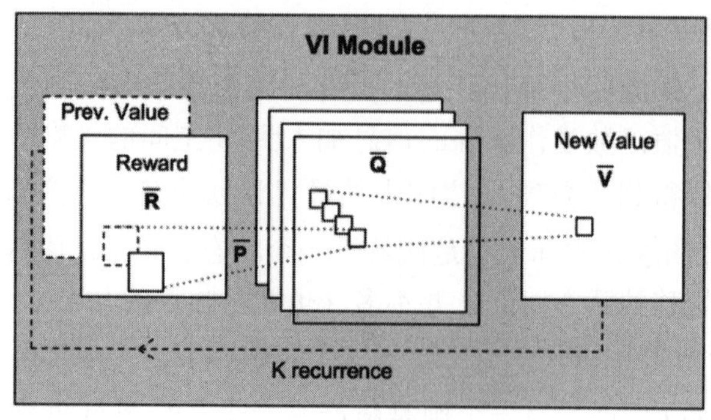

图 9.14 VIN 网络迭代

基于这样的观察，作者就提出了 VI Network，表达式为：

$$Q_{\bar{a},i',j'}=\sum_{l,i,j}W_{l,i,j}^{\bar{a}}\overline{R}_{l,i'-i,j'-j}$$

并且在得到的结果中，对不同通道的 Q 值进行最大池化（Max-Pooling）操作。现来理解这个表达式，表达式中的 l 表示的是各个动作（Action）对应的 R 层，a 其实对应于 l，累加当中的 i、j，表示邻近于 i',j' 这个位置的一个区域索引。W 就是网络参数，也就是一个卷积核，表示的是可以到周围的几个 Q 的概率。经过最后的跨通道的 Max-Pooling 得到的就是一次迭代后的值函数的值。于是这个网络具备了值迭代的功能，同时也能够像 CNN 一样通过 BP 算法来进行网络的更新。那么在有了这样的结构之后，如何进行 f_R、f_P 以及 Attention 模块的设计就是 VI 设计中要完成的了。

下面通过一个实验（Grid Walking 的实验）进一步地理解这个网络结构。如图 9.15 所示，是一个 28×28 的格子地图，在这个封闭的范围内随机生成的黑色部分就是障碍物，而其他白色的部分就是能够行走的地方。实验中，要解决的任务就是给定一个起点位置，需要智能体找到最优的路径到达目的地。

在这个实验中，很多经典的算法都能够求解出一个比较好的解，但是本节关注的是，通过 VI 模块之后，网络是否具备有计划（Plan）的能力。那么在设计网络的过程当中，这里的 $\bar{M}$ 和真正的 MDP 空间一样，而函数 f_R 是为了使得输入的状态图片能够映射到一个合理的奖励（Reward），也就是说，通过这个函数，对于接近于障碍物的位置得到的奖励就应该很小，而在没有障碍物或者是接近于目标的位置得到的奖励就应该很高。对于函数 f_P，这里直接通过一个 3×3 的卷积核进行表示，因为作者认为状态的转移是一种局部的转移。对于迭代的次数 K 的选择是和 Grid（网格）的大小相关的。最后的 Attention 机制的设计，作者将其表示为，选出和输出状态具有相同 s 的 Q，这样作为一般的强化学习算法的输入（例如使用 TRPO 算法进行训练）。训练好了之后，在一些随机生成的样本（包括起始位置随机、目标位置随机以及障碍物位置随机等）上进行测试，得到的结果是：VIN 在越复杂的情况中表现力就越优于一般的算法，并且具有更强的泛化能力。

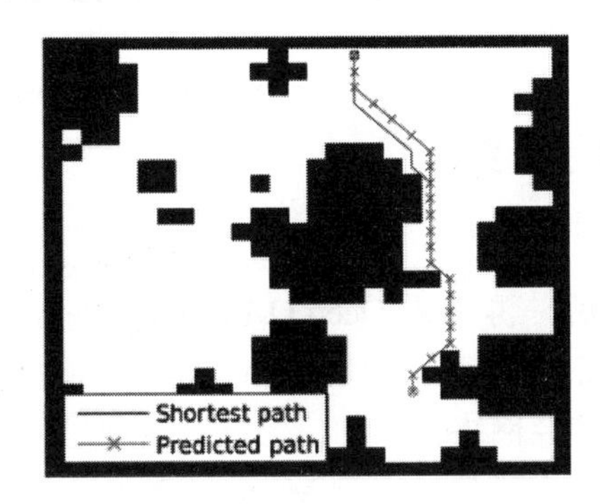

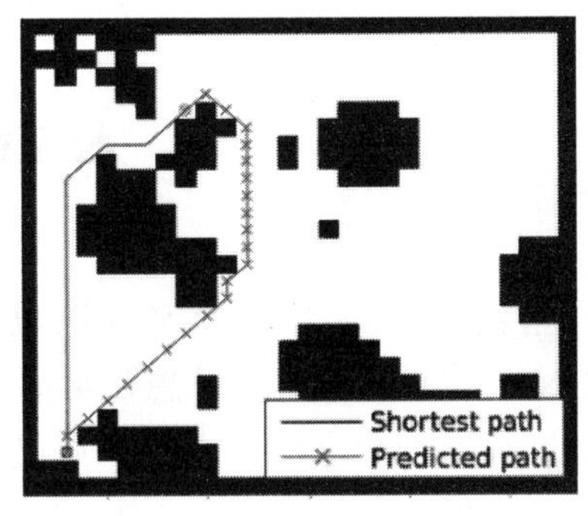

图 9.15　VIN 在 Grid Walking 中的实验

在介绍完相关的理论背景之后，我们对值迭代网络的性能和一般基于 CNN 的深度强化学习算法的性能进行比较，如表 9.2 所示。虽然在训练的部分 VIN 的准确率小于 CNN 的方法，但是 VIN 的泛化能力却大幅度超过基于 CNN 的方法。

表 9.2　VIN 和 CNN 的泛化能力比较

网　络	训练误差	测试误差
VIN	0.30	0.35
CNN	0.19	0.73

接下来又将 VIN、CNN，以及 FCN 网络在如图 9.15 的网格中进行路径规划的能力进行比较。此时，分别在三种不同大小的 Grid 上对其性

能进行了比较，网格的大小包括 8×8、16×16、26×26 三种。VIN 网络的能力均超过了其他两种。在越复杂的问题当中 VIN 表现出来的优势也越明显，如表 9.3 所示。VIN 深度强化学习框架是一个很自然的强化学习框架，还存在很大的空间，它一定是一个非常有潜力的深度强化学习方向。

表 9.3　三种网络在性能比较

空间大小	VIN			CNN			FCN		
	预测损失	成功率	轨迹差异	预测损失	成功率	轨迹差异	预测损失	成功率	轨迹差异
8×8	0.004	99.6%	0.001	0.02	97.9%	0.006	0.01	97.3%	0.004
16×16	0.05	99.3%	0.089	0.10	87.6%	0.06	0.07	88.3%	0.05
28×28	0.11	97%	0.086	0.13	74.2%	0.078	0.09	76.6%	0.08

本章总结

当我们回顾了 Q 学习算法以后，再来看 Deep Q-Learning Network（DQN）。其实 DQN 的思想非常的简单，就是要使用神经网络来顾及 Q 函数。描绘一个非线性函数正好是神经网络擅长的，因此，这种思路是顺理成章的。但是，并不是想象的那么简单，直到 Memory Replay 机制的引入才很好地将 Q 学习的问题使用深度学习来进行解决，才出现了 DQN 算法。Memory Replay 的存在实际上就是将目前探索得到的样本存起来（可能重复地存储），然后再随机地从当中采样来更新网络。因此，Memory Replay 的尺寸越大越准确。

异步的策略就是为了减小 Memory Replay 这个尺寸，使用多线程进行算法的简化的。在每一个线程当中对一个开始的状态 s 进行复制，然后都进行探索。因此在每一个线程中会得到不同的探索的结果。在每一个线程中进行网络参数梯度的累积，一定周期后统一更新全局的网络参数。

Q 学习算法虽然很有效，但其实有一个很严重的问题，那就是会过度估计真实的 Q 函数。上面介绍的算法本质上都是在 Q 学习算法上的改进，因此为了解决 Q 函数过度估计的问题，引入了双 Q 函数的算法：两个 Q 函数，以一定的概率选择其中的一个 Q 函数进行动作的选择，以一

定的概率选择一个 Q 函数进行参数的更新。

其实这里已经出现了 Actor-Critic 的雏形了。顺着这个思路，网络中可以包括两个部分：一个部分是对动作的选择，称作是 Actor 部分；另一个是对 Q 函数的估计，称作是 Critic 部分。A3C 就是在该算法上引入了异步操作实现的算法。

此外，必须要说说 Actor 部分。我们之前考虑的 Action 部分的空间都是很小的（例如，Grid-walking 例子中只有 4 个动作，Atari 游戏中是 18 个动作），那如果动作空间维度变的十分高，甚至变为连续的空间该怎么办？这个时候策略梯度（Policy Gradient）就发挥了很重要的作用。同样采用网络参数化从状态到动作的映射。上述的 DDPG 以及 A3C 这样的算法都采用了策略梯度的算法。

在介绍完这五种算法之后，再对值函数迭代网络（VIN）进行了介绍。这个深度强化学习的框架并没有继承 Google 的深度强化学习，而是另辟蹊径，用一种很自然的方式在框架中引入了一个学习计划（Learn to Plan）模块，使得强化学习具有很强的泛化能力。该网络框架为强化学习提供了一条非常宽阔的道路，相信在不久的将来将会有更多的扩展和完善。

参考文献

[1] Playing Atari with Deep Reinforcement Learning, 2013.

[2] Deep Reinforcement Learning with Double Q-learning, 2015.

[3] Asynchronous Methods for Deep Reinforcement Learning, 2016.

[4] Deterministic Policy Gradient Algorithms, 2016.

[5] Value Iteration Networks, NIPS, 2016.

第 10 章　深度强化学习应用实例

前百度首席科学家吴恩达教授在他的演讲中说，当前主流机器学习算法还是监督学习，但是强化学习已经开始初现苗头，如图 10.1 所示。其实，目前的人工智能还处在一个是什么（What's this）的水平，它更多的是充当一个传感器的作用。那么，真正的智能是要懂得计划和决策的。因此，我们相信在不久的将来强化学习也会迎来一个爆发，并且引领人工智能。

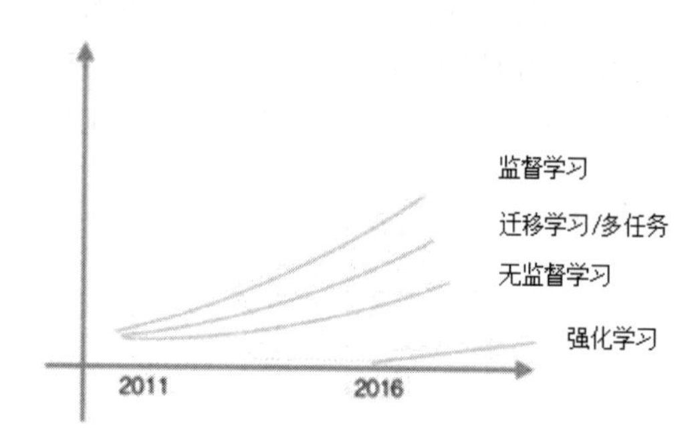

图 10.1　近几年机器学习算法的发展（吴恩达）

目前也出现了很多关于深度强化学习的应用，不过大部分的深度强化学习算法还是被使用于仿真的环境中。Google（Google）将强化学习应用在了多个深度协同工作的手臂上，但是解决的问题还是类似于开门这样基础的问题。不过，我们仍然对深度强化学习充满希望。接下来将从几个不同的应用中来学习深度强化学习。这些应用包括：Flappy Bird 应用、Play Pong 应用、Deep Terrain-adaptive 应用、AlphaGo 应用（用于围棋比赛挑战世界顶级冠军）。希望通过这些实用案例的讲解使读者更加理解深度强化学习算法。

10.1　Flappy Bird 应用

Flappy Bird 是一个非常经典和简单的小游戏，如图 10.2 所示，游戏中的智能体就是游戏的操作对象小鸟。整个游戏中只有两个动作：向上或者向下（向下的时候一般就是不操作，重力使它向下运动），玩家灵活地使用这两个动作使得小鸟能够顺利通过障碍物之间的缝隙。一旦玩家使小鸟碰上了障碍物，游戏就结束了。

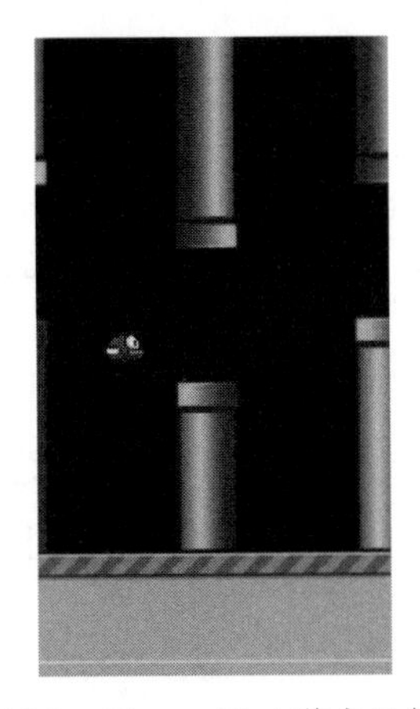

图 10.2　Flappy Bird 游戏示例图

Flappy Bird 游戏虽然简单，但是使用 DQN 算法来玩这个游戏真是不简单。该算法只需要输入游戏的截屏进行训练，通过一段时间的迭代，算法的表现就能够超过大多数人类玩家的水平。这真是一个让人吃惊的结果。那来看一下该算法具体是怎么实现的。

该应用采用的算法就是 DQN，通过网络对于这两个动作的值函数进行估计，比较 Bellman 方程估计的 Q 函数的值和网络预测得到的值函数的差异来进行网络参数的更新。两个动作分别会有一个 Q 值函数，根据 Q 值函数的大小就可以选择下一个执行的动作。然后，使用该动作在游戏环境中执行，于是得到了下一个状态。只要没有碰到障碍物都可以给一个正的奖励值，而当碰到了障碍物收获一个很大的惩罚。

可能这个过程的讲解还是比较抽象的，可参照图 10.3，来详细地了解算法在该应用中的流程。假设现在来玩这个 Flappy Bird 的游戏，但是到底要往上还是往下移动，我们听算法的指挥。首先，游戏开始，启动游戏的瞬间我们可以得到一个游戏的截屏图像，假设是 300×500 像素大小的截图。为了便于神经网络的处理，如图 10.3 所示将其转化为 80×80，并且复制为 4 份转化为灰度图，将它们作为网络最原始的输入。在这些图片输入网络之前我们设计好 DQN 的网络结构，并且对其中的参数进行随机初始化。输入的截图实际上表示的就是一个环境的状态。经过网络的运算，最终就输出往上还是往下对应的 Q 值函数的大小。于是我们选取其中大的 Q 值对应的动作，并且执行它。

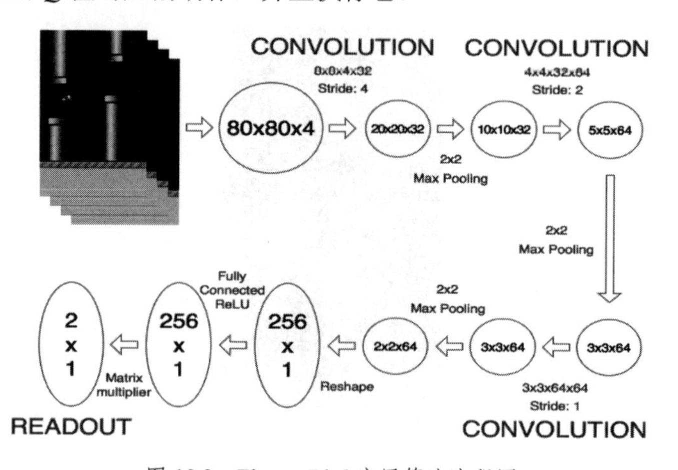

图 10.3　Flappy Bird 应用算法流程图

那我们来看一下网络的结构：在这个强化学习网络中包括三个卷积层（也就是图 10.3 中的 CONVOLUTION），在每一个卷积层后面都会存在一个池化层（Max Pooling 层）对输入的特征图进行降采样；最终输出的特征图再连接上两个全连接层（Fully Connected），最终输出在两个动作上的 Q 函数值的估计。其中所使用的激活函数是 ReLU 函数。具体到其中的每一层，则有：输入层输入的数据的大小为 80×80×4，第一层卷积层的大小为 8×8×4×32，步长为 4；由于卷积核的大小为 8×8，步长为 4，因此对于 80×80 大小的图片经过卷积之后得到的特征图的大小为 20×20，并且变为 32 张特征图；输入的为 4 张图片，因此总的有 4 份特征图。接下来经过一个 2×2 大小的池化操作，将原来的 4 个像素降采样为 1 个像素。因此，经过第一层卷积层和池化层的操作，特征图变为 32 张 10×10 大小的特征图。

继续来看经过第二层卷积层后的结果。第二层卷积层的大小为 4×4×32×64，也就是说对于该层输入的 32 张特征图，采用 4×4 的卷积核对同一个位置进行卷积，由于步长为 2，因此得到的每一张特征图的大小为 5×5，总共有 64 张这样的特征图；然后再经过一个池化操作进行降采样，由于特征图的大小和池化操作的核的大小并不匹配，因此需要在边缘进行扩充的操作，最终池化输出的特征图大小为 3×3。对于第三个卷积层也是同样的道理，经过所有的卷积层输出的结果就为 64 张 2×2 大小的特征图。然后，将这些特征图拉为一个一维的特征向量，即变为 256×1 大小的特征向量。接下来接一个全连接层进行全局的特征向量的感知，仍然输出 256 维的一个向量。最后再使用一个全连接层将其映射为 2 个动作的 Q 值函数。

以上描述的是强化学习的一个迭代的过程，也就是从开始的那一个状态，在网络中输入环境状态之后，根据 Q 值的大小选择当前状态的情况下要执行的动作。然后让游戏玩家执行该动作，于是其中的鸟飞到了下一个位置，也就形成了新的状态。于是又开始截图作为输入。但是，为了保证前后图片之间的关系信息，只将前面 4 张输入图片中的一张替换为当前的这张截图，于是再将它们作为当前状态的输入，经过网络得到当前状态的执行动作。

10.2　Play Pong 应用

学习基于策略梯度的深度强化学习的一个很好的例子是 Play Pong 游戏，它是由 Andrej Karpathy 在一篇文章 Deep Reinforcement Learning: Pong from Pixels 中提出的。Andrej Karpathy 是斯坦福大学李飞飞教授的高徒，目前在 OpenAI 工作。如图 10.4 所示，在这个 Play Pong 的游戏中，我们发现存在两个球拍和一个乒乓球，这两个球拍可以上下移动，球受到拍子的作用力开始反弹，在上下还分别存在一个边界墙，当球碰到这两个墙的时候会镜面反弹回来。假设让你（玩家）控制其中一个球拍，另一个球拍则由 AI 控制，于是会发现通过强化学习训练出来的 AI 控制，计算机居然学会了打乒乓球（Play Pong）。本章的应用比较于 Play Atari

游戏的应用，同样是采取游戏截屏的方式作为状态的输出，不同的地方在于使用的算法不再是 Q 学习的算法。游戏是这么工作的：我们获得一帧图像（210×160×3 的字节数组），然后决定将球拍往上还是往下移动（2 种选择），每次选择之后，游戏模拟器会执行相应的动作并返回一个回报（得分），可能是 +1（如果对方没有接住球），或者是 -1（我们没有接住球），或者为 0（其他情况）。当然，我们的目标是移动球拍，使得我们的得分尽可能高。

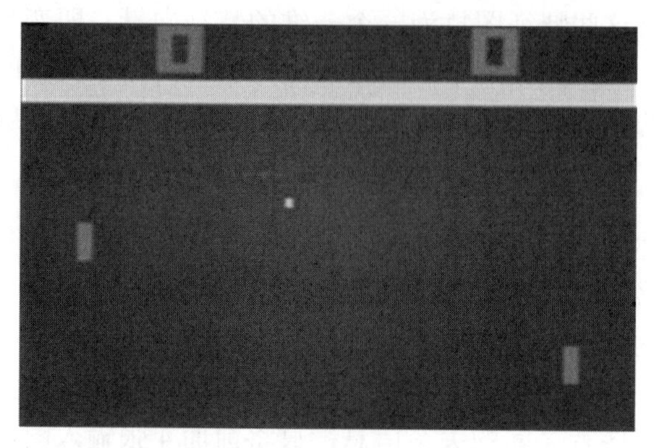

图 10.4 Play Pong 游戏

从像素开始，从头学会玩 Atari 游戏，当时就震撼了一批人，但是其中的技术并不是那么的新颖。在计算机视觉研究中，2012 年的 AlexNet 很大程度上只是 1990 年 ConvNets 的一个扩展（更深、更宽）。类似的，2013 年 Atari Deep Q-Learning 的文章只是标准 Q 学习算法的一个实现，区别在于它将 ConvNet 作为函数逼近子（Function Approximator）。AlphaGo 使用的是策略梯度（Policy Gradient）以及蒙特卡洛搜索树（MCTS）——这些都是标准且已有的技术。当然，我们需要很多技巧以及耐心来让它变得有效，并在这些“古老”的算法上进行一些巧妙的调整和变化。但是给强化学习研究带来进展的最直接原因并不是新的算法，而是计算能力、数据以及基础架构。因此，如果要对深度强化学习爆发的原因进行总结，那么很显然得益于以下几个方面。

- 硬件的发展以及基础架构的发展促进计算能力的大幅提升。
- 规范化的监督数据的出现，如 ImageNet、Pascal VOC 等。
- 算法的复兴，尤其是神经网络算法，如反向传播、卷积网络、LSTM 等。

因此，我们看出深度强化学习并不是一种新提出的新颖算法框架，而是计算机各方面的发展促进了传统算法的融合和复兴。

尽管在最火热的 DQN 算法框架中，使用的是 Q 学习的方法，但是在解决强化学习问题中人们最喜欢用的方法还是策略梯度（Policy Gradient，PG）。DeepMind 研究团队在论文中也对此进行了说明，并且提出了基于策略梯度的算法框架，如前面已经介绍过的 DDPG 算法。策略梯度的优势在于它是端到端（End-to-End）的，存在一个显式的策略以及方法用来直接优化期望回报（Expected Reward）。总之，下面将以乒乓游戏（Play Pong）为例，来介绍如何使用策略梯度，在深度神经网络的帮助下基于游戏画面的像素来学会玩这个游戏。虽然现实中的控制问题并不是如 Play Pong 游戏这样简单，但是以这个简单的模型开始，可以拓展到类似于机器人控制等复杂的问题中。

图 10.5 表示的是这个控制过程中的状态转移，图 10.5 中 a_0 和 a_1 代表向上和向下的动作，S 代表这个环境中的可能的转移状态。每一种状态下都能够采取两种动作中的一种动作，采取不同的动作能得到不同状态转移，并且采取同一动作之后带来的状态转移也可能是不同的。状态之间的转移都是以某一状态进行。在这个问题中，我们建立一个策略网络（Policy Network），如图 10.6 所示，假设它只有两层网络，我们以当前游戏画面的像素（100800 维，210×160×3）作为这个网络的输入，输出一个单独的值表示“上移”动作的概率。在每轮迭代中，我们会根据该分布进行采样，得到实际执行的动作。

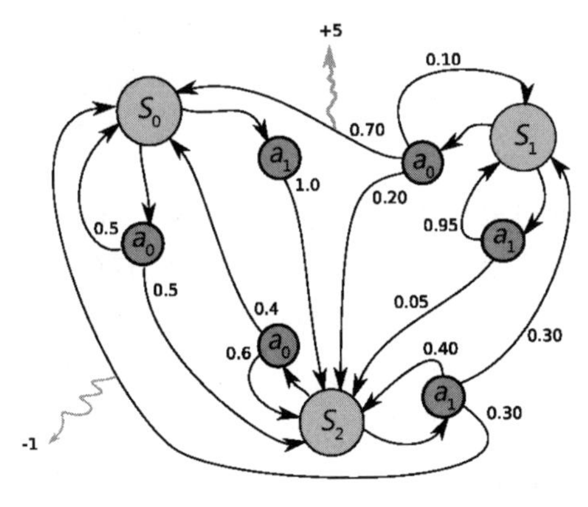

图 10.5　状态转移示意图

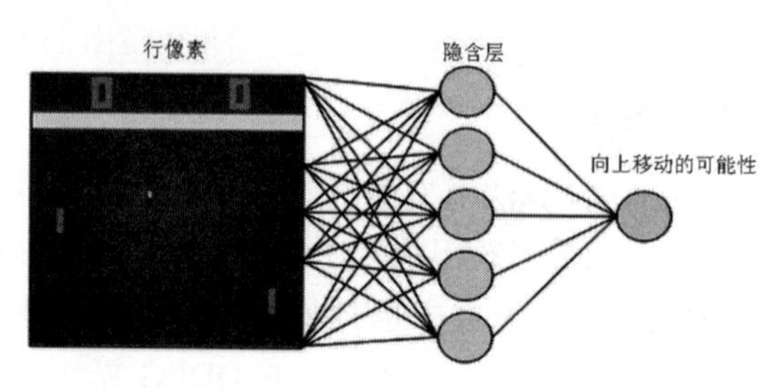

图 10.6　策略网络示意图

假设建立这样一个网络，我们要做的事情就是：对于输入的 10 万维度的数字，要输出一个动作的概率，然后执行该动作，得到另一个用 10 万维的向量表示的状态，然后经过网络得到另一个输出的动作，接下来又执行该动作。于是发现强化学习的难点：就是执行了这个动作之后的反馈你不能及时知道，而当得到那个反馈之后，你又不能确定到底是哪一个动作的贡献才使得得到现在的这个奖励？10 帧以前，20 帧以前，还是 100 帧以前？其实强化学习和监督学习还是存在着一些联系的。因此，接下来我们将详细介绍监督学习，与介绍策略梯度如何在强化学习中使用相比较。

在深度学习中，我们总是在优化正确标注的对数概率，比较于直接的概率，这样可以令数字更加整洁。因对数函数的单调性，等同于优化原始概率。假设在这个 Play Pong 的游戏中，我们使用监督学习的方式来训练，也就是说在某一个状态下，我们知道该状态下的最佳执行动作。假设某一输入状态 s，它的最佳动作是向上（UP），那么输入该状态到网络中，假设网络输出的向上动作的概率为 p。但是 p 偏小，于是向上动作回传一个梯度，对于网络当中梯度为负的地方就要降低参数的大小。

对应于强化学习来分析这个问题。相对于监督学习，强化学习最大的问题就是没有标注的信息。那么通过对现有的样本（如 Q 学习中的 Memory Replay）进行采样，可以得到一个执行的动作，然后同样得到一个反向传播的梯度，用来进行网络的更新。唯一的问题就是：这个执行的动作不一定就是真正对的动作。因此我们先不执行该动作梯度的反馈，等到达到一个收益状态（有一个确定的奖励或惩罚的状态）的时候再来回传该梯度，对于正确的动作给定一个正值的回传梯度，而对于错误的动作给定一个负值的梯度。

如图 10.7 所示，表示的是一个迭代更新的过程，更新的方向为策略梯度最大的方向。观察发现，在更新策略的同时，网络也朝着更大的值函数的方向发展。关于策略梯度的推导，已经在前面的章节进行了详细的介绍。

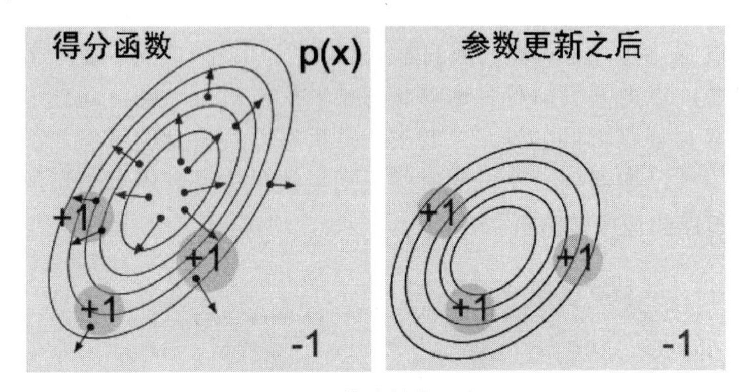

图 10.7　策略梯度示意图

这里 $R = E_s[f(s)]$ 是在连续的状态空间中的表示，离散的状态空间也类似。显然，如何使得收益的期望达到最大值是我们最想做的事情。于是我们采取梯度上升算法，首先计算出梯度 $R = \nabla_\theta E_s[f(s)]$ 的大小。我们想要计算 $\nabla_\theta E_s[f(s)]$，将 S 的概率分布 $p(s|\theta)$ 引入得到了下面的等式中即可。

$$
\begin{aligned}
\nabla_\theta E_s[f(s)] &= E_s[\nabla_\theta p(s|\theta) f(s)] \\
&= \int \mathrm{d}s \nabla_\theta p(s|\theta) f(s) \\
&= \int \mathrm{d}s [p(s|\theta) \nabla_\theta \log p(s|\theta)] f(s) \\
&= E_s[\nabla_\theta \log p(s|\theta) f(s)]
\end{aligned}
$$

总之，策略梯度的方向也正是值函数增加的方向，因此通过策略梯度对网络的更新也使得网络更容易得到一个较大的值函数，从而找到一个更优的策略。对应到 Play Pong 游戏中，求得一个移动拍子的策略梯度。在移动的过程中使得拍子朝着梯度增加的方向移动从而获得较大的收益。

10.3 深度地形 - 自适应应用（Deep Terrain-Adaptive 应用）

深度强化学习的发展引起了各界的强烈关注，本节将介绍深度强化学习在动画仿真以及环境决策中的应用。在该方向的应用中，研究人员通过深度强化学习来调整仿真目标（参见图 10.8 中的狗）各个关节点之间的参数，以此来模拟各种运动状态中目标的伸展状态，还通过环境状态的输入，根据不同的地形（Terrain）状态以及自身的状态，决策不同的运动方式，如遇到一个坑的时候采用跳过的方式，遇到平坦的地形则以比较迅速的速度蹦跑过去等。

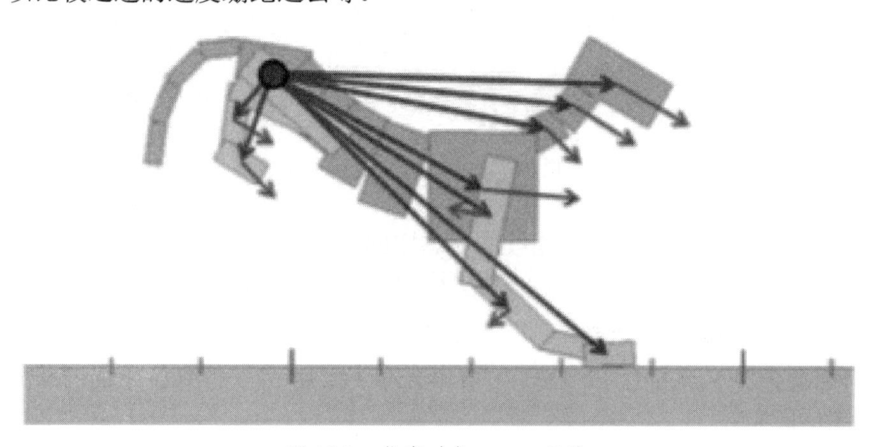

图 10.8 仿真对象——一只狗

之前介绍的两个应用都是在一个游戏环境中的应用，本节将要介绍的 Deep Terrain-Adaptive 应用是在一个物理引擎中实现的。物理引擎是一种仿真程序，可用来创建一种虚拟环境。在其中，集成来自物理世界的规律。在这个虚拟的环境中包括的物体，除了物体之间的相互作用（比如碰撞）外，还包括施加到它们身上的力（比如重力）。物理引擎可在仿真环境内模拟牛顿物理学并处理这些力和相互作用。以游戏为中心的物理引擎侧重于实时近似，而科学仿真中的物理引擎则更多地侧重于精确计算以获得高准确性。因此，先简要地介绍这个物理仿真引擎的工作原理。

本节所使用的物理引擎为 Bullet。Bullet 是一个 3D 的开源物理引擎，支持 3D 的刚体和软体力学以及碰撞检测。Bullet 作为一个物理引擎，其最基本的任务就是刚体模拟（还有可变形体模拟）。刚体模拟，就是要计算预测物体的运动。举个例子，抛一块砖头，砖头砸在地上翻了几圈最后停下来，刚体模拟就是要用计算机把这一切虚拟化（给定砖头形状、质量等属性及砖头初始运动状态，还要给定地面的信息，预测砖头未来任意时刻的状态）。如图 10.9 所示，就是通过 Bullet 仿真一只手抓取一个小球。

图 10.9　Bullet 仿真一只手的抓取

Bullet 的应用分成三个阶段：设置阶段、仿真阶段和清理阶段。设置阶段会创建仿真阶段所要处理的世界，而清理阶段则只是负责释放此世界内的各种物体。为了创建这个世界，需要定义一个 broad-phase 算法（一种用来识别不应碰撞物体的优化）、一个碰撞配置和一个约束计算器（并入了重力和其他力以及碰撞，且定义了物体之间如何相互作用）。此外，通过调用 setGravity 函数来将重力定义为 y 轴。定义了这些元素后，就可以创建这个世界了。设置阶段的下两个部分是定义静态的地面和动态的球体。

仿真的执行是通过调用方法 stepSimulation 来实现的。这个方法定义了一个 60Hz 的间隔并仿真了在重力影响下落向地面的球体背后的物理学。每个仿真步长过后，球体的高度（y 参数）就会发出。仿真的循环执行是为了球体与地面相撞然后最终静止的整个过程。

最后一个阶段是简单的清理，即将对象和其他元素从内存释放。

现在回到本节要介绍的仿真任务中。本节给定一个仿真对象——狗，以及它的骨骼节点之间的层级关系，先定义了仿真角色（Character）的四种运动状态，这些运动状态是由有限状态机（FSM）将其运动控制编码到动作中的，由此可以得到角色的力学控制，通过物理引擎进行仿真。而此时的各种仿真状态也会成为下一个阶段仿真决策的输入。因此本文的重点是如何通过角色和地形组成的状态构建出一个深度强化学习框架，找到一种最优化的策略，求解出一个当前最好的运动行为。

来看一下算法整体的思路。

仿真对象是如图 10.9 中的狗，因此需要提供这只狗的骨骼节点信息和它们的层级关系，包括仿真对象包含骨骼点的数目，其中的根节点（Root）是哪一个骨骼点，各个骨节点之前的父子层级关系，每一个对象用什么样的形状以及材料进行仿真等。这些参数是 Bullet 仿真初始化所需要的。本节中使用的是一只狗，它到肩的高度为 0.5m，长为 0.75m，重 33.7kg。其中包括 21 个节点（类似于骨骼中的关节点），存在根节点以及父节点的关系。总共产生 20 个内部的自由度，以及根节点的相对于世界的 3 个自由度。

图 10.10 是本节的算法流程图。其中，最内层的环（Loop）是一个力学控制和物理引擎对动作仿真的过程。在这个阶段，有限状态机将动作的控制参数映射到动作的状态阶段并且得到该阶段中的力学作用关系，然后通过物理引擎进行仿真。中间的环是对一个运动周期（仿真周期）进行处理的阶段。举例来讲，对于一个跳跃的狗，假设当前的状态是处于一种地形中，并且后脚跟着地的时候作为这个动作阶段的开始。这个阶段要做的事情是，将该状态（包括仿真对象以及此时的地形，本节中为一个 283 维的向量）作为输入，通过一个决策函数对此时的状态 s 进行到动作空间的映射，得到这个运动周期内的下一个动作（本节输出的动作是一个 29 维的向量）。将该动作输出作为 FSM 控制器的参数输出便可以进行这一次的仿真和下一个状态的输出。最外圈的环决定学习的过程，通过仿真的过程和仿真的结果学习到一种最优的策略。当从 Relay Memory（其实就是前面讲到的 Memory Replay）收集到足够多的样本

（Minibatch 个）的时候就可以进行这一轮的迭代了，而本节采取的算法是 Actor-Critic 算法，在网络中进行这两部分的更新。完成这一轮的迭代后，采取同样的方式继续迭代。

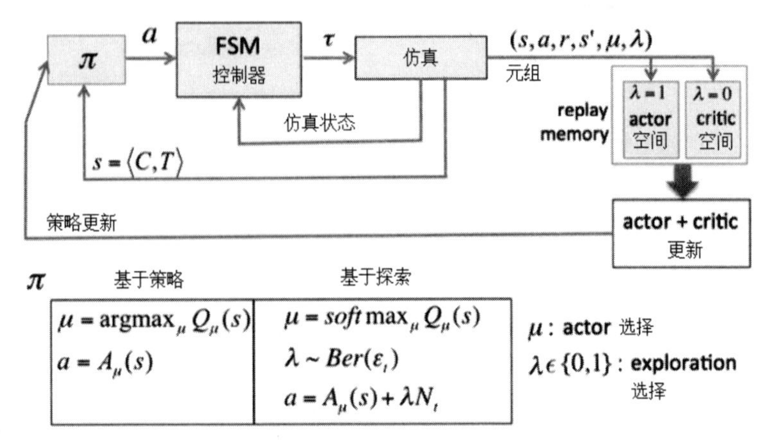

图 10.10　基于 DRL 的动画仿真

仿真部分采用的是 physic-Based 的方法，通过决策得到的动作实际上是一种力学的表示，然后通过有限的状态机以及物理引擎将其转换为相应的动作步骤。因此对应于强化学习，对下面的几个量进行说明。

- 运动阶段（Motion Phases）：本节中定义了角色有四个阶段，即准备起跳、在空中滑行、准备落地和落地收缩，如图 10.11 所示。每一个运动阶段都对应一种动作控制参数 a，a 通过状态机就能得到相应的力学控制，然后通过物理引擎仿真出相应的四个动作。（如何由控制参数到力学，再到物理仿真就是 Bullet 做的事情了。）
- a：是一组 29 维的控制参数向量，其中包括四个运动阶段中各个阶段的脊椎的曲率、关节点的角度在 FSM 上的映射、地面对前脚和后脚的作用力，以及四个阶段后的速度反馈增益（Velocity Feedback Gain），如图 10.12 所示。
- s：说明环境的状态，主要包括角色和地形两部分的状态。其中角色状态包括各个节点（Link）相对于根节点（Root）的坐标位置，以及各个节点的重心处的速度，共 21 个节点，共 83 维的向量。地形状态包括的是在 10m 的范围内，每隔 5cm 处的地形高度，共 200 维，合起来共 283 维，如图 10.13 所示。

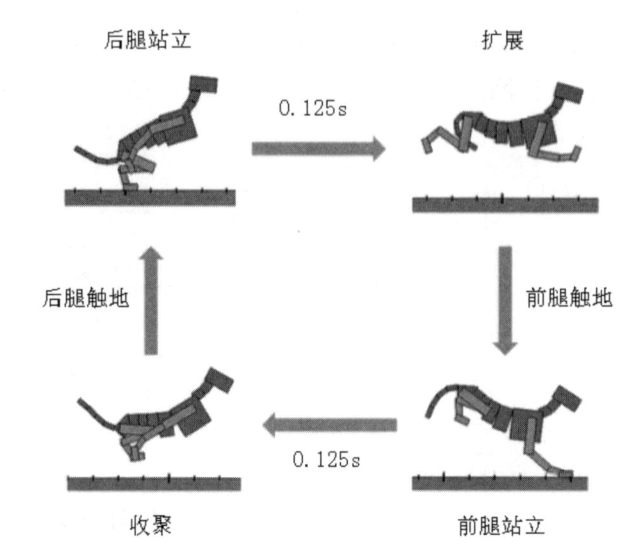

图 10.11 动画仿真的 4 个阶段

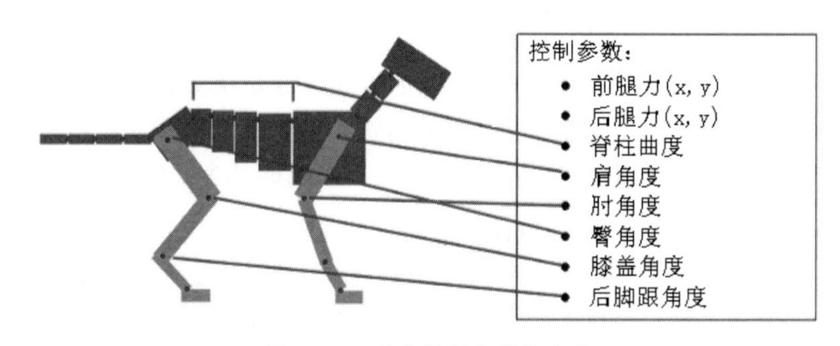

图 10.12 动作控制参数的定义

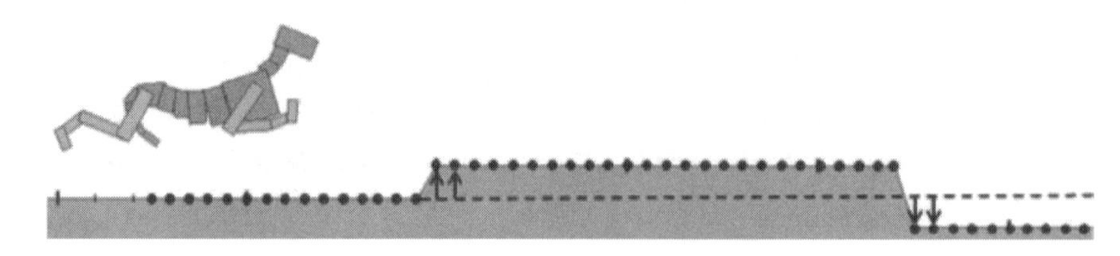

图 10.13 状态参数的组成

- r：表示的是奖励（Reward）函数，其中包括三个部分，s 为当前的状态，a 为采取的动作（Action），s' 为达到的状态。奖励函数（Reward Function）表示为：

$$r(s,a,s')\begin{cases}0, & \text{角色掉入坑中}\\ \mathrm{e}^{-\omega(v^*-v)^2} & \text{其他}\end{cases}$$

这里的奖励是一个和环境及当前的动作相关的变量。其中 w 为权重，w= 0.5，v* 表示的是速度的期望值，而 v 表示的是实际速度。奖励的获得分为两种情况：当这个角色掉入到坑中的时候，奖励为 0；当没有掉到坑里的时候，它的速度越是接近期望的速度，奖励值就越高，最高的时候为 1。在实际的奖励中，设定期望的速度为 4m/s，也就是说当一个角色保持这样的速度持续运动的时候，奖励是最大的。

首先本节中定义了运动的四个阶段，很好地描述了运动的整个过程。任何一个动作参数都被映射到这四个状态中的一种。实际上这就是一种简化的处理，也可以直接采用动作参数 a 进行仿真，这样得到的动作就复杂得多。因为所有的运动都可以被分解为这几个阶段，不同的是各个阶段的不同程度，比如跳得更高、在空中的伸展更开等。我们再将以上的算法流程进行简要的总结：首先，对一个仿真的对象，根据其当前的状态以及环境的状态，通过深度强化学习到一个预测的动作参数向量 a，然后将这个动作参数映射到有限状态机（FSM）中的一种动作（实际上算是一种聚类的方式），再通过 Bullet 物理引擎进行仿真。接下来，将仿真的结果在一个给算法进行下一次动作的预测。在每一次的仿真中，都会得到一个反馈的奖励值，根据它，网络会进行更新，朝着一个奖励增加的方向发展。

那么，网络又是如何进行动作预测的呢？如图 10.14 所示是本节算法的网络结构，其中输入分为地形（Terrain）和角色（Character）两部分。首先输入的是图中的环境状态，也就是 T 部分，经过三层的卷积网络，然后接入到一个有 64 个单元的全连接层。每一层卷积核的个数分别为 16、32 以及 32，但是这里用的是一维的卷积核，大小分别为 8×1、4×4 和 4×1。接下来就将角色部分的数据加入输入，组合的特征经过一个 256 个单元的全连接层，然后又将网络分为两部分：Critic 部分和 Actor 部分。Actor 部分生成一个对应的动作 Actor，该 Actor 应用于场景上就是一个 action。评价部分生成每一个 Actor 的预测 Q 值。

Tips：需要注意的是，Critic 网络的更新和 Actor 网络的更新是两部分的网络参数的更新。

论文的作者对于输入进行了标准化的处理。然后，将最终的输出，进行逆转换，这样使得能够尽快收敛以及避免梯度弥散，其实这也就是数据预处理的一般操作，即数据白化的操作。

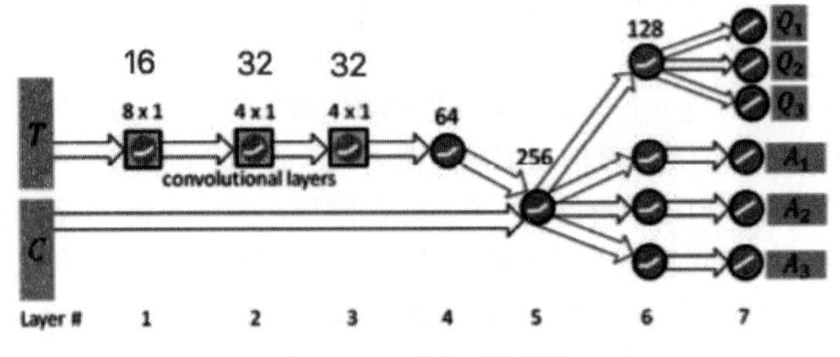

图 10.14　算法网络结构

那么具体看看网络到底是如何更新的。在网络进行分支以前，网络处理得到了网络的状态特征输入。这个输入同时作为接下来的两个分支网络的输入，并且通过该特征输入情况更新两部分的网络。在更新之前，我们开辟两个数据空间 D_c 以及 D_a，在 D_a 中的数据存在一个随机扰动的，目的是为了让网络进行多样性动作的探索，而在数据空间 D_c 中则是通过网络预测得到数据。通过数据的下标，我们知道这两部分的数据分别是用于 Actor 网络以及 Critic 网络的更新的。在开始训练网络的时候，以一定的概率选取某个动作，那么对于该动作也以一定的概率添加噪声，然后使用该动作进行仿真。于是得到一个样本元组，根据是否有噪声而存放到 D_c 或者 D_a 中。具体的算法初始化操作伪代码如图 10.15 所示。

1: $\theta \leftarrow$ random weights
2: Initialize D_c and D_a with tuples from a random policy

3: **while** not done **do**
4: **for** $step = 1, ..., m$ **do**
5: $s \leftarrow$ character and terrain initial state
6: $\mu \leftarrow$ select each actor with probability $p_{\mu_i} = \frac{\exp(Q_{\mu_i}(s|\theta)/T_t)}{\sum_j(\exp(Q_{\mu_j}(s|\theta)/T_t))}$
7: $\lambda \leftarrow Ber(\epsilon_t)$
8: $a \leftarrow A_\mu(s|\theta) + \lambda N_t$
9: Apply a and simulate forward 1 cycle
10: $s' \leftarrow$ character and terrain terminal state
11: $r \leftarrow$ reward
12: $\tau \leftarrow (s, a, r, s', \mu, \lambda)$
13: **if** $\lambda = 1$ **then**
14: Store τ in D_a
15: **else**
16: Store τ in D_c
17: **end if**
18: **end for**

图 10.15　算法初始化操作伪代码

接下来，分别来看看这两个分支的更新。对于评价（Critic）网络的更新其实就是采用的 Q 学习的方式来更新网络的参数。而对于 Actor 网络采用的是策略梯度迭代的算法。网络参数的更新如图 10.16 所示。

19: **Update critic:**
20: **Sample minibatch of** n **tuples** $\{\tau_i = (s_i, a_i, r_i, s'_i, \mu_i, \lambda_i)\}$ **from** D_c
21: $y_i \leftarrow r_i + \gamma \max_{\mu} Q_\mu(s'_i|\theta)$ **for each** τ_i
22: $\theta \leftarrow \theta + \alpha(\frac{1}{n}\sum_i(y_i - Q_{\mu_i}(s_i|\theta))\frac{\partial Q_{\mu_i}(s_i|\theta)}{\partial\theta})$

23: **Update actors:**
24: **Sample minibatch of** n **tuples** $\{\tau_j = (s_j, a_j, r_j, s'_j, \mu_j, \lambda_j)\}$ **from** D_a
25: **for each** τ_j **do**
26: 　$y_j \leftarrow \max_{\mu} Q_\mu(s_j|\theta)$
27: 　$y'_j \leftarrow r_j + \gamma \max_{\mu} Q_\mu(s'_j|\theta)$
28: 　**if** $y'_j > y_j$ **then**
29: 　　$\theta \leftarrow \theta + \alpha(\frac{1}{n}(a_j - A_{\mu_j}(s_j|\theta))\frac{\partial A_{\mu_j}(s_j|\theta))}{\partial\theta})$
30: 　**end if**
31: **end for**
32: **end while**

图 10.16　网络参数的更新

网络更新的具体的过程如下。

首先，初始化数据，总共随机初始化了 50k 的数据，然后随机化初始网络结构参数，最后进行了 50k 次的迭代。每 500 次迭代算一个周期，在一个周期里面保持网络的参数不变来计算 Q 值（或者说是 y 值）。具体的迭代过程如下。

（1）初始化一个状态，选出当前最好的动作。每一次更新 32 个样本元组，更新的时候，首先初始化一个状态 s（这个 s 肯定对应很多的可执行的动作），然后在此状态 s 下，根据当前的参数来计算各个可能的动作的 Q 值，然后通过 Q 值结算当前的各个动作被选中的概率，根据最大的概率选出当前的动作。

（2）生成动作并加上扰动动作。根据步骤（1）中选出来的动作应用于当前的状态 s 上，得到相应的动作 a，然后在 a 上加上（以概率 p 决定是否要加上）一个高斯的扰动。

（3）物理仿真，得到数据。在当前的状态 s 下，将当前的动作 a 应用到角色上，然后得到环境的下一个状态 s'，同时计算出相应的奖励值 r。

（4）存储更新的数据。在计算得到如上数据以后就得到一个完整的数据元组了，对于是否有加入高斯扰动的数据分别进行处理，以便于后面算法的应用。这里假设有扰动的数据为 D_a，没有扰动的数据为 D_c。

以上每一次迭代更新 32 个样本元组，接下来进行网络参数的更新。具体操作如下。

（1）从 D_c 当中选取样本更新网络。从这些没有扰动的样本中直接选取 32 个样本，根据每一个预测的 Q 值和计算出来的 Q 值的差异更新网络。

（2）更新动作。对于预测出来的动作，首先找到预测出来的 Q 值最大的那个动作，然后对于这一个动作，如果预测出来的 Q 值还小于直接计算出来的 Q 值，那么由此差异更新网络的参数。

至此，结束一轮的迭代！如此迭代来更新网络的参数，到最后学习到的网络所仿真的角色已经能够适应各种地形的变化，在各种的地形中采取非常合理的动作以至于能够灵巧地通过各种复杂地形。

10.4 AlphaGo 应用

人们长久以来认为：围棋对于人工智能来说是最具有挑战性的经典博弈游戏，因为它巨大的搜索空间，以及评估棋局和落子方位的高难度。但是 Google 的 AlphaGo 做到了。

人工智能，特别是深度强化学习算法正是因为 AlphaGo 才进入到公众的视野中。目前，强化学习已经有越来越多的成果及应用，并且大家对深度强化学习有较高的期待及信心，这都得益于 AlphaGo 在围棋上的成功。围棋是一个相当复杂的决策任务，围棋棋盘是 19×19 路，所以一共是 361 个交叉点。每个交叉点有三种状态，可以用 1 表示黑子，-1 表示白子，0 表示无子的状态。因此，理论上围棋存在 3 的 361 次方这么多的状态。这个数目大到不能衡量的地步，根本就没有办法穷举。但是实际上很多的棋局状态是不会出现的，因此可以通过算法来构建围棋问题的模型。

可以用一个 361 维的向量来表示一个棋盘的状态。把一个棋盘状态向量记为 s。当在状态 s 下，暂时不考虑无法落子的地方，那么下一步落子的空间维度也是 361 个，由此生成 361 个可能的状态空间。因此，把下一步的落子的行动也用 361 维的向量来表示，记为 a。这样，一个围棋的策略求解问题就转换为一个强化学习的问题了，即求解任意给定一个 s 状态，最好的应对策略 a，使得该智能体获胜的几率最大。可以想象这个维度有多大，这么复杂的问题我们看 Google 是怎么做的。

Google 围棋程序引入一种新的算法，也就是我们熟知的 AlphaGo。这个算法中使用策略网络（Policy Network）来选择如何下棋落子，同时使用值函数网络（Value Network）来评估得到的棋局的好坏程度。此外，神经网络的训练过程中使用了不同以往的训练方式：首先使用人类专业比赛的数据进行监督学习，训练得到一个策略网络；使用该参数对强化学习的网络参数初始化，接下来在自我对弈中进行强化学习。该算法在没有使用任何预测搜索方法的时候，其性能已经达到了最先进的蒙特卡洛搜索树程序的水准；同时引入了一种新的搜索算法，这算法把蒙特卡洛（MTCS）和估值、策略网络结合在一起。运用了这个搜索算法，AlphaGo 在和其他围棋程序的对弈中达到了 99.8% 的胜率，并且以 5:0 的比分击败了欧洲冠军，这是历史上第一次计算机程序在全尺寸围棋中击败一个人类职业棋手。在此之前，人们认为需要至少十年才会达到这个壮举。

下面介绍具体的算法细节。在前面的章节中我们知道强化学习问题中有一个最优估值函数 $v^*(s)$，用来判断每个棋局或状态 s 之后的结果的优劣。但是这个函数并不是容易得到的。解决这些博弈可以通过在搜索树中递归得到最优估值函数，但是在这里由于搜索的深度以及广度都太大，穷举搜索是不可行的。有效的搜索空间可以通过两种通用的方法得到，也就是来降低搜索的深度以及广度。在围棋的问题中，首先，搜索的深度可以通过棋局状态的评估，降低搜索的深度。在状态 s 时对搜索树进行剪枝，然后用一个近似估值函数 $v(s)\approx v^*(s)$ 取代状态 s 下的子树，这个近似估值函数预测状态 s 之后的对弈结果。但是人们认为这种方法在围棋中是难以处理的，因为围棋巨大的复杂度。其次，搜索的宽度可以通

过来自策略 $\pi(a|s)$ 的样本动作来进行“剪枝”。通过这种方式保留概率大的分支，去除概率小的动作分支。计算这些走子的平均数可以产生一个有效的棋局评估，在西洋双陆棋戏和拼字游戏中获得了超出人类的下棋性能，并且达到了业余低段围棋水平。

蒙特卡洛搜索树就是一种有效的搜索树，使用蒙特卡洛走子方法，评估搜索树中每一个状态的估值。随着执行越来越多的模拟，这个搜索树成长得越来越大，而且相关估值愈发精确。用来选择下棋动作的策略在搜索的过程中也会随着时间的推移而改进，通过选择拥有更高估值的子树。渐近的，这个策略收敛到一个最优下法，然后评估收敛到最优的估值函数。AlphaGo 之前最强的围棋程序也是基于蒙特卡洛搜索树的，这些算法也通过策略来提高性能，从而用来预测专家棋手的下法。但是之前的工作使用的都是比较简单的基于输入的线性组合描述的策略或估值函数，因此结果并不是很理想，也就是业余选手的水平。

深度神经网络已经在计算机视觉中达到了空前的性能，比如分类图像、识别人脸和玩雅达利（Atari）游戏等。它们使用很多层的神经网络，每一层中都存在很多功能各异的神经元，用来构建愈发抽象的局部特征来表示图片。DeepMind 为围棋程序部署了类似的体系架构。他们给程序传入了一个 19×19 大小棋局的图片，然后使用卷积神经网络来构建一个状态的代表。然后使用这些神经网络来降低搜索树的有效深度和广度：通过估值网络来评估棋局，使用策略网络来博弈取样。

AlphaGo 的算法主要分为两部分：一部分是通过非线性的神经网络来拟合出一个可以评估和预测的模型；另一部分则是结合这些独立的算法，通过搜索树的策略来增强这个模型的性能。

10.4.1 独立算法的研究部分

独立算法的研究部分，DeepMind 主要做了两个工作：一个是监督学习；另一个是强化学习。在监督学习部分，采用的就是从比赛中收集到的专家的棋局比赛棋谱，相当于一种带标签的样本，即在这样的棋局下，专家会怎么下。开始使用的是一个基于监督学习的策略网络 p_σ，它直接来自人类专家下棋的样本数据。这样的训练过程和一般的深度学习一样，很快就可以学习到一种高效的决策网络，即输入一个比赛的棋盘状态，输出对应的动作的概率。和大多数之前的工作类似，从时间上考虑，他们同时也训练了一个可以迅速从走子取样的快速策略 p_π。在强化学习部分，主要为了提升策略网络的性能以及训练一个评判的值函数网络。强化学习中的策略网络，通过自我对弈的方式，探索更多的状态空间，通过最终的结局来更新策略网络。这个阶段相当于一种网络参数的微调方式，这种调整使策略网络朝向赢棋的正确目标发展，而不是最大化提高预测精度。与此同时，在自我博弈的过程中，他们训练了一个估值网络 v_θ，学习到一个状态评估的函数，来指导状态的选择。最终，AlphaGo 程序有效地把策略网络、估值网络和蒙特卡洛搜索树结合在一起。接下来分别来看他们是怎么训练的。

图 10.17（a）中包括两个部分：左边有一个快速走子策略 p_π 和一个策略网络 p_σ，这二者都是通过监督学习进行训练的，输出结果用来预测人类专家下棋；右边有一个策略网络 p_ρ 及一个值函数网络 v_θ，这二者都是通过强化学习训练得到的。p_ρ 网络参数由 p_σ 的网络参数进行初始化，然后由策略梯度学习进行提高，值函数网络 v_θ 用来最大化结局。图 10.17（b）是对图 10.17（a）的一个总结，底部是网络的输入，表示的是一个棋局的状态。图 10.17（b）左侧部分是一个策略网络，通过棋局状态的输入，得到一个下子策略的概率分布图，每一个概率对应一个下子的位置。图 10.17（b）右侧表示的是一个值函数网络，对一个棋局状态预估其获胜的潜力状况。

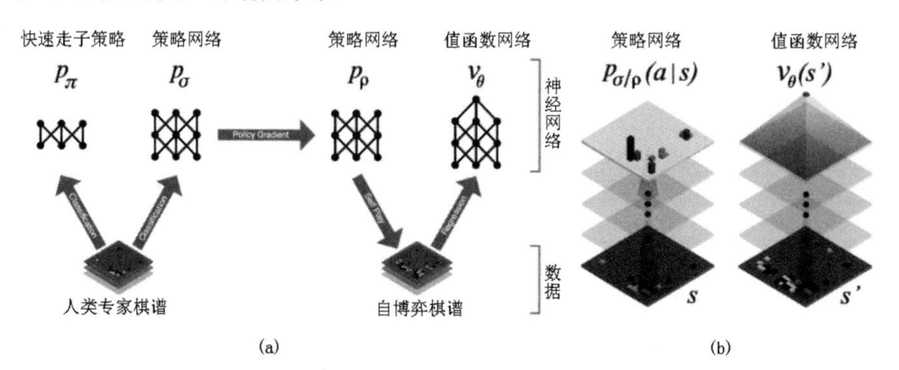

图 10.17　神经网络训练过程和体系结构

监督学习的过程中策略网络 p_σ 的网络参数通过神经网络进行更新。策略网络使用了随机采样状态－动作对（s,a）的方式选择样本来进行训练，更新的过程中最大化采样过程中专家样本在状态 s 选择下棋走子 a 的概率，然后通过反向传播更新网络。训练的时候，他们使用了 3 千万个棋局，训练了 13 层的策略网络。在进行预测的时候，这个网络预测人类专家下棋的精确度达到了 57%，相比于之前最好的结果（精确度是 44.4%）已经有了很大的提升。但是，预测的速度却慢了很多，因此需要在精确度和速度上做一个权衡。这也是快速走子网络 p_π 存在的原因。在更大的神经网络拥有更高的精确度，但是在搜索过程中评估速度更慢。于是也训练了一个更快的但是精确度更低的快速走子策略 $p_\pi(a|s)$，它达到了 24.2% 的精确度。每选择下一步棋只用 2 微秒，与之相比，策略网络 p_σ 则需要 3 毫秒。

如图 10.18 所示表示的是 AlphaGo 的获胜概率和训练当中网络的预测能力的关系。图中对有 128、192、256、384 卷积核的策略网络在训练过程中的性能进行评估。结果发现，随着预测精确度的提高获胜的机会也越高；卷积核的个数越多能够达到的预测的精确度越高。但是并不是卷积核越多越好的。如图 10.18 所示，在预测精确度为 51%~57% 的情况下，卷积核个数为 128 的获胜的概率都大于卷积核个数为 384 的时候。并且，毫无疑问卷积核个数为 128 个时候所需要的预测时间是更加短的。

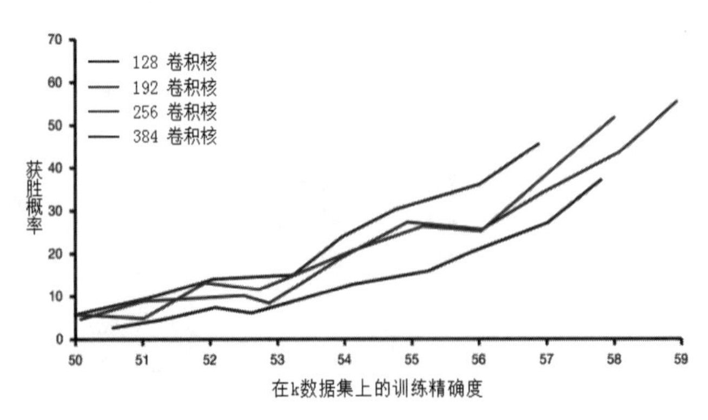

图 10.18　策略网络精确度以及获胜概率的关系图

对于图 10.17（a）中的强化学习训练部分，实际上就是在 p_σ 的基础上进行微调。使用训练的样本不再是专家样本而是在博弈中得到的样本，能够很好地探索更多的状态空间。那强化学习中自我博弈到底是如何进行的呢？

强化学习策略网络 p_ρ 在结构及初始值上和 p_σ 是一样，即 $\rho=\delta$。强化学习训练过程中，是在当前的策略网络和随机选择某先前一次迭代的策略网络之间博弈，假设进行 100 步的模拟对抗，于是设定奖励函数的规则是：对于所有非终止状态的步骤，奖励值等于 0；对于终止状态的步骤，如果赢棋，奖励值等于 +1，如果输棋，奖励值等于 -1，然后对网络进行更新。

Tips：从一个对手的候选池中随机选择，可以稳定训练过程，防止过度拟合于当前的策略。那么，在对抗博弈随机选取策略的过程中，可能选到的策略是之前迭代的网络参数构成的策略，也有可能是之前通过监督学习学习到的策略网络或者是快速走子网络。

那么，我们通过值函数网络来评估采用各个策略得到的网络的性能。

如图 10.19 所示，预测估值和博弈实际结局之间的平均方差随着博弈的进行阶段的变化而变化。不难看出，值函数对状态的预估情况随着步数的增加会越来越准。这是因为离终止状态越来越近。我们发现，通过强化学习训练得到的网络具有更好的性能。虽然监督学习的性能精确度也逼近了使用 RL 策略网络的蒙特卡洛算法走子的精确度，不过其计算量是原来的 1/15000。

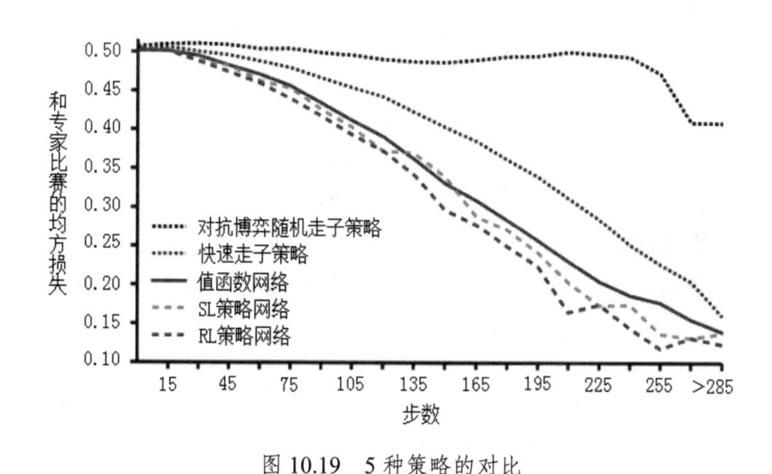

图 10.19　5 种策略的对比

那么，为什么要在强化学习的过程中采取随机采样以及随机选取博弈的策略呢？这都是为了防止过拟合的发生。连续棋局之间的联系十分强大，和仅单独下一步棋有差距，但是回归目标和整个博弈又是相通的。

当通过这种方式在 KGS 数据集上训练时，估值网络记住了博弈的结局而不是推导出的新棋局，在测试数据上 MSE 最小达到了 0.37，与之相比在训练数据集上 MSE 是 0.19，因此存在大的过拟合。为了解决这个问题，DeepMind 团队采用了新的数据集，包含了 3000 万个不同的棋局，每一个都是从不同盘博弈中采样。每一盘博弈都是在 RL 策略网络和自己之间对弈，直到博弈本身结束。在这个数据集上训练导致了 MSE 为 0.226，和在训练和测试数据集的 MSE（为 0.234）相比，这预示着很小的过拟合现象。

10.4.2 AlphaGo 算法

10.4.1 节介绍的是围棋算法的核心，本节更进一步讲解 AlphaGo 算法。AlphaGo 把策略网络、估值网络和 MCTS 算法结合起来，MCTS 通过预测搜索选择下棋动作。在构建的这棵树中，每一个搜索树的边 (s,a) 存储着三个重要的量：动作 Q 函数的值 $Q(s,a)$、访问计数 $N(s,a)$ 和先验概率 $P(s,a)$。这棵树从根节点开始，通过模拟来遍历和生成。假设在模拟的过程中，t 时刻在状态 s 时选择一个下子的动作为 a_t，那么 a_t 的选择规则是：

$$a_t = \arg\max_a [Q(s_t, a) + u(s_t, a)]$$

如果不看 Q 函数之后的那一项我们很好理解，因为一般的 Q 函数都这样选取动作，加上一个额外奖励 $u(s,a)$ 是为了更好地进行探索。$u(s,a) \sim P(s,a)/(1+N(s,a))$，如之前所说，其中的 $P(s,a)$ 是一个先验的概率，$N(s,a)$ 表示该边被访问的次数，它和先验概率成正向关系，但是和重复访问次数成反向关系，因此，被访问过太多次的边再一次被访问的概率就会下降，这样是为了鼓励更多的探索。

图 10.20 展示 AlphaGo 如何构建蒙特卡洛搜索树。首先，如图 10.20（a）所示，每一次模拟遍历搜索树，通过选择拥有最大下棋动作估值 Q 的边，加上一个额外奖励 $u(P)$。于是到了图 10.20（b）中，叶节点可能被展开，新的节点被策略网络 p_θ 执行一次，然后将结果概率存储下来作为每一个下棋动作的先验概率。到了图 10.20（c）中，在一次模拟的结尾，叶节点由两种方式评估，即使用估值网络 v_θ 和快速走子策略 p_π 进行评估，然后

对于赢者计算奖励函数 r。在图 10.20（d）中，通过图 10.20（c）中的结果来更新值函数 Q。

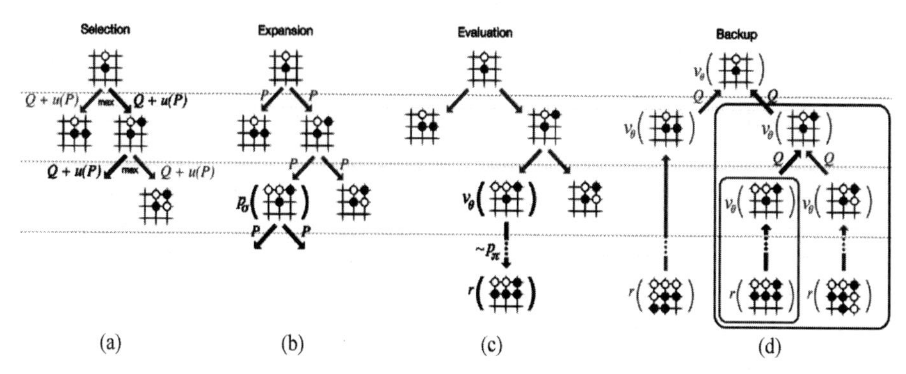

图 10.20　AlphaGo 中的蒙特卡洛搜索树

评估策略网络、估值网络和传统的启发式搜索相比，需要多几个数量级的计算量。为了高效地把 MCTS 和深度神经网络结合在一起，AlphaGo 使用了异步多线程搜索在很多 CPU 进行模拟，在很多 GPU 上计算策略网络和估值网络。最终版本的 AlphaGo 使用了 40 个搜索线程，48 个 CPU 和 8 个 GPU。我们也实现了一个分布式的 AlphaGo 版本，它利用了多态电脑，40 个搜索线程，1 202 个 CPU，176 个 GPU。这也不是一般人能够进行复现实验结果的。

总结起来，围棋在很多方面是横亘在人工智能面前的一个难题：一个有挑战性的决策任务、一个难以对付的解空间和一个非常复杂的最优解，以至于它看上去不可能实现使用策略或者估值函数逼近。但是，DeepMind 团队基于一个深度神经网络和搜索树的结合开发了一个围棋程序，其下棋水平达到了人类最强的水平，成功战胜了一项人工智能领域的伟大挑战，并且对围棋开发了一个有效的下棋走子选择器和棋局评估函数，它是基于被一个创新型的监督学习和强化学习的组合训练的深度神经网络。我们引入了新的搜索算法，成功地把神经网络评估和蒙特卡洛快速走子结合在一起，AlphaGo 把这些组成部分按照比例集成在一起，成为了一个高性能的搜索树引擎。DeepMind 团队开创性的工作让人十分振奋，在看似难以解决的人工智能领域里，计算机居然达到人类水平的。他们的工作点燃了人工智能的激情，使得各个国家都投入了大量的资金和人力到人工智能的研发中。

本章总结

深度强化学习虽然没有出现很久，但是其表现的潜力是毋庸置疑的。各大科研机构甚至是企业都开始投入到深度强化学习相关的研究中。我们在这里要十分感谢 GoogleDeepMind 团队在 DRL 领域做的开创性的工作，也提供了很多优秀的文章让我们可以学习。同时本章所介绍的 Deep Terrain-Adaptive 还有 Kevin Chen 提供的 Flappy Bird 的文章，以及 Andrej Karpathy 的博客。本章节正是参考他们的论文做了详细的讲解，介绍了四种深度强化学习的应用。

这四种应用代表了四种深度学习的算法，由浅入深，非常具有代表性。Flappy Bird 是一个很简单的应用，很适合初学者学习，也很容易仿真并看到效果，使用的是 DQN 算法。Play Pong 也是一个非常简单的应用，但是采用了策略梯度的深度强化学习算法，这也是一个趋势，特别是对于动作空间较大的情况。Deep Terrain-adaptive 采用的是 Actor-Critic 的 DRL 的算法，是首次将 DRL 的算法应用到动画仿真，目前 OpenAI 也做了很多这方面的工作。而最引入瞩目的要属 DeepMind 的 AlphaGo 了，它几乎在全球范围内都很出名，它采用的是蒙特卡洛搜索树集合策略网络以及值函数网络的算法，该算法在围棋方面的水平已经超越了世界冠军的水平。

参考文献

[1] Dynamic Terrain Traversal Skills Using Reinforcement Learning.

[2] Terrain-Adaptive Locomotion Skills Using Deep Reinforcement Learning.

[3] Mastering the Game of Go With Deep Neural Networks and Tree Search.

[4] Deep Reinforcement Learning for Flappy Bird, Kevin Chen.

[5] Deep Reinforcement Learning: Pong from Pixels, Andrej Karpathy.

附录 A　常用的深度学习框架

人工智能无疑是计算机世界的前沿领域，而深度学习无疑又是人工智能的研究热点。为了提高深度学习算法开发的效率，很多科学家和研究人员开发了自己的深度学习库以及框架，并且更让人兴奋的是很多企业或机构都主动将自己的研究成果公布出来。对于不同的领域，如图像处理、自然语言处理、数量金融，可能有不同的要求，根据不同的需求，对平台做出的选择可能会不同。接下来将介绍当前主要的深度学习框架。

那么现在都有哪些开源的深度学习框架，它们各自的优缺点又是什么呢？如何选择一个深度学习平台？前微软研究院的科学家，现在 Postmates 的数据科学家彭河森博士总结出了下面的这些考量标准。当然这些标准因人、因方向而异，笔者认为这些标准还是具有一定的引导作用的，现罗列如下。

标准 1：与现有编程平台、技能整合的难易程度。

无论是学术研究还是工程开发，在上深度学习课题之前一般都已积累不少开发经验和资源。可能用户最喜欢的编程语言已经确立，或者用户的数据已经以一定的形式储存完毕，或者对模型的要求（如延迟等）也不一样。标准 1 考量的是深度学习平台与现有资源整合的难易程度。这里我们将回答下面的问题：

- 是否需要专门为此学习一门新语言？
- 是否能与当前已有的编程语言结合？

标准 2：和相关机器学习、数据处理生态整合的紧密程度。

我们做深度学习研究最后总离不开各种数据处理、可视化、统计推断等软件包。这里我们要回答下面的问题：

- 建模之前，是否具有方便的数据预处理工具？当然大多平台都自带了图像、文本等预处理工具。
- 建模之后，是否具有方便的工具进行结果分析，例如可视化、统计推断、数据分析？

标准 3：通过此平台做深度学习之外，还能做什么？

上面提到的不少平台是专门为深度学习研究和应用进行开发的，不少平台对分布式计算、GPU 等构架都有强大的优化，能否用这些平台 / 软件做其他事情？

比如有些深度学习软件是可以用来求解二次型优化，有些深度学习平台很容易被扩展，被运用在强化学习的应用中。哪些平台具备这样的特点？

这个问题可以涉及到现今深度学习平台的一个方面，就是图像计算和自动化求导。

标准 4：对数据量、硬件的要求和支持。

当然，深度学习在不同应用场景的数据量是不一样的，这导致我们可能需要考虑分布式计算、多 GPU 计算的问题。例如，对计算机图像处理的研究人员往往需要将图像文件和计算任务分别部署到多台计算机节点上进行执行。

当下每个深度学习平台都在快速发展，每个平台对分布式计算等场景的支持也在不断演进。今天提到的部分内容可能在几个月后就不再适用。

标准 5：深度学习平台的成熟程度。

成熟程度的考量是一个比较主观的考量因素，笔者考量的因素包括社区的活跃程度、是否容易和开发人员进行交流，当前应用的势头。

接下来从以下几个方面对 Caffe、CNTK、TensorFlow、Theano 和 Torch 这 5 种深度学习的框架做一下比较。

1. 网络和模型能力

Caffe 可能是第一个主流的工业级深度学习工具，它于 2013 年底被提出，具有出色的卷积神经网络实现。在计算机视觉领域，Caffe 依然是最流行的工具包，它有很多扩展，但是它也存在一些遗留的架构问题，例如对递归网络和语言建模的支持很差，在 Caffe 中图层需要使用 C++ 定义，而网络则使用 Protobuf 定义。

CNTK 由深度学习热潮的发起演讲人创建，目前已经发展成一个通用的、平台独立的深度学习系统。在 CNTK 中，网络会被指定为向量运算的符号图，运算的组合会形成层。CNTK 通过细粒度的构件块让用户不需要使用低层次的语言就能创建新的、复杂的层类型。

TensorFlow 是一个理想的循环神经网络（RNN）API 和实现，TensorFlow 使用了向量运算的符号图方法，使得新网络的指定变得相当容易，但 TensorFlow 并不支持双向 RNN 和 3D 卷积，同时公共版本的图定义也不支持循环和条件控制，这使得 RNN 的实现并不理想，因为必须要使用 Python 循环且无法进行图编译优化。

Theano 支持大部分先进的网络，现在关于深度学习的很多研究想法都来源于 Theano，它引领了符号图在编程网络中使用的趋势。Theano 的符号 API 支持循环控制，让 RNN 的实现更加容易且高效。

Torch 对卷积网络的支持非常好。在 TensorFlow 和 Theano 中时域卷积可以通过 conv2d 来实现，但这样做有点取巧。Torch 通过时域卷积的本地接口使其使用非常直观。Torch 通过很多非官方的扩展支持大量的 RNN，同时网络的定义方法也有很多种。但 Torch 本质上是以图层的方式定义网络的，这种粗粒度的方式使得它对新图层类型的扩展缺乏足够的支持。与 Caffe 相比，在 Torch 中定义新图层非常容易，不需要使用 C++ 编程，图层和网络定义方式之间的区别最小。

2. 接口

Caffe 支持 pycaffe 接口，但这仅仅是用来辅助命令行接口的，而即便是使用 pycaffe 也必须使用 protobuf 定义模型。

CNTK 的使用方式与 Caffe 相似，也是通过指定配置文件并运行命令行，但 CNTK 没有 Python 或者任何其他高级语言的接口。

TensorFlow 支持 Python 和 C++ 两种类型的接口。用户可以在一个相对丰富的高层环境中做实验并在需要本地代码或低延迟的环境中部署模型。

Theano 支持 Python 接口。

Torch 运行在 LuaJIT 上，与 C++、C# 以及 Java 等工业语言相比速度非常快，用户能够编写任意类型的计算，不需要担心性能，唯一的问题就是 Lua 并不是主流的语言。

3. 模型部署

Caffe 是基于 C++ 的，因此可以在多种设备上编译，具有跨平台性，在部署方面是最佳选择。

CNTK 与 Caffe 一样也是基于 C++ 并且跨平台的，大部分情况下部署非常简单。但是它不支持 ARM 架构，这限制了它在移动设备上的能力。

TensorFlow 支持 C++ 接口，同时由于它使用了 Eigen 而不是 BLAS 类库，所以能够基于 ARM 架构编译和优化。TensorFlow 的用户能够将训练好的模型部署到多种设备上，不需要实现单独的模型解码器或者加载 Python/LuaJIT 解释器。但是 TensorFlow 并不支持 Windows，因此其模型无法部署到 Windows 设备上。

Theano 缺少底层的接口，并且其 Python 解释器也很低效，对工业用户而言缺少吸引力。虽然对大的模型其 Python 开销并不大，但它的局限性明显，唯一的亮点就是它跨平台，模型能够部署到 Windows 环境上。

Torch 的模型运行需要 LuaJIT 的支持，虽然这样做对性能的影响并不大，但却对集成造成了很大的障碍，使得它的吸引力不如 Caffe/CNTK/

TensorFlow 等直接支持 C++ 的框架。

4. 性能

在单 GPU 的场景下，所有这些工具集都调用了 cuDNN，因此只要外层的计算或者内存分配差异不大其表现都差不多。这里的性能测试是基于 Soumith@FB 的 ConvNets 基准测试来做的。

Caffe 简单快速。

CNTK 简单快速。

TensorFlow 仅使用了 cuDNN v2，但即使如此，它的性能依然要比同样使用 cuDNN v2 的 Torch 要慢 1.5 倍，并且在批大小为 128 时，训练 GoogleNet 还出现了内存溢出的问题。

Theano 在大型网络上的性能与 Torch7 不相上下。但它的主要问题是启动时间特别长，因为它需要将 C/CUDA 代码编译成二进制，而 TensorFlow 并没有这个问题。此外，Theano 的导入也会消耗时间，并且在导入之后无法摆脱预配置的设备（例如 GPU0）。

Torch 的性能非常好，没有 TensorFlow 和 Theano 的问题。另外，在多 GPU 方面，CNTK 相较于其他的深度学习工具包表现更好，它实现了 1-bit SGD 和自适应的 minibatching。

5. 架构

Caffe 的架构在现在看来算是平均水准，它的主要痛点是图层需要使用 C++ 定义，而模型需要使用 protobuf 定义。另外，如果想要支持 CPU 和 GPU，用户还必须实现额外的函数，例如 Forward_gpu 和 Backward_gpu。对于自定义的层类型，还必须为其分配一个 int 类型的 id，并将其添加到 proto 文件中。

TensorFlow 的架构清晰，采用了模块化设计，支持多种前端和执行平台。

Theano 的架构比较变态，它的整个代码库都是 Python 的，就连 C/CUDA 代码也要被打包为 Python 字符串，这使得它难以导航、调试、重构和维护。

Torch7 和 nn 类库拥有清晰的设计和模块化的接口。

接下来将介绍几种最为广泛的深度学习框架。

A1 Google 的 TensorFlow

A1.1 TensorFlow 简介

TensorFlow 是 GoogleBrain 团队在 2015 年 11 月份开源的深度学习库，该系统可以被用于语音识别、图片识别等多个领域。它是一个使用数据流图（Data Flow Graphs）技术来进行数值计算的开源软件库。数据流图中的节点，代表数值运算，节点与节点之间的边，代表多维数据（Tensors）之间的某种联系。用户可以在多种设备（含有 CPU 或 GPU）上通过简单的 API 调用来使用该系统的功能。图 A1 是 TensorFlow 的标志（Logo）。

图 A1　TensorFlow 的 Logo

数据流图以及图计算是 TensorFlow 中的重要特色，那什么是数据流图？数据流图是描述有向图中的数值计算过程。有向图中的节点通常代表数学运算，但也可以表示数据的输入、输出和读写等操作；有向图中的边表示节点之间的某种联系，它负责传输多维数据（Tensors）。有向图中这些 Tensors 的 Flow（流）也就是 TensorFlow 的命名来源。节点可以被分配到多个计算设备上，可以异步和并行地执行操作。因为是有向图，所以只有等到之前的入度节点们的计算状态完成后，当前节点才能执行操作。

TensorFlow 是目前使用最为广泛的深度学习库，除了 Google 的影响力之外，也因为 TansorFlow 具备如下的优点。

（1）完整的文档。目前所有的开源深度学习库，没有哪一个像 Tensor Flow 一样有这么完备的文档资料的。用户可以方便地查找到其中各个函数接口的定义。同时，TensorFlow 具备大量的实用例子，这个对于初学者来说是至关重要的。

（2）灵活性。TensorFlow 的强大不只在于它是一个深度学习工具包，还是一个很好的计算工具，只要用户可以使用数据流图来描述计算过程，就可以使用 TensorFlow 做任何事情。用户还可以方便地根据需要来构建数据流图，用简单的 Python 语言来实现高层次的功能。

（3）可移植性。TensorFlow 可以在任意具备 CPU 或者 GPU 的设备上运行，这让开发人员可以专注于实现自己的想法，而不用去考虑硬件环境问题，甚至可以利用 Docker 技术来实现相关的云服务，很好地提高了开发的效率。

（4）多语言支持。目前 TensorFlow 支持 Python、R 语言和 C++ 语言等，同时用户还可以自己编写喜爱语言的 SWIG 接口。

A1.2　TensorFlow 基础

TensorFlow 入门是比较容易的，一般采用的 Python 的开发语言。此外，熟悉 Tensorflow 的基本使用需要了解以下四种基本的原理。

（1）数据的读取。

（2）变量的构建。

（3）计算图的构建。

（4）通过 Session（会话）对象来执行图计算。

首先来看数据部分。数据是一个网络处理的主体，在 TensorFlow 中数据的抓取是通过 Feed 函数进行的。如之前所说，TensorFlow 中进行的是图计算。也就是说，在开始计算之前，其中的各个变量其实都是一个占位符，也就是只是占着位置，实际上什么也没有。因此，只有当调用 Feed 函数时才是真正赋值的时候。

数据的抓取其实采用的是 Feed 机制，该机制可以临时替代图中的任意操作中的 Tensor（多维数据）而直接插入一个数据。也就是说 Feed 函数使用一个 Tensor 值临时替换一个操作的输出结果。Feed 函数只在调用它的方法内有效，方法结束，Feed 操作就会消失。最常见的用例是将某些特殊的操作指定为 Feed 操作，标记的方法是使用 tf.placeholder () 函数为这些操作创建占位符，代码如图 A2 所示。

```
Input1 = tf.placeholder(tf.float32)
Input2 = tf.placeholder(tf.float32)
Outpur = tf.mul(input1, input2)

with tf.Session() as sess:
print sess.run([output], feed_dict = { input1： [7.], input2:[2.]} )

# 输出：
# [ array ([ 14.], dtype = float32) ]
```

图 A2　数据的输入代码

如果没有正确提供 Feed 函数，placeholder () 操作将会产生错误。相反地，想取出某些值怎么办呢？其实，可以在执行图计算时，使用 Session 对象的 run () 时传入一些打算返回的 Tensor 的名称，这些 Tensor 会帮助取回结果。

接下来看看，TensorFlow 中的变量。变量维护图执行过程中的状态信息。下面是一个例子，实现的是一个简单的计数器，代码如图 A3 所示。

首先新建了一个变量 State，如图 A3 代码中的 1 行。然后新建了一个常量值 One，接下来通过 add 函数将这个值和变量 State 相加，结果保存在 New_value 当中，然后通过 assign () 操作将这个值再一次赋给 State。于是，计数器就完成了。但是真正在执行的时候，还需要对变量初始化。这里实现了 0~3 的计数。

```
State = tf.Variable (0, name ="counter')

# 创建一个操作（op），操作的作用为使 state 增加 1
One = tf.constant(1)
New_value = tf.add(State, New_value)

# 初始化变量
Init_op = tf.initialize_all_variables()
# 启动图，运行其中的 op
with tf.Session() as sess:
    # 运行初始化
    sess.run(init_op)
    # 运行上面的 op，更新 state 并且打印
    for _ in range(3):
        sess.run(update)
        print sess.run(state)



# 输出的结果
# 0
# 1
# 2
# 3
```

图 A3　TensorFlow 简单例子代码

那么，接下来就来看看图计算到底是怎么回事。

TensorFlow 的计算由一个有向图描述，如图 A4 所示，该图由一个节点集合组成，表达了数据流计算。图 A4 中除了开始的输入以及最后的输出以外，每一个节点都表示一种操作符，数据由底至上进行计算。其中的每一个计算的节点可以获得一个或者是多个数据，并且产生一个或者多个的输出。

通常来讲，一个 TensorFlow 程序通常分为两个阶段：构建阶段和执

行阶段。在构建阶段，所有的执行步骤只是被描述成一个图，并不真正地分配空间，进行操作；而在执行阶段，才会真正地进行对应的计算。构建图的过程中，首先会创建一个源操作（Source Op），源操作不需要任何输入，例如常量（Constant）。源操作符的输出也可以被传递给其他运算符号做运算。构建阶段完成后，才能启动图。启动图的第一步是创建一个 Session（会话）对象，如果无任何创建参数，会话构造器将启动默认图。

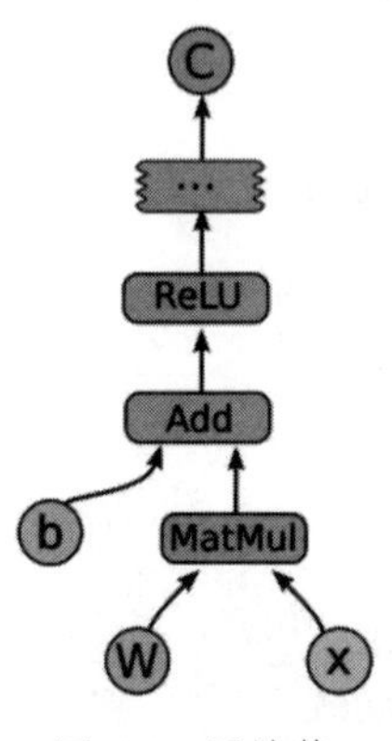

图 A4　图计算

如图 A5 所示构建了两个向量做乘法的简单操作，在这里调用 TensorFlow，首先建立了一个简单的图模型。然后，调用 Session 对象开始运行这个图，最终输出结果，关闭会话。任务完成，关闭会话可以调用 sess.close ()。此外还有一个更加简洁的方式，可以使用 with 代码块，这样结束的时候就会自动执行关闭动作。

在实现上，TensorFlow 将图形定义转换成分布式执行的操作，以充分利用可用的计算资源（如 CPU 或 GPU）。一般不需要显式指定使用 CPU 还是 GPU，TensorFlow 能自动检测。如果检测到 GPU，TensorFlow 会尽可能地利用找到的第一个 GPU 来执行操作。如果机器上有超过一个可用的 GPU，除第一个外的其他 GPU 默认是不参与计算的。为了让 TensorFlow 使用这些 GPU，必须将操作（op）明确指派给它们执行。with...Device 语句用来指派特定的 CPU 或 GPU 执行操作。例如：with tf.device("/gpu:1") 表示选择第二个 GPU 来执行图计算。目前支持的设备包括：

- "/cpu:0"：机器的 CPU。
- "/gpu:0"：机器的第一个 GPU。
- "/gpu:1"：机器的第二个 GPU，以此类推。

```
import tensorflow as tf

# 定义两个矩阵
matrix1 = tf.constant([[3., 3.]])

# Create another Constant that produces a 2x1 matrix.
matrix2 = tf.constant([[2.],[2.]])

product = tf.matmul(matrix1, matrix2)
# 启动默认图
Sess =tf.Session()
Result = Sess.run (product)

print Result

# 任务完成，关闭会话
Sess.close()
```

图 A5　图计算的构建举例

A2　轻量级的 MXNet

A2.1　MXNet 介绍

MXNet 是一种功能全面、可以灵活编程并且扩展能力超强的深度学习框架，支持包括卷积神经网络（CNN）与长短期记忆网络（LSTM）等流行的深度学习模型。它也是一款高效率、灵活性好、轻量级的深度学习框架，允许混合符号编程和命令式编程，从而能最大限度提高效率和生产力。其核心是一个动态的依赖调度，它能够自动并行进行符号和命令的操作。MXNet 是在 Apache-2 许可下以开源形式提供的框架，由学术界多所顶尖大学的研究人员精心合作和贡献而成，其创始机构包括华盛顿大学和卡耐基梅隆大学，目前已经被亚马逊（AWS）背书，发展潜力巨大。图 A6 是 MXNet 深度学习框架的 Logo。

图 A6　MXNet 深度学习框架 Logo

MXNet 有一个图形优化层，使得符号执行速度快，内存使用效率高。MXNet 库便携、轻量，而且能够扩展到多个 GPU 和多台机器。由于 MXNet 主要的几个贡献者都是中国人，如 CMU 的李沐等。因此，MXNet 也提供了丰富的中文学习文档，可以参考网址：http://mxnet.io/zh/overview.html。MXNet 的作者对 MXNet 的特点总结如下。

（1）轻量级引擎。MXNet 在数据流调度的基础上引入了读写操作调度，并且使得调度和调度对象无关，用以直接有机支持动态计算和静态计算的统一多 GPU 多线程调度，使得上层实现更加简洁灵活。

（2）两种编程计算支持。MXNet 支持基于静态计算流图符号计算。计算流图不仅使设计复杂网络更加简单快捷，而且基于计算流图，MXNet 可以更加高效地利用内存。同时进一步优化了静态执行的规划，内存需求比原本已经省内存的 cxxnet 还要少。

（3）更加灵活。在 MShadow C++ 表达式模板的基础上，符号计算和 NDArray 使在 Python 等高级语言内编写优化算法、损失函数和其他深度学习组件并高效无缝支持 CPU/GPU 成为可能。用户无须关心底层实现，在符号和 NDArray 层面完成逻辑即可进行高效的模型训练和预测。

（4）代码简洁高效。大量使用 C++11 特性，使 MXNet 利用最少的代码实现尽可能最大的功能。用约 11k 行 C++ 代码（加上注释 4k 行）实现了核心功能。

（5）对于云计算更加友好。所有数据模型可以从 S3/HDFS/Azure 上直接加载训练。

（6）详细的开源用户和设计文档。MXNet 提供了非常详细的用户文档和设计文档以及样例。所有的代码都有详细的文档注释，并且会持续更新代码和系统设计细节，希望对于广大深度学习系统开发者和爱好者有所帮助。

A2.2 MXNet 基础

前面多次提到 MXNet 结合了两种编程方式，使得其更加高效。我们来具体看看它的编程方式。首先是命令式编程：在命令式编程中，例如 $a=b+1$，需要 b 已经被赋值，立即执行加法，将结果保存在 a 中。这种编程方式语义上容易理解、灵活，可以精确控制行为，并且也方便调试。但是实现统一的辅助函数和提供整体优化都很困难。再来看声明式编程，同样是 $a=b+1$，但是返回对应的计算图（Computation Graph），可以之后对 b 进行赋值，然后再执行加法运算。其最大的优点是，在真正开始计算的时候已经拿到了整个计算图，所以可以做一系列优化来提升性能，实现辅助函数也容易。但是这样使很多主语言的特性都用不上。例如 if-else 语句这样简单的实现也不容易，也不能简单地监视某个节点的中间结果。

目前现有的系统大部分都采用以上两种编程模式的一种。与它们不同的是，MXNet 尝试将两种模式无缝地结合起来。在命令式编程上，MXNet 提供张量运算，而在声明式编程中，MXNet 支持符号表达式。一方面用户可以自由地混合它们来快速实现自己的想法；另一方面，模型的迭代训练和更新模型法则中可能涉及大量的控制逻辑，因此可以用命令式编程来实现。同时我们用它来进行方便的调式和与主语言交互数据。那接下来看如何使用 MXNet 构建一个神经网络。

如图 A7 所示，定义了一个 ConvFactory 的函数，在这个函数中设计了一个网络层，这个网络层由三个部分构成，分别是卷积层、Batch Normalize 层以及激活层。定义完这个函数之后又定义了一个变量 Prev 作为网络的输入。然后调用定义的 ConvFactory 函数，构建了这样一个简单的网络层。最终，设置输入尺寸的大小，并且可视化输出这个网络，得到的结果如图 A8 所示。

```
void forward_connected_layer(connected_layer l, network_state state)
{

def ConvFactory(data, num_filter, kernel, stride=(1,1), pad=(0, 0)):
        conv = mx.symbol.Convolution(data=data, workspace=256,
                        num_filter=num_filter, kernel=kernel, stride=stride,
pad=pad)
        bn = mx.symbol.BatchNorm(data =conv)
        active =mx.symbol.Activation(data =bn, act_type='relu')
        return active        #把这个删除到只有一个卷积的操作
Prev =mx.symbol.Variable(name="pre output")
conv_comp = ConvFactory(data =Prev, num_filter=64, kernel = (7, 7), stride
=(2,2)
shape = {"pre output": (128,3,28,28)
mx.viz.plot_network(symbol =conv_comp, shape=shape)
```

图 A7　构建一个神经网络

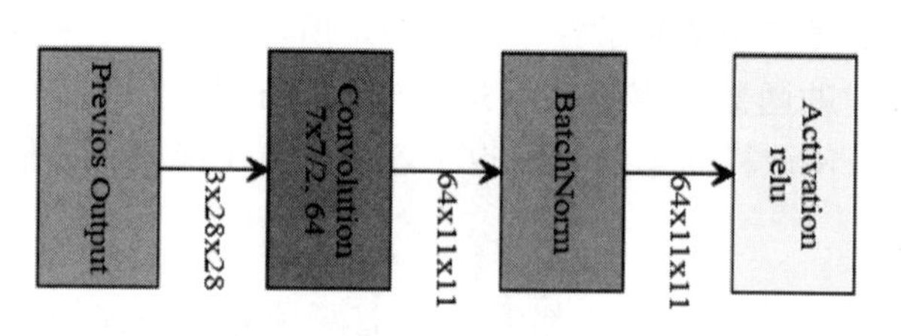

图 A8　网络输出可视化

在执行一个符号表达式前，需要对所有的自由变量进行赋值。关于 MXnet 的基本数据结构（如 NDArray），命令式的张量计算以及基本的数据操作，这里不做详细的介绍。大家可以参考中文文档。

那接下来看看 MXnet 的性能究竟如何。MXNet 的作者在三个卷积神经网络框架上对 MXNet 的性能做了对比。这三个卷积神经网络模型为：AlexNet、GoogLenet 以及 VGG 网络。与 MXNet 对比的对象分别是 TensorFlow、Caffe 以及 Torch7。对比完成的任务为在过去几届 Imagenet 任务上的性能。每个系统使用同样的 CUDA 7.0 和 CUDNN 3，但 TensorFlow 使用其只支持的 CUDA 6.5 和 CUDNN 2（此时）。我们使用单块 GTX 980 并报告单个前向（forward）和反向（backward）的耗时。

可以看出 MXNet、Torch 和 Caffe 三者在性能上不相上下。这个符合预期，因为在单卡上我们评测的几个网络的绝大部分运算都由 CUDA 和 CUDNN 完成。TensorFlow 比其他三者都慢 2 倍以上，这可能由于是低版本的 CUDNN 和项目刚开源的缘故，如图 A9 所示。接下来作者又做了关于内存使用情况的实验，考察不同的内存分配算法对内存占用的影响。图 A10 分别表示使用 batch=128 时，在做预测时的不同算法在内部变量（除去模型，最初输入和最终输出）上的内存开销。

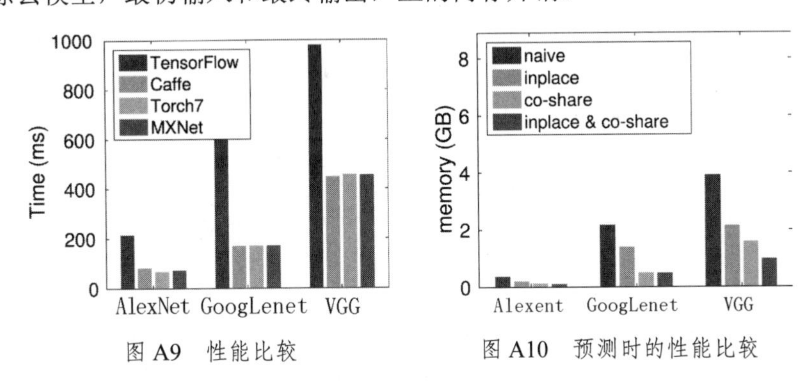

图 A9 性能比较

图 A10 预测时的性能比较

可以看出，其中的 inplace 表示的是记录变量还在使用的次数，如果不再使用则回收掉内存。co-share 表示的是不同的变量共享同一块内存地址（当然不是并行的变量）。实验发现，inplace 和 co-share 两者都可以极大地降低内存的使用，将两者合起来可以在训练时减少 2 倍内存使用，在预测时则可以减小 4 倍内存使用。特别地，即使是最复杂的 VGG 网络，对单张图片进行预测时，MXNet 只需要 16MB 的额外内存。

A3 来自 UCLA 的 Caffe

A3.1 Caffe 简介

Caffe 是一个清晰而高效，模块化的深度学习框架，来自于加州大学伯克利分校的视觉与学习中心（BVLC），其主要贡献是 UC Berkeley，它是由贾扬清在博士期间完成的，他目前在 Google 工作，还推出了新的版本 Caffe2。Caffe 是纯粹的 C++/CUDA 架构，支持命令行、Python 和 MATLAB 接口，可以在 CPU 和 GPU 之间直接无缝切换。那我们来看看 Caffe 有哪些优势。

（1）富有表现力的架构：Caffe 架构里的模型和优化都是通过配置文件的形式定义的，这样能够更好地进行网络的创新。同时能够自由地在 CPU 和 GPU 之间切换。非常的便利。

（2）代码的扩展性好：在推出 Caffe 的第一年中，有超过 1000 名的科研人员参与到这个项目中，并且给出了非常多的反馈，使得代码得到了极大的扩展，同时也更加的鲁棒。

（3）上手快：模型与相应优化都是以文本形式而非代码形式给出。Caffe 给出了模型的定义、最优化设置以及预训练的权重，方便用户立即上手。

（4）速度快：能够运行最棒的模型与海量的数据。Caffe 与 cuDNN 结合使用，测试 AlexNet 模型，在 K40 上处理每张图片只需要 1.17ms。

（5）社区好：由于 Caffe 对于图像处理方面的强大能力，加上其在 2013 年 12 月开源，因此吸引了这方面的很多人才，具备强大的社区可以通过 BSD-2 参与开发与讨论。

但是，它最大的劣势是依赖的第三方库过多，环境的配置相当复杂。

A3.2 Caffe 基础

Caffe 的网络构建都是通过配置文件完成的，文件的格式为“.prototxt”。其配置文件主要包括两部分：一部分是网络结构的配置文件；另一部分是训练求解的配置文件。在求解的文件中还要引用训练的结构文件。我们来看一个 LeNet 通过网络是怎么实现的。首先，写出第一部分配置文件，即网络结构文件。

如图 A11 是 Caffe 网络结构文件，这里是显示出一层的网络。在这个文件中，必须包括网络的名称，如这里 name: “LeNet”；然后，依次书写网络中的每一层网络的结构。这里，定义的是一个输入层，也就是数据层，实际上是不存在待训练的网络参数，但是存在数据的预处理。其中的 scale 参数就是为了数据的归一化，其中 0.00390625=1/255，即把图像数据转化为 0 到 1 之间的一个值。那我们来看看 LeNet 当中的卷积层是怎么实现的。

```
name："LeNet"


layer {
    name："mnist"
    type："Data"                        // 数据层
    transform_param {
    scale：0.00390625
    }
 Include {
    phase：TRAIN                        // 表明训练阶段
    data_param {
    source："mnist_train_lmdb"
    backend：LMDB
    batch_size：64
    }
    top："data"
    top："label"
}
```

图 A11 网络结构文件

如图 A12 所示，这里构建的是一层卷积神经网络，通过关键字 type: Convolution 标识，命名为 conv1。接下来的 lr 参数表示的是学习率，一个是权重的学习率相对于求解过程的倍数，另一个则是偏置的学习率的情况。接下来是卷积核的情况，其中 num_output 为输出的特征图的个数，毫无疑问 kernel_size=5 就是说卷积核的大小为 5。Weight_filter 中的 type 决定了网络初始化的情况。最后的 bottom 关键字表明本层网络的输入来自于 data 这一层；top 关键字表明，本层的输出来自于 conv1。其他层次的构造类似，不再赘述。接下来看求解层的配置文件是如何书写的。

```
layer {
    name: “conv1”
    type: “Convolution”
    param { lr_mult: 1 }
    param { lr_mult: 2 }
    convolution_param {
        num_output: 20
        kernel_size: 5
        stride: 1
        weight_filler {
            type: “xavier”
        }
        bias_filler {
            type: “constant”
        }
    }
    bottom: “data”
    top: “conv1”
}
```

图 A12　卷积层的实现

如图 A13 所示，这里是模型训练必需的文件。在这个文件中，首先导入之前定义的网络模型。然后，设置验证过程的参数。由于在这个数据集中，测试样本有 10000 个，每一个 Batch（批量）是 100 个，因此，验证的时候进行 100 次的前向传播就可以验证完 10000 个样本，因此 test_iter=100。另外，test_interval=500 表示的是每 500 次验证一次。接下来的参数都很简单，max_iter=10000 表明要迭代的次数是 10000 次，而 snapshot 为 5000 表明 5000 次迭代就把模型保存一次，保存的位置定义在 snapshort_prefix 中。最后的 solver_mode 指明训练使用的设备是 CPU 还是 GPU。

在完成这两个文件的编写，表明 Caffe 编程就完成了。只需要运行脚本命令：./examples/mnist/train_lenet.sh 便可以进行网络的训练。更多的学习内容请参考 Caffe 的官方网站：http://caffe.berkeleyvision.org/。

```
net："examples/mnist/lenet_train_test.prototxt"

test_iter：100

test_interval：500

base_lr：0.01
momentum：0.9
weight_decay：0.0005

lr_policy："inv"
gamma：0.0001
power：0.75
display：100

max_iter：10000

snapshot：5000
snapshot_prefix："examples/mnist/lenet"

solver_mode：GPU
```

图 A13　Caffe 求解层的实现

A4　悠久的 Theano

A4.1　Theano 简介

Theano 深度学习库是由加拿大蒙特利尔大学的 LISA 实验室开发的一个通用的富豪计算框架，通过图计算将复杂的计算简化，其 Logo 如图 A14 所示。它本身并不是为深度学习而设计，但是在深度学习中，特别是在图计算中表现出了强大的优势，因此很快演变为一个科研领域的深度学习工具。更多的内容可以参看 Theano 教程官方网站：http://deeplearning.net/software/theano/library/tensor/basic.html。

图 A14 Theano Logo

A4.2 Theano 基础

Theano 的学习成本相对来说比较高，但是掌握其中的基本要点也不是很困难。在 theano.tensor 数据类型中，有 double、int、uchar、float 等各种类型，不过最常用的是 int 和 float 类型，float 是因为 GPU 一般是 float32 类型，所以在编写程序的时候，我们很少用到 double，常用的数据类型如下。

- 数值：iscalar（int 类型的变量）、fscalar（float 类型的变量）。
- 一维向量：ivector（int 类型的向量）、fvector（float 类型的向量）。
- 二维矩阵：fmatrix（float 类型矩阵）、imatrix（int 类型的矩阵）。
- 三维 float 类型矩阵：ftensor3。
- 四维 float 类型矩阵：ftensor4。

我们直接以一个最简单的例子来学习 Theano。图 A15 所示的是官方用 Theano 实现的逻辑斯蒂回归。Theano 是一种符号编程的算法框架。在这个代码中，首先随机地构造了 10 个维度为 3 的数组作为算法的输入。然后，开始符号编程。定义了一个数据变量矩阵 $\boldsymbol{x}$ 以及其对应的标签 $\boldsymbol{y}$；待训练的网络参数 $\boldsymbol{w}$ 以及偏置 $\boldsymbol{b}$。然后定义了训练的损失函数为交叉损失函数加上一个正则项。然后，通过 function 定义了一个待训练的函数，最终在一个 100 次的迭代中优化网络的参数，并且打印训练过程中的损失情况。

我们知道，最开始设置的变量就像 TensorFlow 中的占位符一样，并没有实际的赋值。程序中 18 行才把两个变量参数赋值给 cost 函数。20 行 prediction 得到的是一个布尔型的结果，而在 28 行设置这个训练函数的时候才真正地构建完这个图。在其中会自动将 [x,y] 当作是输入来计算 [prediction,xent] 这两个值，然后通过 update 函数将同一个括号中的后者的值赋给前者，这样更新参数。

```
1.  N = 10    # 生成 10 个样本，每个样本是 3 维的向量，然后用于训练
2.  feats = 3
3.  D = (rng.randn(N, feats).astype(numpy.float32), rng.randint (size= N,  low=
0, high=2).astype(numpy.float32))
4.
5.
6.  # 声明自变量 x，以及每个样本对应的标签 y( 训练标签 )
7.  x = T.matrix("x")
8.  y = T.vector("y")
9.
10. # 随机初始化参数 w、b=0，为共享变量
11. w = theano.shared(rng.randn(feats), name="w")
12. b = theano.shared(0., name="b")
13.
14. # 构造损失函数
15. p_1 = 1 / (1 + T.exp(-T.dot(x, w) - b))   # s 激活函数
16. xent = -y * T.log(p_1) - (1-y) * T.log(1-p_1) # 交叉熵损失函数
17. cost = xent.mean() + 0.01 * (w ** 2).sum()# 损失函数的平均值 +L2 正则项，
其中权重衰减系数为 0.01
18. gw, gb = T.grad(cost, [w, b])            # 对总损失函数求参数的偏导数
19.
20. prediction = p_1 > 0.5                   # 预测
21.
22. train = theano.function(inputs=[x,y],outputs=[prediction, xent],updates
          =((w, w - 0.1 * gw), (b, b - 0.1 * gb)))# 训练所需函数
23. predict = theano.function(inputs=[x], outputs=prediction)# 测试阶段函数
24.
25. # 训练
26. training_steps = 1000
27. for i in range(training_steps):
28.         pred, err = train(D[0], D[1])
29.         print err.mean( )
```

图 A15　Theano 实现逻辑斯蒂回归

A5　30 秒入门 Keras

Keras 是一个高层神经网络库，它由纯 Python 语言编写而成，并基

于 TensorFlow 或 Theano。从其官方介绍所说的："30s 入门的 Keras"就知道 Keras 支持快速实验，能够把想法（Idea）迅速转换为结果，具体可以参考 Keras 中文文档：http://keras-cn.readthedocs.io/en/latest/。Keras 有以下优点。

- 简易和快速的原型设计（Keras 具有高度模块化、极简主义和易扩展特性）。
- 支持 CNN 和 RNN，或二者的结合。
- 支持任意的连接方案（包括多输入和多输出训练）。
- 进行无缝 CPU 和 GPU 的切换。

Keras 有如下设计原则。

- 模块化：模型可理解为一个独立的序列或图，完全可配置的模块以最少的代价自由组合在一起。具体而言，网络层、损失函数、优化器、初始化策略、激活函数、正则化方法都是独立的模块，可以使用它们来构建自己的模型。
- 极简主义：每个模块都应该尽量简洁。每一段代码都应该在初次阅读时都显得直观易懂。没有黑魔法，因为它将给迭代和创新带来麻烦。
- 易扩展性：添加新模块超级简单、容易，只需要仿照现有的模块编写新的类或函数即可。创建新模块的便利性使得 Keras 更适合于先进的研究工作。
- 与 Python 协作：Keras 没有单独的模型配置文件（Caffe 有），模型由 Python 代码描述，使其更紧凑和更易调试，并提供了扩展的便利性。

Keras 项目从 2015 年 3 月开始启动，经过一年多的开发，目前 Keras 进入了 1.0 的时代。而到 2017 年 3 月，Keras 已经跨入了 2.0 的时代。Keras2.0 依然遵循相同的设计原则，但与之前的版本相比有很大的不同。如果用户曾经使用过此前的其他版本的 Keras，或许会关心 2.0 的新特性。具体如下。

- 泛型模型：简单和强大的新模块，用于支持复杂深度学习模型的搭建。
- 更优秀的性能：现在，Keras 模型的编译时间缩短。所有的 RNN

现在都可以用两种方式实现，以供用户在不同配置任务和配置环境下取得最大性能。现在，基于 Theano 的 RNN 也可以被展开，以获得大概 25% 的加速计算。

- 测量指标：现在，用户可以提供一系列的测量指标在 Keras 的任何监测点观察模型性能。
- 更优的用户体验：面向使用者重新编写了代码，使得函数 API 更简单易记，同时提供更有效的出错信息。
- 提供了 Lambda 层，以实现一些简单的计算任务。

Keras 的核心数据结构是“模型”，模型是一种组织网络层的方式。Keras 中主要的模型是 Sequential 模型，Sequential 模型是一系列网络层按顺序构成的栈，如图 A16 所示。读者也可以查看泛型模型来学习建立更复杂的模型。

```
# Sequential 模型如下
from keras.models import Sequential

model = Sequential()

# 将网络参数堆起来就构成了网络
from keras.layers import Dense, Activation

model.add(Dense(units=64, input_dim=100))
model.add(Activation("relu"))
model.add(Dense(units=10))
model.add(Activation("softmax"))

# 完成模型的构建，需要 compile 函数进行编译
model.compile(loss='categorical_crossentropy', optimizer='sgd', metrics=
['accuracy'])
```

图 A16 Keras 编程举例

如图 A16 所示，这里构建的是一个含有两个全连接层的网络。其中使用的激活函数分别是 RELU 激活函数以及 Softmax 激活函数。训练的时候采用的损失函数是交叉熵损失函数，优化算法是 SGD 算法。编译模型时必须指明损失函数和优化器，如果需要的话，也可以自己定制损失函数。Keras 的一个核心理念就是简明易用，同时保证用户对 Keras 的绝

对控制力度，用户可以根据自己的需要定制自己的模型、网络层，甚至修改源代码。

图 A17 构建的是一个训练的过程。通过 fit 函数进行训练，并且设定训练过程中的 batch 等参数。使用 Keras 搭建一个问答系统、图像分类模型，或神经图灵机、word2vec 词嵌入器非常快。接下来使用 Keras 来构建一个 MLP 进行手写体的识别。如图 A18 所示，我们构建的是一个三层网络组成的 MLP 模型。在这个模型中，引入了 Dropout 操作，采用的是一些基本的激活函数，最终使用的损失函数还是交叉熵损失函数，然后导入了数据进行训练。

```
    from keras.optimizers import SGD
    model.compile(loss='categorical_crossentropy', optimizer=SGD(lr=0.01,
momentum=0.9, nesterov=True))
    # 完成模型编译后，在训练数据上按 Batch（批量）进行一定次数的迭代来
训练网络
    model.fit(x_train, y_train, epochs=5, batch_size=32)
    # 当然，也可以手动将一个个 batch 的数据送入网络中训练，这时候需要使用
    model.train_on_batch(x_batch, y_batch)
    # 随后可以使用一行代码对模型进行评估，看看模型的指标是否满足要求
    loss_and_metrics = model.evaluate(x_test, y_test, batch_size=128)
    # 或者可以使用模型，对新的数据进行预测
    classes = model.predict(x_test, batch_size=128)
```

图 A17 训练过程的构建

```
    from keras.models import Sequential
    from keras.layers.core import Dense, Dropout, Activation
    from keras.optimizers import SGD
    from keras.datasets import mnist
    import numpy

    model = Sequential()
    model.add(Dense(784, 500, init='glorot_uniform')) # 输入层，28×28=784
    model.add(Activation('tanh')) # 激活函数是 tanh
    model.add(Dropout(0.5)) # 采用 50% 的 dropout

    model.add(Dense(500, 500, init='glorot_uniform')) # 隐含层节点为 500 个
```

图 A18 Keras 构建 MLP 进行手写体识别

```
    model.add(Activation('tanh'))
    model.add(Dropout(0.5))

    model.add(Dense(500, 10, init='glorot_uniform')) # 输出结果是 10 个类别，所以维度是 10
    model.add(Activation('softmax')) # 最后一层用 softmax

    sgd = SGD(lr=0.01, decay=1e-6, momentum=0.9, nesterov=True) # 设定学习率（lr）等参数
    model.compile(loss='categorical_crossentropy', optimizer=sgd, class_mode='categorical') # 使用交叉熵作为 loss 函数

    (X_train, y_train), (X_test, y_test) = mnist.load_data() # 使用 Keras 自带的 mnist 工具读取数据（第一次需要联网）

    X_train = X_train.reshape(X_train.shape[0], X_train.shape[1] * X_train.shape[2]) # 由于 mist 的输入数据维度是 (num, 28, 28)，这里需要把后面的维度直接拼起来变成 784 维
    X_test = X_test.reshape(X_test.shape[0], X_test.shape[1] * X_test.shape[2])
    Y_train = (numpy.arange(10) == y_train[:, None]).astype(int) # 这里需要把 index 转换成一个 one hot 的矩阵
    Y_test = (numpy.arange(10) == y_test[:, None]).astype(int)

    # 开始训练，这里参数比较多。batch_size 就是批量的大小，nb_epoch 就是最多迭代的次数，shuffle 就是是否把数据随机打乱之后再进行训练
    # verbose 是屏显模式，官方这么说的：verbose 为 0
    # 是不屏显，1 是显示一个进度条，2 是每个 epoch 都显示一行数据
    # show_accuracy 就是显示每次迭代后的正确率
    # validation_split 就是拿出多少百分比用来做交叉验证
    model.fit(X_train, Y_train, batch_size=200, nb_epoch=100, shuffle=True, verbose=1, show_accuracy=True, validation_split=0.3)
    print 'test set'
    model.evaluate(X_test, Y_test, batch_size=200, show_accuracy=True, verbose=1)
```

Tips：手写体识别是一个 10 分类的问题，因此在图 A18 中 Y_trian 当中进行的是一个 one hot 的操作，采用一个 10 维的向量表示一个标签，在这个 10 维的向量中只有一个值为 1，其余都为 0。

图 A18 Keras 构建 MLP 进行手写体识别（续）

更多的内容请参考 Keras 官方文档。

参考文献

[1] AI 从业者该如何选择深度学习开源框架，彭河森 .
[2] TensorFlow 官方文档：https://www.tensorflow.org/.
[3] MXnet 官方文档：http://mxnet.io/index.html.
[4] Caffe 官方文档：http://caffe.berkeleyvision.org/tutorial/.
[5] Keras 中文文档：http://keras-cn.readthedocs.io/en/latest/.
[6] Keras 官方文档：https://keras.io/.